21世纪高等院校教材

生命科学导论

赵德刚　主　编

张明生　副主编

科学出版社

北　京

内 容 简 介

本书基于高等院校非生命科学专业公共课层次，紧紧围绕"生命"的历史发展主线，系统地介绍了生命科学基本的概念、原理、理论、方法及相关学科的交叉知识，探索生命科学前沿领域。内容包括总论，生命的物质基础，生命的结构基础——细胞，植物的结构、功能及形态建成，动物的结构、功能与发育，物质和能量代谢，生命的繁衍，生命的调控系统，生命的起源与进化，生命的多样性，生命与环境，当代生命科学前沿等。通过对本书内容的学习，学生概括地了解生命科学的基本知识。本书激发学生对生命科学的兴趣，启发和鼓励他们从不同学科角度对生命现象进行思考，并运用不同专业知识进行生命本质的探索，以揭示生命的奥秘。

这是一本生命科学基础知识的综合教材，可作为各类高校非生命科学专业本科教学的公共课教学用书，也可供生命科学爱好者参考。

图书在版编目(CIP)数据

生命科学导论/赵德刚 主编. —北京：科学出版社，2008
（21 世纪高等院校教材）
ISBN 978-7-03-021551-2

Ⅰ. 生… Ⅱ. 赵… Ⅲ. 生命科学-高等学校-教材 Ⅳ. Q1-0

中国版本图书馆 CIP 数据核字（2008）第 044464 号

责任编辑：甄文全/责任校对：陈玉凤
责任印制：吴兆东/封面设计：耕者设计工作室

科 学 出 版 社 出版
北京东黄城根北街 16 号
邮政编码：100717
http://www.sciencep.com

北京华宇信诺印刷有限公司印刷
科学出版社发行　各地新华书店经销

*

2008 年 6 月第 一 版　开本：787×1092　1/16
2024 年 1 月第十次印刷　印张：21
字数：512 000

定价：**69.80 元**
（如有印装质量问题，我社负责调换）

编 写 人 员

主 编　赵德刚

副主编　张明生

编 者　（按姓名笔画排序）

王晓宇　王震洪　关　萍　张明生

林耀光　周礼红　赵德刚　廖海民

前　言

　　人口、粮食、能源、资源、环境、健康等是当今世界人类面临的严峻问题，而这些问题需要从生命科学中寻求解决办法。科学界认为，21 世纪是生命科学的世纪！自然，当今世界的学生应该有必要的生命科学基础，而不应该成为"生物盲"。为适应这一新形势发展的客观需要，编写一本适合于非生命科学专业学生学习的生命科学基础教材十分必要。

　　鉴于此，以贵州大学生命科学课程教学的一线教师为编者，以几年来不断修订完善的教学资料为基础，以"生命"的历史发展为主线，广泛收集生命科学相关领域的文献资料，将传统与现代、基础与前沿、现象与本质、个体与群体、微观与宏观等知识有机结合，编写了这本以基础、系统、平易为特色的生命科学综合教材。

　　本书力求全面系统、深入浅出、简明扼要，注重与自然界中日常生命现象的结合，淡化纯理论，以满足非生命科学专业学生的需要。

　　本书共 12 章。第一章和第十二章由赵德刚教授编写，第二章和第六章由张明生教授编写，第三章由廖海民教授编写，第四章和第五章由王晓宇副教授编写，第七章由关萍副教授编写，第八章和第十章由周礼红副教授编写，第九章由林耀光副教授编写，第十一章由王震洪教授编写。全书统稿由张明生教授、赵德刚教授完成，书中部分章节的插图由王晓宇副教授绘制。

　　本书在编写过程中得到贵州大学教务处、生命科学学院教学科的大力支持，谨表衷心感谢。

　　由于编者水平有限，书中缺点和错误在所难免，恳请广大读者提出宝贵意见，以便今后修订。

编　者
2007 年 12 月

目　　录

第一章　总　　论

第一节　生　命　概　述

一、生命的本质

回答什么是生命，首先要区分生命和非生命、了解生物的基本特征。生命的形式多种多样，除了病毒（virus），所有的生物体都是由细胞（cell）组成的。有单细胞生物，如细菌、单细胞藻类；有多细胞生物，如树木、人体及其他生物。病毒类（如噬菌体）是由核酸和蛋白质外壳组成的简单生命个体，虽然没有细胞结构，但仍然有生命的其他基本特征。

二、生命的基本特征

生命的基本特征包括生命体的新陈代谢、生命运动、繁殖、进化以及对环境的适应。生物体每时每刻都在合成新的物质，同时有一些物质不断被分解，为生命体提供能量，这就是新陈代谢（metabolism）。生命体在新陈代谢过程中维持生命活动的物质和能量平衡，并处于不断的生长和运动中。动植物通过新陈代谢获取物质和能量进行生长，同时也处于不断的运动过程中。动物可以通过运动离开不利环境，植物也有其自身特有的运动方式。

在自然界中，生命通过繁殖而得以延续生命。生物繁殖有无性繁殖、有性生殖等形式。在生命的延续过程中，生命通过基本的遗传物质 DNA 将信息传递给下一代。基因（gene）通过表达与调控决定生物体的特征和代谢过程。每一种生物都经历由生到死的完整过程，在整个发育过程中，生物体与环境相互作用，对环境刺激产生反应，调节生物体本身以适应环境。在自然界中，如果其遗传物质 DNA 发生变异，新的变异性状被自然界选择并保留下来，就产生了进化过程。因此，具有上述基本特征的物质存在形式就是生命。

生命的形式多种多样，见图 1-1。

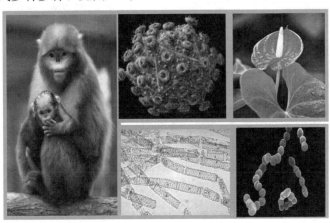

图 1-1　生命的形式多种多样

第二节　生命科学的诞生及发展

一、生命科学的孕育与创立

　　生命科学是研究生物体及其运动规律的科学,是研究生命现象、生命活动本质、特征和发生、发展规律,以及各种生物之间、生物与环境之间相互关系的科学。

　　目前,普遍认为现代生命科学系统的建立开始于16世纪。它的基本特征是人们对生命现象研究牢固地植根于观察和实验的基础上,以生命为研究对象的生物分支学科相继建立,逐渐形成一个庞大的生命科学体系。现代生命科学可以说是从形态学创立开始的。1543年,比利时医生维萨里(Andreas Vesalius,1514~1564)的名著《人体的结构》发表,不仅标志着解剖学的建立,还直接推动了以血液循环研究为先导的生理学研究;1628年,英国医生哈维(William Harvey,1578~1657)发表了他的名著《心血循环论》,这标志着生理学分支学科的形成。解剖学和生理学的建立为人们对生命现象的全面研究奠定了基础。

二、生命科学的发展

　　18世纪以后,随着自然科学的蓬勃发展,生命科学进入了辉煌发展阶段。生命科学的许多重要分支学科相继建立,其中以细胞学、进化论和遗传学为主要代表,它们构成了现代生命科学的基石。1665年,胡克(Robert Hooke,1636~1702)在他的《显微图谱》中第一次使用“细胞”(cell)一词。胡克使用的显微镜及其在显微镜下观察到的软木结构见图1-2。

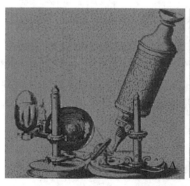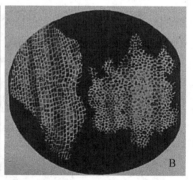

图1-2　胡克使用的显微镜及其在显微镜下观察到的软木结构

　　现在一般认为细胞学创立于19世纪30年代,是由施莱登(Matthias Jacob Schleiden,1804~1881)、施万(Theodor Schwann,1810~1882)以及稍后的数位生物学家共同完成的。他们奠定了细胞是独立的生命单位、新细胞只能通过老细胞分裂繁殖产生、一切生物体都是由细胞组成和由细胞发育而来的细胞学说的基本内容。

　　林奈对现代生物分类系统建立的卓越贡献使之成为有史以来最伟大的生物分类学家,千姿百态的生物物种被科学的归纳在界、门、纲、目、科、属、种中。更重要的是,林奈生物分类系统的建立直接推动了生物进化理论。在初建立生物分类体系时,企图表达的是精确地显现上帝造物的构思和成就。但是,林奈生物分类系统中体现的各种生物物种的相关性和物种由简单到复杂的"秩序"排列强烈暗示了生物的进化现象。在马耶（Benoit Mailler，1656～1738）、布丰（Georges Louis Leclere de Buffon，1707～1788）、拉马克（Chavalier de Lamarck，1744～1829）等工作的基础上，达尔文（Charles Darwin，1809～1882）总结自己的观察和研究，发表了《物种起源》（1859）。

19世纪前后，生命科学的重大成就还包括其他一些重要的发现和分支学科的建立。解剖学和细胞学促使人们对生物发育现象的研究获得了长足的进步，并由此建立了实验胚胎学，实现了对各种代表生物形态发育过程的组织学和细胞学研究，绘制了有史以来最精美的生物学图谱。魏斯曼（August Weismann，1834～1914）关于生物发育的种质学说推动了遗传学的建立。

1865年，现代遗传学创始人奥地利的孟德尔（Gregor Mendel，1822～1884）在"布隆自然历史学会"上宣读了自己的豌豆杂交实验结果，遗憾的是其工作的价值被埋没了30多年。直到20世纪初，孟德尔发现的生物遗传规律被三个科学家几乎同时再次试验证实时，才引起了人们的注意。为遗传学的建立与发展做出了重大贡献的另一位伟大科学家是美国的摩尔根（Thomas Hunt Morgan，1866～1945）。20世纪20年代前后，他用果蝇为实验材料确立了以孟德尔和摩尔根的名字共同命名的经典遗传学的分离、连锁和交换三大定律，因此荣获了1933年的诺贝尔奖。遗传学解释了生物的遗传现象，将细胞学发现的染色体结构和进化论解释的生物进化现象联系起来，指出遗传物质定位在染色体上，推动了遗传物质化学本质的研究以及DNA双螺旋结构和中心法则的发现，为分子生物学的建立奠定了基础。19世纪，法国科学家巴斯德（Louis Pasteur，1822～1895）创立了微生物学，该学科的建立直接导致了医学疫苗的发明和免疫学的建立，推动了生物化学的发展，并为分子生物学的诞生准备了条件。在20世纪的前叶到中叶，人们对生物化学的研究，主要是围绕能量和生物大分子物质代谢进行，发现了生物以三羧酸循环为枢纽，有着复杂超循环结构的代谢途径、以及以电子传递和氧化磷酸化为中心的生物能量获取、利用的基本方式。分子生物学的建立是生命科学进入20世纪最伟大的成就之一。遗传学研究预示了生物遗传载体分子的存在，而DNA双螺旋结构的发现（J. D. Watson，F. Crick，1953）直接导致了对中心法则（central dogma）的揭示。人们因此探索到了生命运动的基础框架和生物世代更替的联系方式。从此，以基因组成、基因表达和遗传控制为核心的分子生物学思想和研究方法迅速渗透到生命科学的各个领域，推动了生命科学的发展。

第三节　21世纪的生命科学

一、学科的分类

生命科学的分类如根据研究对象分有动物学、植物学、微生物学等，广义的生命科学包括医学、农学、生物与环境、生物技术以及生物学与其他学科交叉的领域。

生命科学系统地阐述与生命特性有关的特征与本质。支配无生命世界的物理和化学定律同样适用于生命世界。随着人们对生命世界的深入了解，无疑也能促进物理、化学等人类其他知识领域的发展。如生命科学中的世纪性难题"智力从何而来?"，人们对单一神经元活动已经了如指掌，但对数以百亿计的神经元组合成大脑后如何产生出智力却一无所知。

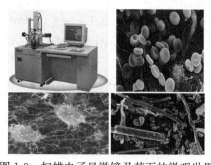

图1-3 扫描电子显微镜及其下的微观世界

对人类智力的最大挑战就是如何解释智力本身。对这一问题的逐步深入破解也将会相应地改变人类的知识结构。生命科学研究不仅依赖物理、化学知识，而且依靠后者提供仪器设备，如光学显微镜和电子显微镜、蛋白质电泳仪、超速离心机、X射线仪、核磁共振仪等。在扫描电子显微镜下可以观察到光学显微镜无法观察到的生物形态（图1-3）。学科间的交叉渗透将不断产生学科生长点与新兴学科。

二、研究热点

生命的起源经历了漫长的化学演化过程。一般认为，生命的化学演化经历了4个阶段：从无机小分子到有机小分子、从有机小分子到有机大分子、从有机大分子到多分子体系、从多分子体系到原始生命。生命在进化与发展过程中对环境又产生重大影响（图1-4）。

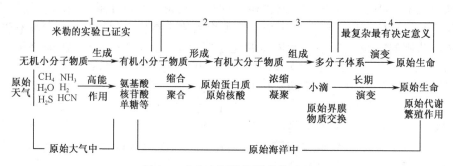

图1-4 生命起源的化学进化过程

1. 生物体化学成分的同一性

从元素成分来看，构成形形色色生物体的元素都是普遍存在于无机界的C、H、O、N、P、S、Ca等，并没有发现特殊的生命元素。从分子成分看，各种生物体除含有多种无机化合物外，还含有蛋白质、核酸、脂、糖、维生素等多种有机分子。这些有机分子在自然界中都是生命活动过程的产物。其中，有些有机分子在各种生物中都是一样的或基本一样的，如葡萄糖、ATP等。有些有机大分子（如蛋白质、核酸等），虽然在不同的生物中有不同的组成，但构成这些大分子的单体却是一样的。例如，构成各种生物蛋白质的单体有20种氨基酸，各种生物核酸的单体主要是8种核苷酸。这些单体在不同生物中以相同的连接方式组成不同的蛋白质和核酸。脱氧核糖核酸（有时是核糖核酸）是一切已知生物的遗传物质，由脱氧核糖核酸组成的遗传密码在生物界一般是通用的。各种生物都用一套统一的遗传密码编制自己的基因序列，并通过基因的表达与调控来实现生长、发育、生殖、遗传等生命活动。各种生物都有催化各种代谢过程的酶分子，这些酶分子是具有催化作用的蛋白质，酶的作用导致各种有机分子的有序产生和转化。各种生物都是以高能化合物三磷酸腺苷，即ATP为贮能分子。这些说明了生物在化学成分上存在着高度的同一性。

DNA 双螺旋结构及蛋白质高级结构见图 1-5。

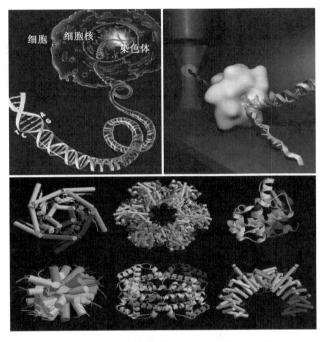

图 1-5 DNA 双螺旋结构及蛋白质高级结构

2. 严整有序的结构

生物体的各种化学成分在体内不是随机堆砌在一起，而是严整有序的。除了病毒，生命的基本单位是细胞，细胞内的各种结构单元（细胞器）都有特定的结构和功能。例如，线粒体有双层膜、嵴，嵴上的大分子（酶）的排列是有序的。生物大分子，无论如何复杂，还不是生命，只有当大分子组成一定的结构，或形成细胞这样一个有序的系统，才能表现出生命。失去有序性，如将细胞打成匀浆，生命也就完结了。

生物界是一个多层次的有序结构。在细胞这一层次之上还有组织、器官、系统、个体、种群、群落、生态系统等层次（图 1-6）。每一个层次中的各个结构单元，如器官系统中的各器官、各器官中的各种组织，都有各自特定的结构和功能，相互的协调活动构成了复杂的生命系统。

3. 新陈代谢

生物是开放系统，生物与周围环境不断进行着物质交换和能量的流动。一些物质被生物吸收后，在生物体内发生一系列变化，最后成为代谢过程的最终产物而被排出体外，这就是新陈代谢。新陈代谢包括两个相反的过程：一个是组成作用（anabolism），即从外界摄取物质和能量，转化为生命本身的物质和贮存在化学键中的化学能；另一个是和组成作用相反的分解作用（catalolism），即分解生命物质，将能量释放出来，供生命活动之用。像生物体在空间结构上严整有序一样，生物体的新陈代谢也是严整有序的过程，是由一系列酶促化学反应所组成的反应网络。如果代谢过程的有序性被破坏，如某些代谢环节被阻断了，全部代谢过程就可能被打乱，生命就会受到威胁。

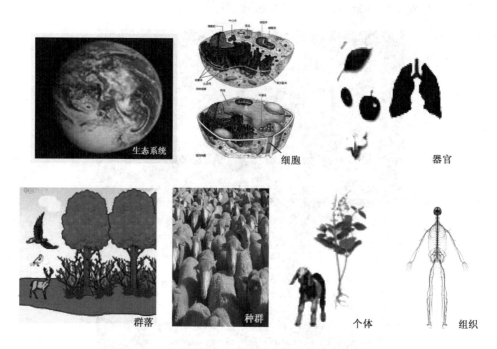

图 1-6　生物体的有序性

在代谢过程中，生物体内的能总是不断地转化。热力学第二定律告诉我们，能的每一次转化，总要失去一些可用的自由能，总要导致熵的增加，而熵的增加则意味着有序性的降低。所以，生物必须从外界摄取自由能来保持甚至加强它的有序状态。具体地说，生物从外界摄取以食物形式存在的低熵状态的物质和能量，通过新陈代谢，把它们转化为高熵状态后，排出体外。这种不对等的交换消除了生物代谢作用产生的熵，从而使生物系统的总熵不致增加。由此可见，生物体是通过增加环境中的熵值，使环境的无序性增加来创造并维持自身的有序性。生物的这种有序结构称为耗散结构（dissipative structure）。

4. 生长发育

生物都能通过代谢而生长发育（图 1-7）。一粒树木种子可以长成大树，一只蝌蚪可以发育成一只蛙。环境条件对生物的生长发育无疑是有影响的。同一品种的小麦在水肥条件很好的田里长得粗壮，而在干旱贫瘠的地里长得瘦小。但是，生物的生长发育总是按照一定的尺寸范围、一定的模式和一定的程序进行的，是一个由遗传决定的稳定过程。

5. 繁殖和遗传

生物能繁殖，能复制出新的一代。任何一个生物体都不能长期存在，由生到死的过程，但生物可以通过繁殖后代而使生命得以延续。生物在繁殖过程中，把它们的特性传给后代，"种瓜得瓜，种豆得豆"，这就是"遗传"。遗传虽然是生物的共同特性，种瓜虽然得瓜，但同一个蔓上的瓜，彼此总有点不同；种豆虽然得豆，但所得的豆也不会完全一样，它们不但彼此不一样，它们和亲代也会有所区别，这种不同就是"变异"。生物的遗传是由基因所决定的，基因就是前述的脱氧核糖核酸（DNA）片段。基

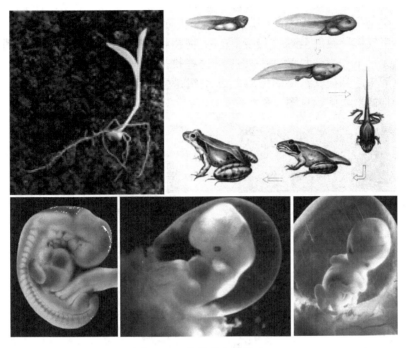

图 1-7 生物的生长发育

因或基因的组合发生了变化，生物的性状就要出现变异，这种变异是可遗传的变异。没有这种可遗传的变异，生物就不可能进化。环境也会引起性状的变化，但环境引起的变化，如果不是因引起基因变化，其产生的性状是不会遗传给下一代的。

6. 分子生物学

分子生物学诞生以来所取得的突破性成果不断成为生命科学的生长点，使生命科学在自然科学中的位置起了革命性的变化。20 世纪 50 年代，DNA 双螺旋结构的发现，开创了从分子水平研究生命活动的新纪元。此后，遗传信息由 DNA 通过 RNA 传向蛋白质这一"中心法则"的确立以及遗传密码的破译，为基因工程的诞生提供了理论基础。蛋白质的人工合成，使人们感受到了生命现象并不神秘，人们可以通过基因改造改变生物性状。一系列重大的研究成果，阐明了核酸和蛋白质是生命的最基本物质，生命活动是在酶的催化作用下进行的。所有酶的化学本质是蛋白质。蛋白质成为一切生命活动调节控制的主要承担者。分子生物学及相关学科的研究，揭示了蛋白质、酶、核酸等生物大分子的结构、功能和相互关系，为研究生命现象的本质和活动规律奠定了理论基础。

第四节　为什么要学习生命科学

一、人类面临的挑战

当今地球上的人类面临着一系列危机。一是人口增长的压力。2007 年，全世界人口达 61 亿，估计到 2010 年人口将达到 73 亿～103 亿。整个地球能不能承载这么多的人口？二是食品供应不足。粮食产量要增加 30% 才能满足新增人口的需要。三是疾病的威胁。以前的常见病死灰复燃，艾滋病、疯牛病等新的疾病不断产生。人类能否健康地生活？这是一个值得重视的问题。四是环境破坏和资源的短缺。水的污染、大气的污染、温室气体导致的全球气候变暖、生物物种的大量消失以及能源的消耗等，所有这些挑战无一不和生命科学相关，应对这些挑战，离不开生命科学研究，生命科学将在人类生活中起到极其重要的作用。21 世纪是生命科学的世纪。

　　人类面临的严峻问题见图 1-8。

生态环境破坏

疾病

环境污染

粮食短缺

图 1-8　人类面临的严峻问题

二、人类需要了解生命和认识自身

　　生命科学时时刻刻影响我们的生活质量（如粮食、健康、行为和生存环境等）。20 世纪后半叶，生命科学理论和技术的飞速发展，使人类对生命现象和本质的认识进入了一个前所未有的新阶段。

三、非生物学专业也要学习生命科学

　　生命科学是一门以实验为基础的学科。作为公共课教材，对于非生物学专业学生的教学必须兼顾到知识的涵盖面和重点的突出。认识生命现象，了解生命的本质，清楚生命与环境的关系，掌握生物学的基本实验技术和方法，有利于激发学习兴趣和启迪联想思维。

第五节　　生命科学的研究方法

一、培养兴趣

　　兴趣是人们力求认识某种事物或从事某种活动的心理倾向。心理学研究表明，学习兴趣的水平对学习效果能产生很大影响。一般来说，如果学生对所学的知识感兴趣，他就会深入地、兴致勃勃地和积极主动地探求新知，并且广泛地涉足与之有关的知识，遇到困难时表现出顽强的钻研精神。否则，学生只是表面地、形式地去掌握所学的知识，遇到困难时往往会丧失信心，不能坚持学习。因此，激发和培养学习兴趣，在学习过程中尤为重要。

二、观察与描述

在学习和研究中，观察是最基本的方法，是从客观世界中获得第一手原始材料的方法。科学观察的基本要求是客观地反映所观察的事物，观察结果必须是可以重复的，只有可重复的结果才是可检验的，从而才是可靠的结果。

观察需要有科学知识作为基础。如果没有必要的科学知识，就说不上是科学的观察。例如，在显微镜下观察生物染色体制片，如果观察者是一位没有生物学知识的人，他除了看到密密麻麻的一团杆状小东西以外，什么也看不出来。如果让一位训练有素的细胞遗传学家来看，他可以用各种技术计算出染色体的数目，看到各染色体的形态。但是，观察切不可为原有的知识所束缚，当原有的知识和观察到的事实发生矛盾时，只要观察的结果是客观的而不是主观揣测的，那就说明原有知识不完全或有错误，此时就应修正原有知识而不应囿于原有知识而"抹杀"事实。根据观察的事实，提出问题之所以重要，是因为它是解决问题的开始，是解决"问题"的向导，是产生新知识的源泉。

三、人工模拟与科学实验

观察可以在自然条件下进行，也可以在人为干预、控制研究对象的条件下进行。后者称为实验。实验不仅意味着某种精确操作，而且是一种思考方式。要进行实验，首先要对研究对象表现出来的现象提出某种可能的解释，即提出某种设想或假说，然后设计实验来验证这个设想或假说。如果实验证明这个假说是正确的，那么这个假说就不再是假说，而是定律或学说了。19世纪，疟疾猖獗，人们根据疟疾分布的情况而得出结论：低洼多水、气温较高的地带是烟瘴之区，易发疟疾。那么，为什么在这样的地带易发生疟疾呢？人们根据发病区的情况，认为很可能污水是使人患疟的罪魁祸首。这就是根据经验规律提出的疟疾病因的假说，如果这一假说是对的，即如果污水是疟疾的病因，那么清除污水应能免除疟疾。于是人们根据这一推论，清除污水，结果疟疾果然大大减少，在某些地区，疟疾竟全不发生。所以实验证明，这一假说是正确的，即污水引起疟疾。有了这一结论之后，人们就要进一步追问，污水是如何引起疟病的呢？可以设想，如果污水是直接致病的，那么人喝污水就应该发病。于是人们又根据这一推论做了实验，结果证明，饮污水并不发生疟疾。这一实验结果否定了污水直接引起疟疾的假说。不断推测，实验验证，最终找到真正的病因。

小结

生物的最基本组成单位是细胞，新陈代谢、生长和运动是生命的本能，生命通过繁殖而延续。DNA是生物遗传的基因物质，生物个体发育受基因控制，生物有系统进化的历史，生命具有对环境的适应性，认识生命首先要认识生命的基本特征。

生命科学是研究生物体及其运动规律的科学。生命科学阐明生物多样性、单细胞结构、新陈代谢、遗传、生物分子、发育、生态和进化等最基本的概念和理论。21世纪是生物学世纪。人类面临的各种严峻挑战无不与生命科学相关。培养兴趣、提出问题是主动探索生命奥秘的动力,利用生物学实验技术才能获取生命科学的新知识。

思考题

　　1. 什么是生命? 生命的基本特征是什么?

　　2. 生命科学研究的内容主要包括哪些?

　　3. 学习这门课程的意义何在?

第二章　生命的物质基础

　　尽管生命的形态千差万别，但生命活动却有着共同的物质基础，即生命的化学组成表现出高度的相似性：生命具有相同的元素组成和生物大分子种类。生物大分子由相同的单体组成，如蛋白质的单体是 20 种氨基酸，核酸包括 8 种核苷酸。因此，在分子水平上了解、探索生命便成为目前生命科学的研究重点。例如，人类基因组计划的实施，就是要对人类的遗传信息载体——DNA 进行测序，继而解读生命的编码；蛋白质组学和结构生物学等学科均以生物大分子作为研究对象，以探索生命的奥秘；从分子层次上研究生命的调控机制、生命的起源与进化、疾病的发生及药物的作用机制等。本章通过对生命化学的基础性介绍，旨在使学习者掌握生命的基本元素组成和分子构成，特别是生物大分子的结构、功能及其关系；了解生物多样性及生命进化的化学基础。

第一节　自然界的元素

　　研究发现，人类世代生息的地壳表层存在 90 多种天然元素，其中含量最丰富的 9 种元素是氧（48.6%）、硅（26.3%）、铝（7.5%）、铁（4.2%）、钙（3.3%）、钠（2.5%）、钾（2.3%）、镁（2.1%）、钛（1.3%），占地壳总质量的 98.1%，丰度最大的氧元素是丰度最小的氡元素的 10^{17} 倍。加上十几种人造元素，它们组成了世界上已知的几百万种物质。

　　地壳中元素丰度不是固定不变的，它是不断变化的开放体系，原因在于：

　　(1) 地球表层的氢、氦等气体元素逐渐脱离地球重力场。

　　(2) 每天降落到地球表层的地外物质达 $10^2 \sim 10^5$ t。

　　(3) 地壳与地幔的物质交换。

　　(4) 放射性元素的衰变。

　　(5) 人为活动的干扰。

　　对比地壳、整个地球和太阳系元素丰度数据发现，它们在元素丰度的排序上有很大的不同。

　　太阳系：氢＞氦＞氧＞氖＞氮＞碳＞硅＞镁＞铁＞硫。

　　地　球：铁＞氧＞镁＞硅＞镍＞硫＞钙＞铝＞钴＞钠。

　　地　壳：氧＞硅＞铝＞铁＞钙＞钠＞钾＞镁＞钛＞氢。

　　与太阳系或宇宙相比，地壳和地球都明显地贫乏氢、氦、氖、氮等气体元素；而地壳与整个地球相比，则明显贫乏铁和镁，同时富集铝、钾和钠。

　　元素在自然界里的分布并不均匀。例如，非洲多金矿，澳大利亚多铁矿，中国则富产钨、锌、汞、锡、铅和锑。从整个宇宙来看，含量最丰富的元素是氢和氦，太阳几乎全由氢和氦组成。地壳（包括大气层）中含量最丰富的元素是氧，几乎占了地壳质量的一半，它广泛分布于大气、海洋、江河、土壤、岩石中。硅是地壳中含量仅次于氧的元素，它大量存在于土壤和岩石中。在生物有机体内，氧是含量最多且不可缺少的元素。

第二节 生命的元素组成

一、组成生物体的化学元素

大量研究表明，生物体中大约只有 25 种元素是构成生命不可缺少的元素，它们在生物体内的含量差异较大。含量占生物体总质量的万分之一以上的元素，称为大量元素（macroelement）。例如，碳、氢、氧、氮、硫、磷、氯、钙、钾、钠、镁等 11 种元素含量相对较多。将生物体生命活动所必需，但需要量却很少的一些元素，称作微量元素（microelement），其含量占生物体总质量的万分之一以下，如铁、铜、锌、锰、钴、钼、硒、铬、镍、钒、锡、硅、碘、氟等 14 种元素。表 2-1 是构成人体的元素。

表 2-1 构成人体的元素

大量元素			微量元素		
元素名称	化学符号	占人体质量比例/%	元素名称	化学符号	成人质量/mg
碳	C	18.00	铁	Fe	4500
氢	H	10.00	氟	F	2600
氧	O	65.00	锌	Zn	2000
氮	N	3.00	硅	Si	24
钙	Ca	2.00	硒	Se	13
磷	P	1.00	锰	Mn	12
氯	Cl	0.15	碘	I	11
钾	K	0.35	钼	Mo	9
硫	S	0.25	铬	Cr	6
钠	Na	0.15	钴	Co	1
镁	Mg	0.05	铜	Cu	
			镍	Ni	
			锡	Sn	
			钒	V	
			锶	Sr	
			硼	B	
			铝	Al	
			砷	As	

在自然界中，C、H、N 三种元素的总和还不到元素总量的 1%，然而生物体中 C、H、O 和 N 四种元素竟占了 96% 以上，它们是构成糖类、脂类、蛋白质和核酸等四种生物大分子的主要成分。余下不足 4% 的元素包括 Ca、P、K、S 等以及众多的微量元素，它们当中有许多成员在生命活动过程中主要起调节代谢反应的作用。

由于生物有机体的组成元素并未超出地球上已发现的元素，因此，生命过程遵循一切化学及物理学规律，这说明了生物界和非生物界具有统一性。在生物有机体中，C、H、O、N、P、S 六种元素约占原生质总量的 97%，与无机自然界的组成有明显的区别（表 2-2），这说明了生物界和非生物界的差异性。

在生命元素中，C 原子具有特别重要的作用，细胞中几乎所有的分子都是 C 的化合物。由于 C 原子比较小，有 4 个外层电子（图 2-1），能和别的原子形成 4 个强的共价键，从而形成了生物体中数量很大的各种含碳化合物。更为重要的是 C 原子彼此之间可以连接成链状或环状的巨大分子，如糖类、脂类、蛋白质和核酸这四类重要

表 2-2　地壳和细胞的部分元素含量（单位：%）

元素	地壳	细胞
O	48.6	65.0
Si	26.3	极少
H	0.76	10.0
C	0.09	18.0
N	0.03	3.0

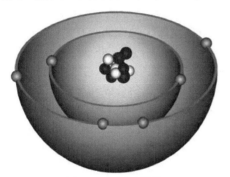

图 2-1　C 原子结构

的生物大分子。生物大分子典型的共价键中所贮藏的能量大约为 $63 \sim 714 kJ/mol$，在生物氧化过程中含碳化合物的共价键的断裂可以释放出大量的能量。生物大分子结构与其功能紧密相关，如叶绿素分子仅仅是由 C、H、O、N、Mg 五种元素组成，但它高度有序化和个性化的化学结构，使之成为光化学反应过程中的核心成员。所以，对生命化学组成的深入研究，是揭示生命本质的基础。

二、化学元素对生命的作用

生物体是由化学元素组成的。例如，组成人体的元素有 60 多种。其中，C、H、O、N、S、P、Cl、Ca、Na、K、Mg 等 11 种属于必需的大量元素，集中在元素周期表的头 20 个元素内，另有 Fe、Cu、Zn、Mn、Co、V、Cr、Mo、Se、I 等十余种必需的微量元素。Ca、Na、K、Mg 四种元素约占人体中金属离子总量的 99%以上，它们大多以络合物形式存在于人体之中，传递着生命所必需的各种物质，起到调节人体新陈代谢的作用。当膳食中某种元素缺少或含量不足时，会影响人体的健康。

根据元素的生物学功能，大致可将化学元素分为以下几类：

（1）构成原生质的基本元素，如有机物中普遍由 C、H、O、N 等元素组成。

（2）调节机体代谢的元素，如离子态的 K^+、Mg^{2+}、Ca^{2+}、Na^+、H^+、Cl^- 等。

（3）与蛋白质结合的元素，如 Fe（血红蛋白、细胞色素等）、Cu（血蓝素、细胞色素氧化酶等）、Mo（固氮酶）、Zn（DNA 聚合酶、RNA 聚合酶）等。

（4）微量调节元素，如 B、Cr、Se、Ni、As 等，在构成有机物分子或某些生理活动中处于关键地位，是生命活动必不可少的元素。

下面介绍几种重要元素在生物体中的作用。

作为"生命元素"的 N，是构成蛋白质的重要元素，占蛋白质分子质量的 16%～18%，而蛋白质是细胞原生质和酶的主要成分。N 也是构成核酸、磷脂、叶绿素、植物激素、维生素、生物碱等的重要成分。植物缺 N 时，老器官首先受害，随之整个植株生长受到严重阻碍，株形矮瘦，分枝少，叶色淡黄，结实少，子粒不饱满，产量也降低。

P 存在于磷脂、核酸和核蛋白中，其在糖类、蛋白质和脂肪代谢中起着极其重要的作用。例如，P 是人体的常量元素，约占体重的 1%，主要分布于骨骼、牙齿、血液、

脑、三磷酸腺苷（ATP）中，人体每天需补充0.7g左右的P。

Ca是生物体中含量丰富的不易移动的大量金属元素，在生物膜中可作为磷脂的磷酸根和蛋白质的羧基间联系的桥梁，维持膜结构的稳定性。胞质溶胶中的Ca与可溶性蛋白质形成钙调素（CaM）。Ca在人体内含量仅次于C、H、O、N，正常人体含Ca 1~1.25kg，是骨骼和牙齿的重要成分，参与人体的许多酶反应、血液凝固，维持心肌的正常收缩，抑制神经兴奋，巩固和保持细胞膜的完整性。人体每天应补充0.6~1.0g Ca，缺Ca时会引起软骨病、神经松弛、骨质疏松、凝血机制差、腰腿酸痛及抽搐等。在植物体内，Ca主要存在于叶子或老的器官和组织，是构成细胞壁的重要元素。

Mg和K是很多酶的活化剂，参与生物体许多重要的生理代谢过程。Mg主要存在于植物幼嫩器官和组织中，是叶绿素的组成成分之一，植物成熟时则集中于种子。K是40多种酶的辅助因子，促进呼吸进程及核酸和蛋白质的形成。K主要集中在植物生命活动最活跃的部位，如生长点、幼叶、形成层等，对糖类的合成和运输有重要影响。

S以SO_4^{2-}形式进入植物体后，一部分保持不变，大部分被还原成S，进一步同化为含硫氨基酸，如胱氨酸、半胱氨酸和蛋氨酸等，而这些氨基酸几乎是所有蛋白质的构成分子。S也是辅酶A（CoA）的成分之一，氨基酸、脂肪、糖类等的合成等均与CoA有关。

Na和Cl在人体中以氯化钠（NaCl）的形式出现，起着调节细胞内外渗透压和维持体液平衡的作用，人体每天需补充4~10g NaCl。Cl在光合作用的水裂解过程中起着活化剂的作用，促进O_2的释放。

根据科学研究，到目前为止，已被确认与人体健康和生命有关的必需微量元素有16种，即Fe、Cu、Zn、Mn、Co、V、Cr、Mo、Se、I、Ni、F、Sn、Si、Sr、B，每种微量元素都有其特殊的生理功能（表2-3）。尽管它们在人体内含量极少，却对维持人体中一些重要代谢过程十分必要，人体一旦缺少这些必需元素，便会出现疾病，甚至危及生命。曾有报道，机体内的Fe、Cu、Zn总含量减少，会减弱免疫力，降低抗病能力，容易被细菌感染，而且感染后的死亡率较高。

表2-3　部分微量元素的作用

元素名称	主要生理功能
Fe	许多重要氧化还原酶的组成成分；影响叶绿体构造形成和叶绿素的合成；构成血红蛋白的主要成分，与氧的运送和酶的活性有关。缺少时，引起缺Fe性贫血
Cu	很多酶的活性元素；存在于叶绿体的质体蓝素（光合作用电子传递体系的一员）中；可促进细胞成熟、催化体内氧化还原反应；促进Fe的吸收和利用，并协同造血；协助DNA的复制。缺乏时引起贫血和发育不良
Zn	能活化酶和稳定蛋白质；对青少年的生长发育有重要作用。缺乏时引起动物营养不良、生殖系统失调；植物失去合成色氨酸的能力，使吲哚乙酸含量降低
Mo	硝酸还原酶的金属成分，起着电子传递作用；固氮酶中Mo-Fe蛋白的成分。缺乏时影响N代谢
B	能与游离状态的糖结合，使糖带有极性而易于通过质膜，促进运输；对植物生殖过程有积极作用；具有抑制有毒酚类化合物形成的作用。缺乏时受精不良，籽粒减少
I	合成甲状腺激素的原料。缺乏时影响儿童生长和智力发育，造成呆小症；引起成人甲状腺肿大
Mn	糖酵解和三羧酸循环中某些酶的活化剂；硝酸还原酶的活化剂；在光合作用中参与水的裂解。缺乏时植物不能形成叶绿素

续表

元素名称	主要生理功能
Se	某些酶的成分；有一定的抗癌作用。缺乏时导致心血管病、溶血性贫血和克山病
Co	多种酶的活化剂；维生素 B_{12} 的成分，参与共生固氮。缺乏时影响糖代谢和 N 代谢
F	存在于骨骼和牙齿中。缺乏时引起龋齿；但过量会引起氟中毒、氟骨病和斑釉病
Ni	脲酶（催化尿素水解成 CO_2 和 NH_4^+）的金属成分；固氮菌脱氢酶的组成成分。缺乏时影响糖代谢和 N 代谢
Si	集中于植物表皮细胞，使细胞壁硅质化，增强抗逆性。缺乏时影响机械组织的形成
V	与骨和牙齿正常发育及钙化有关，能增强牙对龋牙的抵抗力；可促进糖代谢。缺乏时可出现牙齿、骨和软骨发育受阻
Sn	影响骨钙化速度

第三节　生命的分子组成

在生物体内，由组成生物体的化学元素构成各种化合物，它们共同组成原生质（protoplasm）。活的细胞之所以能够进行一切生命活动，这与构成细胞的各种化合物有密切关系。通常，各种化合物在细胞中的含量、存在形式及功能也都不同。

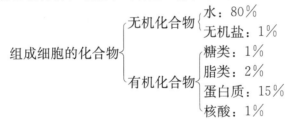

一、水

水（water）的以下特性符合生物生存的需要。

（1）水是极性分子，可形成极性共价键，相邻水分子间能形成氢键，使水有较强的内聚力和表面力。

（2）水有很强的结合能力，是最好的极性溶剂，对于物质的运输、生命化学反应的进行、正常的新陈代谢等具有重要意义。

（3）水有较高的热容量，能吸收大量的热能而温度增加很少，使水生生物减少了受温度波动的影响。

（4）4℃时水的密度最大，冰浮在水上作为一种绝热体，阻止下层水的温度进一步降低，保护了水生生物。

对绝大多数生物来说，没有水就不能存活。水在各种正常细胞中含量都是最多的，在不同种类的生物体中，水的含量差别较大，大约占体重的 60%～95%。例如，幼嫩植物体中水的含量占体重的 70%，动物幼体中水的含量占体重的 80% 左右，水母的身体里水的含量竟占体重的 97%。在不同的组织、器官中，水的含量也不相同。例如，晒干的谷物中，水的含量为 13%～15%；人的肌肉中，水的含量为 72%～78%。

多细胞生物体的绝大多数细胞必须浸润在液体环境中，细胞内的许多生物化学反应必须有水参加。水在细胞中以两种形式存在，一部分水与细胞内的其他物质相结合，不易自由流动，叫做束缚水（bound water）。束缚水是细胞结构的重要组成成分，大约占细胞内全部水分的 4.5%。细胞中绝大部分水以游离的形式存在，可以自由流动，叫做自由水（free water）。自由水是细胞内的良好溶剂，许多种物质溶解在这部分水中。水在生物体内的流动，可以把营养物质运送到各个细胞，同时也把各个细胞在新陈代谢中产生的废物，运送到排泄器官或直接排出体外。

生物体内水的含量多少以及水的存在状态的改变，影响着生命代谢的进行。一般含水量高代谢活跃，含水量降低生命活动不活跃或进入休眠。当自由水比例增加时，代谢活跃；自由水比例下降时，代谢强度下降，生物的抗寒、抗热、抗旱性能提高。

二、无机盐

无机盐（inorganic salt）在生物体内大多以离子状态存在，细胞中含量较多的阳离子有 Na^+、K^+、Ca^{2+}、Mg^{2+}、Fe^{2+} 等，阴离子有 Cl^-、SO_4^{2-}、PO_4^{3-}、HCO_3^- 等。

虽然无机盐在细胞中的含量很少，但它们具有多方面的重要作用。有些无机盐是细胞内某些复杂化合物的重要组成部分。例如，Mg^{2+} 是叶绿素分子必需的成分，Fe^{2+} 是血红蛋白和细胞色素的主要成分，Ca^{2+} 是植物细胞壁、动物（包括人）的骨和牙齿的重要成分。许多无机盐的离子对于维持生物体的生命活动有重要作用。例如，哺乳动物的血液中必须含有一定量的钙盐，如果血液中钙盐的含量太低，这种动物就会出现抽搐。还有些无机盐构成酶的辅基或作为多种酶系统的激活剂，如 K^+、Mg^{2+}、Fe^{2+}、Cu^{2+}、Co^{2+} 等参与很多代谢过程。

生物体内的无机盐离子，必须保持一定的比例。例如，人体体液浓度为 0.9%，蛙为 0.65%，这对维持细胞的渗透压和酸碱平衡，参与神经活动和肌肉收缩，调节细胞膜的通透性等都非常重要，这也是生物体进行正常生命活动的必要条件。人体细胞内一般不能合成大多数的无机盐类，而随着人体的新陈代谢，每天又有一定数量的无机盐与微量元素通过尿液、粪便、汗液、唾液等多种途径被排出体外，因此必须通过膳食予以补充。无机盐类在食物中分布很广，对于正常生理状况下的成人来说，一般从食物中获得的无机盐量与机体排出量保持相对平衡。但处于青春期的青少年则往往吸收量增加，此阶段容易缺乏的无机盐和微量元素有 Ca、I、Fe、Zn 等。

无机盐在体内的分布极不均匀。例如，Ca^{2+} 和 PO_4^{3+} 绝大部分在骨和牙等硬组织中，Fe^{2+} 集中在红细胞，I^+ 集中在甲状腺，Ba^{2+} 集中在脂肪组织，Co^{2+} 集中在造血器官，Zn^{2+} 集中在肌肉组织，K^+ 集中在软组织。无机盐的代谢可以通过分析血液、头发、尿液或组织中的浓度来判断。

三、糖类

1. 糖类的来源

糖类（carbohydrate）物质是地球上数量最多的一类有机化合物，主要来源于绿色细胞的光合作用。糖类广泛地存在于生物界，特别是植物界。糖类物质按干重计占植物的 85%～90%，占细菌的 10%～30%，动物的小于 2%。动物体内糖的含量虽然不多，但其生命活动所需能量主要来源于糖类。地球的生物量干重的 50% 以上是由葡萄糖的聚合物构成的。

2. 糖类的生物学作用

糖类是细胞中非常重要的一类有机化合物，其主要生物学作用如下：

（1）作为生物体的结构成分。植物的根、茎、叶含有大量的纤维素、半纤维素和果胶等物质，这些物质是构成植物细胞壁的主要成分。属于杂多糖的肽聚糖是细菌细胞壁的结构多糖。昆虫和甲壳类的外骨骼也是一种糖类物质，称壳多糖。

（2）作为生物体内的主要能源物质。糖在生物体细胞内通过生物氧化释放能量，供生命活动所需。生物体内作为能源贮存的糖类有淀粉、糖原等。

（3）在生物体内转变为其他物质。有些糖是重要的中间代谢物，糖类物质通过这些中间物为合成其他生物分子（如氨基酸、核苷酸、脂肪酸等）提供碳骨架。

（4）作为细胞识别的信息分子。糖蛋白是一类在生物体内分布极广的复合糖，有关血型物质的研究认为其糖链可起信息分子的作用。随着分离分析技术和分子生物学的发展，近年来对糖蛋白和糖脂中的糖链结构与功能有了更深入的了解，发现细胞识别包括黏着、接触抑制和归巢行为，以及免疫保护（抗原与抗体）、代谢调控（激素与受体）、受精机制、形态发生、发育、癌变、衰老、器官移植等，这些都与糖蛋白的糖链有关，由此出现了一门新的学科——糖生物学（glycobiology）。

3. 糖类的元素组成

大多数糖类物质只由 C、H、O 三种元素组成，其实验式为 $(CH_2O)_n$ 或 $C_n(H_2O)_m$。其中，H 和 O 的原子数比例是 2:1，与水分子中 H 和 O 之比相等，因此过去曾误认为这类物质是碳（carbon）的水合物（hydrate），碳水化合物（carbohydrate）也因之得名。但后来发现有些糖，如鼠李糖（$C_6H_{12}O_5$）和脱氧核糖（$C_5H_{10}O_4$）等，它们的分子中 H、O 原子之比并非 2:1，而一些非糖物质，如甲醛（CH_2O）、乙酸（$C_2H_4O_2$）和乳酸（$C_3H_6O_3$）等，它们的分子中 H、O 之比却都是 2:1，所以"碳水化合物"这一名称并不恰当。为此，1927 年国际化学名词重审委员会曾建议用"糖族"（glucide）一词代替"碳水化合物"。但由于此名称沿用已久，至今西文中仍广泛使用它。英文中 carbohydrate 是糖类物质的总称，较简单的糖类物质常称为 sugar 或 saccharide（拉丁文的 saccharum 即 sugar）。Saccharide 一词常被冠以词头，用作糖的类别名称，如 monosaccharide（单糖）、polysaccharide（多糖）等。汉语中"糖类"和"碳水化合物"两词通用，但以前者为多。

4. 糖类的命名与分类

糖类的命名，多数是根据糖的来源给予一个通俗名称，如葡萄糖、果糖、蔗糖、乳糖、棉子糖和壳多糖等。根据其聚合度，将糖类物质分类如下。

1）单糖

单糖（monosaccharide）是构成糖的最小单体，不能被水解成更小分子的糖类，也称简单糖，如葡萄糖（glucose）、果糖（fructose）、核糖（ribose）和脱氧核糖（deoxyribose）等（图 2-2）。

单糖分子有多个羟基，增加了它的水溶性，除甘油醛微溶于水，其他单糖均易溶于水，特别是热水中溶解度极大。例如，β-D-葡萄糖在 15℃ 100mL 水中溶解 154g。单糖微溶于乙醇，不溶于乙醚、丙酮等非极性有机溶剂。几乎所有的单糖及其衍生物都有旋光性，许多单糖在水溶液中发生变旋现象，表 2-4 是一些重要单糖的熔点和比旋值。

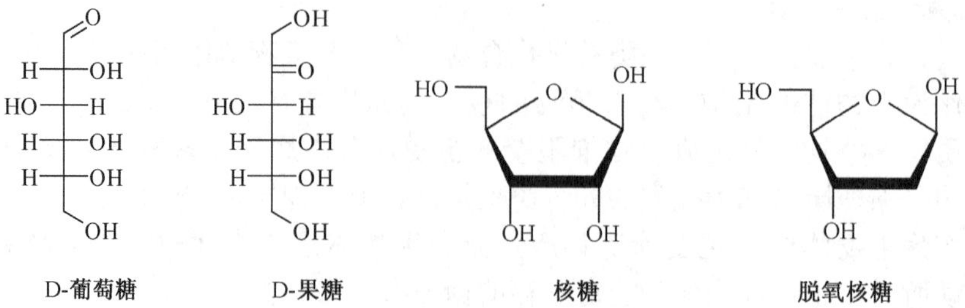

D-葡萄糖　　　　D-果糖　　　　　核糖　　　　　脱氧核糖

图 2-2　几种单糖的分子结构

表 2-4　一些重要单糖的熔点和比旋值

名　称	熔点/℃	$[\alpha]_D^{20}(H_2O)/°$	名　称	熔点/℃	$[\alpha]_D^{20}(H_2O)/°$
D-甘油醛		+9.4	β-D-吡喃葡糖	148～150	+18.7→+52.6
D-赤藓糖		−9.3	α-D-吡喃甘露糖	133	+29.3→+14.5
D-赤藓酮糖		−11	β-D-吡喃甘露糖	132	−17→+14.5
D-核糖	88～92	−19.7	α-D-吡喃半乳糖	167	+150→+80.2
2-脱氧-D-核糖	89～90	−59	β-D-吡喃半乳糖	143～145	+52.8→+80.2
D-核酮糖		−16.3	D-果糖	119～122	−92
D-木糖	156～158	+18.8	L-山梨糖	171～173	−43.1
D-木酮糖		−26	L-岩藻糖	150～153	−75
L-阿拉伯糖	160～163	+104.5	L-鼠李糖	94(H$_2$O)	+8.2
α-D-吡喃葡糖	146	+112.2→+52.6	D-景天庚酮糖	101(H$_2$O)	+2.5
	83(H$_2$O)		D-甘露庚酮糖	151～152	+29.7

　　单糖是多羟基的醛或酮，涉及官能团的性质有：醛基或（和）伯醇被氧化成羧基，羰基被还原成醇基，羰基与苯肼或氰化氢等起加成反应（如成脎反应），羰基在弱碱中发生分子重排（异构化），异头羟基参与成苷反应，一般羟基参与成酯、成醚、脱水、氨基化和脱氧等反应。有些单糖（如葡萄糖、果糖、甘露糖等）能被酵母发酵生成乙醇，某些单糖（如半乳糖、木糖、阿拉伯糖等）则不能。在实验室条件下，单糖碳链可以延长和缩短。在生物体内酶的催化下，单糖会发生很多重要的生物化学反应。

　　通常用甜度（sweetness）表示糖的甜味深度，由于它是一项感觉指标，因此很难精确比较不同类别糖的甜度。一般用蔗糖作为参考物，以蔗糖的甜度为 100，果糖几乎是它的两倍，其他天然糖均小于它。部分糖、糖醇及增甜剂（sweetneer）的相对甜度见表 2-5。

表 2-5　部分糖、糖醇及增甜剂的相对甜度

名　称	甜　度	名　称	甜　度
乳糖	16	蔗糖	100
半乳糖	30	木糖醇	123
麦芽糖	35	转化糖	150
山梨醇	40	果糖	175
木糖	45	天冬苯丙二肽	15 000
甘露醇	50	蛇菊苷	30 000
葡萄糖	70	糖精	50 000
麦芽糖醇	90	应乐果甜蛋白	20 000

血液中的糖主要是葡萄糖，称为血糖（blood sugar），血糖的含量是反映体内糖代谢状况的一项重要指标。一般情况下，血糖含量有一定的波动范围，正常人空腹静脉血含葡萄糖 3.89~6.11mmol/L，当血糖的浓度高于 8.89~10.00mmol/L，超过肾小管重吸收的能力，就可能出现糖尿现象，通常将 8.89~10.00mmol/L 的血糖浓度称为肾糖阈（renal glucose threshold），即尿中出现糖时血糖的最低界限。血糖含量维持在一定水平，对于保证机体各器官、组织（特别是脑组织）的正常机能活动极为重要，脑组织主要依靠糖的有氧氧化供能，所以脑组织在血糖低于正常值的 1/3~1/2 时，即可引起机能障碍，甚至引起死亡。在进食后，由于大量葡萄糖吸收入血，血糖升高，但一般在 2h 后又可恢复到正常范围；在轻度饥饿初期，血糖可以稍低于正常，但在短期内，即使不进食物，血糖也可恢复并维持在正常水平。

2）寡糖

寡糖（oligosaccharide）是由 2~20 个单糖通过糖苷键连接而成的糖类物质，单糖残基的上限数目并不确定，因此寡糖与多糖之间并无绝对界线，有的结构非常复杂。通常寡糖与聚糖（glycan）是同义的，聚糖又是多糖的同义词。寡糖包括的种类很多，根据 1965 年 Bailey 的报道，已知的寡糖不下 500 种，主要存在于植物中。常见的有二糖（disaccharide），或称双糖，水解时生成 2 分子单糖，如蔗糖（sucrose）、麦芽糖（maltose）等；三糖（trisaccharide），水解时产生 3 分子单糖，如棉子糖（raffinose）；以及四糖（tetrasaccharide）、五糖（pentasaccharide）和六糖（hexasaccharide）等。

有人把寡糖分成初生寡糖和次生寡糖两类。初生寡糖在生物体内有一定含量，游离存在，如蔗糖、麦芽糖（也是次生寡糖）、棉子糖、乳糖（lactose）、海藻糖（fucose）等。次生寡糖的结构相当复杂，是高级寡糖。它们的功能主要是作为生物体的结构成分。

二糖是最简单的寡糖，由 2 分子单糖缩合而成（图 2-3）。例如，由两个葡萄糖分子构成的二糖称葡二糖，葡二糖有 11 个异构体，它们都已在自然界中找到。由两个不同的单糖构成的二糖，异构体就更多。据 1970 年 Maher 等报道，已知的二糖有 140 多种。蔗糖、乳糖、麦芽糖是常见的重要二糖。

蔗糖，俗称食糖，是最重要的二糖。它形成并广泛存在于光合植物（根、茎、叶、花和果实）中，不存在于动物中。蔗糖的主要来源是甘蔗、甜菜和糖枫，它们分别产生甘蔗糖、甜菜糖和枫树糖。蔗糖经稀酸水解，产生 1 分子 D-葡萄糖和 1 分子 D-果糖。蔗糖是非还原糖，不能还原 Fehling 溶液，不能成脎，也无变旋现象，表明蔗糖分子中葡糖残基和果糖残基是通过两个异头碳连接的。

乳糖，作为乳汁的成分存在于绝大多数研究过的哺乳类乳汁中，是婴儿糖类营养的主要来源，含量约 5%。但是，加利福尼亚海狮的乳汁中含的是葡萄糖，而不是乳糖。乳糖具有还原性，能成脎，有变旋现象。用酸或酶水解乳糖能产生 1 分子 D-半乳糖和 1 分子 D-葡萄糖。如果乳糖先氧化成内酯酸再行水解，产物是半乳糖和葡糖酸，因此葡萄糖单位是乳糖分子中的还原端部分。

麦芽糖，是一种还原糖，主要作为淀粉和其他葡聚糖的酶促降解产物（次生寡糖）存在，但已证实在植物中有容量不大的从头合成的游离麦芽糖（初生寡糖）库（pool）。麦芽糖能被麦芽糖酶（maltase）也称 α-葡萄糖苷酶（α-glucosidase）水解成 2 分子的葡萄糖。麦芽糖是俗称饴糖的主要成分，我国早在公元前 12 世纪就能制作饴糖。麦芽糖的用途很广，在食品工业中被用作膨松剂，防止烘烤食品干瘪，也被用作冷冻食品的

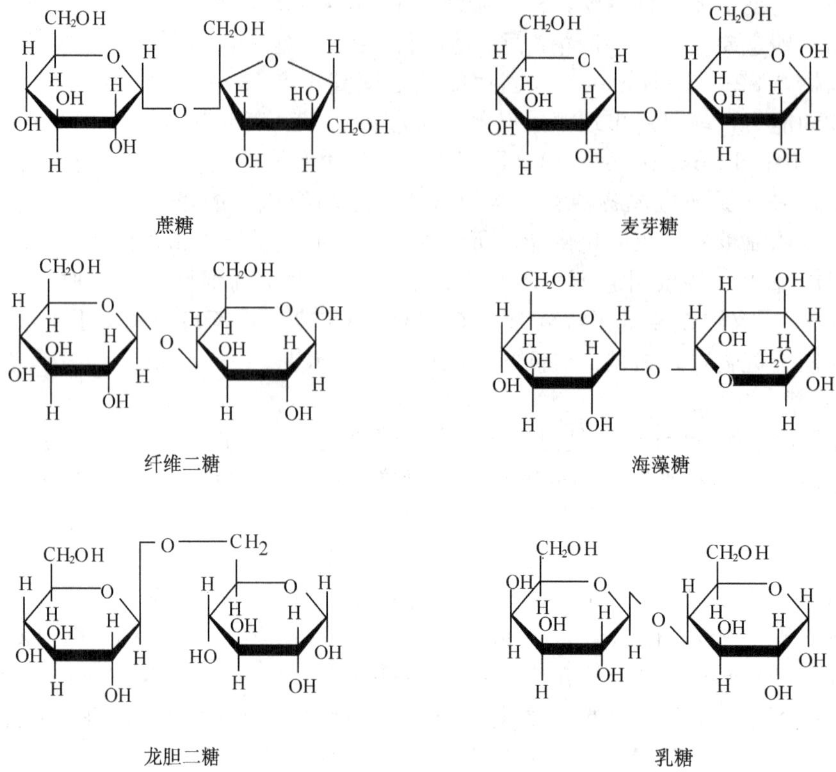

蔗糖 麦芽糖

纤维二糖 海藻糖

龙胆二糖 乳糖

图 2-3 二糖的分子结构

填充剂和稳定剂。

3）多糖

多糖（polysaccharide）也称聚糖，是由很多个单糖单位构成的糖类物质，水解时能产生 20 个以上的单糖分子。多糖包括同多糖（homopolysaccharide）和杂多糖（heteropolysaccharide）。同多糖水解时只产生一种单糖或单糖衍生物，如糖原、淀粉、壳多糖等；杂多糖水解时产生一种以上的单糖或单糖衍生物，如透明质酸、半纤维素等。

多糖属于非还原糖，不呈现变旋现象，无甜味，一般不能结晶。自然界中糖类主要以多糖形式存在。多糖是高分子化合物，大多不溶于水，虽然酸或碱能使之转变为可溶性糖，但分子会被降解，因此多糖的纯化十分困难。

根据生物来源的不同，有植物多糖、动物多糖和微生物多糖之分。多糖除可根据其单糖单位的组成不同分为同多糖和杂多糖外，还可按多糖的生物学功能分为贮存（或贮能）多糖和结构多糖。属于贮存多糖的有淀粉、糖原、右旋糖酐和菊粉等；而纤维素、壳多糖、许多植物杂多糖、动物杂多糖（糖胺聚糖）和细菌杂多糖都属于结构多糖。

淀粉（starch），是植物生长期间以淀粉粒（starch granule）形式贮存于细胞中的贮存多糖。它在种子、块茎和块根等器官中含量特别丰富。天然淀粉一般含有两种组分：直链淀粉（amylose）和支链淀粉（amylopectin）。当淀粉胶悬液用微溶于水的醇（如正丁醇）饱和时，则形成微晶淀粉，称直链淀粉；向母液中加入与水混溶的醇（如甲醇），则得无定形物质，称支链淀粉。直链淀粉和支链淀粉在物理和化学性质方面有明显差别。纯的直链淀粉仅少量地溶于热水，溶液放置时重新析出淀粉晶体（退行现象）。支链淀粉易溶于水，形成稳定的胶体，静置时溶液不出现沉淀。在天然淀粉溶液中支链淀粉都是不均一的。甲基化和酶降解实验证明，直链淀粉是由葡萄糖单位通过 α-1,4-糖苷键连接的线形分子，麦芽糖可视为它的二糖单位。

糖原（hepatin），又称动物淀粉，也以颗粒（直径 $10\sim40nm$）形式存在于动物细胞的胞液中，其颗粒内除糖原外，尚含调节蛋白和催化糖原合成与降解的酶类。糖原是人和动物餐间以及肌肉剧烈运动时最易动用的葡萄糖贮库，葡萄糖是体内各器官的重要代谢燃料，更是大脑可利用的燃料。体内糖原的重要存在场所是肝脏和骨骼肌。

纤维素（cellulose），是生物圈中含量最丰富的有机物质，占植物界碳素的 50% 以上，是植物（包括某些真菌和细菌）的结构多糖，是细胞壁的主要成分。纤维素占叶干重组成的 10%，木材的 50%，麻纤维的 70%～80%，棉纤维的 90%～98%。纤维素并非植物界所独有，海洋无脊椎动物被囊类在其外套膜中含有相当多的纤维素，有人报道在人的结缔组织中也有少量纤维素存在。纤维素经浓盐酸水解后可得纤维二糖、纤维三糖、纤维四糖等用作饲料。天然纤维素在工业上主要用于纺织和造纸，用碱水解木材，可除去木质素，得到纯纤维素，它是造纸和离子交换纤维素等的原材料。人和哺乳类动物细胞内缺乏纤维素酶（cellulase），因此不能消化木头和植物纤维。

多糖在生物体内经过降解和生物氧化后，可将其中所贮藏的能量释放出来，供生命活动的需要。

四、脂类

1. 脂类的定义

脂类（lipid）是一类低溶于水而高溶于非极性溶剂的生物有机分子。对大多数脂类而言，其化学本质是脂肪酸和醇所形成的酯类及其衍生物。参与脂类组成的脂肪酸多是 4C 以上的长链一元羧酸，醇成分包括甘油（丙三醇）、鞘氨醇、高级一元醇和固醇等。组成脂类的元素主要是 C、H 和 O，有些尚含有 N、P 和 S。

2. 脂类的分类

脂类是根据溶解性质定义的一类生物分子，在化学组成上变化较大，因此给这类物质的分类造成一定困难。根据其化学组成，脂类大体上可分为单纯脂类、复合脂类和衍生脂质三大类。

1）单纯脂类

单纯脂类是由脂肪酸和甘油形成的酯。它又可分为：

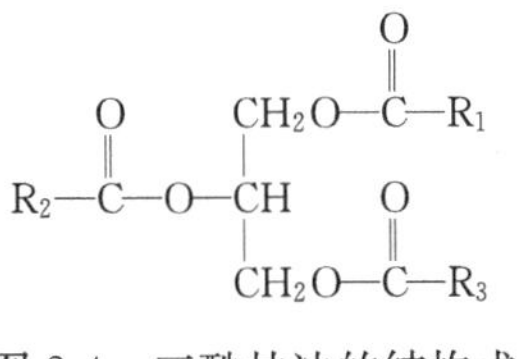

图 2-4　三酰甘油的结构式

（1）甘油三酯（triacylglycerols）：也称三酰甘油，由 3 分子脂肪酸和 1 分子甘油组成（图 2-4）。

（2）蜡（wax）：主要由长链脂肪酸和长链醇或固醇组成。

2）复合脂类

除含脂肪酸和醇外，尚有其他称为非脂分子的成分。按非脂成分的不同可将复合脂质分为两类：

（1）磷脂（phospholipid）：它们的非脂成分是磷酸和含氮碱（如胆碱、乙醇胺）。根据醇成分的不同，磷脂又可分为甘油磷脂（图 2-5，如磷脂酸、磷脂酰胆碱、磷脂酰乙醇胺等）和鞘氨醇磷脂（简称鞘磷脂）。

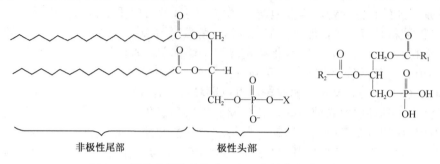

图 2-5　甘油磷脂的结构式（左）和结构通式（右）

（2）糖脂（glycolipid）：其非脂成分是糖（单己糖、二己糖等），并因醇成分不同，又分为鞘糖脂（脑苷脂、神经节苷脂）和甘油糖脂（单半乳糖二酰基甘油、双半乳糖基二酰甘油）。

鞘氨醇磷脂和鞘糖脂合称为鞘脂类（sphingolipid）。

3）衍生脂质

衍生脂质和其他脂质，是由单纯脂质和复合脂质衍生而来或与之关系密切的，但也具有脂质一般性质的物质。包括：

（1）取代烃：主要是脂肪酸及其碱性盐（皂）和高级醇，以及少量的脂肪醛、脂肪胺和烃。

（2）固醇类：包括固醇、胆酸、强心苷、性激素、肾上腺皮质激素。

（3）萜类：包括许多天然色素（如胡萝卜素）、香精油、天然橡胶等。

（4）其他脂类：如维生素 A、维生素 D、维生素 E、维生素 K、脂酰 CoA、类二十烷（前列腺素）、脂多糖、脂蛋白等。

也有人把脂质分为两大类：一类是能被碱水解而产生皂（脂肪酸盐）的称为可皂化脂类（saponifiable lipid）；另一类是不被碱水解生成皂的称为不可皂化脂类（unsaponifiable lipid），类固醇和萜是两类主要的不可皂化脂类。

根据脂质在水中和水界面上的行为不同，可把它们分为非极性（nonpolar）和极性（polar）两大类（表 2-6）。

表 2-6　脂质的物理分类

类　别	界面性质	溶解性质
非极性脂类	不能分散形成单分子层	不溶
极性脂类		
Ⅰ类:不溶性非膨胀两亲脂	能分散形成稳定的单分子层	不溶或溶解度很低
Ⅱ类:不溶性膨胀两亲脂	能分散形成稳定的单分子层	不溶,在水中膨胀形成液晶
Ⅲ A类:能形成液晶的可溶性两亲脂	能分散形成不稳定的单分子层	可溶,低浓度时形成液晶,高浓度时形成微团
Ⅲ B类:不能形成液晶的可溶性两亲脂	能分散形成不稳定的单分子层	可溶,形成微团,不形成液晶

3. 脂类的生物学功能

脂类是构成生物膜的重要成分，形成疏水性的"屏障"，分隔细胞水溶性成分和细胞器，维持细胞正常结构与功能。

脂类是动植物的贮能物质，在机体表面的脂类有防止机械损伤和水分过度散失的作用。例如，脂肪组织是体内专门用于贮存脂肪的组织，贮存能量和供给能量是脂肪最重要的生理功能，1g脂肪在体内完全氧化时可释放出38kJ的能量，比1g糖原或蛋白质所放出的能量多两倍以上，当机体需要能量时，脂肪组织中贮存的脂肪可动员出来分解释放能量供机体利用。此外，脂肪组织还可起到保持体温、保护内脏器官的作用。

某些脂类具有很强的生物活性，如胆固醇是脂肪酸盐、维生素 D_3 及类固醇激素合成的原料，对于调节机体脂类物质的吸收，尤其是脂溶性维生素 A、维生素 D、维生素 E、维生素 K 的吸收以及钙磷代谢等均起着重要作用。

脂类与其他物质相结合，构成了细胞之间的识别物质和细胞免疫的成分。

五、蛋白质

蛋白质（protein）是生物体的基本组成成分，是生命的物质基础。几乎所有的器官、组织都含有蛋白质，其含量约占机体固体成分的45%，并与所有的生命活动密切联系。

1. 蛋白质的元素组成

单纯蛋白质的元素组成为 C（50%～55%）、H（6%～7%）、O（19%～24%）、N（13%～19%），除此之外还有 S（0～4%）。有的蛋白质含有 P、I，少数含 Fe、Cu、Zn、Mn、Co、Mo 等金属元素。

各种蛋白质的平均含 N 量为16%，这是蛋白质元素组成的一个特点，也是凯氏定氮法测定蛋白质含量的计算基础。由于体内组织的主要含 N 物是蛋白质，因此只要测定生物样品中的 N 含量，就可以按下式推算出蛋白质大致含量。

100g样品中蛋白质含量(g)＝每克样品中含 N 量(g)×6.25×100

式中，6.25即16%的倒数，即1g N 所代表的蛋白质量（g）。

2. 氨基酸及其分类

氨基酸（amino acid）是蛋白质的基本组成单体，构成天然蛋白质的氨基酸共20种，这些氨基酸为 L-α-氨基酸，其结构通式如图2-6所示。除脯氨酸及其衍生物外，天然蛋白质的氨基酸在结构上的共同特点是：与羧基（—COOH）相邻的 α-碳原子（C_α）上都有一个氨基（—NH_2），因此称为 α-氨基酸。连接在 α-碳上的还有一个 H 原子和一个可变的侧链（R 基），各种氨基酸的区别就在于 R 基的不同。

从各种生物体中发现的氨基酸已有180多种，但是参与蛋白质组成的常见氨基酸或称基本氨基酸只有20种，被称为蛋白质氨基酸。此外，某些蛋白质还存在若干种不常见的氨基酸，它们都是在已合成的肽链上由常见的氨基酸经专一酶催化的化学修饰转化而来的。在180多种天然氨基酸中，大多数是不参与蛋白质组成的，这些氨基酸被称为非蛋白质氨基酸。

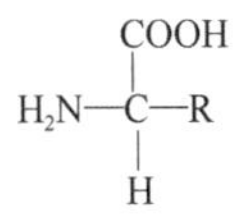

$$H_2N-\underset{\underset{H}{|}}{\overset{\overset{COOH}{|}}{C}}-R$$

图2-6　L-α-氨基酸

研究发现，有8种氨基酸是人体不能合成、却是机体正常生长发育必不可少的，称之为必需氨基酸（essential amino acid），它们是异亮氨酸（isoleucine）、甲硫氨酸（methionine）、缬氨酸（valine）、亮氨酸（leucine）、色氨酸（tryptophan）、苯丙氨酸（phenylalanine）、苏氨酸（threonine）、赖氨酸（lysine），它们必须从食物中摄取。

为表达蛋白质或多肽结构的需要，氨基酸的名称常采用三字母的简写符号表示，有时也使用单字母的简写符号表示，后者主要用于表达长多肽的氨基酸序列。这两套简写符号见表 2-7。

表 2-7　20 种基本氨基酸

中文名称	英文名称	符号与缩写	相对分子质量	侧链结构	类　型
丙氨酸	Alanine	A 或 Ala	89.079	CH_3-	脂肪族类
精氨酸	Arginine	R 或 Arg	174.188	$HN=C(NH_2)-NH-(CH_2)_3-$	碱性氨基酸类
天冬酰胺	Asparagine	N 或 Asn	132.104	$H_2N-CO-CH_2-$	酰胺类
天冬氨酸	Aspartic acid	D 或 Asp	133.089	$HOOC-CH_2-$	酸性氨基酸类
半胱氨酸	Cysteine	C 或 Cys	121.145	$HS-CH_2-$	含硫类
谷氨酰胺	Glutamine	Q 或 Gln	146.131	$H_2N-CO-(CH_2)_2-$	酰胺类
谷氨酸	Glutamic acid	E 或 Glu	147.116	$HOOC-(CH_2)_2-$	酸性氨基酸类
甘氨酸	Glycine	G 或 Gly	75.052	$H-$	脂肪族类
组氨酸	Histidine	H 或 His	155.141	$N=CH-NH-CH=C-CH_2-$	碱性氨基酸类
异亮氨酸	Isoleucine	I 或 Ile	131.160	$CH_3-CH_2-CH(CH_3)-$	脂肪族类
亮氨酸	Leucine	L 或 Leu	131.160	$(CH_3)_2-CH-CH_2-$	脂肪族类
赖氨酸	Lysine	K 或 Lys	146.17	$H_2N-(CH_2)_4-$	碱性氨基酸类
蛋氨酸	Methionine	M 或 Met	149.199	$CH_3-S-(CH_2)_2-$	含硫类
苯丙氨酸	Phenylalanine	F 或 Phe	165.177	$Phenyl-CH_2-$	芳香族类
脯氨酸	Proline	P 或 Pro	115.117	$-N-(CH_2)_3-CH-$	亚氨基酸
丝氨酸	Serine	S 或 Ser	105.078	$HO-CH_2-$	羟基类
苏氨酸	Threonine	T 或 Thr	119.105	$CH_3-CH(OH)-$	羟基类
色氨酸	Tryptophan	W 或 Trp	204.213	$Phenyl-NH-CH=C-CH_2-$	芳香族类
酪氨酸	Tyrosine	Y 或 Tyr	181.176	$4-OH-Phenyl-CH_2-$	芳香族类
缬氨酸	Valine	V 或 Val	117.133	$CH_3-CH(CH_2)-$	脂肪族类

按 R 基的化学结构差异，20 种常见氨基酸可分为脂肪族、芳香族和杂环族三类，其中以脂肪族氨基酸为最多。脂肪族氨基酸又可分为中性氨基酸（包括甘氨酸、丙氨酸、缬氨酸、亮氨酸、异亮氨酸，图 2-7）、含羟基或含硫氨基酸（丝氨酸、苏氨酸、半胱氨酸、甲硫氨酸，图 2-8）、酸性氨基酸及其酰胺（包括天冬氨酸、谷氨酸、天冬酰胺、谷氨酰胺，图 2-9）、碱性氨基酸（包括赖氨酸、精氨酸，图 2-10）。天冬酰胺和谷氨酰胺在生理 pH 范围内其酰胺基不被质子化，因此侧链不带电荷。芳香族氨基酸包括苯丙氨酸、酪氨酸和色氨酸（图 2-10）。杂环族氨基酸包括组氨酸和脯氨酸（图 2-11）。

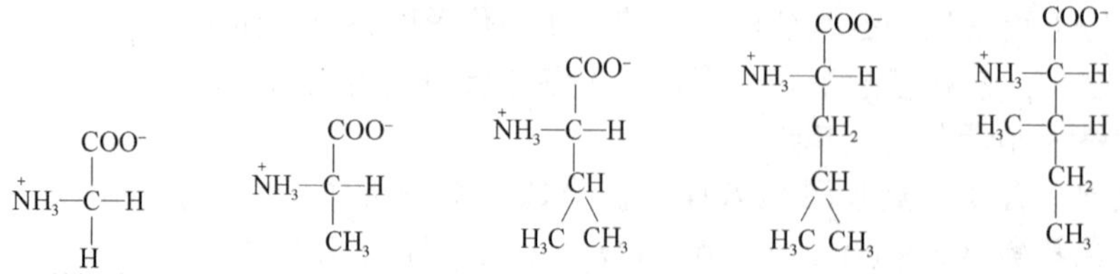

图 2-7　中性脂肪氨基酸

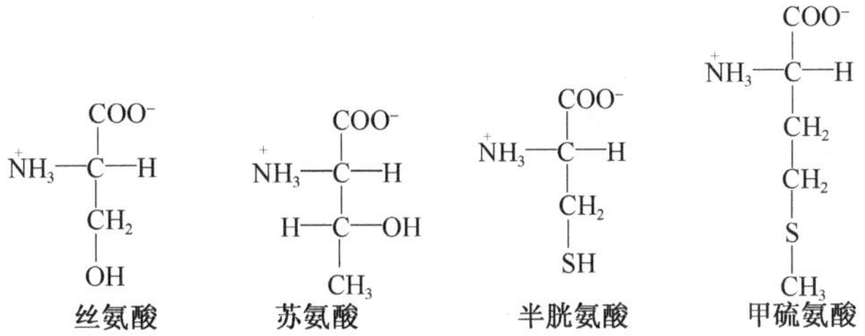

图 2-8　含羟基或硫氨基酸

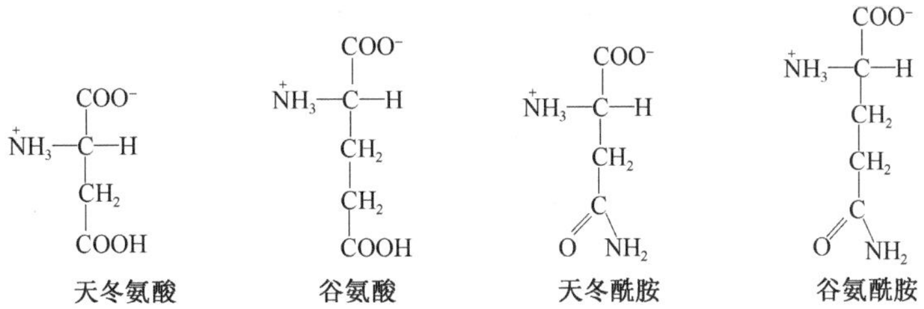

图 2-9　酸性氨基酸及其酰胺

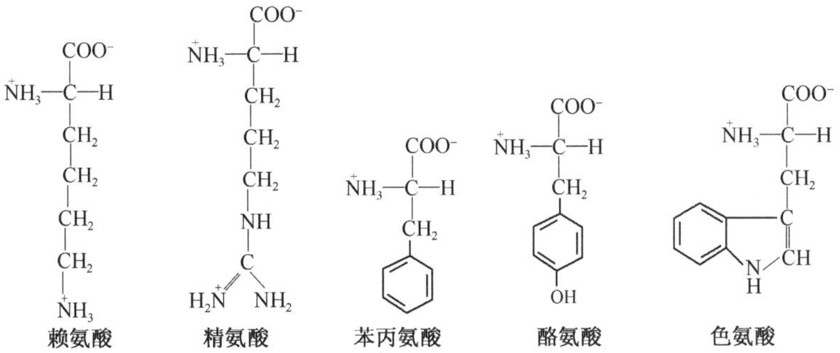

图 2-10　碱性氨基酸和芳香族氨基酸

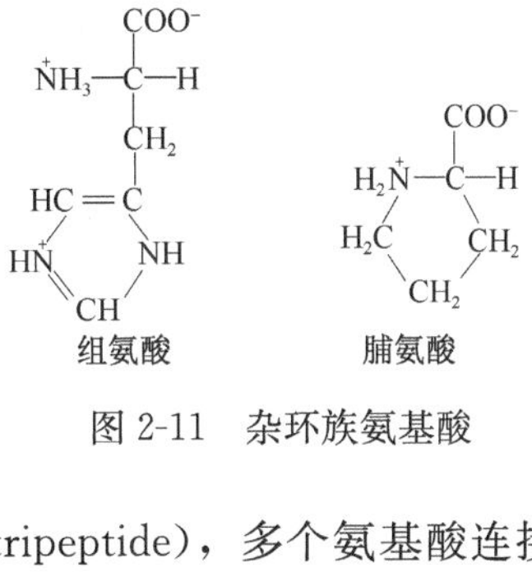

生物界中也发现一些 D-型氨基酸，主要存在于某些抗菌素以及个别植物的生物碱中。

蛋白质是由许多个氨基酸分子互相连接而成的。氨基酸分子间结合的方式是：一个氨基酸分子的羧基和另一个氨基酸分子的氨基相连接，同时失去一分子的水，这种结合方式叫做脱水缩合。连接两个氨基酸分子的键（—NH—CO —）叫做肽键（peptide bond）。由两个氨基酸分子缩合而成的化合物，叫做

图 2-11　杂环族氨基酸

二肽（dipeptide），三个氨基酸连接起来的肽叫三肽（tripeptide），多个氨基酸连接起来的肽叫多肽（polypeptide）。多肽都有链状排列的结构，叫多肽链。一个蛋白质分子可以含有一条或几条肽链，肽链间通过一定的化学键相互连接在一起，它们不呈直线，也不在同一个平面上，而是形成非常复杂的空间结构。

按 R 基的极性性质，20 种常见氨基酸可以分成以下 4 组（表 2-8）：①非极性 R 基氨基酸。②不带电荷的极性 R 基氨基酸。③带正电荷的 R 基氨基酸。④带负电荷的 R 基氨基酸（指细胞内 pH 7 左右时的解离状态）。

表 2-8　基于 R 基极性的氨基酸分类（pH 7）

非极性 R 基氨基酸	不带电荷的极性 R 基氨基酸	带正电荷的 R 基氨基酸	带负电荷的 R 基氨基酸
丙氨酸	甘氨酸	赖氨酸	谷氨酸
缬氨酸	丝氨酸	组氨酸	天冬氨酸
亮氨酸	苏氨酸	精氨酸	
脯氨酸	酪氨酸		
色氨酸	半胱氨酸		
苯丙氨酸	谷氨酰胺		
甲硫氨酸	天冬酰胺		
异亮氨酸			

食物蛋白经过消化吸收后，以氨基酸的形式通过血液循环运输到全身各组织，这种来源的氨基酸称为外源性氨基酸。机体各组织的蛋白质在组织酶的作用下，也不断地分解成为氨基酸；机体还能合成部分氨基酸（非必需氨基酸），这两种来源的氨基酸称为内源性氨基酸。外源性氨基酸和内源性氨基酸彼此之间没有区别，共同构成了机体的氨基酸代谢库。

氨基酸的主要功能是合成蛋白质，也合成多肽及其他含氮的生理活性物质。除了维生素之外，体内的各种含氮物质几乎都可由氨基酸转变而成，包括蛋白质、肽类激素、氨基酸衍生物、黑色素、嘌呤碱、嘧啶碱、肌酸、胺类、辅酶或辅基等。

3. 蛋白质的结构

蛋白质是生物大分子物质，以其具有的三维空间结构而执行复杂的生物学功能。蛋白质结构与功能之间的关系非常密切，在研究中一般将蛋白质分子的结构分为一级结构和空间结构两大类。

1）蛋白质的一级结构

蛋白质的一级结构（primary structure）是指蛋白质多肽链中氨基酸（残基）的排列顺序（sequence），若蛋白质分子中含有二硫键，一级结构也包括生成二硫键的半胱氨酸残基位置。一级结构是蛋白质分子中由共价肽键相连的基本分子结构，由基因上遗传密码的排列顺序所决定。各种氨基酸按遗传密码的顺序，通过肽键连接起来，成为多肽链，故肽键是蛋白质结构中的主键（图 2-12）。迄今已有约 1000 种蛋白质的一级结构被研究确定，如胰岛素、胰核糖核酸酶、胰蛋白酶等。

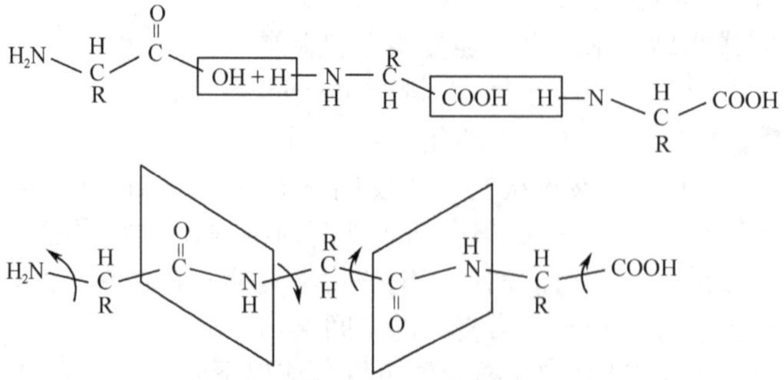

图 2-12　肽键平面图

蛋白质的一级结构决定蛋白质的二级、三级等高级结构，肽链的氨基酸序列决定了每一种蛋白质生物学活性的结构特点。由于组成蛋白质的 20 种氨基酸各具特殊的侧链，而侧链基团的理化性质和空间排布各不相同，因此，当它们按照不同的序列关系组合时，就可形成多种多样的空间结构和不同生物学活性的蛋白质分子，即蛋白质结构与功能的多样性。

2）蛋白质的空间结构

蛋白质分子的多肽链并非呈线形伸展，而是折叠和盘曲构成特有的比较稳定的空间结构，蛋白质的生物学活性和理化性质主要取决于空间结构的完整性。蛋白质的空间结构就是指蛋白的二级、三级和四级结构（图 2-13 和表 2-9）。

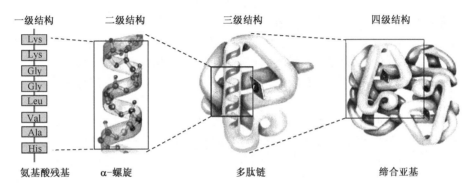

图 2-13 蛋白质的空间结构

表 2-9 蛋白质分子一级、二级、三级、四级结构比较

结构层次	基本概念	主要特点	结构中的键与力
一级结构	蛋白质分子中多肽链的氨基酸排列顺序	一级结构由基因上遗传密码的排列顺序决定	肽键主要是共价键,还有二硫键
二级结构	多肽链中主链原子在各局部空间的排列分布状况,而不涉及各 R 侧链的空间排布	主要形式包括 α-螺旋、β-折叠和 β-转角等。基本单位是肽键平面或称酰胺平面	稳定二级结构的主要因素是氢键,另外还有肽键
三级结构	其 α-螺旋、β-折叠以及线状等二级结构受侧链和各主链构象单元间的相互作用,从而进一步卷曲、折叠成具有一定规律性的三维空间结构	三级结构包括每一条肽链内全部二级结构的总和与所有侧基原子的空间排布及它们相互作用的关系	除主键肽键外,还有副键,如氢键、盐键、疏水键和二硫键等及范德华力
四级结构	由两条以上具有独立三级结构的多肽链通过非共价键相互结合而成一定空间结构的聚合体	四级结构中每条具有独立三级结构的多肽链称为亚基	非共价键,其中亚基中有盐键、氢键、疏水键和范德华力,以前两者为主

（1）蛋白质的二级结构（secondary structure）：多肽链中相邻氨基酸残基形成的局部肽链空间结构，是其主链原子的局部空间排布。蛋白质分子的空间结构有一些共同的规律可遵循，其中二级结构主要是周期性出现的有规则的 α-螺旋、β-折叠、β-转角、π-螺旋和无规卷曲等几种二级结构单元，且这些有序的二级结构单元，主要靠氢键等非共价键来维持其空间结构的相对稳定。

超二级结构（super secondary structure）和结构域（domain）：近年来随着蛋白质结构与功能研究的深入，发现不少蛋白质分子中的一些二级结构单元，往往有规则地聚集在一起，形成 α-螺旋、β-折叠或 α-螺旋与 β-片层混合的超二级结构基本形式，也就是形成相对稳定的 αα、βββ、βαβ、β2α 和 αTα 等超二级结构。单个或多个超二级结构，尚可进一步集结起来，形成在蛋白质分子空间结构中明显可区分的区域，称结构域，它们是蛋白质分子中的功能单位。结构域已成为目前蛋白质结构、功能研究中的一个关注焦点与热门课题。

（2）蛋白质的三级结构（tertiary structure）：整条多肽链中所有氨基酸残基，包括相距甚远的氨基酸残基主链和侧链所形成的全部分子结构。有些在一级结构上相距甚远的氨基酸残基，经肽链折叠后在空间结构上可以非常接近。

自然界大多数蛋白质都是由一条肽链组成的，因此相对稳定的三级结构就是其特征性的空间结构，这是蛋白质分子最显著的特征之一。不同蛋白质有不同的一级结构，因此折叠形成不同的三级结构，赋予它们不同的生理功能。按一级结构人工合成具有降低动物血糖浓度作用的胰岛素，是一级结构决定蛋白质空间结构与生理功能的最好例证。

肽链折叠卷曲形成的球状、椭圆形等三级结构蛋白质分子，往往形成一个亲水的分子表面和一个疏水的分子内核，靠分子内部疏水键和氢键等来维持其空间结构的相对稳定。有些蛋白质分子的亲水表面上也常有一些疏水微区，或在分子表面形成一些形态各异的"沟"、"槽"或"洞穴"等结构，一些蛋白质的辅基或金属离子往往就结合在其中。结合了糖、脂的蛋白质分子，其三级结构非常复杂。

（3）蛋白质的四级结构（quaternary structure）：各具独立三级结构的多肽链再以各自特定形式接触排布后，结集形成的蛋白质最高层次的空间结构。在蛋白质四级结构中，各具独立三级结构的多肽链称亚基（subunit），亚基单独存在时不具生物活性，只有按特定组成与方式装配形成四级结构时，蛋白质才具有生物活性。例如，血红蛋白就是由两条相同、各由 141 个氨基酸残基组成的 α-亚基和两条相同、各由 146 个氨基酸残基组成的 β-亚基按特定方式接触、排布组成的一个球状、接近四面体的分子结构。其中，α-亚基、β-亚基分别由七段和八段 α-螺旋组成，且 β-亚基的三级结构与肌红蛋白三级结构十分相似，每个亚基表面疏水洞穴中都分别结合一个含 Fe^{2+} 的血红素辅基。血红蛋白四个亚基间主要靠八个盐键和众多氢键维系其严密、特定的四级结构，其中一个 α-亚基肽链的 N 端与另一 α-亚基的 C 端，在空间结构上十分接近，靠盐键结合，且 β-亚基的 C 端，又和 α-亚基的第 40 位赖氨酸残基以盐键相连，以维持血红蛋白严密且相对稳定的四级结构，完成其在血液中运输氧气的生理功能。

并非所有的蛋白质分子都具有四级结构，大多数蛋白质只由一条肽链组成，只具有三级结构就有生理活性了。只有一部分分子质量很大或具有调节功能的蛋白质，才具有四级结构，它由几条肽链组成，从而赋予它特殊的别构作用，这对完成其特定生理功能十分重要。此外，由于肽链亚基间的连结键都是非共价键，因此，由二硫键相连的肽链形成的蛋白质不属于具有四级结构的蛋白质（如由四条肽链组成的免疫球蛋白、由 A 和 B 两条肽链组成的胰岛素分子）。具有四级结构的蛋白质分子，大多形成一个亲水的分子表面和一个疏水的分子内核。

4. 蛋白质的分类

蛋白质的种类繁多，结构复杂，根据需要可从不同角度进行分类。例如，从蛋白质形状上，可分为球状蛋白和纤维状蛋白；从组成上可分为单纯蛋白质（分子中只含氨基酸残基）和结合蛋白质（分子中除氨基酸外，还有非氨基酸物质，后者称辅基）；按蛋白质的功能，可将其分为活性蛋白质（如酶、激素蛋白、运输和贮藏蛋白、运动蛋白、受体蛋白、膜蛋白等）和非活性蛋白质（如胶原蛋白、角蛋白等）两大类。单纯蛋白质又可根据其理化性质及来源分为清蛋白、球蛋白、谷蛋白、醇溶谷蛋白、精蛋白、组蛋白、硬蛋白等。结合蛋白又可按其辅基的不同分为核蛋白、磷蛋白、金属蛋白、色蛋白等。

1）简单蛋白质

（1）清蛋白（albumin）：又名白蛋白，溶于水、稀碱及稀酸溶液，为饱和硫酸铵所沉淀，广泛存在于生物体内，如血清蛋白、乳清蛋白等。

（2）球蛋白（globulin）：为半饱和硫酸铵所沉淀，普遍存在于生物体内，如血清球蛋白、肌球蛋白和植物种子球蛋白等。不溶于水而溶于稀盐溶液的称优球蛋白（euglobulin）；溶于水的称拟球蛋白（pseuglobulin）。

（3）谷蛋白（glutelin）：不溶于水、醇及中性盐溶液，而易溶于稀碱或稀酸，如米谷蛋白（oryzenin）和麦谷蛋白（glutelin）等。

（4）醇溶谷蛋白（prolamine）：不溶于水及无水乙醇，但溶于 $70\%\sim80\%$ 乙醇中，其组成上的特点是脯氨酸和酰胺较多，非极性侧链较极性侧链多。主要存在于植物种子中，如玉米醇溶谷蛋白（zein）、麦醇溶谷蛋白（gliadin）等。

（5）组蛋白（histone）：溶于水及稀酸，为稀氨水所沉淀，分子中组氨酸、赖氨酸较多，呈碱性，如小牛胸腺组蛋白等。

（6）精蛋白（protamine）：溶于水、稀酸及氨水，分子中碱性氨基酸特别多，故呈碱性，如鲑精蛋白等。

（7）硬蛋白（scleroprotein）：不溶于水、稀碱及稀酸溶液，在动物体内行使结缔与保护功能，如角蛋白（keratin）、胶原（collagen）、网硬蛋白（reticulin）和弹性蛋白（elastin）等。

2）结合蛋白质

（1）核蛋白（nucleoprotein）：辅基是核酸，如脱氧核糖核蛋白、核糖体、烟草花叶病毒等。

（2）脂蛋白（lipoprotein）：与脂结合的蛋白质，脂质成分有磷脂、固醇和中性脂等，如血液中的各类脂蛋白、卵黄球蛋白等。

（3）糖蛋白（glycoprotein）和粘蛋白（mucoprotein）：辅基成分为半乳糖、甘露糖、己糖胺、己糖醛酸、唾液酸、硫酸或磷酸等，如卵清蛋白等。

（4）磷蛋白（phosphoprotein）：磷酸基通过脂键与蛋白质中的丝氨酸或苏氨酸残基相连，如酪蛋白、胃蛋白酶等。

（5）金属蛋白（metalloprotein）：辅基为血红素（卟啉化合物），卟啉环中心含有金属，含 Fe 的如血红蛋白，含 Mg 的如叶绿素，含 Cu 的有血蓝蛋白等。或为与金属直接结合的蛋白质，如铁蛋白含 Fe，乙醇脱氢酶含 Zn，黄嘌呤氧化酶含 Mo 和 Fe 等。

（6）黄素蛋白（flavoprotein）：辅基是黄素腺嘌呤二核苷酸，如琥珀酸脱氢酶、D-氨基酸氧化酶等。

5. 蛋白质功能的多样性

蛋白质是生物功能的载体。实际上每种细胞活性都依赖于一种或几种特定的蛋白质。归纳起来蛋白质的生物学功能主要有以下几个方面：

（1）蛋白质是构成细胞和生物体的重要物质，如人和动物的肌肉主要是蛋白质；构成生物膜并体现膜功能的膜蛋白、载体、受体。

（2）蛋白质具有催化作用，如参与生物体新陈代谢的催化剂——酶。

（3）蛋白质具有运输作用，如红细胞中的血红蛋白具有运输氧的功能。

（4）蛋白质具有调节作用，许多蛋白质能调节其他蛋白质执行其生理功能，这些蛋白质称为调节蛋白，如胰岛素和生长激素能够调节人体的新陈代谢和生长发育。

（5）蛋白质具有运动作用，如动力蛋白和驱动蛋白，它们可驱使小泡、颗粒和细胞器沿微管轨道移动；促进肌肉收缩。

（6）蛋白质具有免疫作用，如动物和人体内的抗体能消除外来蛋白质对身体的生理功能的干扰，起到免疫作用。

总之，蛋白质是生物体一切生命活动的体现者，是生命的物质基础，没有蛋白质就没有生命。

六、核酸

1868 年，Friedrich Miescher 发现核酸。1953 年，Watson 和 Crick 创立 DNA 双螺旋结构模型，这成为现代分子生物学发展史上最为辉煌的里程碑。从此，核酸的研究日新月异。如今，由核酸研究而产生的分子生物学及其基因工程技术已渗透到医药、农业、化工等领域的众多学科，使人类对生命本质的认识进入了一个崭新的天地。

1. 核酸的化学组成及基本单位

核酸（nucleic acid）是生物体内的高分子化合物，包括脱氧核糖核酸（deoxyribonucleic acid，DNA）和核糖核酸（ribonucleic acid，RNA）两大类。组成核酸的元素有 C、H、O、N、P 等，与蛋白质相比，其组成上有两个特点：一是核酸一般不含元素 S；二是核酸中 P 元素的含量较多并且恒定，约占 9%～10%。因此，核酸定量测定的经典方法，是以测定 P 含量来代表核酸量。

核酸经水解可得到很多核苷酸（nucleotide），因此，核苷酸是核酸的基本单位。核酸是由许多单核苷酸聚合形成的多聚核苷酸，核苷酸经水解可产生核苷（nucleoside）和磷酸（phosphoric acid），核苷还可再度水解产生戊糖（pentose）和含 N 碱基（base）。表 2-10 是 DNA 和 RNA 的基本化学组成。

表 2-10　两类核酸的化学组成

化学组成	DNA	RNA
嘌呤碱	腺嘌呤(A)＋鸟嘌呤(G)	腺嘌呤(A)＋鸟嘌呤(G)
嘧啶碱	胞嘧啶(C)＋胸腺嘧啶(T)	胞嘧啶(C)＋尿嘧啶(U)
戊糖	D-2-脱氧核糖	D-核糖
酸	磷酸	磷酸

核苷酸中的碱基均为含 N 杂环化合物，它们分别属于嘌呤衍生物和嘧啶衍生物。核苷酸中的嘌呤碱（purine）主要是腺嘌呤（adenine，A）和鸟嘌呤（guanine，G），嘧啶碱（pyrimidine）主要是胞嘧啶（cytosine，C）、尿嘧啶（uracil，U）和胸腺嘧啶（thymine，T）。DNA 和 RNA 都含有 G、A 和 C，通常 T 只存在于 DNA 中，不存在于 RNA 中，而 U 只存在于 RNA 中，不存在于 DNA 中，它们的化学结构见图 2-14。

有些核酸分子中还含有少量的修饰碱基或稀有碱基，这些碱基是在上述嘌呤碱或嘧啶碱的不同部位甲基化或进行其他化学修饰而形成的衍生物。

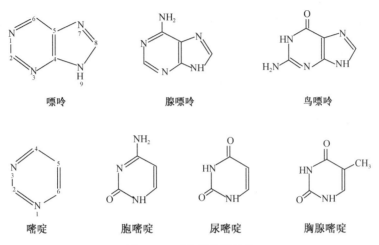

图 2-14　碱基的化学结构

核酸的五种碱基中酮基和氨基均位于碱基环上 N 原子的邻位，可以发生酮式-烯醇式或氨基-亚氨基之间的结构互变，这种互变异构在基因突变及生物进化中具有重要作用。嘌呤和嘧啶环中含有共轭双键，对 260nm 左右波长的紫外光有较强的吸收。碱基的这一特性常被用来对碱基、核苷、核苷酸和核酸进行定性与定量分析。

核酸中的戊糖有核糖（ribose）和脱氧核糖（deoxyribose）两种，分别存在于核糖核苷酸和脱氧核糖核苷酸中。为了与碱基标号相区别，通常将戊糖的 C 原子编号都加上"′"。例如，C1′表示糖的第一位碳原子。戊糖与嘧啶碱或嘌呤碱以糖苷键连接形成核苷，通常是戊糖的 C1′与嘧啶碱的 N1 或嘌呤碱的 N9 相连接（图 2-15）。核苷中戊糖的羟基与磷酸以磷酸酯键连接而形成核苷酸，生物体内的核苷酸大多数是核糖或脱氧核糖的 C5′上羟基被磷酸酯化，形成 5′核苷酸，5′核苷酸进一步磷酸化生成二磷酸核苷和三磷酸核苷。以核糖腺苷酸为例，除一磷酸腺苷（adenosine-5′-monophosphate，AMP）外，还有二磷酸腺苷（adenosine-5′-diphosphate，ADP）和三磷酸腺苷（adenosine-5′-triphosphate，ATP）两种形式。核苷酸的二磷酸酯和三磷酸酯多为核苷酸代谢的中间产物或者酶活性及代谢的调节物质，以及作为生理贮能和供能的重要形式。此外，核苷酸还有环化形式，环化核苷酸在细胞代谢调节和跨膜信号转导中起着十分

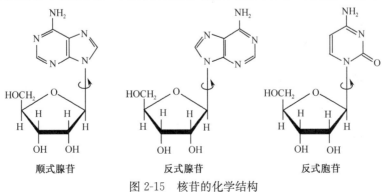

图 2-15　核苷的化学结构

重要的作用，如 cAMP。

2. 核酸的分子结构

1）DNA 的一级结构

核酸是由很多单核苷酸聚合形成的生物大分子，称多聚核苷酸。DNA 的一级结构是指四种脱氧核糖核苷酸（dAMP、dGMP、dCMP、dTMP）按照一定的排列顺序，通过磷酸二酯键连接形成的多核苷酸，由于核苷酸之间的差异仅仅是碱基的不同，故又可称为碱基顺序。组成 RNA 的核糖核苷酸主要是 AMP、GMP、CMP 和 UMP。核酸中的核苷酸以 3′,5′-磷酸二酯键构成无分支结构的线性分子，具有方向性，有 5′ 和 3′ 两个末端，5′ 末端含磷酸基团，3′ 末端含羟基（图 2-16）。核酸中的核苷酸称为核苷酸残基，通常将小于 50 个核苷酸残基组成的核酸称为寡核苷酸（oligonucleotide），将大于 50 个核苷酸残基的核酸称为多核苷酸（polynucleotide）。

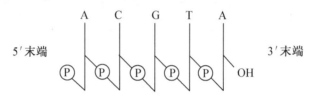

图 2-16　核酸的分子结构简式

2）DNA 的空间结构

（1）DNA 的二级结构——DNA 双螺旋结构（double helix structure）。1953 年 Watson 和 Crick 提出了著名的 DNA 分子的双螺旋结构模型（图 2-17），揭示了遗传信息如何贮存在 DNA 分子中，以及遗传性状何以在世代间得以保持，这是生物学发展史上的重大里程碑。DNA 双螺旋结构有如下特点：

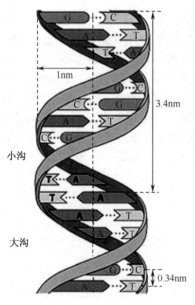

图 2-17　DNA 双螺旋模型
（Longman，1999）

① 两条 DNA 互补链反向平行。

② 由脱氧核糖和磷酸间隔相连而成的亲水骨架在螺旋分子的外侧，而疏水的碱基对则在螺旋分子内部，碱基平面与螺旋轴垂直。螺旋旋转一周正好为 10 个碱基对，螺距为 3.4nm，相邻碱基平面间隔为 0.34nm 并有一个 36° 的夹角。

③ DNA 双螺旋的表面存在一个大沟和一个小沟，蛋白质分子通过这两个沟与碱基相识别。

④ 两条 DNA 链依靠彼此碱基之间形成的氢键而结合在一起。根据碱基结构特征，只能形成嘌呤与嘧啶配对，即 A 与 T 相配对（形成 2 个氢键），G 与 C 相配对（形成 3 个氢键），因此 G 与 C 之间的连接较为稳定。

⑤ DNA 双螺旋结构比较稳定，其稳定性的维持主要靠碱基对之间的氢键以及碱基的堆集力。

（2）DNA 三级结构——DNA 超螺旋结构（super helix structure），是指 DNA 链进一步扭曲盘旋形成超螺旋。生物体内有些 DNA 是以双链环状 DNA 形式存在，如某些病毒（包括噬菌体）DNA、细菌染色体与细菌中质粒 DNA、真核细胞中的线粒体 DNA 和叶绿体 DNA 等。环状 DNA 分子可以是共价闭合环，即环上没有缺口，也可以是缺口环，环上有一个或多个缺口。在 DNA 双螺旋结构基础上，共价闭合环 DNA 可以进一步扭曲形成超螺旋形。根据螺旋的方向可分为正超螺旋和负超螺旋，正超螺旋使双螺旋结构更紧密，双螺旋圈数增加；而负超螺旋可以减少双螺旋的圈数。几乎所有天然 DNA 中都存在负超螺旋结构。

（3）DNA 的四级结构——DNA 与蛋白质形成复合物。在真核生物中其基因组 DNA 要比原核生物大得多，如原核生物大肠杆菌的 DNA 约为 4.7×10^3 kb，而人的基因组 DNA 约为 3×10^6 kb，因此真核生物基因组 DNA 通常与蛋白质结合，经过多层次反复折叠，压缩近 10 000 倍后，以染色体形式存在于平均直径为 5μm 的细胞核中。线性双螺旋 DNA 折叠的第一层次是形成核小体（nucleosome），犹如一串念珠，核小体由直径为 11nm×5.5nm 的组蛋白核心和盘绕在核心上的 DNA 构成。核心由组蛋白 H_{2A}、H_{2B}、H_3 和 H_4 各 2 分子组成为八聚体，146bp 长的 DNA 以左手螺旋盘绕组蛋白核心 1.75 圈，形成核小体的核心颗粒，各核心颗粒间有一个连接区（约有 60bp 双螺旋 DNA 和 1 个分子组蛋白 H1 构成），平均每个核小体重复单位约占 DNA 200bp。DNA 组装成核小体，其长度约缩短 7 倍，在此基础上核小体进一步盘绕折叠，最后形成染色体。

3. 核酸的种类和分布

核酸分为 DNA 和 RNA 两大类，所有生物细胞都含有这两大类核酸（病毒只含有 DNA 或 RNA）。DNA 主要存于细胞核内，它是染色体的主要组分，与蛋白质构成了染色体（染色质），是细胞核中的遗传物质。此外，在线粒体和叶绿体中，也含有 DNA。RNA 主要存在于细胞质中。生物机体的遗传信息以密码形式编码在核酸分子上，表现为特定的核苷酸序列，不同生物所具有的 DNA 和 RNA 序列不同。

DNA 是主要的遗传物质，通过复制而将遗传信息由亲代传递给子代。RNA 与遗传信息在子代的表达有关。DNA 通常为双链结构，含有 D-2-脱氧核糖，并以胸腺嘧啶取代 RNA 中的尿嘧啶，使 DNA 分子稳定并便于复制。RNA 为单链结构，含有 D-核糖和尿嘧啶（另 3 种碱基与 DNA 相同），与其在表达过程中的信息加工机制有关。参与蛋白质合成的 RNA 有三类：转移 RNA（transfer RNA，tRNA）、核糖体 RNA（ribosomal RNA，rRNA）和信使 RNA（messenger RNA，mRNA）。

4. 核酸的生物学功能

核酸是遗传信息的载体，存在于每一个细胞中。其主要生物学功能如下：

（1）一切生物的遗传物质。

（2）控制生物体内蛋白质的合成。

（3）mRNA 转录后的加工与修饰。

（4）基因表达与细胞功能的调节。

（5）生物催化与其他细胞持家功能。

（6）遗传信息的加工与进化。

小结

尽管生命形态有着千差万别，但是它们在化学组成上却表现出了高度的相似性，组成生物体的化学元素在无机自然界都可以找到，没有一种元素是生物所特有的，这说明了生命界和非生命界具有统一性。所有生物大分子的构筑都是以非生命界的材料和化学规律为基础，反映了在生命界和非生命界之间并不存在截然不同的界限。

生物体的大量元素和微量元素是依含量划分的，不可轻视微量元素的作用。另外，生物体中不仅仅都是必需元素，环境中的有些非必需元素也会进入到生物体中。

水在细胞中以两种形式存在，即自由水和束缚水。水是细胞原生质的结构成分，是代谢过程的反应物质和产物，是生物体对物质吸收和运输及生化反应的良好溶剂，能维持细胞紧张度并调节植物体温及大气温、湿度。没有水就没有生命。

各种无机盐离子在体液中的浓度是相对稳定的，它们是细胞结构物质的组成成分，是植物生命活动的调节者，有维持离子浓度平衡、胶体稳定和电荷中和等重要作用。

糖类是细胞中非常重要的一类有机化合物，生物体的结构成分和生命活动的主要能源物质。大多数糖类物质只由 C、H、O 三种元素组成。

脂类是一类低溶于水而高溶于非极性溶剂的生物有机分子，是构成生物膜的重要成分，能分隔细胞水溶性成分和细胞器，形成疏水性"屏障"，维持细胞正常结构与功能。脂类的元素组成主要是 C、H、O。

蛋白质是一切生命活动的体现者，是生命的物质基础。其元素组成主要是 C、H、O、N，基本组成单位是氨基酸，组成蛋白质的常见氨基酸有 20 种。

核酸是由核苷酸聚合而成的高分子化合物，主要元素组成是 C、H、O、N、P，基本组成单位是核苷酸。核苷酸由磷酸基、戊糖和含氮碱基组成，碱基包括嘌呤和嘧啶两大类。核酸是所有生物遗传信息的携带者，根据核苷酸分子中戊糖的类型，将核酸分为脱氧核糖核酸（DNA）和核糖核酸（RNA）两大类。DNA 一般含 A、C、G、T四种碱基，RNA 含 A、C、G、U 四种碱基。

思考题

1. 为什么生命界和非生命界具有统一性？
2. 水在生物体的组成中占体重的绝大部分，试从水的生物学功能对这一现象进行分析。
3. 试述偏食对健康的危害。
4. 生物大分子有哪些特性？
5. 具体写出蛋白质的一级至四级结构分别代表的含义。
6. 说明 DNA 结构的特点和功能。
7. 为什么生命世界会如此丰富多彩？

第三章　生命的结构基础——细胞

第一节　细胞概述

一、细胞是构成生物体的基本单位

生物体除了最低等的类型（病毒）外，都是由细胞构成的。单细胞生物体的个体就是一个细胞，如细菌、小球藻，一切生命活动均由这一个细胞来承担。多细胞生物体是由许多形态和功能不同的细胞组成，在整体上，各个细胞有着分工、各自行使特定的功能；同时，细胞间又存在着结构上和功能上的密切联系，它们相互依存、彼此协作，共同保证整个生物体正常生命活动的进行。

细胞的发现与显微镜的发明直接有关。细胞一般都比较小，直径约 $10\sim100\mu m$，要借助于特定的仪器设备才能观察到。16 世纪末，荷兰人 H. Janssen 和 Z. Janssen 研制出了世界上第一台复式显微镜。直到 1665 年，胡克用自制的显微镜观察软木塞时，发现软木由一个个被分隔的小室集合而成，他把这些小室称为"cell"，中文译为"细胞"。实际上，胡克并未看到完整的生活细胞，他所看到的是失去了生活内容物，仅留下细胞壁的木栓细胞。以后，荷兰的列文虎克（Anthoni van Leeuwenhoek，1632～1723）、意大利的马尔比基（Marcello Malpighi，1628～1694）等先后用显微镜观察和研究了其他多种动物、植物材料，丰富了人们对动物、植物的显微结构和细胞的认识，逐渐了解到细胞内有比细胞壁更重要的生活内含物，这就是细胞核、细胞质和细胞膜，在细胞核内还具有核仁，在细胞质内还有叶绿体、线粒体等细胞器。

随着研究材料的不断丰富，生物学家逐渐形成了一个概念：各种生物体都是由细胞作为基本结构单位而构成的。1824 年，法国科学家 H. Dutrochet 明确提出"一切组织、一切动植物器官，实际上都是由形态不同的细胞所组成"。1838 年，施莱登指出："一切植物，如果它们不是单细胞的话，都完全是由细胞集合而成，细胞是植物结构的基本单位"。其后，施万于 1839 年首次提出了"细胞学说"，他指出所有生物体均由一个或多个细胞组成，细胞是生命的结构单位。1855 年，德国病理学家微耳和（R. Virchow，1821～1902）在研究细胞生长和增殖的基础上，提出细胞只能通过一个已经存在的细胞分裂而来，细胞分裂是生物繁殖的普遍现象。至此，细胞学说包含了以下三方面内容：① 所有生物都是由一个或多个细胞组成。② 细胞是生命的基本单位。③ 新细胞是从原有细胞分裂而来。细胞学说第一次明确指出了细胞是一切动物、植物体结构单位的思想，从理论上确立了细胞在整个生物界的地位，把自然界中形形色色的有机体统一了起来。

施莱登和施万创立细胞学说以后，引起了人们对多种细胞进行观察研究的兴趣，并把大家的注意力重新吸引到细胞的内部结构方面。19 世纪下半叶，特别是最后 25 年是细胞研究的繁荣时期，期间有一系列的重大发现，构成了细胞学发展历史上的经典时期。随着显微镜分辨能力的提高以及石蜡切片技术和若干重要的染色方法的发明，一些重要的细胞器和结构相继被发现，人们对细胞结构复杂性的认识提高到一个新的水平。

20 世纪初，细胞的主要结构在光学显微镜下均已被发现，但对各部分的功能和它们彼此如何联系还知道得甚少。直到 1931 年德国科学家 M. Knoll 和 E. Ruska 发明了电子显微镜（简称电镜），用电子束代替了光束，大大提高了显微镜的分辨力，从而使人们看到了光学显微镜下所看不到的更为精细的结构，细胞结构的知识在很大程度上得到了更新，加深和拓宽了人们对细胞的认识（图 3-1）。同时，细胞匀浆、超速离心、同位素示踪等生化技术在细胞学研究上的运用，使人们对细胞的结构及其与功能间的关系以及细胞的发育有了更深入的理解。

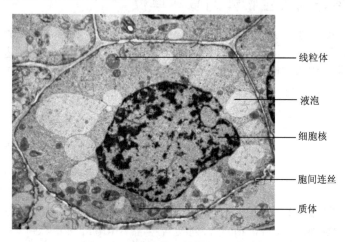

图 3-1　透射电镜下植物细胞的结构
（廖海民，2005）

20 世纪 60 年代，人们利用组织培养技术，把植物离体细胞培养成完整的植株。这一事实表明，从复杂的生物有机体中分离出来的单个生活细胞，是一个独立的个体，具有遗传上的全能性，在一定的条件下它能够分裂、生长和分化，并能产生亲本生物的"复制品"，这就更进一步证明了细胞是生物体结构和功能的基本单位。

二、细胞的形态结构与功能的关系

细胞的大小差别很大，其大小和形状与它们的功能密切相关。最小的细胞是支原体，直径约为 100nm；动植物细胞直径一般在 $10\sim100\mu m$。当然也有例外，鸟类的卵细胞都比较大，如驼鸟卵细胞直径为 5cm，为最大的细胞；动物的神经细胞伸出长长的神经纤维，人的神经纤维长达 1m，但其直径不超过 $100\mu m$。

细胞体积之所以小，主要受两个因素的影响。其一是由细胞核内所含的信息量和所能控制的范围来决定，由于细胞核所含的信息量有一定的限度，所以细胞质的体积不能无限大。如果细胞体积大到核不能控制的程度，细胞就可能通过分裂或产生小核来解决，在体积较大的原生动物细胞中出现大核和小核的情况，以及动物细胞的多核现象，为我们认识这一问题提供了线索。另一方面，在细胞生命活动的过程中，必须与周围环境（包括相邻的细胞）不断地进行物质和信息的交流，并且在细胞内部也有一个扩散传递的问题。细胞体积小，它的相对表面积就大，这对物质的迅速交换和转运都比较有利。

鸟类的卵细胞之所以不受此限制，是因为早期胚胎发育是受贮存在卵细胞质内的

mRNA 与功能蛋白利用预先贮存在卵细胞质内的养料调控的，因此在细胞质内贮存了大量的 mRNA、蛋白质与养料，同时卵细胞与周围环境交换物质很少，卵细胞的体积大主要是胞质扩散所致。神经细胞虽然很长，但由于很薄，因此比起球形细胞每单位体积就有了更大的表面积。

组成生物体的细胞形状千姿百态，大小悬殊。同时，细胞的形状总是与它们的功能相关的，在分化程度较高的细胞中更为明显。例如，哺乳动物的红细胞呈扁圆形、体积很小，细胞内没有细胞核，亦无其他重要细胞器，主要由细胞膜包着血红蛋白。这些特点都与红细胞交换 O_2 与 CO_2 的功能密切相关。细胞体积小、呈圆形，有利于在血管内快速运行，体积小则相对表面积大，有利于提高气体交换频率。细胞内主要是血红蛋白，有助于结合更多的 O_2 与 CO_2。因此，红细胞的形态和结构非常有利于提高交换 O_2 与 CO_2 的能力。

在被子植物体内，担负水分和无机盐运输的导管由许多细胞（导管分子）纵向地连接成细胞行列，导管分子呈长管状，而且成熟时没有原生质体，端壁溶解，同时侧壁发生木质化增厚，这些特点都有利于加强和提高其运输能力。

三、非细胞形态的生物体

病毒（virus）是非细胞形态的生物体，是迄今为止发现的最小、最简单的生命单位。但所有病毒必须在细胞内才能表现出它们的基本生命活动。病毒与细胞相互关系的研究不仅具有重要的理论意义，而且也能帮助我们揭开生命现象的奥秘。

病毒是由一个核酸分子（DNA 或 RNA）与蛋白质构成的核酸-蛋白质复合体。由DNA 构成的病毒称为 DNA 病毒，又有双链 DNA 病毒和单链 DNA 病毒的区别；由RNA 构成的病毒称为 RNA 病毒，也有双链 RNA 病毒和单链 RNA 病毒的区别。比病毒更简单的生命体仅仅由一个有感染性的 RNA 构成，没有蛋白质，称为类病毒（viroid）。1980 年，还发现一种称为阮病毒（prion）的更简单的生命体，不含有 DNA和 RNA，仅由有感染性的蛋白质构成，目前对它的生命活动还知之甚少。

病毒虽然具备了生命活动的基本特征（复制和遗传），但不具备细胞的形态结构，是不完全的生命体。因为它们的主要生命活动必须在细胞内才能表现，在宿主细胞内复制增殖。病毒自身没有独立的代谢和能量转化系统，必须利用宿主细胞结构、"原料"、能量和酶系统进行增殖，因此病毒是一种寄生的半生命体。在细胞外，病毒以无生命的惰性大分子长期存在，并保持侵染力，一旦进入细胞就以其遗传信息控制细胞的代谢机制，导致细胞死亡或癌变。病毒的增殖过程，主要是以病毒的核酸为模板进行复制、转录，并翻译成病毒的蛋白质，由这些物质装配成新的子代病毒。因此，一般把病毒的增殖称为复制。

很多病毒在化学组成上仅有核酸和蛋白质两种成分，有的病毒还含有一定量的脂质物质、糖复合物与聚胺类化合物。每个病毒仅含有一种核酸分子，同种病毒不能有两种核酸，这是病毒的基本特点之一，也是与细胞的最根本区别之一。核酸在整个病毒成分中所占比例较小，但却是遗传信息的唯一贮存场所，是病毒的感染单位。因此，在功能上，核酸是病毒最重要的部分。蛋白质在病毒中所占比例很大，它们主要构成病毒的壳体（capsid），少数病毒还带有酶蛋白与糖蛋白。病毒的壳体有保护核酸的作用，而病毒的主要抗原性也是由壳体蛋白所决定的。有些病毒在壳体之外还有包膜（envelope），其主要成分为脂质和蛋白质。

病毒是非细胞形态的生命体，它的主要生命活动必须要在细胞内实现。过去长期认为病毒具有生物和非生物的两重性，是无生命向有生命过渡的桥梁，生物大分子先形成病毒，再由病毒进化为细胞，这一观点现在认为是不合理的。越来越多的病毒学家认为病毒是在细胞的基础上发生的，起源于细胞某些能独立存在的核酸片段，认为病毒是细胞演化的产物，其主要依据是：①所有病毒都是彻底寄生性的，必须要在细胞内复制和增殖，才能表现出基本生命现象，没有细胞的存在也就没有病毒繁殖。因此病毒决不可能起源在细胞之先，只能是先有细胞后有病毒。②已经证明，有些病毒（如腺病毒）的核酸与哺乳动物细胞 DNA 某些片断的碱基序列十分相似。癌基因的发现及其研究的深入加强了这种观点。因为细胞癌基因与病毒癌基因具有相似的同源序列，从而普遍认为病毒癌基因起源于细胞癌基因。③病毒可以看作是 DNA 与蛋白质或 RNA 与蛋白质形成的复合大分子，与细胞内核蛋白分子有相似之处。

第二节　原核细胞的结构及功能

一、原核细胞的结构

根据形态结构与进化程度等的差异，细胞可分为原核细胞（procarytic cell）和真核细胞（eucarytic cell）两大类。这一确切概念是在 20 世纪 60 年代由著名细胞生物学家 H. Ris 最早提出来的。这种划分方法澄清了过去许多模糊的概念，使一些无法确定归属的生物有了恰当的分类地位，对现代生命科学具有深远的影响。

原核细胞因没有典型的核结构而得名，即没有核膜将它的遗传物质等与细胞质分隔开来，因而细胞核与细胞质没有明显的界限。由原核细胞构成的有机体称为原核生物，由真核细胞构成的有机体称为真核生物，整个生物界也即划分为原核生物和真核生物两大类。几乎所有的原核生物都是由单个原核细胞构成，而真核生物却可以分为多细胞真核生物与单细胞真核生物。

原核细胞的体积很小，一般直径为 $0.2 \sim 10 \mu m$，内部结构相对比较简单（图 3-2）。细胞内没有分化为以膜为基础的具有专门结构与功能的细胞器和细胞核膜。遗传信息载体仅由一个环状 DNA 构成，所贮存的遗传信息量相对较小。原核细胞在生命的进程中出现得比较早，进化地位比较原始，大约在 35 亿年前就已出现，它在地球上的分布广度与对生态环境的适应性比真核生物要大得多。

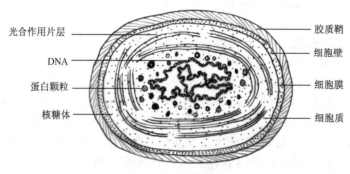

光合作用片层　　　　　　　　　　　　　　胶质鞘
DNA　　　　　　　　　　　　　　　　　细胞壁
蛋白颗粒　　　　　　　　　　　　　　　细胞膜
核糖体　　　　　　　　　　　　　　　　细胞质

图 3-2　蓝藻模式图

二、原核细胞和真核细胞的比较

原核细胞和真核细胞相比，在结构上存在显著的差异（表 3-1）。首先是膜系统的分化与演变，原核细胞除了一层细胞膜外，内部基本上没有膜系统的分化，或者有一些分散的、不连续的简单膜结构，细胞核与细胞质没有明显的界限。细胞质内除核糖体外几乎没有固定的细胞器分化形成，核糖体为 70S，一部分附在质膜上，大部分呈游离状。在质膜上含有呼吸酶系和具有转移肽作用的蛋白质，因此其质膜具有类似于真核细胞线粒体、内质网和高尔基体的作用。细胞壁主要成分是含乙酰胞壁酸的肽聚糖，与以纤维素为主要成分的植物细胞壁有着根本的区别。核区中所含的染色体只是由环状 DNA 组成，不含组蛋白。染色体外所包裹的少量蛋白质，有的是与 DNA 折叠有关，有的则是参与 DNA 复制、重组及转录过程。有些原核生物在核区外还含有染色体外遗传物质——质粒，它是一种小的环状 DNA 分子。原核细胞基因组小，贮存的遗传信息量少，编码的蛋白质少，因此在遗传信息的复制、转录与翻译的装置和程序上也相应简化，转录与翻译可不分区域地同时进行，使原核细胞适应多种不利环境，进行快速调节，从而保证了生长繁殖的快速性和分布范围的广泛性。

表 3-1　原核细胞和真核细胞基本特征的比较

特征	原核细胞	真核细胞
细胞膜	有（多功能性）	有
核膜、核仁	无	有
染色体	由一个环状 DNA 分子构成的单个染色体，DNA 不与或很少与蛋白质结合	2 个染色体以上，染色体由线状 DNA 与蛋白质结合组成
线粒体、内质网等细胞器	无	有
核糖体	70S（包括 50S 与 30S 两个亚单位）	80S（包括 60S 与 40S 两个亚单位）
光合作用结构	蓝藻含有叶绿素 a 的膜层结构，细菌具有菌色素	植物叶绿体具有叶绿素 a 与 b
核外 DNA	细菌具有裸露的质粒 DNA	线粒体 DNA、叶绿体 DNA
细胞壁	主要成分是肽聚糖	动物细胞无细胞壁，植物细胞壁的主要成分为纤维素
细胞骨架	无	有
细胞增殖方式	无丝分裂	有丝分裂为主

三、古核细胞

古核生物（archaeon）或称古细菌（又称原细菌，archaebacteria），是 20 世纪 80 年代出现的名称。古细菌是一些生长在极端特殊环境中的生物，过去把它们归属于原核生物，因为其形态结构、DNA 结构及其基本生命活动方式与原核细胞相似。后来却陆续发现，其 16S rRNA 核苷酸序列与其他原核生物相差甚远，同源性很小，却与真核细胞更为接近，而且除 16S rRNA 序列外的其他一些分子生物学特征也与真核细胞相近。人们很自然联想到这些古细菌与地球早期生命环境的关系，设想它们可能在细胞起源和进化中扮演过重要角色，可能是真核细胞的真正祖先，因此古核生物引起了越来越多学者的重视。

古细菌都是生存在十分苛刻的极端特殊的生态环境中，这些环境对于现代生物来说是无法生存的。现已发现 100 多种古细菌，有 3 个主要类群：产甲烷古细菌（Methanococcus jannaschii）、嗜盐古细菌（halobacteria）和嗜热古细菌（thermoplasma）。有些生物学家建议将生物划分为原核生物、古核生物与真核生物三大界，将细胞相应分为原核细胞、古核细胞和真核细胞三大类型，现在已有更多的论据说明真核生物可能是起源于古核生物。

第三节　真核细胞的结构及功能

真核细胞在亚显微结构水平上，可划分为三大基本的结构与功能体系：①以脂蛋白为基础的膜结构系统。②由特异功能蛋白质分子构成的细胞骨架系统。③以核酸（DNA 或 RNA）和蛋白质为主要成分的颗粒（或纤维）结构。这三种基本的结构体系构成了细胞内部结构分工明确、职能专一的各种细胞器，如内质网、高尔基体、线粒体、叶绿体、细胞骨架等，并以此为基础保证了细胞生命活动具有高度程序化与高度自控性。

一、生物膜系统

在所有细胞的表面包围着一层由脂质和蛋白质组成的膜称为质膜（plasma membrane），亦称为细胞膜（cell membrane）。除质膜以外，在真核细胞中还有构成各种细胞器的膜，即细胞内膜，质膜和细胞内膜统称为生物膜（biomembrane）。生物膜是细胞进行生命活动的重要物质基础，能量转换、蛋白质合成、物质运输、信息传递、细胞运动等都与膜的作用有着密切的关系。

1. 质膜

质膜主要是由脂类和蛋白质两大类物质组成，蛋白质约占膜干重的 20%～70%，脂类约占 30%～70%。膜所含蛋白质与脂类的比率变化较大，这主要取决于膜的种类、细胞类型及生物类型。膜的化学组成在很大程度上与膜的功能有关，如线粒体膜含有电子传递粒，蛋白质比率相对较高；而髓鞘主要起神经元的电绝缘作用，脂质层相对较厚，蛋白质含量相对较低。此外，质膜还含有 2%～10% 的糖类，这些糖类主要以糖蛋白和糖脂的形式存在，在质膜和细胞内膜系统中都有分布。

生物膜中的脂类约有 100 种，其中以磷脂、胆固醇和糖脂为主。磷脂构成了膜脂的基本成分，约占整个膜脂的 50% 以上。组成生物膜的磷脂分子具有一个极性头和两个非极性的尾（脂肪酸链），存在于线粒体内膜和某些细菌质膜上的心磷脂除外，它具有四个非极性的尾，脂肪酸碳链为偶数，多数碳链由 16 个、18 个或 20 个碳原子组成，除饱和脂肪酸外，还常常有不饱和脂肪酸。糖脂普遍存在于细胞膜上，其含量约占膜脂总量的 5% 以下，在神经细胞膜上糖脂含量较高，约占 5%～10%，目前已发现 40 余种糖脂，不同的细胞所含糖脂的种类不同。胆固醇存在于真核细胞膜上，其含量一般不超过膜脂的 1/3，在调节膜的流动性、增加膜的稳定性以及降低水溶性物质的通透性等方面起着重要作用。

膜蛋白是构成膜的另一种重要成分。虽然膜脂构成了膜的基本框架，但膜的大部分功能主要由膜蛋白来完成。因此，膜中蛋白质的种类和数量反映了膜功能的复杂程度。各种膜因性质和功能不同，膜蛋白的含量也有所不同。根据膜蛋白在膜中所处的位置及与膜脂的结合方式，膜蛋白可分为两大基本类型：外在蛋白（或称膜周边蛋白，extrinsic proteins）和内在蛋白（或称整合膜蛋白，integral proteins）。外在蛋白分布在膜的内外表面，为水溶性蛋白，靠离子键或其他较弱的键与膜表面的蛋白质分子或脂分子结合，因此只要改变溶液的离子强度甚至提高温度就可以从膜上分离下来，膜结构并不被破坏。内在蛋白与膜结合非常紧密，只有用去垢剂使膜崩解后才可分离出来。

作为质膜的主要成分，蛋白质、脂类及糖类在膜中如何排列和组织，它们之间如何相互作用，这些都关系到膜的分子结构问题。

20 世纪 50 年代，利用电子显微镜对动物、植物和微生物等各种细胞的细胞膜和细胞内膜进行了广泛的观察。发现所有这些膜都呈三层式的结构，在横切面上表现为两侧为暗带，中央夹着一条明带，暗带厚约 2nm，明带厚约 3.5nm，膜的总厚度约为7.5nm。据此，1959 年 J. D. Robertson 提出了单位膜模型（unit membrane model），认为所有的生物膜都由蛋白质-脂质-蛋白质的单位膜构成，这一模型得到了 X 射线衍射分析与电镜结果的支持。

在此基础上，S. J. Singer 和 G. Nicolson 于 1972 年提出了生物膜的流动镶嵌模型（fluid mosaic model）。该模型的主要特点是构成膜的蛋白质和脂类分子具有镶嵌关系，而且膜的结构处于流动变化之中。膜中的脂类分子呈双分子层排列，构成了膜的网架，其内外两层是不对称的。脂类分子的亲水头端朝向水相，疏水尾端在膜的内部。蛋白质分子有的以不同深度镶嵌在脂双层网架中，有的则粘附在脂双层的表面上。

流动镶嵌模型除了强调脂类分子与蛋白质分子的镶嵌关系外，还强调了膜的流动性。主张膜总是处于流动变化之中，脂类分子与蛋白质分子均可作侧向流动。流动镶嵌模型能够真实地说明膜的结构和属性，后来的许多试验结果支持了流动镶嵌模型的观点，成为深入研究生物膜公认的依据。

2. 细胞内膜系统

除了具有细胞核外，真核细胞最显著的特征在于具有多种多样的包围细胞器的内膜系统。细胞的内膜系统将细胞分隔成具有不同功能的区室，各区室相互间的物理和化学性质上均有区别。每一区室由封闭的选择性通透的膜构成边界，形成一个个亚细胞反应器，具限制性能的膜在这一容器中，保持并浓缩着一套独特的酶，由此而赋予每一区室的特异性的功能。

1) 内质网

内质网（endoplasmic reticulum，ER）是由一层单位膜所围成的一些小管、小囊或扁囊（亦称潴泡，cisterna）构成的一个连续网状系统，其网腔是相通的。膜厚 5～6nm，表面常附着有大量核糖体（图 3-3）。

内质网的形态变化很大，在不同的细胞中，小管、小囊和扁囊的形态、大小、数量和分布不同；即便是同一细胞，在不同的发育时期，随着生理机能的变化，内质网的大小和形态也发生较大的变化。根据结构和功能，内质网可分为两种基本类型：粗面型内质网（rough endoplasmic reticulum，rER）和光面型内质网（smooth endoplasmic reticulum，sER）。

粗面型内质网主要由扁囊构成，排列较为整齐，因为其表面分布有大量的核糖体颗粒，显得粗糙而得名。它主要参与分泌性蛋白和多种膜蛋白的合成，因而，在各种分泌细胞中特别发达，如胰腺外分泌细胞，几乎全为粗面型内质网。

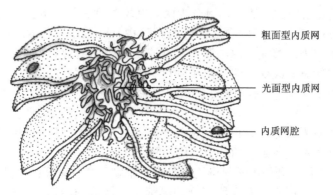

图 3-3　内质网立体结构模式图

光面型内质网的主要特征是膜表面无核糖体颗粒附着，其形态常常呈分支的管状，相立交织成网。由于光面型内质网是脂质合成的重要场所，所以普遍存在于需要大量合成类固醇的细胞中，如精巢的间质细胞、肾上腺皮质和其他分泌激素的细胞。

在大多数种类的细胞中，同时存在粗面型内质网与光面型内质网，只是二者所占比例不同。尽管有研究表明粗面型内质网上有 20 余种蛋白质与光面型内质网有差异，但二者在结构上是连续的整体，因此，推测在内质网膜上有某些特殊机制将光面型内质网与粗面型内质网的区域分隔开，并维持其形态，否则由于脂质和蛋白质的侧向扩散作用会趋向于在整个内质网的不同区域均匀分布。

内质网与细胞的许多重要功能有关，几乎全部的脂质和许多重要的蛋白质都是在内质网上合成的。此外，内质网还参与糖类代谢和细胞的解毒作用等。

2）高尔基体

高尔基体（Golgi body）又称高尔基器（Golgi apparatus）或高尔基复合体（Golgi complex）。以它的发现者意大利医生高尔基的名字命名，广泛存在于各种动植物细胞中。

在电子显微镜下，高尔基体是由堆叠在一起的扁平囊组成，其周围常结合有小管和大小不等的膜泡。构成扁囊的膜是光滑的，囊腔内充满了无定形或颗粒样的内含物。扁囊的数量一般为 3～8 个，多的可达 20 个左右。扁囊直径约 $1\mu m$，每层扁囊之间的距离为 15～30nm。在大多数种类的细胞中，高尔基体扁囊堆常常具有一个明显的凸面和凹面，凸面又称形成面，多为面向核的方向；凹面称为成熟面，面向细胞膜，常有大囊泡（图 3-4）。

高尔基体的主要功能是对内质网合成的物质进行修饰、分类与包装，然后分泌到细胞外或输送到细胞内的特定部位。同时，高尔基体还是糖类生物合成的重要场所，在细胞的生命活动中起十分重要的作用。

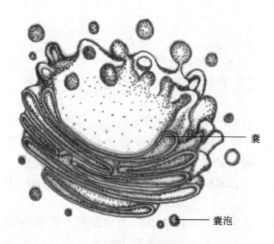

图 3-4　高尔基体模式图

3）溶酶体

溶酶体（lysosome）普遍存在于真核细胞中，酸性水解酶是溶酶体的特征酶，它可以催化、降解所有生物大分子，所以溶酶体被视为细胞的"消化系统"。

溶酶体是由单层膜围成的近似球形结构，直径约 $0.4\sim0.8\mu m$，膜厚约 7nm，目前已发现溶酶体内含有 60 多种酶，其中主要有脂酶、蛋白水解酶、核酸酶、磷酸脂酶、糖苷酶和硫酸脂酶等，这些酶大部分为可溶性酶，最适 pH 5.0，为酸性水解酶。根据溶酶体的形态、所含水解酶的种类以及不同的生理阶段，溶酶体分为初级溶酶体（primary lysosome）、次级溶酶体（secondary lysosomc）和残余小体（residual body）。

溶酶体在细胞中主要的功能之一就是消化作用，通过溶酶体内含的多种酶类消除细胞内衰老的生物大分子、细胞器以及损伤和死亡的细胞。细胞的自溶作用（autolysis）是溶酶体又一功能活动，在一定调节机制下，细胞内溶酶体的膜可自行破裂，释放出其中的水解酶，进而引起细胞自身的溶解、死亡，即整个细胞被释放的酶所消化。

4）液泡

液泡（vacuole）是由单层单位膜包被的细胞器，通常含有大量的水分和许多种类的有机物和无机物。液泡内的液汁称为细胞液（cell sap）。不同类型或不同发育时期的细胞，其液泡的数目、大小、形状、成分都有差别。在幼期的细胞，如顶端分生组织细胞内，液泡很小，有时要用电镜才可见到。小液泡的数量常较多，散布在胞基质中。随着细胞的长大和分化，细胞的一些代谢产物和水分进入小液泡，使它们相应地增大，并且逐渐合并成一个或几个中央大液泡，具有中央大液泡是植物细胞区别于动物细胞的一个显著特征。中央大液泡形成后，将其他的原生质体挤成一薄层，包在液泡的外围而紧贴着细胞壁，使细胞质和环境之间有最大的接触面，有利于新陈代谢。

细胞液的成分复杂，通常呈酸性，其浓度因细胞类型和发育时期而异，其中溶有无机盐、氨基酸、糖类以及各种色素。细胞液中的花色素苷（anthocyanin）与植物的颜色有关，花、果实和叶的紫色、深红色都决定于花色素苷。

液泡是植物细胞的代谢库，起调节细胞内环境的作用；同时可调节细胞的渗透压，使细胞保持膨胀状态。液泡也具有贮藏的功能。例如，甘蔗、甜菜根中的液泡，贮藏有大量的蔗糖。液泡还能贮藏一些有害的代谢产物，如草酸钙的结晶。有些液泡还含有多种酶，如水解酶等，在一定情况下，液泡膜向内反折包裹细胞的某些膜或细胞器，然后进行分解和消化。

3. 细胞能量内膜性细胞器

在真核细胞中，普遍存在着两种独特而又重要的细胞器，它们是线粒体（mitochdrion）和叶绿体（chloroplast），后者主要存在于植物细胞中。这两类细胞器能把能量转换成可用以驱动各种形式的细胞反应，所以它们是细胞进行各种生命活动的能源装置。它们的特殊功能反映在其形态结构上含有大量的内膜，这些膜起着电子传递所需的构架，转变氧化反应的能量高效产生 ATP，内部集中了催化其他重要的细胞反应的特殊酶。线粒体和叶绿体还都含有自己的 DNA，可编码合成少量的蛋白质，故被称为半自主性细胞器。

1）线粒体

线粒体通常为长圆形，直径 $0.5\sim1.0\mu m$，长 $1.5\sim3.0\mu m$，其大小因细胞种类和生理状况不同而不同。数目几个至数千个不等，如每个肝细胞中含 1000～2000 个。在多数细胞中线粒体均匀分布于整个细胞质，有时集聚在细胞质的边缘。线粒体往往在细胞代谢旺盛的需能部位比较集中，如分泌细胞线粒体聚集在分泌物合成的区域，线粒体的这种分布显然有利于需能部位的能量供应。线粒体在细胞质中迁移时，往往与微管有关。

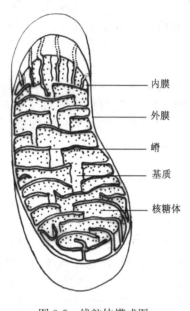

图 3-5　线粒体模式图

线粒体是由双层生物膜组成的，内膜和外膜套叠构成套起来的两个囊，内外囊不沟通。内膜将线粒体分隔为内室和外室。因外室处于内膜、外膜之间，故又称膜间腔。内室由内膜所包围，其中充满基质，又称基质室。内膜向内凹入折叠形成许多嵴（crista），嵴膜间的腔隙称为嵴内腔。嵴上分布许多颗粒称为基粒，这些颗粒为 ATP 酶，是参加氧化磷酸化偶联反应的单位（图 3-5）。

线粒体是细胞进行氧化呼吸，产生能量的地方。使生物小分子分解并进行生物氧化的两条代谢途径，即三羧酸循环和电子传递途径，都位于线粒体内膜上，还有脂肪酸代谢途径中的一些酶，也在线粒体内。线粒体相当于细胞内的能源工厂，在这里，脂肪酸和其他生物小分子被氧化分解，消耗氧气，产生二氧化碳和水，同时释放大量的能量，暂时贮存在 ATP 分子和其他"能量货币"分子中，供细胞生命活动之需。

2）叶绿体

叶绿体是植物细胞中特有的一种细胞器，具有光合作用的能力。它能吸收光能合成碳水化合物，同时产生氧气，即叶绿体把光能转化成化学能贮存在碳水化合物中，碳水化合物是生物界中能量循环链的起点。因此，叶绿体在生物界的生存和进化上都有着重大意义。

在高等植物细胞中，叶绿体一般呈双凹面椭圆形或卵形，长径为 3～10μm。数目因物种、细胞种类和生理状态不同而有差异，由一个至几千个不等。在电子显微镜下，叶绿体由叶绿体膜（chloroplast membrane）、类囊体（thylakoid）和基质三部分组成（图 3-6）。叶绿体膜由双层膜组成，两层膜之间有 10～20nm 的膜间隙，外膜通透性强，内膜具有较强的选择透性，是细胞质和叶绿体基质之间的功能屏障。叶绿体内部有复杂的片层系统，其基本结构单位是类囊体，它是由膜围成的囊，类囊体沿叶绿体长轴平行排列，在一定的区域紧密地叠垛在一起，称为基粒（granum）。一个叶绿体可含有 40～60 个基粒，基粒的数量和大小随植物种类、细胞类型和光照条件不同而变化。组成基粒的类囊体叫做基粒类囊体，连接基粒的类囊体称为基质类囊体。基质中有各种颗粒，包括核糖体、DNA 纤丝、淀粉粒、质体小球和植物铁蛋白（phytoferritin），以及光合作用所需要的酶。叶绿体含有 DNA 和核糖体，它可以合成某些蛋白质，在遗传上有一定的自主性。

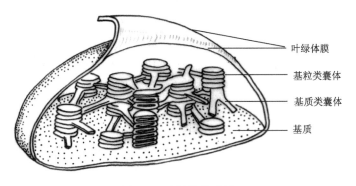

图 3-6 叶绿体模式图

右侧标注（从上到下）：叶绿体膜、基粒类囊体、基质类囊体、基质

二、细胞骨架

细胞骨架普遍存在于真核细胞中，由蛋白质纤维组成的网架结构，为细胞提供支撑和运输的系统。细胞骨架不仅在维持细胞形状，保持细胞内部结构的有序性中起重要作用，而且与细胞运动、胞内物质运输、能量转换、信息转递、细胞分裂、基因表达、细胞分化、甚至分子空间结构的改变等生命活动密切相关。依其纤丝的直径粗细、存在位置及相关功能活动的不同，细胞骨架包括微管（microtubule）、微丝（microfilament）和中间纤维（intermediate filament）三种类型。

1. 微管

微管由微管蛋白（tubulin）组成的中空管状结构，外直径为 28nm，内直径为 14nm。微管的长度变化较大，从纳米级到微米级。微管在细胞内多呈网状或束状分布，是真核细胞的生活周期或发育的某个时期广泛存在的一种蛋白质聚合体，常常与其他蛋白一起共同组成纺锤体、中心粒、鞭毛、纤毛、神经等结构，参与细胞运动和细胞分裂等多种生命活动的过程。

构成微管的主要成分是微管蛋白。微管蛋白有两种类型，即 α 微管蛋白和 β 微管蛋白。α 微管蛋白和 β 微管蛋白均含酸性 C 端序列，二者共同组成异二聚体，异二聚体的相对分子质量约为 100 000，占微管总蛋白量的 80%～95%，是微管装配的基本单位，若干异二聚体首尾相接形成原丝，管壁由 13 条原丝平行排列围成。

微管具有多种功能：构成细胞内的网状支架，形成和保持细胞的形状；参与细胞的收缩，构成纤毛、鞭毛等运动器官的基本结构成分并产生运动；细胞有丝分裂时中心粒和染色体的移动，形成细胞板；细胞内物质运输、细胞分泌、信息传递和细胞分化等。

2. 微丝

微丝又称肌动蛋白纤维（actin filament），由肌动蛋白（actin）组成，直径约为 7nm 的骨架纤维。微丝不仅存在于各种非肌肉细胞中，而且也广泛存在于肌肉细胞中。肌动蛋白和肌球蛋白（myosin）可能是重要的利用细胞化学能产生运动的机械化学系统。在一个细胞中微丝的总长度可达微管的 30 倍。微丝大量分布在质膜下方的外质中，常平行成束排列。

微丝的基本结构成分是肌动蛋白，肌动蛋白的相对分子质量约为 43 000，单个分子外观呈哑铃形。在哺乳动物和鸟类细胞中已分离到 6 种肌动蛋白，4 种称为 α-肌动蛋白，分别为横纹肌、心肌、血管平滑肌和肠道平滑肌所特有；另外两种分别为β-肌动蛋白和γ-肌动蛋白，见于所有肌肉细胞质和非肌肉细胞质中。肌动蛋白在进化过程中高度保守，来自粘菌、果蝇、哺乳动物的血小板、脊椎动物的肌肉以及植物细胞的肌动蛋白，在分子大小、氨基酸序列以及其他形状上都极其相似。肌球蛋白总是和肌动蛋白紧密相关的，其他结合蛋白与肌动蛋白相互作用，使微丝表现出独特的结构形态和极其多样的功能。

微丝在真核细胞中广泛存在，参与许多生命活动的过程。例如，肌肉收缩、细胞变形运动、胞质分裂、细胞信号传递等，都有微丝参与。有些微丝结合蛋白，如纽蛋白等，是蛋白激酶及癌基因产物的作用底物。多聚核糖体及蛋白质合成与微丝的关系亦受到关注。

3. 中间纤维

20 世纪 60 年代中期，在哺乳动物中发现了一类直径为 10 nm 的中空管状丝，由于其直径介于微管和微丝之间，故被命名为中间纤维。它不受细胞松弛素和秋水仙素的影响，在化学组成和性质上与微管和微丝不同。现已发现中间纤维也普遍存在于真核细胞中。

中间纤维的成分比微管和微丝复杂，按其组织来源及免疫原性可分为 5 类：角蛋白纤维（keratin filament）、波形纤维（vimentin filament）、结蛋白纤维（desmin filament）、神经元纤维（neurofilament）和神经胶质纤维（neuroglial filament）。中间纤维不仅有组织特异性，而且在不同发育时期有不同的中间纤维蛋白表达。每条中间纤维蛋白多肽螺旋链中都有一段 310 个氨基酸构成的高度保守区，每两条中间纤维蛋白多肽螺旋链再绕成双链超螺旋二聚体。二聚体反向平行以半交叠方式构成四聚体，它是中间纤维解聚的最小亚单位。四聚体还可形成八聚体，然后 8 个四聚体或 4 个八聚体再装配成 10nm 的中间纤维。

中间纤维的功能至今仍不十分清楚，一个重要原因是迄今尚未找到一种中间纤维特异性工具药。已知中间纤维与微管关系密切，可能对微管装配和稳定有作用。此外，中间纤维从核纤丝通过细胞质向细胞膜延伸，它不仅对细胞刚性有支持作用和对产生运动的结构有协调作用，而且更重要的是中间纤维与细胞分化、细胞内信息转递、核内基因表达等重要的生命活动过程有关。

三、细胞核和染色体

细胞核（nucleus）是真核细胞最大、最重要的细胞器，在原核细胞中，由于细胞核外无核膜包裹，故称为拟核。但是无论是真核细胞的细胞核还是原核细胞的拟核都是遗传物质的贮存场所，控制着细胞的各种生命活动，是细胞遗传代谢的调控中心。

所有真核细胞，除高等植物的筛管分子和哺乳动物的红细胞等极少数例外，都含有细胞核，一般说来，真核细胞失去细胞核后不久即导致细胞的死亡。细胞核通常呈球形或卵圆形，但也随物种和细胞类型不同而有很大变化。细胞核与细胞质在体积之间通常存在一个大致的比例，即细胞核的体积约占细胞总体积的 10% 左右，这被认为是制约细胞最大体积的主要因素之一。细胞核的大小依物种不同而变化，高等动物细胞核直径一般为 $5\sim10\mu m$，高等植物细胞核直径一般为 $6\sim20\mu m$，低等植物细胞核直径为 $1\sim4\mu m$。

在细胞周期中，细胞核在分裂间期和分裂期有不同的形态。分裂期的细胞核处于解体状态。因此细胞核的形态结构指的是分裂间期核，它主要由核被膜、染色质、核仁和基质组成（图 3-7）。

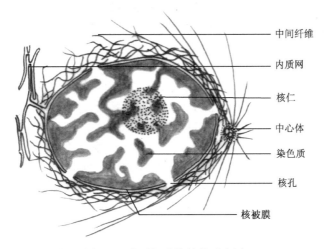

中间纤维
内质网
核仁
中心体
染色质
核孔
核被膜

图 3-7　典型细胞核结构示意图

1. 核被膜

核被膜（nuclear envelope）是真核细胞中普遍存在的结构，由内外两层平行的单位膜组成，每层单位膜厚约 7.5nm，两层膜之间有 20～40nm 空间。它们不仅是细胞质和细胞核的界膜，而且还控制着核、质之间物质和信息交流。核被膜从形态及生化性质上可以分为 3 种区域。核外膜面向胞质，其表面附有大量核糖体颗粒，常见与粗面型内质网相连。核内膜面向核质，表面光滑而没有核糖体颗粒，内膜上有特异蛋白为核纤丝提供了结合位点，从而把核膜固定在核纤丝上。在内外核膜结合之处形成环形开口，称作核孔，核孔的数目及大小因细胞种类而异。核孔是由 RNA 和蛋白质组成的丝状网架结构封在其上，这是一种兼具被动扩散和主动运输的特殊跨膜运输蛋白复合体，称核孔复合体（nuclear pore complex）。而核膜内的核质是透明黏稠的液体，它含有各种蛋白质和酶，许多核内代谢反应就在核质中进行。

核纤层（nuclear lamina）是分布于核内膜与染色质之间紧贴核内膜的一层蛋白网络结构，一般厚 10～20nm，在不同细胞中，其厚度变化较大，最厚者可达 30～100nm。核纤层蛋白属于中间纤维家族成员，组成十分保守。各种核纤层蛋白在细胞分化的不同时期都有各自特异的表达，在细胞分裂过程中，核纤层要发生解聚和重装配。核纤层既与细胞质骨架、核骨架连成一个整体，也与核被膜、染色质及核孔复合体在结构上有密切联系。

2. 染色质

1879 年，W. Flemming 提出了染色质（chromatin）这一名词，用以描述细胞核中能被碱性染料强烈着色的物质。1888 年，Waldeyer 正式提出染色体名词。染色质和染色体是遗传物质的载体，是在细胞周期不同阶段可以相互转变的形态结构。染色质是指间期细胞核内由 DNA、组蛋白、非组蛋白及少量 RNA 组成的线性复合结构，是间期遗传物质存在的形式。染色体（chromosome）是指细胞在有丝分裂或减数分裂过程中，由染色质聚缩而成的棒状结构。二者之间的区别并不在于化学组成上的差异，而在于包装程度的不同，反映了它们处于细胞周期中不同的功能阶段。在真核细胞的细胞周期中，大部分时间是以染色质的形态而存在的。间期染色质按其形态表现和染色性能可分成三种类型：常染色质、组成性异染色质和兼性染色质。

1974年科姆伯格（Kornberg）等根据染色质的酶切降解和电镜观察，发现核小体（nucleosome）是染色质包装的基本结构单位，提出染色质结构的串珠模型，从而人们对于染色质的结构有了更深入的了解。

核小体的结构要点有以下方面。每个核小体单位包括200bp左右的DNA和一个组蛋白八聚体以及一个分子的H_1。组蛋白八聚体构成核小体的核心结构，由H_{2A}、H_{2B}、H_3和H_4各两个分子组成。146bp的DNA分子超螺旋盘绕组蛋白八聚体1.75圈，组蛋白H_1在核心颗粒外结合额外20bp DNA，锁住核小体DNA的进出端，起稳定核小体的作用，含组蛋白H_1和166bp DNA的核小体又称为染色质小体。两个相邻核小体之间以连接DNA相连，典型长度60bp，不同物种变化范围为0~80bp。

由DNA与组蛋白包装成核小体，在组蛋白H_1的介导下核小体彼此连接形成直径约10nm的核小体串珠结构，这是染色质包装的一级结构。在有组蛋白H_1存在的情况下，由直径10nm的核小体串珠结构螺旋盘绕，形成外径为30nm，内径为10nm，螺距为11nm的螺线管（solenoid），每个螺圈由6~7个核小体组成，组蛋白H_1位于中空的螺线管内，起稳定螺线管的作用，这是染色体包装的二级结构。由螺线管螺旋化形成的直径为$0.4\mu m$的圆筒状结构，称为超螺线管（supersolenoid），这是染色体包装的三级结构。这种螺线管进一步螺旋，形成$2\sim10\mu m$的染色单体，即为染色体包装的四级结构。根据多级螺旋模型，从DNA到染色体经过四级包装，在长度上前者是后者的8400倍。

3. 核仁

核仁（nucleolus）是真核细胞间期核中最显著的结构，无被膜包被，为浓密匀质的球形小体，在光学显微镜下清晰可见。核仁的大小、形状和数目随生物的种类、细胞类型和细胞代谢状态而变化。蛋白质合成旺盛、活跃生长的细胞（如分泌细胞、卵母细胞），其核仁大，可占核体积的25%；不具蛋白质合成能力的细胞，如肌肉细胞、精子、休眠的植物细胞，其核仁很小。

在细胞周期过程中，核仁又是一个高度动态的结构，在有丝分裂期间表现出周期性的消失和重建。间期核核仁结构整合性的维持和有丝分裂之后核仁的重建都需要rRNA基因的活性。

真核细胞的核仁具有重要功能，它是rRNA合成、加工和核糖体亚单位的装配场所。因此，对核仁的结构、动态功能的研究，一直受到人们的重视。

四、植物细胞壁

植物细胞的质膜外面有厚而硬的细胞壁（cell wall），它是植物细胞区别于动物细胞的显著特征之一。不同植物、不同部位、不同发育时期的细胞壁，在结构和组成上有着许多变化。有的细胞壁是有刚性的，如木纤维细胞及导管细胞的细胞壁；有的细胞壁是可塑性的，如薄壁细胞的细胞壁。从其化学组成、结构及发生来源来看，植物细胞壁相当于动物组织间的细胞外基质，而不能简单认为是一种环绕植物细胞的惰性结构。细胞壁的许多成分积极参与植物细胞的生长、发育、分化、物质代谢及信息传递等诸多生命过程，因此它的存在对植物细胞的生命活动极其重要。

植物细胞最初生长的细胞壁都是很薄的，称为初生壁（primary wall）。初生壁薄而有弹性，能随着细胞的生长而延伸。两个相邻细胞的初生壁之间有胞间层（middle lamella）把两个细胞黏合在一起。细胞停止生长后，在初生壁的内侧形成次生壁（secondary wall），次生壁通常较厚，其厚度与色泽随不同植物、不同组织而不同。次生壁不是所有植物细胞都具有，如叶肉细胞缺乏次生壁。

细胞壁的化学组成有纤维素（cellulose）、半纤维素（hemi-cellulose）、果胶质（pectin）和蛋白质。当细胞成熟和次生壁发育时，细胞壁上出现木质素（lignin）的沉积，导致木质化。另外，在某些细胞壁中还含有角质、木栓质、蜡质和硅质等。纤维素是由葡萄糖 β-1,4-糖苷键连接起来的线形多聚体分子。纤维素分子聚集成束，形成长的微纤丝（或称微原纤维）（microfibril），微纤丝的走向受细胞质中微管网架的影响。半纤维素是由木糖、半乳糖和葡萄糖等组成的高度分支的多糖，通过氢键与纤维素微纤丝连接。果胶质也是细胞壁中一类重要的基质多糖，是胞间层的主要成分，在相邻细胞间使细胞黏合在一起，如果有果胶酶或 Ca^{2+} 螯合剂分解果胶质，将导致细胞分离。细胞壁中最重要的蛋白质为伸展蛋白（或称伸展素）（extensin），它是一类富含羟脯氨酸、具有特征性结构单位 Ser-Hyp-Hyp-Hyp 四肽序列重复的糖蛋白。它是初生壁的重要结构成分，含量可多达 15％。植物细胞壁中存在多种伸展蛋白，它们由伸展蛋白多基因家族编码。

第四节　细胞的生长发育

细胞分裂、分化和死亡是多细胞生物的个体发育过程中最基本的生命活动，三者彼此相关，缺一不可。而且随着生物的进化，越是高等的生物，这三项基本生命活动分工越明确，调节控制系统越是精细。这不仅是构成一个独立的生物体高度复杂的结构所必需，也是生物体适应环境进行各种高度精确的生命活动所必需的。细胞分裂、分化和死亡三项生命活动的分工协调是在生物进化过程中，经过自然选择压力而获得、并得到逐步完善的。细胞的分裂和分化维持着个体的生存及其生命活动，死亡也是为了生物个体的整体生存及生命活动正常进行。只有三者失去平衡的调节，才会最终导致个体的死亡。细胞癌变不仅与细胞分裂有关，而且也与分化和死亡有关，即细胞增殖失控，细胞分化失调、细胞死亡反常都会引起细胞的癌变。

一、细胞分裂

细胞分裂（cell division）是细胞的基本特征之一，也是生命能够延续的重要保证。通过细胞分裂，由原来的一个亲代细胞变为两个极其相似的子代细胞。细胞分裂以前，细胞必须经过生长发育，主要表现为物质的积累、细胞体积增大和遗传物质的复制。

无论单细胞生物还是多细胞生物，都要通过细胞分裂来满足物种延续的需要。对于单细胞生物，细胞分裂的结果是生命个体数量的增加。而对于多细胞生物，细胞分裂是个体生长和发育的基础，通过无数次的细胞分裂，从单一细胞（即受精卵）可发育成为多种组织和器官的生物体。与前者不同的是，这些增殖的细胞，还要经过复杂的细胞分化过程。即使在成年生物体中，仍然需要细胞分裂。这是由于机体内大量的细胞在不断地衰老和死亡，如高等动物中的血细胞、皮肤上皮细胞和小肠上皮细胞等，因此必须补充损失的细胞，以维持机体内细胞数量的相对平衡。

细胞分裂是受机体严格调控的。在高等生物中，细胞分裂调控十分复杂。它不仅遵循细胞自身的分裂调控规律，还要符合生物体整体发育的需要。如果细胞分裂失去机体的调控，细胞可能无限增殖，导致癌变，威胁整个生命。

细胞分裂具有周期性，并通过细胞周期（cell cycle）来实现。我们把连续分裂的细胞从一次有丝分裂结束到下一次有丝分裂完成所经历的过程称为细胞周期。一个细胞周期可以人为地划分为先后连续的 4 个时期，即 G_1 期（DNA 合成前期）、S 期（DNA 合成期）、G_2 期（DNA 合成后期）和 M 期（分裂期）。

G_1 期是一个细胞周期的第一阶段，上一次细胞分裂之后，子细胞生成，标志着 G_1 期的开始。新生成的子细胞立即进入一个细胞生长时期，开始合成细胞生长所需的各种蛋白质、糖类、脂质等，但不合成 DNA。从测定各种细胞的细胞周期得知，G_1 期持续时间变化很大，人们称之为 G_1 期的易变性。多数类型的细胞 G_1 期相当长，这可能与细胞在此时期增加质量有关。

哺乳动物细胞的 S 期一般为 6～8h。S 期主要进行 DNA 的合成及有关组蛋白合成并形成核小体，每一条染色体复制成两个染色单体，DNA 含量增加一倍。DNA 复制的起始和复制过程受到多种细胞周期调节因素的严格调控，同时 DNA 复制与细胞核结构如核骨架、核纤层、核膜等密切相关。

DNA 复制完成以后，细胞即进入 G_2 期。此时细胞核内 DNA 的含量已经增加一倍，由 G_1 期的 $2n$ 变成了 $4n$，即每个染色体含有 4 个拷贝的 DNA。细胞在此时期进行微管蛋白的合成、ATP 能量的积累和磷脂的合成等，是分裂期的准备时期。

M 期即细胞分裂期，这一时期经历前期、中期、后期和末期（图 3-8）。前期的主要特征是核膜消失，即看不到原来有清晰界线的细胞核结构，同时核内的染色质进一步盘绕折叠成为光镜下可见的染色体，组装中的纺锤丝逐渐显示出来。中期的明显标

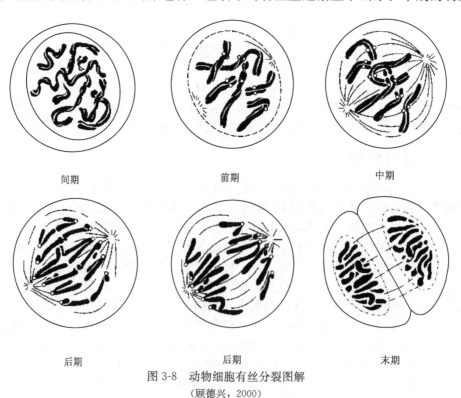

间期　　　　　　　　　前期　　　　　　　　　中期

后期　　　　　　　　　后期　　　　　　　　　末期

图 3-8　动物细胞有丝分裂图解
（顾德兴，2000）

志是染色体逐渐集中到细胞中部的赤道面上，每条染色体的着丝点连着微管伸向细胞的两极；然后着丝粒逐渐分成两个，也就是说姊妹染色单体彼此逐渐分开。在后期，随着与着丝点相连的微管收缩，把两个姊妹染色单体分别拉向细胞的两极方向；与此同时，另一些微管，即不与染色体着丝点相连的微管伸长，使得细胞伸长。末期子染色体向两极移动结束，染色体解螺旋，回到染色质状态，核膜重新形成，核仁出现，细胞中部逐渐形成隔膜将两侧分隔为两个子细胞。

二、细胞分化

完整的动植物个体是通过细胞分裂和细胞分化来实现的。细胞通过分裂进行增殖，增加细胞总数；细胞通过分化产生不同的细胞类型，形成各种组织、器官，最终形成一个完整的生命有机体。所谓细胞分化，即胚胎细胞分裂后的未定型细胞或简单可塑性细胞，在形态和化学组成上向专一性或特异性方向转化，演变为特定细胞类型的过程，称为分化（differentiation）。例如，多能造血干细胞在不同细胞因子的作用下，能分化形成具有不同形态和功能的各种类型的血细胞。

同一个体的不同类型细胞内基因组是完全相同的，但是并不是细胞内所有的基因都处于活动状态，而是有的基因表达，有的基因不表达。不同类型细胞表达不同种类的基因，同时合成不同种类的蛋白质，因而表现出不同的形态。

细胞内的基因可分为两类。一类为管家基因（house-keeping gene），对于维持细胞生存是必不可少的，因而在各类细胞中都处于活动状态，如编码核糖体蛋白、肌动蛋白以及组蛋白等的基因。如果编码核糖体蛋白的基因不表达，则细胞不能合成核糖体，也就不能合成蛋白质，细胞就不能存活。另一类为奢侈基因（luxury gene）或组织特异性基因（tissue-specific gene），这类基因在不同组织中有不同的选择表达，如角蛋白基因、血红蛋白基因等。皮肤的表皮细胞中的角蛋白基因表达，能合成表皮细胞特有的角蛋白。幼红细胞的血红蛋白基因表达合成红细胞中特有的血红蛋白。奢侈基因的表达对于细胞自身的生长发育并不是必需的，但对于整个生物体又是十分重要的。

细胞分化是稳定的，一般是不可逆的。细胞一旦发生分化，就可持续若干细胞代，甚至不再分裂而保持高度分化状态。一般而言，分化程度越高，分裂能力越差。细胞分化虽然发生在整个生命进程中，但以胚胎期达到高峰，成为研究分化最受注目的时期。在生物个体发育过程中，细胞分化有着严格的程序和规律。细胞分化过程的实质是组织特异性基因在时间和空间上的有序的差异表达，这种差异不仅涉及基因转录和转录后水平的精确调控，而且还涉及染色体和DNA水平、蛋白质翻译和翻译后加工与修饰水平上的复杂而严格的调控过程。

细胞分化受到很多因素的影响，如细胞的极性、激素和某些化学物质，以及光照、温度、水分等都可能在一定程度上影响植物体内的细胞分化。例如，无尾两栖类的蝌蚪变态过程中起重要作用的甲状腺素和昆虫变态过程中的2-羟蜕皮素和保幼素等激素，它们都由内分泌腺释放，从而诱导体细胞的分化。环境因素对性别决定的影响早被人们发现和研究，并作为细胞分化和个体发育中的有趣且重要的研究课题。例如，一种蜥蜴在较低温度（24℃）时全部发育为雌性，温度提高至32℃则全部发育为雄性。此外，一种蜗牛的性别决定取决于个体之间的相互位置，互相叠压的群体中，位于下方的个体发育成雌性，位于上方为雄性。虽然人们对其机制还不清楚，但上述现象表明环境因素对细胞分化产生影响，进而影响个体发育。

　　分化细胞可能失去特有的形态结构和功能，重新处于一种未分化的状态。这一过程称为去分化（dedifferentiation）。例如，植物的体细胞在一定条件下形成未分化细胞群，即形成愈伤组织，就是一种去分化现象。愈伤组织可进一步通过诱导，使其再分化（redifferentiation）形成根和芽顶端分生组织的细胞，并最终形成植株。

　　在生物体中普遍存在再生（regeneration）的现象，即生物体缺失的组织和器官能重新生长和修复。不同的物种，其再生的能力有明显的差异。一般来说，植物比动物再生能力强，低等动物比高等动物再生能力强。例如，从水螅中段切下仅占体长 5％的部分，就能长成完整的水螅。而两栖类只能再生形成断肢。哺乳动物的再生能力较差，截肢后一般不能再生。但有的器官部分切除后，仍可再生。例如，鼠肝部分切除后，能再生恢复。

　　细胞经分裂和分化，能发育成完整有机体的潜能或特性称为细胞全能性（totipotency）。受精卵和早期胚胎细胞都是具有全能性的细胞。植物的体细胞在适当条件下，可培育出正常的植株。这不仅是细胞全能性的有力证据，而且也广泛地应用在植物基因工程的实践中。1997 年，人们将羊的乳腺细胞的细胞核植入去核的羊卵细胞中，成功地克隆了"多莉"。这进一步证明了即使已分化的动物细胞，其细胞核也具有全能性。

　　在一般情况下，特别对高等动物而言，随着胚胎发育，细胞逐渐丧失了发育成为个体的能力，仅有少数细胞依然具有分化成其他细胞类型和构建组织和器官的能力，这类细胞称之为干细胞（stem cell）。例如，小鼠胚胎发育至囊胚期时，其原始的内层细胞称为胚胎干细胞（embryo stem cell），胚胎生殖嵴中的干细胞称之为生殖嵴干细胞。1988 年人们首次在体外分离和培育了人的胚胎干细胞和生殖嵴干细胞，极大地推进了细胞分化机制和干细胞工程的研究。胚胎干细胞和生殖嵴干细胞均有分化成各种组织细胞类型的潜能，因此也称之为多潜能干细胞。相对于多潜能干细胞，受精卵和早期卵裂球细胞称为全能干细胞。人胚胎干细胞的成功分离与培养及体外由胚胎干细胞分化成造血细胞、神经细胞、肌细胞甚至精子和卵子细胞的研究，以及克隆技术的发展，不仅大大加深了对细胞全能性和细胞分化机制的了解，而且在细胞治疗及组织工程和修复医学的研究和实践中都具有重要的意义。

　　细胞癌变是细胞分化领域中的一个特殊问题，因为肿瘤细胞可以看作是正常细胞分化机制失控的细胞，成为不衰老的永生细胞，丧失分化细胞的正常生理功能，形态上趋于一致，表现出某些未分化细胞的特征。然而，肿瘤细胞的基因组却不同程度地发生了改变，其结果是正常机体的构建受到破坏，并丧失了相应的正常生物学功能。

三、细胞衰亡

　　细胞衰老和死亡（cell senescence and death）是细胞在生命活动后期生活能力自然减退直至最后丧失的不可逆过程。生物体内的细胞在不断地衰老、死亡，同时新生的细胞来补充替代。细胞衰老是细胞生命活动的一个组成部分，衰老的终结是死亡。

1. 细胞衰老

　　人们对细胞衰老及其生物学意义的认识经历了一段过程。1912 年，法国诺贝尔奖获得者 Carrel 取出鸡心脏细胞在体外进行原代培养，当原代培养的细胞生长到一定密度后，分装进行传代培养，建立了鸡胚心脏成纤维细胞株。然后，Carrel 和 Ebeling 首次报道，用含有鸡细胞提取液的培养基进行体外培养的鸡胚成纤维细胞，能无限地进行繁殖。这意味着脱离整体控制的细胞可以无限地生活下去，成为永生不死的细胞。由于体外细胞可以无限制生长和分裂，所以当时普遍认为体外培养的细胞不会死亡。直到 20 世纪 60 年代初，经过大量的实验，Hayflick 等发现了细胞的分裂能力和寿命是有一定限度的，如体外培养人的二倍体细胞，只能培养和存活 40～60 代。他认为，细胞，至少是体外培养的二倍体细胞，不是不死的，而是有一定的寿命；它们的增殖能力不是无限的，而是有一定的界限，这就是 Hayflick 界限（Hayflick limitation）。这一推论被后来更多的实验所证实。在体内，除干细胞等少数细胞外，绝大多数类型的细胞随个体的发育而逐渐进入复制性衰老状态。

就生物个体来说，衰老意味着身体所有器官功能的衰退，渐渐发展到不能执行功能。一个男人从 36 岁到 75 岁，身体各部分功能都会发生不同程度的衰退。例如，神经传导速度减慢约 10%，脊神经的神经元减少约 37%，脑供血量减少约 20%，肺活量减少约 44%，肾小体减少约 44%，胸腺功能减少约 100%。此外，老年人味觉大为减退，所以吃东西不觉得香；老年人的免疫活性细胞数目减少，且功能敏感性减弱，所以老年人易于被感染；老年人的消化吸收能力减弱，所以容易发生营养缺乏，等等。

细胞衰老是细胞结构和功能改变积累到一定程度的后果，细胞衰老以分化状态改变、增殖能力缓慢甚至不可逆的丧失以及总体功能衰退为特征。主要表现在以下方面：细胞核体积增大，核膜呈现内折，染色质凝集程度增加；线粒体数量减少，体积膨胀，氧化磷酸化功能下降；细胞膜结构从液相变为凝胶相或固相，膜的渗透性增加，胞内其他生物膜系统也发生变化，如内质网排列变得紊乱，膜腔膨胀、崩解；细胞骨架的成分变化，如微丝系统的改变，影响信号传递系统的改变，核骨架改变可能影响染色质的凝集；蛋白质合成发生改变，一般说来，衰老细胞的蛋白质合成速率降低，而一些与衰老相关的特异蛋白质合成增加，如纤粘连蛋白；细胞水分减少，呼吸速率降低，细胞萎缩等。

目前，人们对细胞衰老机制有多种解释，概括起来主要有两方面：①自由基（free radical）理论，代谢过程中产生的活性氧基团或分子引发的氧化性损伤的积累，最终导致死亡。②端粒（telomere）与细胞衰老关系的发现，提供了控制细胞衰老的新途径，端粒 DNA 序列的缩短可能是细胞衰老的重要原因。

在解释细胞衰老的众多理论和假说中，自由基（free radical）理论得到较多的认可。带有奇数电子数的化学分子或基团称为自由基，自由基因含有未配对电子，表现出高度的反应活泼性。细胞的生物氧化过程很容易产生超氧化物自由基，辐射、酶促反应等过程都会释放自由基。自由基产生后，即破坏和攻击细胞内各种执行正常功能的生物分子。最为严重的是，当自由基攻击生物膜组成成分的脂肪酸分子时，产物亦是自由基，后者又会去攻击别的分子，由此引发雪崩式的反应，对生物膜损伤比较大。此外，自由基会攻击 DNA，引起基因突变；攻击蛋白质，使蛋白质活性下降。

细胞内存在淬灭自由基的机制，以保护细胞免受自由基的伤害。这些淬灭自由基的机制包括一系列酶：过氧化氢酶、过氧化物酶、超氧化物歧化酶（SOD）等，也包括一些带有还原性质的抗氧化物分子，如维生素 E、维生素 C 等。

端粒是线性染色体末端的一种特殊结构，由特定的 DNA 序列和被称为端粒酶的蛋白质组成。端粒 DNA 序列在每次细胞分裂中会缩短一截，截短的部分逐渐向内延伸，在端粒 DNA "截"完后就逐渐伤及里面的正常基因的 DNA 序列。所以，随着细胞分裂次数增加，渐渐发生正常基因的损伤和缺失，使细胞活动趋向异常。这是对衰老机制的另一种解释。

2. 细胞死亡

死亡意味着生命的终止，是生物界普遍存在的现象。细胞死亡即细胞生命的结束。1972 年，Kerr、Wyllie 和 Currie 三位学者首次提出细胞死亡存在着两种方式，即细胞坏死（necrosis）和细胞凋亡（apoptosis）两种形式。

细胞坏死是指因微生物感染、有毒物侵袭或辐射伤害，所造成的细胞损伤或死亡。细胞坏死过程中，膜通透性增加，细胞外形发生不规则变化，内质网扩张，核染色质不规则地移位，进而线粒体和核肿胀，溶酶体破坏，胞浆外溢，包括膨大和破碎的细胞器以及染色质片段释放到胞外。在机体内，这种细胞坏死过程往往引起炎症反应。

细胞凋亡是因整体生长发育的需要，在一定时期内死亡，它是一个主动的由基因决定的自动结束生命的过程。由于细胞凋亡受到严格的由遗传机制决定的程序性调控，所以也常常被称为程序化死亡（programmed cell death，PCD）。

细胞凋亡是生物体清除多余无用细胞，清除发育不正常或有害细胞，清除完成正常使命的衰老细胞，控制组织器官各部分的细胞总数，以维持整体的正常发育和健康生长所不可或缺的正常生理机能。例如，人的红细胞通常工作 120 天就自然死亡；蝌蚪变为青蛙时，尾巴的消失也是细胞凋亡。

细胞凋亡过程中，细胞明显皱缩，细胞核和细胞质内凝集致密化，细胞逐渐变小、变圆，细胞膜将胞内成分包围成一个个凋亡小体，凋亡小体被周围细胞吞噬掉，不引起周围组织炎症。

对细胞凋亡分子机制的研究是从一种称为秀丽隐杆线虫（*Caenorhabditis eledans*）的模式生物研究中取得了突破性的进展，发现了抑制细胞凋亡的 *CED-9* 基因和执行细胞凋亡的 *CED-3* 基因和 *CED-4* 基因，随后在脊椎动物中发现了与之同源的基因。对细胞凋亡调控机理的深入研究，不仅加深人们对这一重要的细胞生命活动的了解，而且对包括肿瘤在内的多种疾病的致病机制和治疗策略也有了新的认识。如果把肿瘤发生看成细胞增殖和机体稳态的失控，肿瘤治疗的主要手段如放射性和化学治疗恰恰都是以通过诱导肿瘤细胞凋亡来达到治疗目的。

细胞增殖、细胞分化、细胞凋亡与细胞衰老是细胞生命活动的基本内容。细胞生命活动建立在细胞的物质代谢和能量转换的基础上，而这一切均受控于生物体的信息系统。对细胞而言，则直接受细胞信号转导网络的调控，它不仅将物质和能量代谢与细胞生命活动紧密关联，而且也将细胞增殖、分化、凋亡与衰老等整个生命过程从时间与空间上整合成为一个有序的严格调控的有机整体。

小结

生物体除了最低等的类型外，都是由细胞构成的，细胞是构成生物体的基本单位。细胞学说由施莱登和施万于 1838～1839 年创立。病毒是非细胞形态的生物体，是迄今为止发现的最小、最简单的生命单位。

根据形态结构与进化程度等的差异，细胞可分为原核细胞和真核细胞两大类。整个生物界相应划分为原核生物和真核生物两大类。古核生物是一些生长在极端特殊环境中的生物，可能是真核生物的真正祖先。

真核细胞在亚显微结构水平上，可划分为三大基本的结构与功能体系：①以脂蛋白为基础的膜结构系统。②由特异功能蛋白质分子构成的细胞骨架系统。③以核酸

(DNA 或 RNA) 蛋白质为主要成分的颗粒（或纤维）结构。这三种基本的结构体系构成了细胞内部结构分工明确、职能专一的各种细胞器，保证了细胞生命活动具有高度程序化与高度自控性。

一个细胞周期可以人为地划分为先后连续的 4 个时期，即 G_1 期（DNA 合成前期）、S 期（DNA 合成期）、G_2 期（DNA 合成后期）和 M 期（分裂期）。其中，分裂期又分为前期、中期、后期和末期 4 个时期。

在解释细胞衰老的众多理论和假说中，自由基理论得到较多的认可。细胞死亡有细胞凋亡和细胞坏死两种形式。

思考题

1. 如何理解"细胞是生命活动的基本单位"这一概念？
2. 病毒是非细胞形态的生命体，又是最简单的生命体，请论证一下它与细胞不可分割的关系。
3. 生物膜的基本结构特征是什么？这些特征与它的生理功能有何联系？
4. 说明细胞内膜系统的各种细胞器在结构和功能上的联系。
5. 比较线粒体和叶绿体在超微结构上的异同。
6. 概述细胞核的基本结构及其主要功能。
7. 什么是细胞周期？简述细胞周期各时期主要特征。
8. 细胞凋亡的概念、形态特征及其与细胞坏死的区别。

第四章　植物的结构、功能及形态建成

根据瑞典分类学家林奈划分的两界系统，植物界的基本类群包括藻类、菌类、地衣、苔藓植物、蕨类植物、裸子植物和被子植物。其中，苔藓植物、蕨类植物、裸子植物和被子植物成功地转移到陆地生活。在生活史中，合子首先形成胚，胚萌发产生出新一代植物的各个器官。胚是新一代植物的雏体，胚的出现是进化上的一个飞跃，所以这几类植物统称为高等植物。虽然苔藓植物、蕨类植物属于陆生植物，但其生活史中的受精过程离不开水。带有鞭毛的精子需要水作为媒介，游动到雌性繁殖器官——颈卵器，才能完成受精过程。裸子植物亦具有较退化的颈卵器，所以苔藓植物、蕨类植物和裸子植物统称为颈卵器植物。裸子植物和被子植物的雄配子体——花粉的传播完全脱离水的束缚，真正适应了陆生生活，受精的胚珠发育成种子，裸子植物和被子植物合称为种子植物。种子内的胚乳或胚的子叶可以贮藏大量的养分，使得子代的生活力更强，适应环境的能力更广。

被子植物是进化程度最高、结构最复杂、种类繁多的一类植物，最主要的特征是：种子或胚珠包被在果实或心皮中，双受精现象是其所特有的受精方式；被子植物的孢子体占绝对优势，分化程度高；生殖器官特化为花的结构；由导管、筛管和伴胞等构成的输导组织，存在于维管束内，输导能力强。裸子植物和蕨类植物与被子植物一起都属于维管植物，但裸子植物和蕨类植物只有原始的输导组织——管胞和筛胞，输导能力弱于导管、筛管，这些特点也体现出裸子植物和蕨类植物的原始性。被子植物与我们生活极密切，全部的农作物和果树都是被子植物。因此，本章主要以被子植物为代表，讨论植物的形态、结构、功能和发育问题。

第一节　植物的形态结构

一、植物组织

维管植物的细胞有多种类型。例如，构成被子植物的细胞有薄壁细胞、纤维、石细胞、厚角细胞、导管分子、管胞分子、筛管分子或筛胞分子等。由其中的一种细胞或多种细胞共同构成植物的组织。

1. 组织的概念

多细胞植物体中，形态、结构相似，在个体发育过程中来源相同，担负着某一生理功能的细胞群，称为组织（tissue）。特别是种子植物，体内分化出许多生理功能不同、形态结构发生相应变化的细胞组合，它们之间密切配合，组成植物的器官（organ）。

2. 植物组织的类型

植物的组织类型繁多，根据成熟情况分为分生组织和成熟组织。

1）分生组织

在植物体中，一些未分化、保持胚性特点、具有持续分裂能力的细胞组合，称为分生组织（meristem）。其分裂活动使植物体内细胞数目增多。

存在于根尖和茎尖分生区的分生组织称为顶端分生组织（apical meristem），其活动实现根、茎的伸长生长（图4-1）。木本双子叶植物根茎的增粗生长离不开侧生分生组织（lateral meristem）。例如，在树皮与木材之间（易剥离处）有一至几层的这样的细胞（图4-2），通过侧生分生组织分裂活动实现根茎的次生生长，每年向内添加一部分细胞，形成木材。还有一类存在于茎节间、叶子基部、子房柄，花梗等成熟组织之间的分生组织，称为居间分生组织（intercalary meristem），它的活动能实现这些器官的再次伸长。

2）成熟组织

分生组织分裂产生的细胞，通过生长和分化，细胞失去分裂能力，在生理上和形态结构上相对稳定，执行特定的生理功能，这类细胞群体称为成熟组织（mature tissue）。根据具体执行的生理功能及

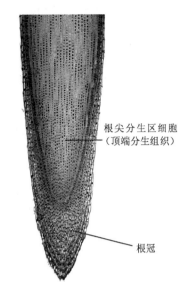

图4-1 根尖的纵切

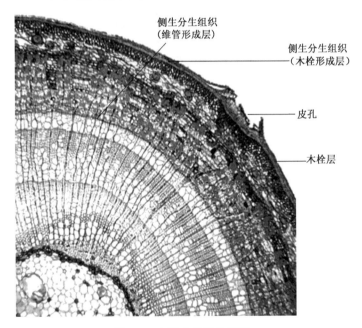

图4-2 木槿老茎部分横切

细胞的形态结构，成熟组织又可以分为五大类：保护组织、薄壁组织、机械组织、输导组织和分泌结构。

保护组织（protective tissue）位于植物体表，主要担负保护功能。例如，表皮（epidermis），来源于顶端分生组织，表皮一般由气孔器、表皮细胞和表皮附属物构成。双子叶植物的气孔器一般由两个肾形的保卫细胞围成（图4-3），单子叶植物的气孔器一般由两个哑铃形的保卫细胞和两个近菱形的副卫细胞共同组成（图4-4），保卫细胞内的叶绿体，靠内侧的细胞壁加厚，气孔的开闭控制植物的气体交换和蒸腾作用。具

有次生生长的木本双子叶植物，随着根、茎不断的增粗，原来的表皮不能满足这些器官表面积增加的需要，取而代之的保护组织是木栓层（phelloderm）。木栓层是由一种侧生分生组织——木栓形成层（phellogen）活动向外产生的结构，木栓层是由多层死细胞细胞构成，细胞壁栓化，具有很好的保护功能，木栓形成层则向内产生栓内层，木栓层、木栓形成层和栓内层共同组成周皮，是树皮的一部分。

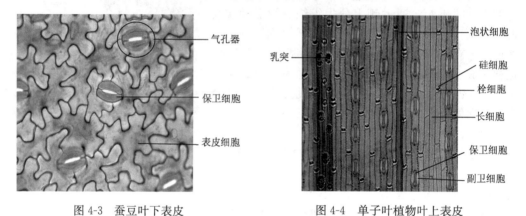

图 4-3　蚕豆叶下表皮　　　　　　图 4-4　单子叶植物叶上表皮

　　薄壁组织（parenchyma）是植物内分布最广、数量最多的一类组织。构成薄壁组织的细胞一般没有次生壁、细胞近等径、排列疏松、液泡化程度高。担负着多种营养功能，如同化、吸收、贮藏、通气、传递等生理功能。此组织分化程度较低，有潜在的分生能力，在一定的条件下，可脱分化形成分生组织，再由这种次生的分生组织形成新的植物器官，如扦插、嫁接、离体组织培养时能长出新的器官。

　　植物体在风雨中飘摇而不至于倒下，机械组织（mechanical tissue）发挥着重要的支撑作用。构成机械组织的细胞具有加厚生长的壁，以增加机械强度，但是增厚的方式有两种情况：一种是在细胞生长过程中，只有细胞角偶处细胞壁增厚生长，形成厚角组织；另一种是细胞停止生长以后，在初生壁的内侧，继续均匀地形成次生壁，后期细胞的原生质体解体，形成死细胞，即厚壁组织（图 4-5）。厚角组织常位于正在生长、经常摆动的器官中，如幼茎、叶柄处。由于增厚的细胞壁不断木质化，弹性强，可塑性好，所以对这些器官既有支持作用，又不限制这些器官的生长。在某些情况下还可以反分化形成分生组织。厚壁组织又可以分为纤维（fiber）和石细胞（sclereid）两类。木纤维（xylem fiber）是木材的主要细胞类型之一，细胞木质化程度高，显得较为坚硬；在植物体的韧皮部有韧皮纤维（phloem），此纤维长，细胞壁极厚，富含纤维

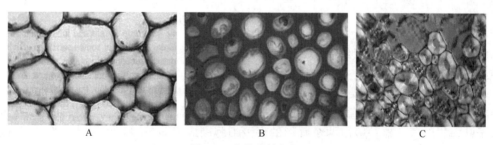

图 4-5　几种成熟组织
A. 薄壁组织；B. 厚角组织；C. 厚壁组织

素，而木质掺杂少，故坚韧而有弹性，优质的韧皮纤维可用作纺织原料。石细胞的壁强烈增厚，木质化程度非常高，形状不规则，具很强的机械性能。例如，桃、李等坚硬的"核"；梨果肉中的硬颗粒，都是由大量的石细胞群集而成。

输导组织（conducting tissue）是维管植物所具有的组织。这类组织的细胞特化为长管状分子，担负长途运输物质的功能。根据输导物质类型的不同，可将输导组织分为两大类：一类是运输水分和溶解于水中的无机盐的组织——导管和管胞；另一类是运输溶解状态的有机产物的组织——筛管和筛胞。

（1）导管（vessel）：导管是被子植物主要的运输管道，由许多长管状、细胞壁木化的死细胞纵向连接而成。在发育过程中，上下两个导管分子之间的端壁在水解酶作用下溶解，形成穿孔（perforation），保证了物质流动的畅通。在导管的侧壁上有大量的纹孔（pit），实现导管与比邻的其他细胞进行横向运输。导管的侧壁上有不同形式增厚的次生壁，形成各种类型的导管（图4-6）。

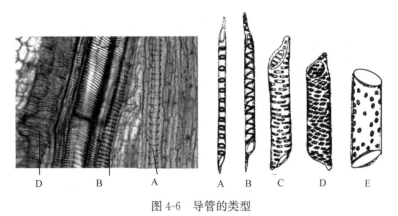

图4-6　导管的类型
A. 环纹导管；B. 螺纹导管；C. 梯纹导管；D. 网纹导管；E. 孔纹导管

（2）管胞（tracheid）：管胞是一个两端尖斜、口径较小，端壁靠纹孔连通的死细胞，其输水效率不及导管。

（3）筛管（sieve tube）：筛管是被子植物所特有的，存在于植物体的韧皮部，上下两个筛管分子（sieve element）之间的连接面称为筛板（sieve plate），筛板上的小孔，即筛孔（sieve pore）。筛孔周围会沉积一种特殊的碳水化合物（β-1,3-葡聚糖），称为胼胝质（callose）。胼胝质影响筛孔的大小，冬季来临的时候，一些植物在此处进行胼胝质积累，形成垫状的胼胝体（callose），筛孔封闭，筛管失去运输能力，处于休眠状态，来年，胼胝体在胼胝质酶的作用下溶解，筛管又逐渐恢复运输能力。筛管分子是一类无细胞核、液泡膜、高尔基体、核糖体等的生活细胞，具有线粒体、质体等细胞器（图4-7）。伴胞（companion cell）的起源和功能与筛管密切关联，两者形成筛分子-伴胞复合体。它们之间有丰富的胞间连丝（plasmodesma）相通。伴胞可以为筛管提供ATP，同时伴胞与筛管对同化有机物的装卸也密切相关。

关于筛管运输有机物的动力来源，有几种假说。压力流动学说（pressure-flow theory）认为，筛管中液流运输是由源和库端之间渗透产生的压力推动的。大多数被子植物筛管的内壁还有许多具有收缩能力的韧皮蛋白（P-蛋白，phloem protein），根据收缩蛋白学说（contractile protein theory），筛管P-蛋白，靠ATP能量作上下收缩或

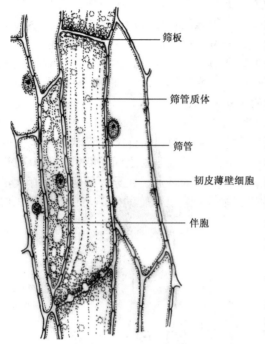

图 4-7　筛管与伴胞纵切面
（李扬汉，2002）

筛板

筛管质体

筛管

韧皮薄壁细胞

伴胞

扩区，推动筛管中有机物运转。而细胞质泵动学说认为，筛管分子内腔的细胞质呈几条长丝，形成胞纵连束，纵跨筛管分子，在束内呈环状的蛋白质丝反复地、有节奏地收缩和张弛，就产生一种蠕动，把细胞质长距离泵走，糖分就随之流动。

（4）筛胞（sieve cell）：筛胞存在于蕨类植物和裸子植物的维管组织中，保证植物体有机养料的运输。筛胞不具有筛板，筛胞分子之间相互偏斜而生，以扩大接触面积，分子之间的接触面上有小孔连通，口径比筛管的筛孔细狭，运输能力不如筛管，是比较原始的运输结构。

分泌结构（secretory structure）是由能产生分泌物质的细胞所组成，如烟草的腺毛、花中的蜜腺、橘皮的油囊和漆树的漆汁道等。

3）维管束

维管束是维管植物器官中由多种类型的细胞共同组成的束状结构。担负植物体输导水分、无机盐及有机物质的功能，并兼有支持作用。每条维管束包括木质部、韧皮部等几个部分。

根据它们排列方式的不同，可分为三种类型：一是外韧维管束，韧皮部位于木质部的外侧；二是双韧维管束，韧皮部在木质部的内外两侧；三是同心维管束，由一种维管组织包围着另一种维管组织。在幼根中，初生木质部和初生韧皮部各自独立成束，相间排列并不连接成维管束。裸子植物和木本双子叶植物的维管束中具束中形成层，能增生细胞，维管束能进一步加粗，这一类维管束称为无限维管束，蕨类植物、单子叶植物的维管束中无形成层，维管束不再继续生长，这一类维管束称为有限维管束。

二、植物营养器官的形态、结构和功能

高等植物各种组织构成具有特定生理功能和形态结构的器官（organ）。被子植物的器官中，根、茎、叶担负着对物质的吸收、合成、运输和贮藏等营养功能，三者被称为植物的营养器官（vegetative organ）；而花、果实和种子与植物的生殖相关，所以称为生殖器官（reproductive organ）。各器官之间彼此相互联系和相互影响。植物器官的形态结构的建成，常常与其担负的生理功能相适应，即形态结构和生理功能协调统一。

1. 根

1）根的生理功能和基本形态

根（root）是蕨类植物、裸子植物和被子植物长期适应陆生生活过程中发展起来的器官，构成植物体的地下部分。根的主要生理功能是固着植株，吸收土壤中的水分和无机盐。根内还可以合成多种有机物，包括植物激素。此外，根还兼有贮藏营养物质

和繁殖的功能等。

　　根据来源，根可以划分为定根和不定根两类。定根是从植物体固定的部位生长出来的，如定根中的主根（main root）来源于种子的胚根；侧根（lateral）来源于由母根中的中柱鞘反分化而来；而不定根起源广泛，可以起源于老根、胚轴、茎或叶。

　　根系（root system）是一株植物地下部分所有根的总称。如果主根明显而发达，主根上再生出各级侧根，这种根系称为直根系（tap root system），绝大多数双子叶植物根系的属于这种类型。如果主根生长缓慢或停止，根系主要由不定根组成，呈丛生状态，这种根系称为须根系（fibrous root system），这是大多数单子叶植物根系的特征。根系在土壤中的分布状态，一方面决定于各种植物根系的特征，另一方面也受到土壤条件、水源等因素的影响。对于了解植物根系在土壤中的分布状态，在农业生产实践中有着重要的意义，可指导合理密植、间作套种、中耕施肥等实施。根系在土壤中的分布非常广泛，庞大的根系并不是每个地方都有吸收土壤水分和营养物质的能力，其主要吸收部位是在根尖（root tip）。根尖一般长为几毫米，根尖从顶端往后可依次分为根冠、分生区、伸长区和成熟区（图 4-8）。

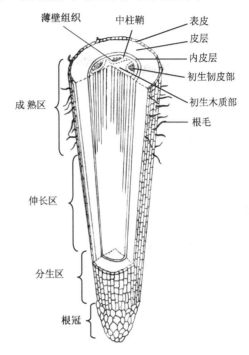

图 4-8　根尖分区

　　根冠（root cap）处于根的最前端，对根尖起着保护作用，同时还具有引导根向地性生长的功能。分生区（meristematic zone）是细胞分裂产生新细胞的地方，通过分生区的活动实现根的初生生长。伸长区（elongation zone）是细胞生长分化的过渡区域。由伸长区分化成熟的细胞，构成根的成熟区（maturation zone），或称为根毛区（root hair zone）。在根毛区，根的初生结构已经形成，此处的表面密被有根毛，数量很多，可以增大根的吸收面积。例如，在湿润环境中，玉米约有 420 条/mm^2，豌豆约有 230 条/mm^2。根毛是根尖表皮细胞向外突出的毛状结构，长约 0.15~1cm，粘有很多土壤颗粒。根毛的细胞壁很薄，含果胶质；细胞质紧贴细胞壁；细胞核随根毛的增长而逐渐移到它的末端。根毛的寿命很短，约 1 周左右即行萎蔫脱落。随着根尖的生长，在新的部位又生出新的根毛。根毛还能分泌多种物质，如酸类物质，能溶解土壤中不易溶化的养分。

　　2）根的结构

　　裸子植物和木本双子叶植物的幼根具有由顶端分生组织形成的初生结构，而老根中，在初生结构的基础上通过侧生分生组织的活动形成根的次生结构。

　　（1）双子叶植物根的初生结构：在双子叶植物根尖的成熟区（根毛区），细胞已经完成分化，具备了根的初生结构。它是由根尖分生区的顶端分生组织经分裂、生长、分化而形成的，即通过初生生长完成根初生结构的构建。

　　双子叶植物根的初生结构（成熟区）从外至内分为表皮、皮层（cortex）和中柱（stele）三个部分。根毛是表皮的细胞外壁突出生长形成的结构，担负吸收功能。根皮层主要由薄壁组织组成，根毛吸收来的物质横向经过皮层，到达中柱后纵向长途运输。皮层的最内一层叫内皮层（endodermis）（图4-9），细胞紧密排列成一环，细胞在横向壁和径向壁上形成一条木质栓化的带状增厚，称为凯氏带（casparian strip）。凯氏带连到质膜，使土壤溶液由皮层进入中柱要全部通过内皮层的选择透性细胞质膜，因而皮层和中柱之间的物质交流不能再经过细胞之间壁的孔隙进出，质外体途径中断，而物质必须经过细胞途径，即经过内皮层细胞的质膜选择通过或由胞间连丝穿过（图4-10）。有的植物甚至是六面或五面型增厚，在正对原生木质部处的内皮层仅留下少数细胞保持薄壁状态，此细胞称为通道细胞。内皮层质膜的选择通过能维持中柱内离子的高浓度，建立皮层与中柱之间的水势梯度（water potential gradient），形成根压（root pressure），水就可以源源不断进入植物体。

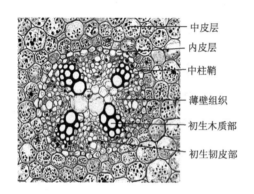

图4-9　双子叶植物根的内皮层及中柱的结构

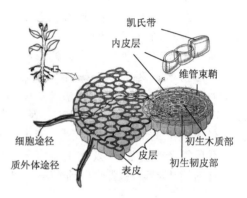

图4-10　根部吸水的途径
（Holbrook，2002）

　　中柱位于根的中部，包括中柱鞘、初生木质部、初生韧皮部和薄壁组织四个部分。中柱鞘处于内皮层之下，中柱的外围，由一至几层薄壁细胞组成。大多数双子叶植物的中柱鞘细胞有很强的潜在分生能力，通过脱分化、再分化，可以形成侧根、不定芽、木栓形成层和维管形成层（vascular cambium）的一部分。初生木质部位于根的中央，主要由导管组成，担负输导水分的功能。初生韧皮部由筛管、伴胞等组成，担负有机物的输导。处于初生木质部和初生韧皮部之间的是薄壁组织。

　　（2）双子叶植物根的次生结构：裸子植物和木本双子叶植物的老根在初生结构的基础上能形成次生结构。在初生木质部和初生韧皮部之间的薄壁组织和正对原生木质部的中柱鞘细胞通过反分化，形成根的侧生分生组织，即维管形成层和木栓形成层。通过维管形成层的活动，向内形成次生木质部，向外形成次生韧皮部。次生木质部包括木射线，导管、管胞、木纤维、木薄壁细胞；次生韧皮部包括韧皮射线、筛管、伴胞、外韧皮薄壁细胞、韧皮纤维（图4-11）。它们共同构成根的次生维管组织。

　　同时，中柱鞘细胞脱分化形成另外一层侧生分生组织——木栓形成层。木栓形成层活动向外形成木栓层，向内形成栓内层。木栓层细胞排列紧密，细胞壁栓化，成熟以后细胞死亡，构成根的次生保护组织。随着根次生结构的增加，根的周径不断扩大，原来的初生结构的表皮和皮层逐渐被胀破而脱落。

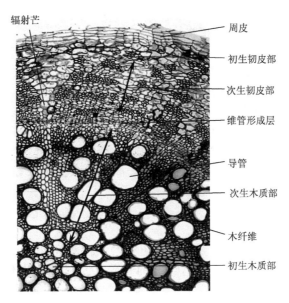

图 4-11　木槿根的次生结构

（3）单子叶植物根的结构：对于单子叶植物和一年生的草本双子叶植物，它们无次生生长，初生结构保持终生。禾本科植物根的初生结构同样分为表皮、皮层和中柱三个部分。但是，外皮层常在后期形成厚壁细胞，内皮层呈五面加厚，横切面呈马蹄形（图 4-12）。中柱鞘和木韧间的薄壁组织不会脱分化形成侧生分生组织，而是在后期纤维化，增加根的机械强度。

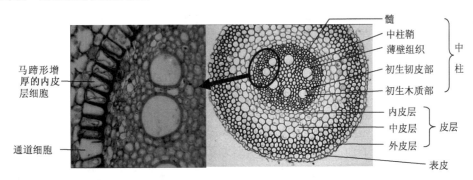

图 4-12　禾本科植物根的初生结构

3）根瘤和菌根

根瘤（root nodule）是豆科根部的瘤状突起。这是由于土壤中的根瘤菌侵入根部皮层细胞中所致。根瘤菌在皮层细胞中迅速分裂繁殖，同时皮层细胞因根瘤侵入的刺激，也迅速分裂和生长，而使根的局部体积膨大，形成瘤状突起。根瘤菌从根瘤细胞中摄取它们生活所需要的水分和养料，同时固定游离氮、合成含氮化合物，为豆科植物所利用。豆科植物与根瘤菌的共生因得到氮素而获高产；同时由于根瘤的脱落，具有根瘤的根系或残株遗留在土壤中，能增加土壤的肥力。

菌根（mycorrhiza）是土壤中某些真菌与植物根的共生体。凡能引起植物形成菌根的真菌称为菌根真菌，大部分属担子菌亚门，小部分属子囊菌亚门。菌根真菌的寄主包括被子植物、裸子植物和蕨类植物约 2000 种。

菌根真菌与植物之间建立相互有利、互为条件的生理整体，并各有形态特征，这是真核生物之间实现共生关系的典型代表。菌根的作用主要是扩大根系吸收面，菌根的形成可以有效地促进植物对土壤中移动性小的元素（如 P、Zn、Cu 等）的吸收，以改善植物磷营养的作用最为突出。菌根真菌菌丝体既向根周土壤扩展，又与寄主植物组织相通，一方面从寄主植物中吸收糖类等有机物质作为自己的营养，另一方面又从土壤中吸收养分、水分供给植物。某些菌根具有合成生物活性物质的能力，如合成维生素、赤霉素、细胞分裂素、植物生长激素、酶类以及抗生素等，不仅能促进植物良好生长，而且能提高植物的抗病能力。

2. 茎的结构

1) 茎的生理功能和基本形态

茎是植物体内运输物质的主要通道，还有贮藏和繁殖功能。例如，生活中食用的洋芋、荸荠、大蒜瓣等变态茎内含有丰富的营养；人们可以采用枝条的扦插、压条、嫁接进行营养的繁殖。

茎可分为节（node）和节间（internode），在节上着生叶和腋芽（axillary bud）。芽（bud）是未发育的枝或花和花序的原始体，按照芽生长的位置、性质、结构和生理状态，芽又可以划分为各种类型，如定芽和不定芽、叶芽和花芽、裸芽和鳞芽、活动芽和休眠芽。着生叶和芽的茎称为枝条（shoot），很多果树，枝条有长枝条和短枝之分，短枝是开花的枝条，即花枝或果枝，果树栽培上常采用一些措施来促控短枝的生长发育。

芽是维管植物中尚未充分发育和伸长的枝条或花，实际上是枝条或花的雏型。芽是由茎的顶端分生组织及其叶原基、腋芽原基和幼叶等外围附属物所组成。

有些被子植物的芽，在幼叶的外面还包有鳞片。花芽由未发育的一朵花或一个花序组成，其外面也有鳞片包围。依照芽着生的位置、性质、构造、生理状态的不同，可把芽分为各种类型，如顶芽、腋芽、不定芽、花芽、叶芽、鳞芽、裸芽、活动芽、休眠芽等。芽的活动有一定的规律性，多年生草本植物和木本植物的芽，一般在春季展开，随即又开始形成新芽。新芽在当年内并不开展，而是经过冬季休眠，到翌年春季才开展。一年生植物和很多热带木本植物，在整个生长季中芽都在活动。不过，一年生植物在生长季节末期，随着植株顶端的芽形成了花，芽的生命活动结束，茎的伸长随之停止。一个植株的株形，很大程度取决于芽在植株上着生的位置、排列和活动。若顶芽生长占优势，腋芽休眠较多，则主茎高，分枝少；反之，分枝多。园艺上采取整枝、去芽的方法，以控制株形。农业上常对棉花、番茄等植物进行摘心、打杈，以调整顶芽与侧芽的比例关系，保证果枝的生长而达到增产的目的。

2) 茎的解剖结构

茎尖可划分为分生区、伸长区和成熟区三个部分。没有类似于根冠的结构，但外方的幼叶具有保护茎尖的作用。分生区又称为生长锥，由原分生组织和初生分生组织构成，通过其分裂产生叶原基和腋芽原基等，再通过它们分裂活动形成茎上的其他器官。

（1）双子叶植物茎的初生结构。在双子叶植物茎幼横切面上，从外至内分为表皮、皮层和维管柱三个部分。

表皮为初生保护组织，细胞的外壁有角质层覆盖，可以防止水分过度散失和病虫入侵。表皮之下是皮层，与根的皮层相比，茎的较薄，主要由厚角组织和薄壁组织组成，在这些组织中常含有叶绿体，故植物的幼茎呈绿色。一般双子叶植物茎的地上部分没有外皮层、中皮层和内皮层的分化。

维管柱是皮层以内的中轴部分，可以分为维管束、髓射线和髓三个部分（图 4-13）。每条维管束（vascular bundle）包括初生韧皮部、初生木质部和形成层三部分，具有输导和支持能力。维管束在茎内呈一环排列。初生木质部一般位于维管束的内方，初生韧皮部位于维管束的外方。由于形成层的存在，维管束能进一步长大，对具有束中形成层的维管束称为无限维管束（图 4-13）。

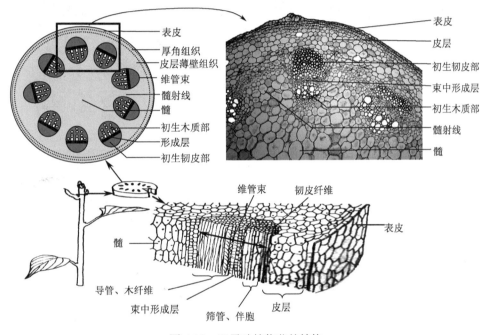

图 4-13　双子叶植物茎的结构

髓（pith）和髓射线（pith ray）由薄壁细胞构成，能贮藏营养，髓的细胞破裂死亡，会在茎的中央留下形成髓腔，髓射线还兼有横向运输的作用。

（2）木本双子叶植物茎的次生结构。裸子植物和木本双子叶植物的茎除原来的初生结构以外，还可以通过茎的次生生长形成次生结构。双子叶植物茎的次生生长包括维管形成层和木栓形成层的发生和活动。在正对两个的束中形成层之间的髓射线薄壁细胞，后期脱分化形成束间形成层（interfascicular cambium），与维管束内的束中形成层一起形成连续的一环具有分裂能力的细胞带——维管形成层。第一次木栓形成层发生的位置可由表皮、皮层的厚角组织、皮层薄壁组织或初生韧皮部起源而来，因植物种类而异。维管形成层和木栓形成层构成茎的侧生分生组织。

维管形成层的分裂活动实现茎的次生生长，形成茎的次生结构（图 4-14）。维管形成层活动向内形成次生木质部，导管主要以孔纹导管最为普遍，且具有木射线，木射线细胞为薄壁细胞，细胞壁常常木质化。次生木质部是构成木材的主要部分。维管形成层向外形成次生韧皮部，构成"树皮"的一部分。

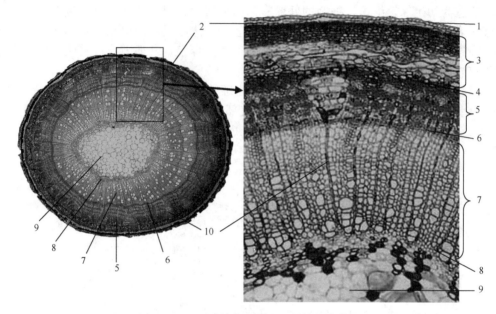

图 4-14　双子叶植物茎的次生结构部分横切

1. 表皮；2. 周皮；3. 皮层；4. 初生韧皮部；5. 次生韧皮部；6. 维管形成层韧皮射线；

7. 次生木质部；8. 初生木质部；9. 髓；10. 木射线

温带的春季或热带的湿季，由于温度高、水分足，形成层活动旺盛，维管形成层所形成的次生木质部中的导管和管胞等细胞直径较大而壁较薄，称早材或春材；温带的夏末和秋初，形成层活动逐渐减弱，所形成的次生木质部中的细胞径小而壁厚，称为晚材。肉眼从横切面上看，早材质地比较疏松，色泽稍淡；晚材质地致密，色泽较深。同一年的早材和晚材构成一个年轮（annual ring）。

早年的次生木质部中，一些薄壁细胞合成和分泌某些物质，并通过导管的纹孔运输到导管中去，形成侵填体，导管因堵塞而失去输导能力，同时使次生木质部的机械性能增强，并呈现出较深的颜色，这一部分木材称为心材；边材是近年形成的近皮部的次生木质部，颜色较浅，也仅有此处的导管发挥输导水和无机盐的能力。

随着时间推移，次生结构逐渐增多，茎的周径逐渐扩大，表皮不能维持扩大的表面积而破裂、脱落。在原来的初生结构中，茎外围的一些活细胞通过脱分化形成木栓形成层，其分裂活动与根一样，向外产生木栓层，向内产生栓内层。木栓层、木栓形成层和栓内层共同构成周皮（periderm）。但形成的周皮有皮孔，栓内层细胞可含有叶绿体。木栓层由多层细胞构成，细胞呈砖形，排列整齐、紧密，细胞壁高度栓化，成熟后死亡，具有很强的保护功能。木栓细胞腔内充满空气，有的还含有单宁、树脂等物质，因此木栓层不透水、不透气，并富弹性。木栓是软木的原材料，它质轻，有弹性，不透水，抗酸，耐磨，防震，还是热、电、声的不良导体，经济用途很广。有些植物茎的木栓层可常年积累而不脱落，所以木栓层很厚，如栓皮栎、黄檗等。工业上用木栓制软木塞、隔音板、保温设备、救生用具、电气绝缘材料、水上浮标、鱼网标签、软木砖、软木板等，多取自栓皮栎等植物。

狭义上的"树皮"指历年形成的周皮及它们之间的死亡组织；广义上的"树皮"包括维管形成层以外的所有结构，包含多层周皮和茎的次生韧皮部。

（3）单子叶植物茎的解剖结构。单子叶植物的茎一般可分为表皮、机械组织、薄壁组织和维管束四个部分（图 4-15）。单子叶植物茎内的维管束一般为辐射排列。维管束内没有形成层的存在，所以单子叶植物茎没有次生生长，初生结构维持终身。但某些单子叶植物茎能有限增粗，如棕榈、玉米等的茎，它们是通过茎顶端存在的初生加厚分生组织分裂活动形成的，实现茎有限的增粗。

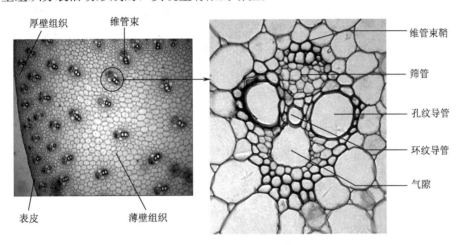

图 4-15　禾本科植物（玉米）茎横切（示一个维管束的结构）

3）地下茎

植物的地下茎是指生长在地下的变态茎的总称。有节和节间之分，节上常有退化的鳞叶，鳞叶的叶腋内有腋芽，以此与根相区别。常见有 4 种类型，如莲、竹的根状茎；马铃薯、菊芋的块茎；荸荠、慈菇的球茎；洋葱、水仙的鳞茎等。

3. 叶的结构

1）叶的生理功能和基本形态

叶（leaf）植物体适于光合作用的薄而扁平部分，是高等植物进行光合作用的主要器官。叶是植物生产有机物、同时产生氧气的主要场所；叶也是蒸腾作用的重要器官，促进植物体内水分、矿质盐的传输；有些植物的叶还兼有繁殖功能，如秋海棠、柑橘的叶可以扦插进行营养繁殖。叶还有一定的吸收能力，如根外施肥，营养物质可以通过叶表皮的角质层透入体内。

从系统发育的观点来看，一部分蕨类植物，如石松、卷柏、松叶蕨，它们的叶来自茎的表面突起，叶片小而叶脉不发达，称为小型叶，属于原始类型。大多数维管植物具有由枝系统变异而成的大型叶，叶片较大，而且有发达的叶脉。叶生长在茎节上，种子植物的叶在芽中已形成，茎尖生长锥的分生组织的外部细胞，向外增生产生叶原基，叶轴两边各出现一行边缘分生组织，其分裂进行边缘生长，形成扁平的叶片。

发育成长后的叶，在外形上，一片典型的具有叶柄、叶片和托叶 3 部分，而有的缺少托叶或叶柄。例如，禾本科植物（如小麦）属于无柄叶，以叶基包围在茎的外部，有时几乎将茎全部包住。这种叶的基部称为叶鞘。叶的形态多种多样，为植物分类的依据之一。叶片的大小相差极大，小的似鳞片状，大的如玉莲的叶，其巨大的漂浮叶直径达 2m，可载一个小孩。叶的寿命也长短不一，由数月至十年不等。一般常绿植物的叶寿命为 1.5～5 年。在植物演化过程中，为了适应不同的生态环境（特别是水），叶产生各种形态结构。旱生植物的叶小而厚或多茸毛；肉质植物的叶片肥厚多汁；仙人掌的叶片退化；沉水植物的叶小而薄或呈丝状，等等。更有些植物的叶在形态结构和生理功能上发生很大的变化，成为变态叶。

具有叶片、叶柄和托叶三个部分的叶，称为完全叶（complete leaf），如豌豆、桑、苹果、桃、棉等。有的叶缺少其中一到两个部分，即不完全叶（incomplete leaf），如丁香的叶不具托叶、莴苣的叶无叶柄和托叶。这些都属不完全叶。有的植物，一个叶柄上只有一张叶片，即单叶；而有的有多张小叶片——羽片，同时着生在同一叶柄上，称为复叶。不同植物的叶子，千差万别，可以体现在叶序、叶形、脉序、叶基、叶尖、叶缘等处的不同。

2）叶的解剖结构

被子植物的叶片虽然外形繁多，但其横切上，一般可以分为表皮、叶肉和叶脉三个基本部分（图4-16）。

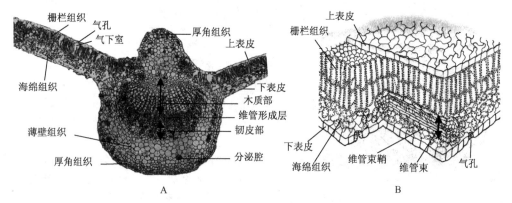

图 4-16　双子叶植物叶片的解剖结构

A. 叶片（过主脉）处的横切；B. 叶片局部立体结构示意图

叶表皮一般为一层细胞，分别由表皮细胞，气孔器细胞等排列紧密而成。叶片内部和大气间的物质交流主要是通过表皮上的气孔来完成。旱生植物的叶片外面常覆盖有发达的角质层，可以降低水分的散失和防止病虫害。在禾本科植物叶的上表皮，分布有成行排列的大型薄壁细胞，称泡状细胞（bulliform cell）。在植物体过度失水时，泡状细胞失水，叶片上表皮撑力减小，于是叶片向上发生卷合，以减少蒸腾面积。

叶肉细胞含有大量的叶绿体，是植物进行光合作用的主要场所。双子叶植物的叶肉一般有分层现象（图4-16B），近上表皮之下的叶肉细胞呈柱状，有规则地紧密排列，细胞内的叶绿体数目多，这部分称为栅栏组织（palisade tissue）；近下表皮之处的叶肉细胞内形状不规则，排列疏松，细胞内叶绿体数目相对较少，这部分称为海绵组织（spongy tissue）。

叶脉由维管束和机械组织组成，是叶片内运输物质的管道和起支撑作用的结构"骨架"。叶脉有主脉、侧脉和细脉之分。细脉的末端的木质部只有1~2个螺纹管胞，韧皮部只有几个狭长的筛管和伴胞。与筛管毗邻的细胞，细胞壁内突生长，扩大细胞内质膜的面积，能迅速高效地完成维管束与叶肉之间的物质转运，行使短途运输的功能，这种细胞称为传递细胞（transfer cell），在植物体的其他部位也广泛存在。

禾本科植物，如玉米、甘蔗等植物叶片维管束鞘较发达，维管束鞘细胞内的叶绿体比叶肉细胞内的叶绿体较大,是这类植物形成生成淀粉的地方部位。其外侧密接一层成环状或近于环状排列的叶肉细胞,组成"花环型",这种结构是 C_4 植物的特征。小麦、水稻等植物没有这种"花环状"结构出现,称为 C_3 植物。在生理上, C_4 植物一般比 C_3 植物的光合作用强,积累淀粉的能力超过一般叶肉细胞,这与 C_4 植物的 PEP 羧化酶活性较强及光呼吸很弱有关。

3)叶柄基部离层的形成

离层是木本双子叶植物及裸子植物落叶前,叶柄或叶基部所形成离区的部分细胞层。离区是横隔于叶柄或叶基部的若干薄壁细胞层,其中与叶柄相邻接的两层或数层迭生在一起的细胞层,叫做离层,而与茎干相接的细胞层则为保护层。离层细胞的细胞壁若发生变化,如在中层发生黏液化,就会引起细胞互相分离;因叶片本身的重力和其他机械作用,在离层处断裂,造成落叶。落叶后保护层有周皮发生,保护断裂的表面,形成叶痕。花梗、果枝上也常有离层发生,造成落花、落果。

叶片脱落是叶的生长和代谢活动停止以后发生的,但离层的形成并不是离层区细胞衰老的结果;相反,在离层形成时,离层区细胞再度活跃,蛋白质和 RNA 含量增加,果胶酶和纤维素酶活性增强,导致果胶质和纤维素解体,促使胞间层分解,细胞彼此分离,这时叶柄维管束的导管丧失功能,在重力或风的作用下,维管束断裂、叶片落下。断口保护层进一步木质化,将断口完全封闭。并不是所有植物在脱落前都形成离层,如大多数单子叶植物和草本双子叶植物(如向日葵,烟草),并没有明显离层区,有的甚至叶片枯萎后也不脱落。叶柄离层的形成与叶片内生长素的含量有关;脱落酸具有促进脱落的效应。植物激素分别在特定部位以其特有的方式调节一些酶的合成或活性而起作用。激素除直接作用于离层区外,激素平衡又可通过源、库关系支配营养物质运输与分配,间接影响器官脱落。

4)叶的蒸腾作用

气孔开闭的机理。气孔的运动是受保卫细胞的水势控制的,保卫细胞吸水,气孔打开,失水而关闭,关于保卫细胞的渗透调节机制一般有三种看法:①淀粉-糖互变学说(starch-sugar interconversion)。②K^+ 吸收学说(potassium ion uptake)。③苹果酸生成学说(malate production)。苹果酸生成学说认为,苹果酸代谢影响着气孔的开闭。植物在光照下,保卫细胞进行光合作用,由淀粉转化的葡萄糖通过糖酵解作用,转化为磷酸烯醇式丙酮酸(PEP),同时保卫细胞的 CO_2 浓度减少,pH 上升,剩下的 CO_2 大部分转变成碳酸氢盐(HCO_3^-),在 PEP 羧化酶作用下, HCO_3^- 与 PEP 结合,形成草酰乙酸,再还原为苹果酸。苹果酸会产生 H^+, ATP 使 H^+-K^+ 交换泵开动,质子进入副卫细胞或表皮细胞,而 K^+ 进入保卫细胞,于是保卫细胞水势下降,气孔就张开(图 4-17)。

植物根系从土壤中吸收的水分,必须运输到茎、叶和其他器官,供给植物生命需要,或者通过蒸腾作用散失到体外。植物体内水分运输的动力主要是根压和蒸腾作用产生的蒸腾拉力(transpirational pull)。植物的根压能使水进入木质部,但根压仅有 $0.1 \sim 0.2$ MPa,只能使水分上升到有限的高度,不足以将水升到几十米高的树木顶部。在幼苗和尚未展叶的树木,以及在蒸腾强度低时,根压是水分上运的动力。而在高大树木或蒸腾强烈时,水分上升的动力主要是蒸腾拉力。

通常用内聚力学说(cohesion theory)来解释植物体内水分上运时水柱不断的问题。内聚力学说由英国狄克逊(H. H. Dixon)和伦尼尔(O. Renner)在 20 世纪初提

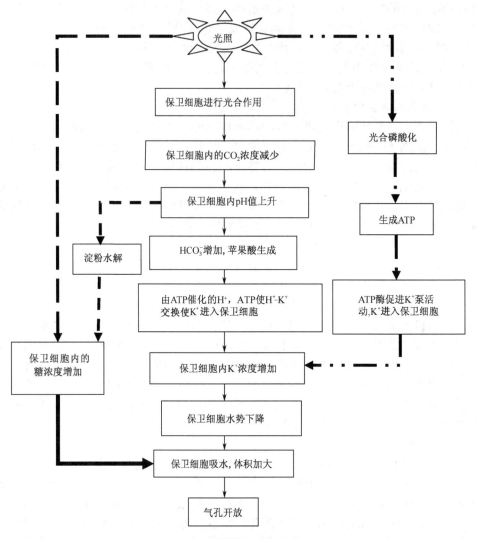

图 4-17　气孔运动的机制

出，是以水分的内聚力来解释水分在木质部中上升原因的学说，也称蒸腾流-内聚力-张力学说。与土壤水势比较，大气水势是很低的。当气孔张开后，气孔下腔附近的叶肉细胞因蒸腾失水，而水势（ψ_w）下降，所以从相邻细胞夺取水分，失水的细胞又从旁边的另一个细胞取得水分，如此下去，从气孔下腔到叶脉导管，再到叶柄、茎的导管，最后到根系导管之间，就形成了一系列的水势梯度，这是导管中的水分上升的一种力量，最后引起根系从环境吸收水分。这种力量完全是由于叶片的蒸腾作用而形成的，不需要消耗代谢能，属于被动吸水。水分子间具有相互吸引的力量，这是水的内聚力。水柱的一端受到蒸腾拉力的同时，水柱内的内聚力又使水柱下降，这样上拉下拽便使水柱产生张力。水柱张力比内聚力小，所以水柱不会中断（图 4-18）。

　　成长植物的蒸腾部位主要在叶片。叶片蒸腾有两种方式：一是通过角质层的蒸腾，叫做角质层蒸腾（cuticular trspiration）；二是通过气孔的蒸腾，叫做气孔蒸腾（stomaltranspiration），气孔蒸腾是植物蒸腾作用的最主要方式，约占总蒸腾量的 90% 以

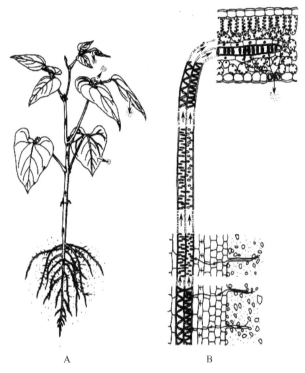

图 4-18　植株营养器官间的功能一体化（水分运输的途径）

A. 植株；B. 植株输导水分和蒸腾失水的相关结构示意图

（李扬汉，2002）

上。蒸腾作用是植物吸收和运输水分的主要动力，可加速无机盐向地上部分运输的速率，可降低植物体的温度，使叶子在强光下进行光合作用而不致灼伤。植物蒸腾丢失的水量是很大的。据估计 1 株玉米从出苗到收获需消耗四五百斤[①]水。植物体内的水分就不可避免地要顺着水势梯度丢失，这是植物适应陆地生活的必然结果。

4. 生殖器官的结构

在高等植物中，苔藓植物、蕨类植物的雄性生殖器官为精子器；雌性生殖器官为颈卵器，分别产生精子和卵子。裸子植物的雄性生殖器官为小孢子叶，上面着生花粉囊，小孢子叶聚成小孢子叶球；雌性生殖器官为大孢子叶，上面着生胚珠，大孢子叶聚成大孢子叶球，如松果。胚珠受精以后，发育形成种子。被子植物的生殖器官有花、种子和果实。花是被子植物所特有的结构。

1）被子植物花的组成

一朵典型的花（flower）通常由花梗（pedicel）、花托（receptacle）、花萼（ca-lyx）、花冠（corolla）、雄蕊群（androecium）和雌蕊群（gynoecium）等几部分组成（图 4-19）。花萼和花冠合称花被，起着保护雄蕊、雌蕊的作用。有些植物的花缺少其中的一到几个部分，即不完全花。不同种类的植物，花的大小、颜色、各部分的数目、及排列情况等均有所不同，同种植物的花在形态结构上相对比较稳定，所以，花的形

---

①　1 斤=500g

态结构是形态分类最重要的依据。雄蕊和雌蕊才是花中真正有生殖功能的部分。

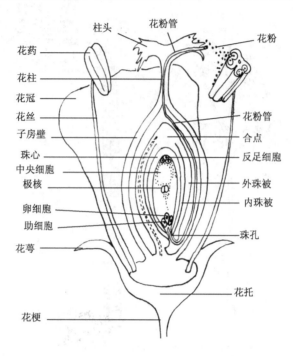

图 4-19　花的结构（示雌蕊的结构及传粉过程）

　　区别一朵花，不只是它的颜色和大小，可以通过许多形态术语进行描述。以油菜花为例，其描述特征有：小花从下往上着生在一根总轴上，成熟的各小花花梗近等长，从下往上开放，即总状花序；花既有花萼也有花冠，为两被花；同一朵花内既有雄蕊也有雌蕊，为两性花；花冠彼此分开，即离瓣花，花冠排列为十字形，称为十字花冠；雄蕊 6 个，其中四长两短，称为 4 强雄蕊；花内只有一个雌蕊，但这个雌蕊是由两个心皮（carpel）连合而成，即复雌蕊（compound pistil）；子房仅以基部着生在花托之上，即上位子房；胚珠（种子的前身）着生在心皮的缝合线上，形成侧膜胎座（parietal placentation）等。而对其他植物在以上的这些描述特征上则有所不同。

　　2）雄蕊的结构

　　雄蕊分花药（anther）和花丝（filament）两部分。一个花药通常有四个花粉囊，每个囊内有许多花粉（图 4-19）。

　　成熟花粉粒是被子植物的雄配子体，位于雄蕊的花药内。成熟的花粉粒具有两层细胞壁，即外壁和内壁。外壁较厚，主要成分是化学稳定性很高的孢粉素（sporopollenin），其上有萌发孔（germinal pore）或萌发沟（germinal furrow），表面常有许多美丽的雕纹，随植物种类不同而不同。组成外壁的成分中有孢粉素（是类胡萝卜素和类胡萝卜素酯的氧化多聚物的衍生物），性质坚固，具抗酸和抗生物分解的特性。内壁薄，由果胶和纤维素组成。花粉粒的形状、大小、外壁的颜色和花纹等特点是植物分类的依据之一。由于花粉粒的外壁有抗酸、抗生物分解的特性，在地层中能够长期保存，因此通过对某一地区地层中的花粉分析，可以了解该地区古代植物分布情况和石油的形成与移动等问题。花粉中含有大量的营养物质和生理活性物质，如淀粉、葡萄糖、果糖、维生素和酶等。现在有许多花粉食品和花粉药物，就是对花粉资源的利用。外壁上还分布有传粉时所需的识别蛋白，由绒毡层细胞合成和分泌而来。

3）雌蕊及胚珠结构

雌蕊通常分化出柱头（stigma）、花柱（style）和子房（ovary）三个部分，胚珠（ovule）着生于子房内的胎座上（图4-20）。胚珠位于雌蕊的子房室内，完全由子房壁包裹，子房壁对胚珠起保护作用。胚珠是种子植物所特有的结构，受精后发育成种子。裸子植物的胚珠外面无包被层而裸露，位于胚鳞上；被子植物的胚珠发生在子房内，由子房壁包被，胚珠着生在胎座上。一个子房中含有的胚珠数目因植物种类不同而异，如桃只有一个胚珠、而南瓜有多个胚珠。

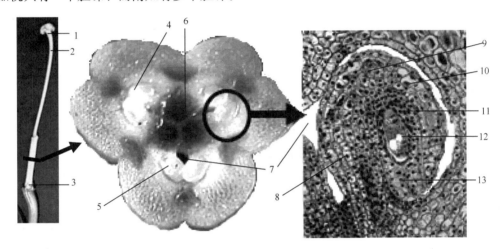

图4-20 子房横切（示倒生胚珠结构）
1. 柱头；2. 花柱；3. 子房；4. 子房壁；5. 胚珠；6. 胎座；7. 子房室；8. 珠柄；
9. 合点；10. 珠被；11. 珠心；12. 胚囊；13. 珠孔

一个成熟的胚珠由珠柄、合点、珠被、珠心、胚囊和珠孔等几个部分组成（图4-20）。珠心是发生在胎座上的一团胚性细胞，是胚珠的中心部分，此层细胞常是径向延长和有丰富的细胞质，并贮有淀粉和脂肪，其生理功能与花粉囊的绒毡层相似。珠被包围在珠心的外围，珠被包围珠心时在顶端留一小孔，为珠孔。胚珠基部与胎座连接的部分叫珠柄。胚珠中珠被与珠心的汇合处位于珠柄之上，此部位为合点。

成熟胚囊内近珠孔端的是一个卵细胞（oocyte）和两个助细胞（synergid），共同组成卵器（egg apparatus）。助细胞能把珠心、珠被的营养物质转运到胚囊内，同时可引导花粉管进入胚囊，帮助精子与卵细胞、精子与极核的融合。中部的两个极核和周围的细胞质组成一个大型的细胞——中央细胞（central cell）。近合点端的三个核形成三个反足细胞（antipodal cell），反足细胞能吸收珠心营养物质并输入中央细胞。有的植物，反足细胞的核可进行多次分裂，形成多倍体或多个反足细胞。

第二节　植物的发育和形态建成

种子具备了新一代植物的雏形，但植物的各组织和器官是在发育过程中不断形成的。从种子萌发到植物开花之前，植物进行营养生长，之后转入生殖生长。

一、生殖器官的发育与生殖细胞的形成

1. 成花的调控

植物在花熟状态之前的时期称为幼年期，只进行营养生长。幼年期的长短，随植物的种类而不同。进入成熟期后，在适宜的环境条件下，植物的感受器官感受到调节发育的信号，如叶感受光周期（photoperiod）的变化、茎生长锥能感受低温信号，茎尖顶端分生组织分化出花原基或花序原基，花芽分化，最后形成被子植物特有的生殖器官——花（flower）。

对拟南芥的研究表明，约有 80 个基因影响开花的基因，包括促进基因和抑制基因。这些根据是否受环境因素的影响分两类：与开花时间有关的基因和分生组织特征基因。与开花时间有关的基因有 CO、LD、FCA、ELF3 等；而胚胎花基因（EMF）抑制开花。分生组织特征基因决定新形成原基的发育方向（营养或生殖），如 TFL1-2、CLF、AP1-2 等。在拟南芥成花的调控的研究中，已确立开花抑制、自主促进、光周期和春化促进四种途径。

2. 花药的发育

花药发育初期为一团形态相同的基本分生组织，之后由于不同位置的细胞分裂速度存在差异，出现四棱的外形，在角隅的原表皮之下，胞原细胞（archesporirium）发生，再经过一系列的分裂，外面形成造壁细胞，内侧形成一团花粉母细胞（pollen mother cell，PMC）。造壁细胞发育形成花粉囊壁的药室内壁（endothecium）、中层（middle layer）和绒毡层（tapetum）（图 4-21）。

花粉母细胞通过减数分裂，首先形成四分体，此时绒毡层合成并分泌胼胝质酶，分解四分体上的胼胝质，四个单倍体细胞分离，形成单核花粉粒。单核花粉粒随之液泡化，里面的单核又再进行有丝分裂产生两个核，即生殖核和营养核，以后分别形成生殖细胞（generative cell）和营养细胞（vegetative cell），2-细胞型花粉粒形成。多数植物的花粉粒发育到这个时候达到成熟，少数植物要形成成熟的花粉粒，需在此基础上进一步发育，生殖细胞再进行一次有丝分裂，形成两个精细胞，和营养细胞共同形成 3-细胞型花粉粒。

3. 胚珠的发育

在胚珠发育过程中，珠心内部逐渐形成一个与众不同的细胞——孢原细胞。孢原细胞直接或间接分裂形成一个大的胚囊母细胞（embryo-sac mother cell）。胚囊母细胞减数分裂形成四分体，排列成一行，其中靠珠孔端三个细胞逐渐退化消失，合点端的一个细胞被保留下来并继续发育，体积膨大，形成单核的胚囊（embryo sac），其单倍体的核经过三次有丝分裂得到八个核，八个核通过重排和组合，最后在这个大的囊内形成七个细胞，形成成熟胚囊，即雌配子体（female gametophyte）。

胚珠形成过程中，由于各个部分生长快慢的不同，而使胚珠的形态上有两种主要类型。一是直生胚珠，胚珠的各个部分生长均匀一致，所形成的珠孔、合点和珠柄在一条直线上，如荞麦；二是倒生胚珠，胚珠形成时，两侧珠被生长不一致，一侧快一侧慢，结果胚珠向生长慢的一侧弯曲 180°，而使珠孔与珠柄平行，同时珠柄与内侧的外珠被结合形成珠脊，大多数被子植物具倒生胚珠。另外还有介于上述两者之间的类型，如横生胚珠、曲生胚珠等。多数植物珠被为两层，是双珠被胚珠，有些植物只有一层珠被，是单珠被植物，如向日葵。

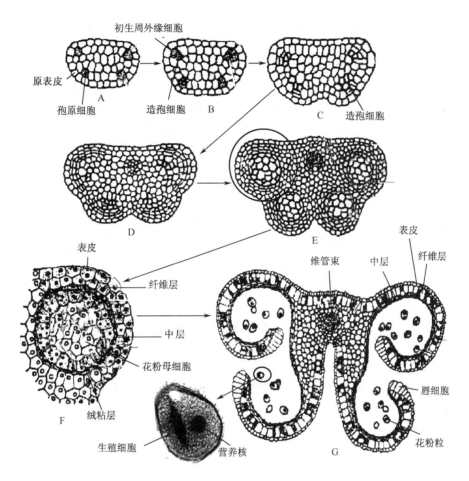

图 4-21　花药的发育

(李扬汉，2000)

二、开花、传粉与受精

1. 开花

植物达到了花熟态就能在适宜环境条件下形成花。花的形成包括花诱导以及其后花原基分化形成花器官两个阶段。

花诱导是指导致形成花原基所必需的一系列生理生化变化过程，是决定花形成可能与否的重要步骤，但目前对花诱导过程的本质不甚清楚，因此只能以花芽开始分化这一分生组织的形态变化作为从营养生长转入生殖生长的标志。实际上，真正转变期应在花芽开始分化以前更早的时期，而花芽开始分化已是营养生长转变为生殖生长的结果。

温度是控制植物开花的一个重要因素。早在19世纪人们已注意到低温对开花的重要性。1918年，Gassner进行冬黑麦试验发现，无论是在冬黑麦萌发期或以后的生长期，必须要经历一个低温期才能开花，而春黑麦则不需要。1928年苏联学者Lysenko将萌动的冬小麦种子进行低温处理，再于春季播种，可在当年抽穗开花。

　　将低温促使植物开花的作用叫春化作用。低温处理持续的时间和有效温度范围，随植物种类甚至品种而不同。对大多数植物来说，通常以 1～7℃ 为最有效的温度范围，但某些谷类作物在 0℃ 以下至 −6℃ 也有春化效果。产自温带地区的植物，如油橄榄，其最适春化温度范围是 10～13℃。

　　各种植物在系统发育中形成了不同的特性，因而所要求的春化温度有所不同。根据原产地的不同，可分为冬性、半冬性及春性类型，如小麦、油菜等。我国华北地区一带的秋播小麦为冬性品种，黄河流域一带为半冬性品种，而华南一带只能播种一些要求温度较高的品种，春小麦、春油菜则属于春性类型。不同类型所要求的低温范围也不同，低温时间也各异，一般来说，冬性愈强（所需温度越低的植物），要求的春化温度愈低，要求春化的天数也愈长。

　　春化作用与基因活化有关。在春化过程中，核酸、特别是 RNA 在体内的含量增加，代谢加速，而且不仅是 RNA 的合成加速，其性质上亦有差别。春化作用使生长点细胞原生质透性增加，呼吸作用加强。可见，在春化前期需要充足的氧和糖。

　　许多植物的开花有明显的季节性。对多数植物而言，特别是一年生和二年生植物，当同一种植物生长在相同的纬度时，每年总是在相同的时候开花，而这个时候白天和黑夜的相对长度总是相同的。一天之中白天和黑夜的相对长度称为光周期。1920 年，美国科学家 Garner 和 Allard 首次提出植物的开花与日照长度有关。他们观察到美洲烟草与其他烟草不同，它在美国华盛顿附近的夏季长日照下，株高可达 3～5m，但却不能开花，而生长在冬季温室中植株高度不及 1m 即可开花。通过大量的实验证明，植物开花与昼夜的相对长度（即光周期）有关。植物对昼夜相对长度变化发生反应的现象，称为光周期现象（photoperiodism）。光周期是指一天中从日出到日落的理论日照数。根据植物对日照长短的要求不同，可分成长日照植物（或称短夜植物）、短日照植物（或称长夜植物）和日中性植物。

　　长日照植物（long-day plant，LDP）指日照长度必须长于一定时数才能开花的植物。例如，小麦、甜菜、菠菜、油菜等，它们通常在夏季或春末开花，因为这时日照长。

　　短日照植物（short-day plant，SDP）是指长度必须短于一定时数才能开花的植物。例如，大豆、烟草、水稻、棉花等，它们则在早春和或秋季开花，因为这时白天相对较短，夜晚较长。

　　秋菊为短日照植物，一般在 10 月份开花，要使其在夏季长日照里开花，就要每天遮光 4～6h；如要使其延迟到元旦开花，那么从进入秋季、日照变短开始，就要每天进行补光，使日照长度延长 12h 以上，不让它进行花芽分化。待到临近元旦前 30～40 天再恢复短日照，这样元旦前后便可开花。

　　日中性植物（day-neutral plant，DNP）是指任何日照条件下都可以开花的植物。如番茄、马铃薯、太阳花等。它们对日照长度没有苛求。

　　其实，促进植物开花并不是不间断日照的长度而是连续的黑暗长度。长日植物需要一个黑暗的最高上限，即黑暗时间不能超过某一关键长度，否则不能开花。如果长时间的黑暗，在黑暗中途给予短时的光照，则开花仍然可以发生。同样，短日照植物接受的黑暗总量达到其要求的上限，但在黑暗期过程中，被一段日照打断后，仍然不能开花。

　　H. A. Borthwick 和 S. B. Hendricks 发现 660nm 的红光和 730nm 的远红外光是光

周期中最有效的光波。一种光质对植物产生
的影响可以被另外一种光质所抵消。研究表
明，红光与远红外光对植物开花反应的可逆
控制是因为植物体内存在着一种叫光敏素
（phytochrome）的结合蛋白，此物质有两种
存在形式，即光敏素的 P_r 形式和 P_{fr} 形式，它
们的差异在于两个位置上的氢原子的不同。
这两种形式的光敏素可以被红光与远红外光
相互逆转（图 4-22）。在白天，P_r 形式吸收红
光是转化为 P_{fr} 形式；相反，在夜晚 P_{fr} 形式吸
收外远红光是转化为 P_r 形式。如果 P_r 形式水
平含量高，促进长日植物开花；P_{fr} 形式水平
含量高，促进短日照植物开花。

　　植物感受光周期刺激的部位是叶片，通
过实验，推断这种刺激使叶片中产生某种与
植物开花相关的物质，通过韧皮部转导，诱
导茎尖开花。

　　2. 传粉

　　花粉成熟以后必须保证在一定的时间内
完成传粉，否则花粉将会失去生活力。不同
种类植物的花粉生活力有很大的差异。例如，

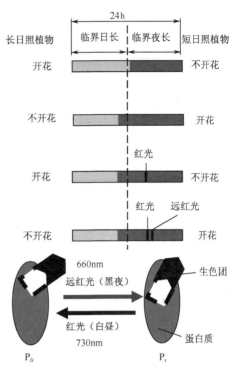

图 4-22　长日植物和短日植物与黑暗期长短
的关系及暗期间断的不同影响

禾谷类作物的花粉寿命很短，水稻花药裂开后，花粉的生活力在 5min 以后即降低到
50％以下，玉米花粉的寿命较前二者为长，但亦仅 1 天多。果树的花粉寿命较长，可
维持几周到几个月。影响花粉生活力的环境因素，主要是温度，湿度与空气成分。雌
蕊柱头承受花粉能力持续时间长短，主要与柱头的生活能力有关。柱头的生活能力一
般都能持续一个时期，具体时间长短则因植物的种类而异。

　　种子植物的花粉粒借助外力，传播到雌蕊的柱头，称为传粉。花粉粒到达柱头后，
花粉粒外壁上的表面蛋白和柱头上的表面蛋白相互识别，如果亲缘关系远的物种，两
者不能亲和，异种被排斥。只有基因型相匹配的物种发生才能亲和。在被子植物中约
有 70％的科经过识别，能对自花传粉（self-pollination）的花粉粒产生毒素或起抑制作
用，造成自花不孕。

　　识别反应取决于花粉与柱头的"亲和性"（compatibility）。花粉的识别物质是外壁
蛋白，而柱头表面的是亲水蛋白质表膜。当种内进行杂交时，花粉落在柱头上，花粉
粒中的外壁蛋白在几秒钟内即被释放，与柱头表层蛋白质（又称感应蛋白）相互识别。
若二者亲和则感应蛋白刺激花粉内壁蛋白（即角质酶前体）释放，产生角质酶，溶解
柱头表层的角质层，随后花粉管伸长，穿过柱头角质层并在花柱中延伸。如果两者是
不亲和的，在花粉粒释放外壁蛋白与柱头表层蛋白质相互识别后，柱头细胞产生抑制
反应，形成胼胝质（愈创葡聚糖），阻止花粉管进入柱头；或产生酶类（如 Rnase 和蛋
白酶），能将花粉管内 RNA 和蛋白质降解，导致花粉死亡。这种拒绝信号的出现很迅
速，如大波斯菊不亲和授粉，15min 后即可在柱头上测得胼胝质沉淀。花粉萌发和花粉
管生长表现出集体效应。人工辅助授粉有明显地增产效果。

到达柱头的花粉粒，如果发生授粉亲和，花粉粒从柱头吸水，内压增加，内壁从外壁上的萌发孔突出形成花粉管（pollen tube）。如果是 2-细胞型花粉粒，其生殖细胞在花粉管内进行一次有丝分裂形成两个精子，为受精准备条件。然而，落在柱头上的花粉粒很多，并产生许多花粉管。但是，绝大多数情况只有一条花粉管到达一个相应的胚珠，保证受精的唯一性。

种子植物的雄配子通过外力到达柱头，再通过花粉管把精子导入胚囊（图 4-20），这一过程是种子植物完全适应陆生环境的进化体现，而作为苔藓植物和蕨类植物的受精过程还没有完全脱离水的束缚，精子需要借助于水做媒介，通过精子上鞭毛的摆动游到雌性生殖器官——颈卵器，与颈卵器内的卵细胞结合，这是一种原始的受精方式。

在授粉受精过程中子房发生一系列的生理生化变化，最明显的是呼吸强度明显增加；另一显著特征是生长素含量迅速提高。花粉中所含的多种酶类，在花粉萌发时，酶的活性加强，其中磷酸化酶、淀粉酶、转化酶等活性增强尤为显著。

3. 受精

发育成熟的雌配子体、雄配子体结合形成合子称为受精。发育成熟的雄配子体（花粉粒）从花粉囊中释放出来，落到雌蕊柱头上，经过柱头识别，花粉粒开始萌发形成花粉管。花粉管进入柱头。在花粉管中，2-细胞花粉粒中的生殖细胞开始分裂形成两个精细胞。不管是 2-细胞花粉粒还是 3-细胞花粉粒，花粉萌发后，在花粉管中都具有一个营养细胞和两个精细胞，随着花粉管向胚囊延伸，营养细胞和精细胞也向胚囊前进。花粉管进入胚珠的位置随植物不同而不同，大部分植物花粉管从珠孔端进入胚囊，称为珠孔受精；有些植物（如榆、胡桃等）花粉管从合点端进入胚囊，称为合点受精；有些植物（如南瓜等）花粉管从中部进入胚囊称为中部受精。花粉管进入胚囊后，释放出营养细胞和两个精细胞。其中，一个精细胞与卵细胞结合，形成合子，另一个精细胞与中央细胞中的极核结合，形成初生胚乳核（primary endosperm nucleus），这种受精方式称为双受精（double fertilization）。双受精是植物界有性生殖最进化的形式，是被子植物所特有的形式，保证后代从父母本中获得双重遗传信息，并提高种子对环境的适应能力，增加成活率。

三、种子与果实的形成

1. 种子的发育

被子植物一粒典型的种子（seed）包括了胚、胚乳和种皮，如蓖麻、玉米的种子。胚是种子的核心部分，胚又分为子叶（cotyledon）、胚芽（plumule）、胚根（radicle）和胚轴（hypocotyl）。胚轴又分上胚轴、下胚轴，从胚根到着生子叶处，为下胚轴，从胚芽到着生子叶处为上胚轴。禾本科植物的胚芽和胚根外方还套有一个封闭的鞘，即胚芽鞘和胚根鞘。种子萌发时，胚芽发育形成植物体的地上部分，胚根发育形成主根。

种子是由子房内受精的胚珠发育而成。种子内的胚（embryo）来源于合子，胚乳（endosperm）来源与初生胚乳核，珠被发育形成种皮（testa）。一些植物成熟的种子内并没有胚乳，只有胚和种皮，如豆类、瓜类的种子。

1）双子叶植物胚及胚乳的发育

双子叶植物胚的发育一般具有以下几个阶段，即原胚时期、心形胚时期、鱼雷胚时期和成熟胚时期（图 4-23）。

（1）原胚时期：从受精卵开始，首先受精卵有丝分裂成两个细胞（一个基细胞、

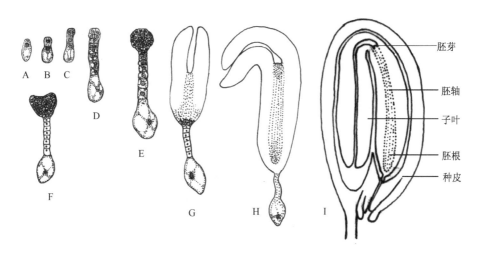

图 4-23　荠菜胚胎发育过程示意
A~E. 原胚；F. 心形胚；G. 鱼雷形胚；H. 手杖胚；I. 成熟胚（外方为珠被发育形成的种皮）

一个顶细胞），此时称为二细胞胚。顶细胞继续分裂形成球形，基细胞分裂形成柄。胚囊近珠孔端，可见有一列 7~8 个细胞组成的胚柄，胚柄顶端是球形胚体。胚囊周围有许多游离核，游离核在胚周围较多。

（2）心形胚时期：球形胚顶端两侧生长较快，形成两个子叶突起，使胚体呈心形。此时游离核已逐渐形成胚乳细胞。

（3）鱼雷形胚时期：整个胚体进一步伸长，分化出胚芽、胚根和胚轴，由于下胚轴和子叶迅速伸长，胚体呈鱼雷形，胚柄逐渐退化，此时胚囊中胚乳已减少，将来发育成无胚乳种子。

（4）成熟胚（马蹄形胚）时期：胚因子叶弯曲呈马蹄形占满整个胚囊，胚柄已基本消失，胚乳和珠心组织也几乎全被胚吸收，珠被发育成种皮。

受精的极核不经过休眠，就开始进行有丝分裂，经过多次分裂形成大量的胚乳细胞。这些胚乳细胞构成了胚乳。许多双子叶植物在胚和胚乳发育的过程中，胚乳逐渐被胚吸收，营养物质贮存到胚的子叶里，形成无胚乳种子，这些消失的胚乳所含的营养物质重新转贮藏到胚的子叶，所以这类无胚乳种子的子叶一般都显得较为肥厚，如大豆、花生和黄瓜等。

在胚和胚乳发育的同时，珠被发育成种皮。这样，整个胚珠就发育成种子。与此同时，子房壁发育成果皮，整个子房就发育成果实。

2）单子叶植物胚及胚乳的发育

单子叶植物的合子胚的发育历经二细胞原胚、棒状胚、梨形胚和凹沟期胚等几个阶段。同时，可以看到初生胚乳核分裂形成游离核胚乳，游离核发育为胚乳细胞的过程。小麦合子的第一次分裂，常是倾斜的横分裂，形成一个顶细胞和一个基细胞，接着它们各自再分裂一次，形成四个细胞的原胚。四个细胞又不断从不同方向进行分裂，增大胚的体积，形成基部稍长的梨形胚。此后，在胚中上部一侧出现一个凹沟，凹沟以上部分将来形成盾片的主要部分和胚芽鞘的大部分——凹沟处，即胚中间部分，将来形成胚芽鞘的其余部分和胚芽、胚轴、外胚叶，凹沟的基部形成盾片的下部(图 4-24)。

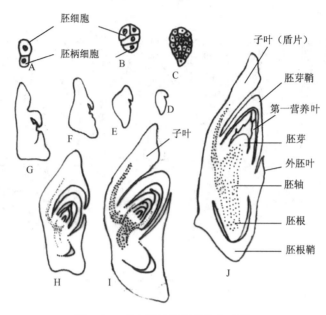

图 4-24　禾本科植物胚的发育过程
A. 二细胞原胚；B. 棒状胚；C. 梨形胚；D, E. 凹沟期胚；J. 成熟胚

极核受精后发育形成初生胚乳核，初生胚乳核经过短暂休眠即进行第一次分裂，胚乳的发育总是早于胚的发育，为幼胚的发育创造条件。小麦胚乳初生胚乳核的分裂不伴随细胞壁的形成，各个胚乳核呈游离状态分布在胚囊中，待发育到一定阶段，胚囊最外面的胚乳核之间先出现细胞壁，此后由外向内逐渐形成胚乳细胞。多数单子叶植物在胚和胚乳发育的过程中，胚乳不被胚吸收，这样就形成了有胚乳的种子，如小麦和玉米等。

3）种子成熟时的生理生化变化

种子成熟过程中，主要发生有机物的变化，可溶性的低分子化合物转化为不溶性的高分子化合物，如蔗糖和氨基酸转化为淀粉、蛋白质和脂肪等。有机物积累迅速时，呼吸作用也旺盛，而种子接近成熟时，有机物的运输和转化已基本完成，呼吸作用逐渐降低。同时种子成熟过程中含水量逐渐减少，自由水含量大大降低。

2. 果实的发育

1）果实形成

当胚珠发育形成种子，子房壁形成果皮包裹种子。整个子房便发育形成了果实。一些植物果实的形成，除子房外，花的其他部分也参与了果实的形成，这种果称为假果。比如梨、瓜类等，它们的花托也参与了果实的形成。

被子植物的传粉过程和受精过程启动某些植物激素的形成和增加，如生长素、赤霉素、细胞分裂素等，维持果实的正常形成。有些植物的传粉过程发生后，即使未发生受精，果实也能正常形成，但果实内没有正常种子的形成，这种情况称单性结实（parthenocarpy），如菠萝、香蕉及人工栽培的无籽西瓜。

2）果实成熟过程发生的生理生化变化

果实的成熟过程涉及色香味的变化与贮藏物质的转化。果实成熟时，果实逐渐变甜。例如，香蕉的绿色果实内淀粉的含量约 20%～25%，成熟时在 1% 以下。糖含量则从 1‰ 上升到 15‰。一般认为可溶性糖是由淀粉转化而来的。

果实成熟时，果实酸味减少。未熟果的液泡中溶有大量有机酸，主要为苹果酸和柠檬酸（葡萄中主要是酒石酸）。进入成熟期后其浓度逐渐降低。其原因是有机酸氧化分解成 CO_2 和水，或者转变成糖，或被 Ca^{2+}、K^+ 等无机离子中和。测定果实内游离酸含量，可作为判断果实品质和成熟度的指标之一。

果实成熟时，果实涩味消失。有些未成熟的果实（如柿子、香蕉、李子、梨等）具有涩味，这是由于细胞里含有单宁（又称鞣酸）等物质，果实中单宁尤以果皮中为多，约比果肉多 3~5 倍。从化学性质上说，单宁属多元酚，有收敛性，能使人的舌头黏膜蛋白质疑固，产生收敛性味感，即所谓涩味。果实成熟时，单宁被过氧化物酶氧化成无涩味的过氧化物，或凝结成不溶于水的胶状物而失去涩味。

果实的成熟往往会有香味产生，据分析这些芳香气体的主要成分是酯类。在苹果散发的香味中，除酯类外还含有特殊的醛类、酮类，醇类以及一些饱和与不饱和碳氢化合物，可多达 200 种以上。芒果的香味，可能是一些类萜化合物；香蕉中的乙酸戊酯；橘子中的柠檬醛。

在果实生长发育过程中，首先在细胞壁上积累原果胶（不溶性果胶），在中胶层上集积果胶酸钙，具有一定的硬度。果实成熟时，原果胶在相应酶的作用下变成可溶性果胶，果胶酸钙解聚，硬度降低，果实变软。同时果实色泽变得艳丽，果皮颜色由绿色逐渐转变为黄、红或橙色。这是由于叶绿体中原有的类胡萝卜素在叶绿素分解后显现出来，或者由于花色素苷的形成面呈现红色。花色素苷的合成比较复杂，除遗传因素外，光照强度、糖分累积，肥料施用和昼夜温差等都与之有关。一般糖分较高的果实其向阳部分着色更加鲜艳。

3）果实的类型

果实可分为三大类：单果、聚合果和复果。一朵花中只有一个雌蕊形成的果称为单果（simple fruit）；如果一朵花中有多个雌蕊分别发育形成多个小果聚并集于同一花托上，这种果成为聚合果（aggregate fruit），如草莓、八角、莲的果；复果（multiple fruit）是由整个花序发育形成的果，如菠萝、无花果等，它们的可食部分是由花序轴发育而来的。复果（multiple fruit）又称聚花果。

在单果类中，因植物种类的差异同，果实的果皮颜色、质地、分层现象及开裂情况等有所不同。首先根据成熟果实的果皮质地分为两大类：肉质果和干果。

如果果实成熟后果皮肉质多汁，这种果称为肉质果。肉质果又有多种类型，如番茄、葡萄的果属于浆果（berry），这种果外果皮膜质，中果皮、内果皮均肉质化；桃、李、杏等的果属于核果（drupe），中果皮肉质、内果皮坚硬；瓜类的果属于瓠果（pepo）；梨、苹果的果属于梨果（pome）；柑橘类属于柑果（hesperidium）。

果实成熟时，果皮干燥，这种果称为干果。又根据果实成熟时果皮是否开裂，干果又可以分为裂果和闭果。裂果中又根据果实开裂的情况和原构成雌蕊的心皮数的不同，又分为荚果（legume, pod），如豆类的果；角果（silicle），如油菜、荠菜的果；蒴果（capsule），如棉花、烟草、百合的果等。闭果中根据果皮的质地、形状、与种皮的关系等，又有坚果（nut）、瘦果（achene）、颖果（caryposis）和翅果等之分。坚果如板栗、青冈等；瘦果如向日葵、荞麦等；颖果如小麦籽粒、玉米籽粒和去掉谷壳的糙米等。

四、植物的生活史

整个植物界，从藻类到被子植物，它们的生活周期过程中，在相应的时间段会出现三种单细胞——合子、孢子和配子，以及发生两个单细胞水平的事件——减数分裂和受精。通过这些细胞和事件交替出现，完成一次次植物的生活周期。一般认为，从上一代植物的二倍体合子开始，到下一代植物的配子受精之前的整个过程，作为植物的一个生活周期（life cycle）或生活史（life history）。

苔藓植物具有明显的世代交替现象，其重要特征是配子体占优势，孢子体不发达，并且"寄生"配子体上，不能独立生活。无性生殖时产生孢子囊和孢子，有性生殖时产生多细胞的雄性生殖器官（精子器）和雌性生殖器官（颈卵器）。蕨类植物和苔藓植物一样，也具有明显的世代交替现象，无性生殖产生孢子囊和孢子，有性生殖时产生多细胞的精子器和颈卵器。但是蕨类植物的孢子体（即原叶体）远比配子体发达，我们习见的蕨类植物是它的孢子体，蕨类植物的孢子体和配子体都能独立生活。裸子植物保留着颈卵器、蕨类植物和被子植物之间的一类植物。裸子植物的生活史中，孢子体特别发达，绝大多数都是多年生木本植物。配子体进一步简化，且完全"寄生"在孢子体上。雌配子体（胚囊）的近珠孔端产生 2 至多个结构简化的颈卵器，其余部分将来发育成胚乳。被子植物为植物界发展到最高等，也是最为繁茂的类群。被子植物的生活史中，孢子体进一步发达，具有真正的花，输导系统更完善而发达，其雌配子

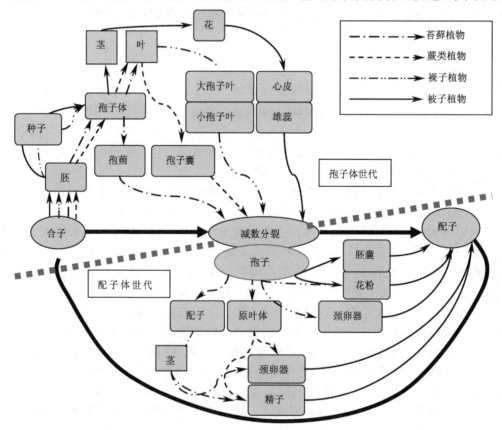

图 4-25　不同高等植物类群的生活周期

体较裸子植物更为退化，一般是仅由 8 个细胞组成的胚囊，颈卵器已消失。

被子植物的一个生活史包括两个基本阶段：二倍体阶段和单倍体阶段。二倍体阶段是从合子开始，直到胚囊母细胞和花粉母细胞减数分裂前为止，这一过程又称孢子体世代；单倍体阶段是从胚囊母细胞和花粉母细胞减数分裂开始，直到双受精之前，这段时期，植物体内出现单倍体的细胞，形成雌配子体（成熟胚囊）和雄配子体（成熟花粉粒），故此阶段又称配子体世代。

孢子体世代通过减数分裂转入配子体世代；配子体世代通过双受精转入孢子体世代。两个世代不断地交替出现，即通过世代交替（alternation of generations）物种不断地延续（图 4-25）。

五、植物器官建成与彼此间的相关性

1. 植物器官的形态建成

1）种子的萌发和幼苗的形成

有些植物的种子，离开母体后，种子已经真正成熟，当它们遇到合适的外界条件，如适宜的温度、充足的水分和足够的氧气，种子便可以萌发。而一些植物的种子，已经脱离了母体，即使遇上适宜的外界条件，往往也要经过一段时间的休眠，才能萌发。

种子休眠的原因主要有以下方面：第一，种皮的限制。种皮不透水或透水性弱。如豆科、茄科、百合科等；种皮不透气，外界氧气不能进入，种子内 CO_2 累积，抑制胚的生长，如椴树及苍耳种子；种皮太坚硬，胚不能突破种皮，如核果、苋菜种子。自然条件下，细菌和真菌分泌水解酶类，在几周甚至几个月的时间，可以打破种皮的限制。人工可采用物理、化学方法来破坏种皮，使种皮透水、透气，如摩擦、浓硫酸处理等。第二，种子未完成后熟。有些种子的胚已经发育完全，但在适宜条件下仍不能萌发，它们一定要经过休眠，在胚内部发生某些生理、生化变化，才能萌发。这些种子在休眠期内发生的生理、生化过程称为后熟。一些蔷薇科植物（如苹果、桃、梨、樱桃等）和松柏类植物的种子就是这样。这类种子必须经低温处理，即用湿砂将种子分层堆积在低温（5℃左右）的地方 1～3 个月；经过后熟才能萌发。这种催芽的技术称为层积处理。用暴晒、赤霉素处理可减少层积处理所需的时间。第三，胚未完全发育。例如，珙桐、银杏、白蜡、当归等植物的种子成熟时其中的胚还很小，结构不完全，需要一段时间的继续发育才具有萌发能力。第四，可能是抑制物质的存在。例如，脱落酸、挥发性物（HCN、NH_3 及乙烯、乙醛、芥子油等）；醛类和酚类（水杨酸、咖啡酸等）；生物碱类（咖啡碱、古柯碱等）；不饱和内酯类如香豆素、花楸酸等这些物质存在于果肉（苹果、梨、番茄等）、果皮（酸橙）、种皮（大麦、燕麦、甘蓝等）、胚乳（鸢尾、莴苣）、子叶（菜豆）等部位，可抑制种子的萌发。人工可借水流洗去抑制剂，促使种子萌发。番茄的种子就需要这样处理。

种子萌发通常是胚根先突破种皮，形成主根，如生活中的豆芽，其"芽"就是胚根长成的主根。而后，胚芽突出种皮生长，形成植物体的地上部分——茎和叶，逐渐形成幼苗。有些植物的种子萌发时，子叶露出地面，能进行光合作用。这是因为种子萌发之初下胚轴特别伸长，生长时间早于上胚轴或快于上胚轴的生长，把子叶和胚芽顶出土面，如许多豆类、瓜类的种子萌发情况就属于这种类型。

2）植物的生长发育

植物的生长是一个体积或重量的不可逆的增加过程，是通过细胞数目的增多和细胞体积的增大来实现的。在此期间，植物受到各种环境因素的影响。

（1）向性：植物的向性（tropism）是生物对环境刺激所发生的生长反应。例如，植物对重力、水、光、接触、化学物质等的反应，植物出现向地性、向光性、振感性、向化性等，这些反应对于植物的生存至关重要。

（2）植物激素：向性的发生及植物中的一些其他现象，很可能是通过植物体内激素（phytohormone）的变化而实现的。激素是产生于植物体的某些部分，并通过维管系统运输到其他部分，影响植物的生长代谢（表4-1）。

表 4-1   植物激素及主要的生理功能

名　称	主要功能	发生部位
生长素	促进根茎生长细胞伸长分枝组织分化,果实发育,阻止器官脱落,与植物顶端优势、向光性和向地性等密切相关	芽顶端,幼叶的分生组织和胚等
细胞分裂素	促进细胞分裂,刺激生长发育和开花,控制生长和分化延缓衰老	根部
赤霉素	刺激细胞生长,促进种子萌发和发芽,促进根、茎和叶片生长,刺激开花和果实的发育	芽顶端,根部,幼叶的分生组织和胚等
脱落酸	抑制生长,促进器官脱落,促进休眠,在缺水胁迫时关闭气孔	叶,茎,绿色果实
乙烯	促进果实成熟,加速器官的衰老和脱落,对生长素有拮抗作用,对于植物而言,还可以促进或抑制根、花的发育	成熟果实的组织,茎节,枯黄叶片和成熟的花

（3）温度：不同种类植物生长所需要的温度范围有所不同，它们在地球上表现出不同的分布区。每一种植物，有一个使其生长最快的温度，即生理最适温度，但在生产实践中，要得到比较健壮的植株，要求的生长温度要比生理最适温度略低，这个温度成为"协调的最适温度"。

一些植物还需要日温和夜温存在一定的差异，才能良好地生长。植物对这种昼夜温度周期性变化的反应，称为生长的温周期现象（thermoperiodicity of growth）。

多数植物的花芽分化与营养生长要求的温度相同或略高，但越冬性植物和多年生木本植物则要求一定的低温，如白菜类、甘蓝类、根菜类、芹菜等。这类植物若不给予一定的低温，生长几年也不会开花。这种必须低温才能完成花芽分化和导致开花的现象称为春化作用（vernalization）。

人工利用温度进行花芽分化的调控在冬春分化型的植物种类比较常见。可以采用低温春化处理的方法，将萌动的种子或一定大小的植株放入低温环境中感受一定时间的低温，调控花芽的分化。关于春化处理的最低温度和时间因植物种类不同而异。例如，大白菜的种子，在 3～5℃下 20 天完成春化作用；而在 10℃时，可能就要 30 天以上才能完成。

（4）光：光是植物一个重要的环境信号，影响种子的萌发、芽的休眠、茎叶的发育和成花等生理过程。

光对茎伸长有抑制作用。如果植株群体密集，茎秆细胞生长素（auxin）含量多，生长迅速，茎秆往往比较纤细。

光还是影响叶绿素的合成的主要因素，叶绿素的生物合成过程中，单乙烯基原叶绿素脂 a 必须要在光照条件及 NADPH 存在下，原叶绿素脂氧化还原酶催化其形成叶绿素脂 a。如果缺乏光照条件，叶绿素合成受阻，叶子发黄，即黄化现象（etiolation）。

除上述环境因子外，还有诸多植物生长发育不可缺少的环境因素，如水分、矿质营养等。总之，各环境因素共同影响着植物的生长发育。在实际工作中，不但开花早晚可以调节，而且花的性别也可以调控。例如，黄瓜在较高的温度和较长的日照下容易分化出雄花；在较低的温度和较短的光照下易分化雌花。生产上应用较多的还是植物生长调节剂，在1～2片叶的苗期喷洒乙烯利，在3～4片叶时就会出现雌花，而且上部节位的雌花节率也高。

3）植物的衰老

植物的衰老是指植物的细胞、器官或整个植株生理功能衰退，最终自然死亡的过程。衰老是受植物遗传控制的主动和有序的发育过程。植物衰老时，表现为蛋白质含量显著下降、核酸含量显著下降、光合速率下降、呼吸速率下降等。

植物衰老的原因错综复杂。某些植物一生中能多次开花，植株可以千年不死；某些草本植物仅地上部分死亡，而地下部分仍然存活，第二年春风吹又生；而一些植物一生中只开一次花，之后整株植物衰老和死亡，这类植物称为单稔植物，如小麦、竹等。营养亏缺理论认为，单稔植物开花结实后，营养物质聚集于生殖器官，营养器官因缺乏营养物质而衰老。植物激素调控理论认为，单稔植物的衰老是由一种或多种激素综合控制的，在开花结实时，根系合成的细胞分裂素减少，叶片得不到足够的这种激素而衰老。也有人为是种子和果实内合成促进衰老的激素（脱落酸和乙烯），运至营养器官，造成营养器官的衰老。

2. 植物器官之间的生长相关性

在植物的生长发育过程，各器官之间的密切相关，相互影响，并贯穿整个生育过程。同一植株个体的一部分或一个器官的生长对另一部分或另一器官的相互影响，称为生长相关性（growth interaction）。植物器官生长相互关系主要包括地上部与地下部的生长相关性，营养生长与生殖生长的相关性以及同化器官与贮藏器官的生长相关性。

1）地上部与地下部的生长相关性

一个植株主要由地上和地下两部分组成，而植株的地上和地下相互依赖关系主要表现在两方面：一是物质相互交流，根系吸收水分、矿质元素等经根系运至地上供给叶、茎；另一方面，根系生长和吸收活动又有赖于地上部叶片，叶片光合作用形成同化物质并通过茎往下运输给根。另外，生长的茎尖合成生长素，运到地下部根中，促进根系生长；而根尖合成的细胞分裂素运到地上部，促进芽的分化和茎的生长，并防止早衰。果树、花卉、农作物的修剪、整枝、摘心、打杈和摘叶等，能有效调整各器官的比例，协调各器官的平衡。

2）营养生长与生殖生长的相关性

营养器官的生长是生殖器官生长的基础，营养器官为生殖器官提供碳水化合物、矿质营养和水分等。另一方面，营养生长与生殖生长又存在着互相制约、互为影响，如营养生长差，没有一定的同化面积，生殖生长就会受到不良的影响；而营养生长过旺，植株会发生延迟生殖生长或生殖器官发育不良。由于生殖器官对养分的竞争，使营养需求中心由原来的以茎叶生长为主转向以果实和种子的发育为中心，从而制约了营养生长。因此，植物的营养生长与生殖生长始终存在着既相关又竞争的关系。

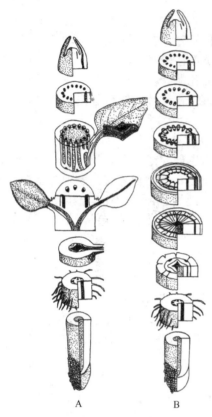

图 4-26　双子叶植物的初生结构
（A）与次生结构（B）
（李扬汉，2000）

3）植物器官之间的结构相关性

植物器官中维管束系统是相互联系的，在种子植物体内，维管束相互连接、错综复杂（图 4-26）。种子萌发时，胚轴的一端发育为主根，另一端发育为主茎，二者之间通过下胚轴相连。然而根的维管组织的特点为木质部和韧皮部相间排列，木质部的成熟方式为外始式，与茎的特点明显不同，茎内的维管束类型一般为外韧维管束，并排列成一环，木质部的成熟方式为内始式，所以，在根、茎的交界处，维管组织必须从一种形式逐步转变为另一种形式，发生转变的部位是在下胚轴，此处称为过渡区。

在过渡区，维管组织中木质部或韧皮部发生分叉、旋转、靠拢和并合的变化过程（图 4-27）。转变之后的维管组织在根、茎之间就建立起了统一联系。

茎中的维管束进入叶子里，是通过茎皮层到叶柄基部的一段维管束。同样，侧芽发生后，由枝迹将茎的维管束与侧枝维管束相互连接。

总之，根通过过渡区与茎维管束相连，茎再通过枝迹与叶迹同侧枝与叶子的维管束连接，这样在初生植物体中构成一个完整的维管组织系统，主要起输导和支持作用。

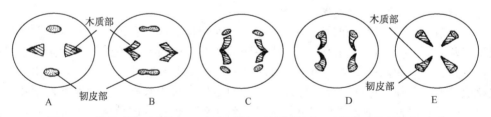

图 4-27　根茎过渡区中柱（二元型）横切面结构简图，示维管束的转换与联系

A. 根内维管束的排列情况（木质部和韧皮部相间排列）；B. 维管束分叉；C. 木质部转位 180°；D. 木质部
和韧皮部汇合；E. 茎内维管束的排列情况（木质部和韧皮部内外排列）

小结

本章主要以被子植物为代表，讨论植物的形态、结构、功能和发育问题。被子植物的营养器官有根、茎、叶，分别由分生组织、保护组织、薄壁组织、机械组织、输导组织和分泌结构构成，维管组织贯穿其中。

根、茎的初生结构由表皮、皮层和中柱或维管柱构成。然而，大多数双子叶植物的根、茎初生结构成熟后，维管形成层和木栓形成层的活动，实现这些器官的次生生长，产生根、茎的次生结构。叶是大多数植物的主要光合作用器官，双子叶植物的叶常为异面叶。

花、种子与果实属于被子植物的繁殖器官。在花药中，花粉母细胞通过减数分裂形成四分体，最后形成 2-细胞或 3-细胞的成熟花粉粒，即雄配子体，在胚珠的内部，首先是孢原细胞形成一个大的胚囊母细胞，通过减数分裂和有丝分裂，最后形成成熟胚囊，即雌配子体。传粉和受精过程实现雌雄配子的结合，二倍体的合子进一步发育成为胚。同时胚珠形成种子，子房发育成果实。胚萌发形成植物的孢子体。孢子体世代与配子体世代交替出现是植物生活史的世代交替现象。

植物体的生长和发育始终都受到一系列外部和内部因素的调控，外部环境因子主要包括温度、光、水分以及各种刺激等，内部因子主要是植物激素，使植物的生长发育具有整体性和连贯性。

思考题

1. 被子植物输导组织的运输能力效率为什么比其他维管植物的高？
2. 根部内皮层上的凯氏带的作用是什么？
3. 列举双子叶植物根和茎的初生结构在横切面解剖学上的区别。
4. 按从里向外的排列顺序，木本双子叶植物茎的各部分的名称分别是什么？
5. 蕨类植物的哪些显著特点限制其成为真正的陆生植物？
6. 假设某一短日植物的临界光周期是 13h，在下列情况下判断植物是否开花：
   (1) 14h 光照，随后 10h 夜长。
   (2) 12h 的光照，随后 12h 夜长。
   (3) 12h 的光照，随后 12h 夜长，并在第 19h 给予一次远红外光闪光。
   (4) 11h 的光照，随后 13h 夜长，并在第 18h 依次给予一次红光闪光和一次远红外光闪光。
   (5) 10h 的光照，随后 14h 夜长，并在第 17h 给予一次红光闪光。

第五章 动物的结构、功能与发育

　　每个动物个体都是一个统一的有机体。多细胞动物源于一个单细胞的受精卵，在分子水平上，每个胚胎细胞都有相同的基因库，只是不同位置细胞的基因在不同时空上进行了表达，调节动物体的生长和分化，得到各种形态和功能不同的细胞，实现生物体的发育。这些形态和功能不同的细胞按一定规律组合，组成动物的组织、器官及系统。各组织、器官和系统之间相互协调，完成机体的各项生理功能。

　　动物种类繁多，结构和功能千差万别，由于篇幅有限，将重点以脊椎动物（主要是人体）为例，讨论动物的结构、功能和发育。

第一节　动物的形态结构

一、动物的组织

　　动物的组织（tissue）是由许多基本结构相同的细胞和细胞间质按一定规律组合而成的，并且具有相似的生理功能。脊椎动物的组织根据其起源、形态结构和功能的不同，可以划分为上皮组织、结缔组织、肌肉组织和神经组织四大类。

　　1. 上皮组织

　　上皮组织（epithelial tissue）是指覆盖于身体表面或衬在体内器官表面，呈膜状的紧密排列的细胞组合。具有保护、分泌、排泄和吸收等作用。

　　上皮组织分布于动物体的不同部位，其细胞形状和生理功能也就存在一定的差异。例如，皮肤的表皮由多层扁平的细胞组成，即复层扁平上皮，主要是行使保护功能；肠壁为单层柱状上皮，主要是吸收功能。还有一些特殊的上皮组织，如舌头表面的上皮组织为感觉上皮，具有感觉功能；生殖腺内的上皮细胞分化为生殖上皮，能产生精子或卵子，具有生殖功能。

　　2. 结缔组织

　　结缔组织（connective tissue）由基质及其分散于其中的细胞构成，具有连接、支持、保护、防御、修复和运输等功能。结缔组织是机体内分布最广泛、种类多样化的基本组织，具体又可以分为疏松结缔组织、致密结缔组织、脂肪组织、网状结缔组织、软骨组织、骨组织及血液等。

　　3. 肌肉组织

　　肌肉组织（muscle tissue）是由成束的具有收缩能力的长形肌纤维构成，是脊椎动物体内最丰富的组织，维持机体和器官的运动。

　　根据肌肉组织形态和功能的特点不同，可分为骨骼肌、心肌和平滑肌三种肌肉组织。骨骼肌和心肌的肌原纤维具有横纹，又称横纹肌；平滑肌没有横纹。三者具有不同的收缩特点，骨骼肌的收缩有力，但不持久，易疲劳，受意识支配；平滑肌的收缩缓慢而持久，但力弱，且不受意识支配；心肌收缩能力强而且持久，不受意识支配。

4. 神经组织

神经组织（nervous tissue）是动物体内分化程度最高的一种组织。神经组织由神经元和神经胶质细胞构成，其结构和功能单位是神经细胞，即神经元。

1）神经元

神经元是一类具有接受刺激和迅速传导神经冲动能力的特化细胞，常呈线状，并聚集形成神经束或神经干，适应信息传导。神经元数量巨大，据推算，成人脑神经元可达 10^{11} 个。每个神经元都含有细胞体（含细胞核）和数条长短不等的突起，即树突（dendrites）和轴突（axon）。树突较短，呈树状分支，将冲动传入细胞体。轴突比较长，通常一个神经元只有一条轴突，将冲动从细胞体传出（图5-1）。

神经元按传导兴奋的方向不同可分为3类：传入神经元（感觉神经元）、传出神经元（运动神经元）、联络神经元（中间神经元）。每个神经元都与其他神经元产生大量的突触（synapse）连接。神经突触包括电突触和化学突触两种类型。电突触以电耦合方式在神经元之间传递神经信息，即电信号可直接传递到下一个神经元；化学突触是通过化学物质（信使分子、神经递质）的介导，将神经冲动传递给下一个神经元（图5-2）。神经冲动的传导实际上是通过神经纤维在神经元之间进行的连续的电化学变化过程，同时耗能。

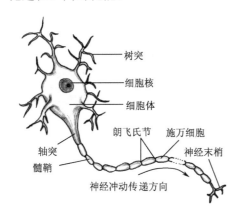

图5-1 脊椎动物神经元的结构

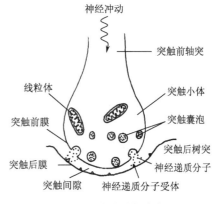

图5-2 哺乳动物突触

2）神经胶质细胞

神经胶质细胞包括星状胶质细胞、少突胶质细胞、小胶质细胞、室管膜细胞、施万细胞等。脊椎动物的外周神经原的轴突上围绕施万细胞，形成多层的绝缘覆盖层，称为髓鞘（myelin sheath）。神经胶质细胞具有机械支撑、营养供应、绝缘、神经递质的转化、代谢和释放、神经活性物质的分泌等功能。

二、动物的器官和系统

器官是由多种组织构成的特定形态结构单位。例如，心脏由肌肉组织、上皮组织、结缔组织和神经组织组成。

器官的各组织间相互协调，执行与其形态特征相适应的生理功能。在功能上相关联的一些器官又联合在一起，分工合作完成某种生命必需的功能，构成更高层次上的功能单元，称为器官系统（organ system）。一般脊椎动物的器官系统主要有皮肤系统、运动系统、消化系统、呼吸系统、排泄系统、内分泌系统、循环系统、神经系统、免疫系统和生殖系统。

1. 运动系统

运动系统的主要功能是产生运动。运动系统由骨、关节和肌肉等组成。其中，骨是运动杠杆，关节是支点，肌肉是运动动力。

正常成年人共有 206 块骨头，各骨之间连接构成骨骼（图 5-3）。骨骼肌跨过一个或多个关节，附着在两块或两块以上的骨面上，在神经系统支配下，骨骼肌收缩，牵拉骨骼，产生各种运动。骨主要由有机质和无机质组成。有机质主要是骨胶原纤维束和黏多糖蛋白等，构成骨的支架，赋予骨以弹性和韧性。无机质主要是碱性磷酸钙，使骨坚硬挺实。脱钙骨（去掉无机质）仍具原骨形状，但柔软有弹性；两种成分比例，随年龄的增长而发生变化。

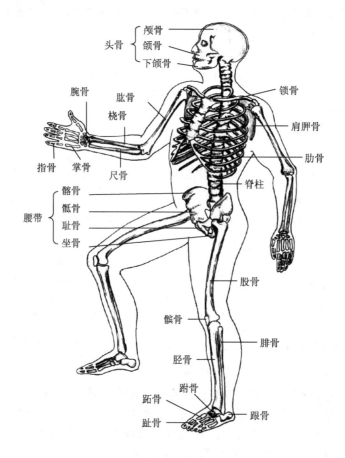

图 5-3　人体骨骼

构成运动系统的肌肉均属横纹肌，一般附着于骨骼。每个肌肉细胞内含有许多紧密平行排列的肌原纤维（myofibrils），每条肌原纤维又由肌动蛋白丝和肌凝蛋白丝组成，骨骼肌的每条肌原纤维的肌动蛋白丝可达 3000 条、肌凝蛋白丝可达 1500 条，它们整齐而有规律地排列。肌动蛋白丝又由肌动蛋白、原肌凝蛋白和肌钙蛋白等组成。肌原纤维上呈现出明暗相间的带，即明带和暗带。暗带中两种蛋白排列之间有着重叠的部分，此处的每一条肌凝蛋白丝被六条肌动蛋白丝包围。明带中间有一条致密的横线，称为 Z 线。两条 Z 线之间为一个肌节，每一肌节外面包被肌浆网（sarcoplasmic reticulum）。肌凝蛋白丝的侧面规则地伸出能与肌动蛋白链上的活动点相结合的结构，称为横桥（图 5-4）。

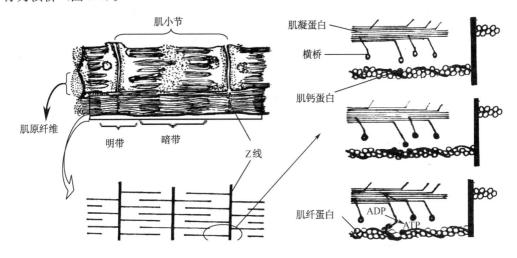

图 5-4　肌肉的收缩模式图

关于肌细胞收缩的原理，常用肌丝滑行学说来解释，即肌肉的收缩和舒张，是在 Ca^{2+} 的作用下，细肌丝的肌动蛋白和构成粗肌丝的肌球蛋白发生结合和解离，造成肌丝间相互滑行，于是出现肌肉的收缩和舒张。

当肌肉收缩的信号由运动神经元传来时，神经通过运动终板（神经肌肉结合点）释放乙酰胆碱，引起肌肉内膜的电位发生变化，造成肌浆网内大量的 Ca^{2+} 释放出来，并随着电位的变化而进入肌肉细胞，肌钙蛋白在 Ca^{2+} 的作用下改变了原肌凝蛋白的构象，原来掩盖下的肌动蛋白链上的活动点暴露出来，此时，肌凝蛋白上的横桥头便与之结合。在横桥内部的能量作用下，横桥颈部构型发生改变而产生拉力，于是肌凝蛋白丝向 Z 线前行一步，然后横桥头接受一分子的 ATP 后，与肌动蛋白链上的结合点脱离，并结合到下一个新的结合点，如此逐次带动了肌凝蛋白向前滑动，明带逐渐变短，一条肌原纤维上的众多明带变狭的叠加效果便达成了肌肉的收缩（图 5-4）。

2. 消化系统

消化（digestion）是机体通过消化管的运动和消化腺分泌物的酶解作用，使大块的、分子结构复杂的食物分解为能被吸收的简单小分子化学物质的过程。消化有利于营养物质通过消化管黏膜上皮细胞进入血液和淋巴，从而为机体的生命活动提供能量。消化过程包括机械性消化和化学性消化，前者如口腔的咀嚼、胃和肠的蠕动等，把大块食物磨碎；后者指各种消化酶将分子结构复杂的食物，水解为分子结构简单的营养物质。例如，蛋白质水解为氨基酸，脂肪水解为脂肪酸和甘油，多糖水解为葡萄糖等。

消化可分为细胞内消化和细胞外消化。单细胞动物（如草履虫）摄入的食物在细胞内被各种水解酶分解，称为细胞内消化。多细胞动物的食物由消化管的口端摄入在消化管中消化叫做细胞外消化。细胞外消化可以消化大量的和化学组成较复杂的食物，因而具有更高的效率。

　　在动物进化过程中，消化系统经历了不同的发展阶段。原生动物的消化与营养方式有三种：一是光合营养，如眼虫体内有色素体，能通过光合作用获取营养，而没有特殊的消化器官；二是渗透性营养，又称腐生性营养，通过体表渗透，直接吸收周围环境中呈溶解状态的物质，没有分化的消化器官；三是吞噬营养，大部分原生动物能直接吞食固体的食物颗粒，并在细胞内形成食物泡。食物泡与细胞内的溶酶体融合后，各种水解酶逐步将食物分解、消化，如草履虫（腔肠动物）。

　　原始消化系统的消化腔只有口，没有肛门，食物残渣由口排出，内胚层细胞围成的原肠腔发育形成消化腔。哺乳动物的消化系统（digestive orgen system）比较复杂，包括消化道和消化腺。消化道依其功能和形态的不同又分为口腔、咽、食道、胃、肠和肛门。消化腺分为舌腺、唾液腺、胃腺、肠腺、胰腺和肝脏等（图5-5）。

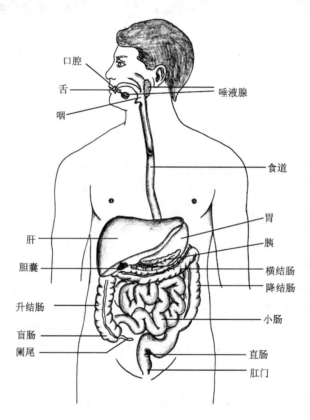

图 5-5　人体的消化系统

1）消化道

　　口腔是消化道的起始端。大多数脊椎动物的口腔中具有锋利的牙齿（teeth），着生于坚固的上、下颌骨上，适应于咬住和磨碎猎物。牙齿最外面是釉质（enamel），主体是牙本质（dentin），内部为牙腔，填充有结缔组织、血管和神经，即牙髓（pulp）。牙釉质由钙化的胶原组成，特别富含磷灰石 $Ca_{12}(PO_4)(OH)_2$。人的一生有两副牙齿，即乳牙（deciduous teeth）和恒牙（permanent teeth）（表5-1）。

昆虫的口器主要有咀嚼式口器、刺吸式口器、虹吸式口器和舐吸式口器等四种类型。咀嚼式口器最原始的口器形式，适用于取食固体食物，如蝗虫的口器。刺吸式口器的各部延成针状，相互抱握成一针管，用以吸食液汁，如蚊、蝉等的口器。刺吸式口器上颚为咀嚼花粉的颚齿状，其余下颚、舌及下唇都延长并合拢而成一适于吮吸的食物管，如蜜蜂的口器。虹吸式口器的大部分结构退化，仅下颚外颚节延长并左右合抱而成管状，且可在用时伸出，不用时可盘卷，如蝶蛾类的口器。舐吸式口器上下颚退化，而由头壳一部分及下唇等延长成基喙及喙，后者的前壁具槽，槽内可藏上唇及舌，两者闭合为食物管，喙

表 5-1　人牙的萌发和脱落时间

	芽	萌发年龄	脱落年龄
乳牙	乳中切齿	6～8 个月	7 岁
	乳侧切齿	6～10 个月	8 岁
	乳尖牙	16～20 个月	12 岁
	第 1 齿磨牙	12～16 个月	10 岁
	第 2 齿磨牙	20～30 个月	11～12 岁
恒牙	中切齿	6～8 岁	
	侧切齿	7～9 岁	
	尖牙	9～12 岁	
	第 1 前磨牙	10～12 岁	
	第 2 前磨牙	10～12 岁	
	第 1 磨牙	6～7 岁	
	第 2 磨牙	11～13 岁	
	第 3 磨牙	17～25 岁	

的末端有唇瓣，其上具许多伪气管，能吸取液体食物，或从舌中唾液管流出唾液，溶解固体事物，然后再吸食，如苍蝇的口器。

咽是一个将食物送入食道的肌肉组织。依据咽的通路可以分为鼻咽部、口咽部和喉咽部。鼻咽部有两个咽鼓管的咽口，通过咽鼓管与耳的鼓室相通。当吞咽、打哈欠及打喷嚏时，此管开放。当遇到坐车感觉耳部不适时，可作吞咽动作，让鼓室和外耳道压力的达到平衡。

胃是人和哺乳动物主要的消化器官。胃的入口称贲门，出口称幽门。胃壁由黏膜、黏膜下层、肌层和外膜构成。黏膜表面是由单层柱状上皮覆盖，外方还有黏液，能防止胃液中高浓度的盐酸与胃蛋白酶对黏膜的损伤。

偶蹄目中的骈足亚目和反刍亚目动物，发展出了分室的胃。例如，牛的胃分为瘤胃、网胃、瓣胃和皱胃四个室（图 5-6）。这种复杂的结构能够使这类草食动物在短时间内匆忙吞下大量的植物性食物，然后躲在一个安全的地方细嚼慢咽，逃避捕食者，这是进化的产物。瘤胃和网胃中有大量细菌和原生动物，摄入的纤维素靠这些生物来

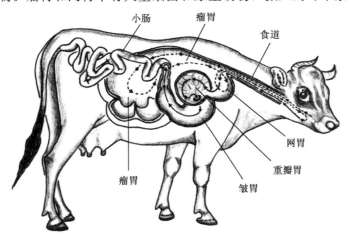

图 5-6　反刍动物（牛）的胃

分解和消化。

小肠是大多数哺乳动物最主要的消化和吸收器官。人的小肠全长 5～7m。小肠可分为十二指肠、空肠和回肠。十二指肠是小肠的起始段，连接胆总管和胰导管。小肠壁结构同胃一样，也分四层：黏膜层、黏膜下层、肌层和外膜。黏膜表层为柱状上皮。每个柱状上皮细胞的游离面约由 1000～3000 根微绒毛组成。绒毛部上皮由吸收细胞、杯状细胞（goblet cell）和少量的内分泌细胞组成；小肠腺上皮除上述细胞外，还有潘氏细胞和未分化细胞。吸收细胞（absorptive cell）胞质内的滑面内质网膜含有的酶可将细胞吸收来的甘油与脂肪酸合成甘油三酯，后者与胆固醇、磷脂及 β-脂蛋白结合，然后再与高尔基复合体形成乳糜微粒，最后在细胞侧面释出，构成脂肪吸收和转运的方式。吸收细胞释出的乳糜微粒进入中央乳糜管而输出。食物经消化分解形成的葡萄糖、氨基酸等小分子物质穿过绒毛上皮细胞后进入毛细血管，然后再汇集到直接通向肝脏的血管。肝脏可以把多种营养物质转换成机体所需的新物质，而且还具有调节蛋白质代谢、血糖浓度平衡、脂肪的分解和转换等许多重要功能。

大肠可分为盲肠、阑尾、结肠和直肠。马、兔的消化道上有发达的盲肠，这些结构与其草食性相适应。结肠（colon）又分为升结肠、横结肠和降结肠。结肠的主要功能是吸收水分和电解质，形成、贮存和排泄粪便。腹泻主要是病毒、细菌、食物毒素或化学性毒物、药物作用、肠过敏、全身性疾病等原因造成胃肠分泌、消化、吸收和运动等功能紊乱的结果。腹泻的发病基础是胃肠道的分泌、消化、吸收和运动等功能发生障碍或紊乱，以致分泌量增加，消化不完全，吸收量减少和动力加速等，最终导致粪便稀薄，可含渗液，大便次数增加而形成腹泻。直肠是大肠的末段。直肠下部固有膜及黏膜下层内有丰富的静脉丛，容易发生瘀血而静脉曲张，形成痔。

阑尾又称蚓突，是细长弯曲的盲管，根部附着于盲肠内后方。阑尾根部在体表的投影，一般在右髂前上棘到脐连线的外 1/3 处，此处称阑尾点，又叫麦氏点（图5-7）。阑尾炎（appendicitis）是一种常见病。临床上常有右下腹部疼痛、体温升高、呕吐和中性粒细胞增多等表现。

2）消化腺

消化腺包括唾液腺、胰脏、肝脏、胃脏和肠腺。均可分泌消化液，消化液中含有消化酶。肝是人体最大的消化腺。成人肝脏平均重达 1.5kg，肝可分左右两叶。肝的功能很复杂，承担着上千种的生理功能，概括主要

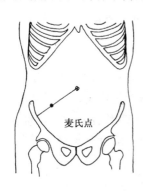

图 5-7　麦氏点的位置

有如下几点：

（1）代谢功能：食物中的蛋白质、脂肪、糖类以及维生素，必须先到肝脏进行化学处理，变成人体需要的养分，再供生命活动所需。

（2）解毒功能：可以说，肝脏是人体最大的解毒器官，食物中的毒物与毒素，必须经过肝脏解毒。例如，寄生在肠道内的细菌如腐败分解时，可释放出氨气。肝脏将氨转变为尿素排泄，便避免了中毒。如果饮酒，酒精到体内转化乙醛，可与体内物质结合，产生毒性反应，产生醉酒的症状；但肝脏又可将乙醛氧化为醋酸而祛除。如果酗酒过度，超出肝脏的解毒能力，便会酒精中毒，严重的危及生命。

（3）免疫功能：肝脏是人体内最大的防御系统，通过吞噬、隔离和消除入侵和内

生的种种致病原，从而保障机体的健康。此外，还有生成和排泄胆汁的功能，调节水盐代谢等生理作用，在胚胎时期还有造血功能等。

高等哺乳动物器官再生能力非常有限。而肝脏在一定范围内损伤后却具有再生能力。有关肝再生调控的研究已有半个多世纪的历史，Higgins 和 Anderson（1931）首先全面描述大鼠肝部分切除（Partial Hepatectomy，PH）后再生过程。

3. 呼吸系统

低等无脊椎动物大多数都没有专门的呼吸器官，它们只靠体表与外界环境进行气体交换。而对于较进化的多细胞生物体，体型一般都较为庞大，埋在体内的细胞距离与外界环境发生气体交换的表面细胞已经非常遥远，几乎不可能通过简单扩散获得或排出气体，因此，呼吸系统的是多细胞生物对环境的适应所产生的结构。

对于低等的无脊椎动物，如蜘蛛、昆虫等的呼吸系统，是比较原始的气管系统（tracheal system），呈网状结构。多数水生动物的呼吸器官是鳃（gills），适应在低氧环境中获得氧气。硬骨鱼类的肺特化为鳔（swim bladder），通过调节鳔内气体的量，控制鱼的沉浮。脊椎动物的肺是适应陆地干燥环境的最为重要的进化适应器官，与呼吸道一起构成呼吸系统。

1）哺乳动物的呼吸道

临床上将鼻、咽、喉称为上呼吸道；气管、支气管称为下呼吸道。呼吸道对空气有净化防御功能，道内的黏液和纤毛可防止异物颗粒进入肺，同时可分泌某些抗体、溶菌素、干扰素等抗菌原物质。

2）哺乳动物的肺

肺位于胸腔，左右各一。左肺分为两叶，右肺分为上、中、下三叶。肺的最小功能单位是肺泡，一个人的肺泡约有 3 亿个。肺泡是气体交换的场所，肺泡气体与肺泡毛细血管之间的结构称为呼吸膜，是气体交换通过的组织。肺泡上的分泌上皮细胞（II型细胞）分泌的表面活性物质（PS），能降低肺泡表面张力、维持肺泡容积相对稳定、防止体液在肺泡积聚。人类胎儿在妊娠 28 周时，可以有呼吸运动，但肺泡 II 型细胞产生的表面活性物质含量较少，此时的早产儿易患特发性呼吸窘迫综合症，若能加强护理，可能存活。

肺处于胸膜腔中，在平静呼吸时，胸膜腔内的压力（胸内压）较大气压低，负压的形成对于保持肺泡和小气道扩张、促进血液、淋巴液回流等有着重要的生理意义。当胸壁或肺损伤致胸膜腔与大气相通，胸内负压减弱或消失，形成气胸，出现循环功能障碍、呼吸困难，严重可导致休克。

化学结合是氧的主要运输形式，氧和红细胞内血红蛋白（Hb）中 Fe^{2+} 结合，形成氧合血红蛋白（HbO_2）。血红蛋白与氧的结合是可逆性的，而且反应迅速，不需酶催化，主要取决于血液中氧分压。当血液流经肺部时，由于氧分压高，Hb 与氧迅速结合成 HbO_2；而被输送到组织时，由于组织处氧分压低，HbO_2 则迅速解离，释放出 O_2，成为去氧血红蛋白。氧溶解度很小，只有少量的氧溶解于血浆中。临床高压氧疗的原理是根据物理溶解的量与气体分压成正比，提高肺泡气中氧分压，使溶解于血液中的氧量增加，达到缓解缺氧的目的。

正常成人每 100mL 静脉血中 CO_2 浓度约为 27mmol/L，其中大部分（95%）是 HCO_3^- 结合形式，CO_2 的物理溶解约占 5%。CO_2 的化学结合运输形式有两种：碳酸氢盐形式和氨基甲酸血红蛋白形式。碳酸氢盐形式运输约占 CO_2 运输总量的 88%。当血液流经组织时，血浆中的一部分 CO_2 直接与 Hb 分子中的珠蛋白的四个末端 α-氨基可逆结合，形成氨基甲酸血红蛋白（HbNHCOOH）。以 $HbNHCOO^-$ 和 H^+ 形式存在，$HbNHCOO^-$ 随静脉血流经肺部时，不需酶参与，很快解离释放出 CO_2。

4. 循环系统

所有脊椎动物和一些无脊椎动物的循环系统是完全闭管式循环系统，血液与间隙体液分开，被限制在血管中循环流动。血液循环是由肺循环和体循环组成的周而复始的交替过程，需要能提供动力的心脏和输送血液的血管。其他生物具有开放式循环系统。例如，昆虫血液通常并不携氧，而只负责养分的传送，体细胞内形成的尿酸也经血液携至马氏管，再通过后肠肛门排出。昆虫身体内的器官都是浸泡在血液中，即血体腔，这种血液的循环方式称作开放式循环。

脊椎动物的循环系统由心脏、血管和血液三部分组成，其主要功能是物质运输，保证生物体内环境的平衡和各种生理功能的有序进行。血液为细胞输送营养和氧气，同时还将 CO_2 运输到肺，代谢产物运输到排泄器官。

1）心脏

有着封闭式循环系统的不同动物类群，其心脏结构存在较大的差异。头足动物和环节动物的心脏由五个动脉弓组成的原始心脏，只相当于扩大的血管。例如，蚯蚓的"心脏"；鱼类的心脏由一心房和一心室组成，血液循环为单循环；两栖动物的心脏有两心房和一个心室；爬行动物的心室开始分为左右两边，但室间隔有室间孔，泵出的血是混合血，肺血和体血在心脏发生混合，为不完全双循环。鸟类和哺乳动物具有完善的两心房两心室（图 5-8），是真正的双循环泵，其起搏具有以下特性：

（1）自动节律性（automaticity）：心脏在离体和脱离神经支配下，仍能自动地产生节律性兴奋和收缩的特性。正常心脏的节律活动受自律性最高的窦房结所控制。在哺乳动物心跳的起搏点（pacemaker）位于右心房的窦房结（sinoatrial node，SA 结）。尽管心脏的跳动具有自律性，但受到交感神经系统的心交感神经和副交感神经系统的迷走神经的支配。心交感神经释放出去甲肾上腺素，提高心率。而迷走神经释放出乙酰胆碱，则会降低心率。

（2）传导性：当一个电脉冲从窦房结发生，脉冲经过结间束到达右心房肌，并通

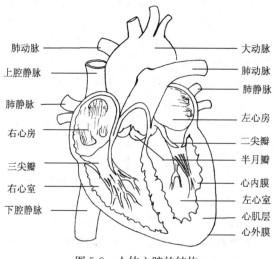

图 5-8　人体心脏的结构

过结间束分支经过房间束左传入心房肌，引起两心房同时收缩；同时这个电脉冲也经过结间束传到房室交界（房室结），依次经房室束及左右束支、浦肯野纤维到达左、右心室肌，引起两心室兴奋。房室交界是正常兴奋由心房传入心室的唯一通路，当脉冲传到此处的房室结，脉冲逐渐慢下来，延时 0.1s，这种现象称为房室延搁。房室延搁具有重要的生理意义，它使心房与心室的收缩不在同一时间进行，只有当心房兴奋和收缩完毕后才引起心室兴奋和收缩，使心室得以充分充盈血液，有利于射血。传导系统任何部位发生功能障碍，都会引起传导阻滞，导致心律失常。

2）血管

动物和人体的血管分为动脉、小动脉、静脉、小静脉和毛细血管等。毛细血管网处是血液和组织之间的进行物质交流的地方。栓塞和血栓（thrombus）是循环系统中形成的异常凝块，栓塞形成的凝块会随着血液流动，如果流动到肺，会阻塞肺动脉或毛细血管，形成肺栓塞。血栓如果不流动，会逐渐生长变大，阻塞动脉或破坏动脉毛细血管网，例如，冠状动脉血栓（coronary thrombosis），造成心梗；动脉粥样硬化（AS）是动脉及其分支的动脉壁内膜及内膜下有脂质沉着（主要是胆固醇和胆固醇脂），同时内膜增厚并伴有钙盐的沉淀，使血管硬化，形成粥样的斑块。

3）血压

血压是指血液在动脉中流动，对血管壁产生的侧压。测量血压的部位常为上肢肱动脉，以 mm 汞柱为计算单位。动脉血压随心脏的收缩和舒张而改变，心脏收缩时，动脉血压上升达峰值时为收缩压，心脏舒张时，动脉血压降至最低值时为舒张压。世界卫生组织（WHO）规定收缩压≤140mmHg，且舒张压<90mmHg，为正常血压。如果收缩压≥160Hg、舒张压≥95mmHg，为高血压。介于两者间叫临界高血压。此外还有两种情况：一种是收缩压≥160mmHg，舒张压正常，称为纯收缩期高血压。另一种是单纯舒张压升高而收缩压正常。95％以上的高血压病人查不出特殊原因，称为原发性高血压，少数高血压病人可以找到特殊原因，如由肾脏、内分泌等疾病所引发的高血压，这种情况称为继发性高血压。

4）血液的组成

血液是由血浆和悬浮的细胞组成的液体，血浆是血液的液体成分，由大量的水分和各种血浆蛋白、无机盐、葡萄糖、激素等物质组成。血细胞分为红细胞、白细胞和血小板。人体内的血液总量约占体重的 7％～8％。血浆具有维持渗透压、保持正常血液酸碱度、防御和体液调节等多种功能。

（1）红细胞：又称红血球，是血细胞中数量最多的一种。正常成年男子的红细胞数量平均为 500 万/mm³；成年女子平均为 420 万/mm³。红细胞的主要成分是血红蛋白（hemoglobin），是由球蛋白和卟吩（porphyrin）组成。红细胞平均寿命约为 100～120 天。成人的肾脏产生促红细胞生成素（erythropoietin），促进红骨髓产生红细胞，胚胎期由肝脏产生。成人男性每 100mL 血液可携带约 19mL O_2，携带以氨基甲酸酯形式存在的部分 CO_2。

（2）白细胞：人的血液中的白细胞数量为 5000～10 000/mm³ 个，进食后、炎症、月经期等都可引起白细胞数量的变化，故常作为疾病诊断的依据之一。白细胞又分为有颗粒的中性粒细胞、嗜酸性料细胞、嗜碱性粒细胞和无颗粒的淋巴细胞、单核细胞。白细胞能借助于变形运动通过毛细血管壁而进入组织间隙，担负防御病菌、免疫和清除坏死组织等生理功能。

（3）血小板：是红骨髓制造的大细胞碎片。正常人的血小板含量为 10 万～30 万/mm³，血小板数量也随不同的机能状态有较大的变化。血小板的主要作用是在血液凝固时启动凝血因子，促进凝血。

5）输血与血型

如果不适当的输血，会造成血液相互凝聚，导致微循环阻塞。凝聚是一种抗原-抗体反应，红细胞表面有许多决定血型的抗原，是一种特异性寡糖氨基酸复合体，能和血浆中凝集素（γ-球蛋白）发生反应。1900 年左右，由 Karl Landsteiner 发现第一组主要的多糖抗原，它们组成 ABO 血型系统。ABO 血型系统的红细胞表面抗原是 A 抗原（A 凝集原）和 B 抗原（B 凝集原），血浆中存在着能与其发生特异性结合的 A 抗体（抗 A 凝集素）和 B 抗体（抗 B 凝集素）（表 5-2）。对于一个人，如果是红细胞带有 A 抗原，则血浆中不会存在 A 抗体，如果是红细胞带有 B 抗原，则血浆中不会存在 B 抗体，否则红细胞发生凝集。在输血时必须考虑到供血者红细胞不被受血者血浆中相应的凝集素所凝集。

Rh 血型系统的抗原因子叫 Rh，具有者称 Rh 阳性（Rh⁺），缺少者称 Rh 阴性（Rh⁻）。在我国多数民族中 Rh⁻ 血型占 99%，Rh⁺ 血型占 1%。但某些少数民族中，Rh⁺ 血型占百分率较高，如苗族为 12.3%、布依族 8.7%、塔塔尔族 18.5%，因此在这些民族中输血时，检查 Rh 血型是必要的。

表 5-2　ABO 血型的抗体和抗原及安全输血的情况

表现型(血型)	基因型	红细胞上的抗	血浆中的抗体	可输给对象	可接受血液的血
O 型	ii	无抗原	A 抗体和 B 抗	O、A、B 和 AB 型	O 型
A 型	IᴬIᴬ 或 Iᴬi	A 抗原	B 抗体	A 和 AB 型	O 型和 A 型
B 型	IᴮIᴮ 或 Iᴮi	B 抗体	A 抗体	B 和 AB 型	O 型和 B 型
AB 型	IᴬIᴮ	A 抗原和 B 抗原	无抗体	AB 型	O、A、B 和 AB 型

除上述 ABO 血型、Rh 血型系统系统外，人类还有另外的血型系统，如 MN 血型系统。

5. 神经系统

人的神经系统是迄今为止地球上最复杂、最精密的信息处理系统。人的神经系统是不可分割的整体。

1）神经系统的组成

神经系统可以分为中枢神经系统和外周神经系统两部分，前者包括脑和脊髓，后者包括脑神经和脊神经。中枢神经系统主要包括脑和脊髓两个部分；周围神经系统主要由 12 对脑神经和 31 对脊神经组成（表 5-3）。

表 5-3　神经系统的组成

中枢神经系统	脑	位于颅腔内，包括大脑、间脑、脑干及小脑
	脊髓	位于椎管内，是外周神经与脑之间的通路
周围神经系统	脑神经	共 12 对，主要分布于头面部
	脊神经	共 31 对，分布于躯干及四肢
	植物性神经	包括交感神经和副交感神经

（1）中枢神经系统：人脑由 1000 多亿个神经元和支持细胞组成。包括大脑、间

脑、脑干及小脑，其中脑干又包括中脑、脑桥和延髓几个部分。

大脑分左右两个半球。表面有下凹的沟、裂和隆起，这样扩大了表面积，动物越高等，大脑表面积越大。主要的沟有中央沟、外侧裂及顶枕裂，将每侧大脑半球分成4叶（图5-9）。中央沟前方为额叶，中央沟与顶枕裂之间为顶叶，顶枕裂后部为枕叶，外侧裂下方为颞叶。大脑深部的神经纤维是白质，包括连接两半球的巨大纤维（称为胼胝体）和联系同侧半球的纤维以及出入大脑半球的上行与下行神经纤维束。大脑表面是神经细胞胞体聚集形成的灰质，厚约2～3mm，称为大脑皮层。大脑皮层有功能分区，包括运动区、感觉区、联合区。联合区的作用尤其重要，脑的各种高级功能主要与联合区有关，动物进化越高等，联合区所占比例越大。在大脑与间脑交接处的边缘为大脑皮层边缘叶，与其他结构共同组成边缘系统，它对植物性神经系统有调控作用，还参与情绪反应，其中海马是与记忆功能密切相关的脑区。

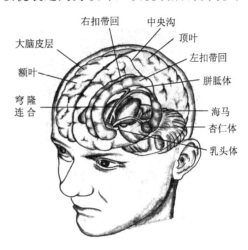

图 5-9　人的大脑立体结构

间脑位于大脑与中脑之间，主要包括丘脑和下丘脑。丘脑是各种感觉信息通向大脑皮层的中转站和初步信息加工区，再投射到大脑皮层的有关感觉区。下丘脑是神经内分泌机构，与脑下垂体关系密切，释放多种神经激素，有重要调节功能。

脑干包括中脑、脑桥和延髓。脑桥起"桥梁"作用，担负着对大脑、小脑与脊髓的神经联系。延髓是脊髓延伸到颅腔的部分，是重要的反射中枢，控制呼吸、血液循环和消化道运动等生理活动。

小脑在脑桥和延髓的背面及大脑后下方，是躯体运动及平衡的调节中枢，还参与学习记忆的神经活动过程。

下丘脑是调节内脏活动较高级的中枢。同时，它把内脏活动与其他生理活动联系起来，成为躯体性、植物性和内分泌性功能活动的重要整合中枢。下丘脑的功能有调节体温、调节摄食行为、调节水平衡、调节腺垂体的分泌、调节情绪与行为反应、调控机体昼夜节律等功能。

脊髓位于脊椎骨的管腔内，人脊髓有31个脊髓节段，每节段发出1对脊神经。在横切面上灰质（胞体聚集处）呈蝶形。前角为运动神经元，后角接受感觉神经传入，感觉神经的胞体在脊髓外面的脊神经节内。

脊髓是脑与外周神经之间的通路，是多种反射活动的中枢，属于低级中枢。脑和脊髓的外表有三层脑脊膜包裹。自内向外分别为软膜、蛛网膜和硬膜。脑和脊髓的中央并非实心组织，有脑室和脊髓中央管，内有脑脊液。

（2）周围神经系统：包括脑神经、脊神经和植物性神经。脑神经主要功能是支配头部器官的感觉及运动。脊神经主要功能是支配躯干和四肢的功能感觉及运动。植物性神经又称自主神经，是周围神经系统中分布到心、肺、消化道等内脏器官的平滑肌和腺体器官的一部分运动神经纤维，它们可以调节心率、血压、体温、激素分泌、胃肠蠕动、支气管收缩与扩张等，且不受人的大脑及意志控制。

根据植物性神经形态、功能的不同，植物性神经又分为交感神经和副交感神经两部分。内脏器官受交感神经和副交感神经的双重支配，虽然两种神经的功能是相对的，但是在中枢神经系统的统一管理下，这两种不同功能的神经既对立又统一，保持着机能的相对平衡，使人体能够适应内、外环境的变化。如交感神经使心脏跳动加快，副交感使心跳变慢。在其他内脏器官，植物神经都起着相辅相成、维持平衡的作用。植物性神经的递质主要有乙酰胆碱和去甲肾上腺素二类。

2）神经冲动的传导

当神经细胞没有传递冲动时，高浓度的 Na^+ 位于细胞膜外侧，而膜内存在大量的 K^+ 和带负电的蛋白质，膜内侧电势低于外侧，形成跨膜电位差，称为静息电位（resting potential），通常为 $-70mV$ 左右。维持膜内外 Na^+ 和 K^+ 浓度的不同是靠膜上的 Na^+ 通道、K^+ 通道和 Na^+-K^+ 泵来完成的。神经细胞在静息状态下，细胞膜上的 Na^+ 通道关闭，K^+ 通道打开，同时 Na^+-K^+ 泵每消耗一个 ATP 便将三个 Na^+ 泵出膜外，把两个 K^+ 泵入膜内，此时，膜内的 K^+ 可以通过开放的 K^+ 通道流出细胞，于是造成膜内外的 Na^+、K^+ 分布不均匀，提高膜内的负电性（图 5-10）。

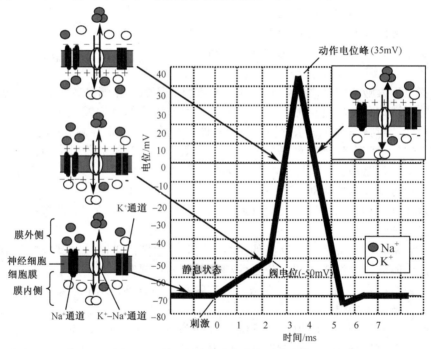

图 5-10　神经细胞静息电位和动作电位

当神经元受到刺激发生兴奋时，刺激部位的细胞膜的通透性发生改变，Na^+ 打开，Na^+ 大量渗入膜内，原来的电势差被消除，引起膜去极化（depolarizing）。当内外电势差为 0 时，K^+ 通道关闭，Na^+ 继续涌入膜内，使膜内在几毫秒带正电性，即倒极化。大约达 $+35mV$ 时，细胞膜上的 Na^+ 通道失活，重新关闭，K^+ 通道再次打开，Na^+ 不再进入，K^+ 流出，同时，膜上的 Na^+-K^+ 泵将 Na^+ 泵出膜外，K^+ 泵入膜内，使膜逐渐恢复到原来的极化状态，即再极化（图 5-10）。

对于无髓鞘神经纤维，兴奋以连续的去极化波传递，有髓鞘神经纤维的兴奋是通过朗飞氏结（nodes of Ranvier）处进行跳跃式传导（saltatory conduction）。由于膜上刚发生动作电位的部位不能立即接着发生新的动作电位，于是神经冲动只能朝一个方向进行，保证了神经冲动的传导具有单向性。同时动作电位具有"全或无"的特点，刺激达不到阈强度，不能产生动作电位，一旦产生，幅度就达到最大值。幅度不随刺激的强度增加而增加。动作电位传导时，电位幅度不会因距离增大而减小，即不衰减性。

当动作电位从一个神经元传递到另一个神经元时，要经过突触进行传播。如果是电突触，动作电位直接传递过去。如果是化学突触，当动作电位到达轴突末端，引起通道打开，Ca^{2+}进入膜内，引起钙调蛋白激活，钙调蛋白影响微管与突触囊泡在突触前膜（presynap membrane）上的附着，突触囊泡释放出神经递质进入突触间隙（synaptic cleft），神经递质与突触后膜（postsynaptic membrane）上的特定受体结合，促使后膜上 Na^+ 通道开放，触发生动作电位，称为兴奋性突触后电位（excitatory postsynaptic potential，EPSP）。

神经递质在神经系统功能活动中具有非常重要的作用。神经递质的种类有多种，按化学结构的不同可分为三类：乙酰胆碱、单胺类和氨基酸类（有 γ-氨基丁酸及甘氨酸）。同一种递质对不同的突触后膜可以发挥不同的作用，即对有的突触后膜发挥兴奋作用，而对另一些突触后膜则发生抑制作用。例如，支配心脏的迷走神经末梢分泌的递质是乙酸胆碱，它对窦房结细胞发挥抑制作用，但支配骨骼肌的运动神经末梢分泌的乙酸胆碱则能促进肌肉收缩。有的神经递质只发挥抑制作用，如 γ-氨基丁酸。

3）学习与记忆

脑内有多种记忆系统，如颞叶皮层和海马，对人和灵长类动物的记忆有重要作用。前额叶皮层有短时记忆功能。小脑和基底神经节有运动性记忆功能。目前认为，短时记忆与神经递质的释放有关，长时记忆与相关蛋白质合成以及突触的变化有关。

4）睡眠与觉醒

睡眠（sleep）高等脊椎动物周期性出现的一种自发和可逆的静息状态。觉醒时，机体对内外环境刺激的敏感性增高。睡眠时则相反，机体对刺激的敏感性降低，肌张力下降，反射阈增高，此时主要由自主神经系统调节，复杂的高级神经活动，如学习、记忆、逻辑思维等活动停止，而仅保留少量具有特殊意义的神经活动，如鼠声音可唤醒沉睡的猫；乳儿哭声易惊醒乳母等。

利用脑电波研究睡眠的生理过程，发现睡眠包括两个阶段：慢波睡眠和快波睡眠。睡眠过程就是这两种阶段交替出现而组成。正常人在晚上 8h 睡眠中，两种睡眠需循环交替 3～4 次。一是慢波睡眠又称正相睡眠，此时皮层脑电波为高频慢波，属于浅睡阶段。慢波睡眠又可以分四个阶段：入睡期、浅睡期、中等深度睡眠期、深睡期。梦游症发生在慢波睡眠的第 3～4 期，也是回忆能力最低的时期。二是快波睡眠，又称异相睡眠，时间发生在慢波睡眠之后，伴有间断性的眼球快速运动，又称快速眼动睡眠。此时为深度睡眠阶段，较难唤醒，常伴有梦境。持续时间约 20min，而后转入慢波睡眠的浅睡期。快波睡眠随年龄增长而逐渐减少，在物种之间随进化程度增加而增加。目前研究认为，快波睡眠主要是皮质下神经结构的机能降低，睡眠的慢波睡眠主要是大脑皮质的休息。

引起睡眠的一个重要因素是停止大脑皮质刺激。近年来，神经生理研究表明，脑干、网状结构是调整觉醒与睡眠交替的关键，可以维持和调整大脑皮层的兴奋性水平，起到唤醒和催眠的作用。

　　脑干网状结构是指在脑干内除界限清楚、机能明确的神经细胞核团和神经纤维束外，尚有纵横交错的神经纤维交织成网，网眼内散布着大小不等的神经细胞胞体。脑干网状结构的兴奋状态是维持觉醒和睡眠的重要条件。感觉信息传入几乎均与脑干网状结构有直接或间接的联系，感觉刺激对引起唤醒反应和维持觉醒状态是不可缺少。去甲肾上腺素（NE）与5-羟色胺（5-HT）是维持睡眠和觉醒状态起决定作用的一对介质。位于桥脑背外侧兰斑核群所释放的去甲肾上腺经过神经纤维传递到脑干、脊髓、小脑、间脑、边缘系统和大脑，与维持觉醒有关。破坏兰斑可以产生深睡或昏迷。位于延脑、桥脑、中脑中线的缝间核群释放5-羟色胺抑制网状结构的活动，网状结构不在向大脑传入刺激，引起睡眠。

　　已在脑脊液及脑干组织中发现了多种睡眠因子。例如，褪黑激素、血管活性肽、催产素等都有不同程度的促进睡眠作用。

　　5）视觉器官

　　感受器的类型有皮肤感受器、光感受器、声感受器和化学感受器。人体最重要的感觉器官主要包括视觉器官、听觉器官、嗅觉器官和味觉器官等。特别是视觉器官尤为重要，人脑获得的全部信息，约有95％来自于眼。

　　眼由眼球及眼睑、结膜、泪腺和眼肌等辅助部分组成。眼球中的视网膜具有感光功能，光线经过角膜、前房、晶状体、玻璃体到达视网膜，视网膜将视觉信息转换成神经冲动。视网膜按细胞层次分为五层，光线透过前三层后到达位于第四层的视杆细胞和视锥细胞，这两种细胞内含有感光色素，能将光线转换为视觉信息（图5-11）。

　　视杆细胞中的光感色素是由视蛋白和视黄醛组成的视紫红质，能接受弱光的刺激，对弱光敏感，区分明暗，但不能辨色。视黄醛由维生素A转变而成，如果维生素A缺乏，导致夜盲症。某些夜间活动的动物（如猫头鹰），其视网膜中几乎全是视杆细胞。视锥细胞中的光感光色素是视紫蓝质，此细胞能接受强光，对物体分辨能力强，并能分辨颜色。某些白天活动的动物（如鸡、鸽子），其视网膜中几乎全是视锥细胞。人眼可以识别的波长在400～700nm之间的不同颜色。三原色学说认为在视网膜上存在三种视锥细胞或感光色素，分别对波长为700nm（红光区）、540nm（绿光区）和450nm（蓝光区）的光线特别敏感，某一波长的光可以引起相近的两种视锥细胞或感光色素反应，两种视觉信号传入大脑，在中枢产生介于二原色之间的颜色视觉。比如580nm的光谱，引起700nm、540nm两种视锥细胞或感光色素反应，形成的视觉颜色为黄色。如果视网膜缺乏相应的视锥细胞或感光色素，将形成色盲。

　　某些昆虫的复眼能感知比人眼宽的

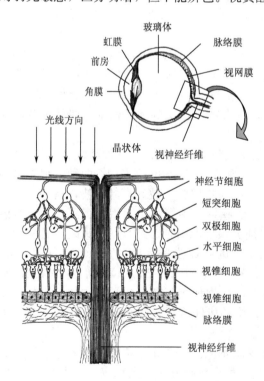

图5-11　人的眼球及视网膜细胞

紫外光谱，有的昆虫还能分析光的偏振。蛙眼的神经节细胞只对移动的小物体有反应。

6. 免疫系统

人和动物生活的周围环境中存在大量的病原体，如细菌、真菌、病毒等，为了免受它们的攻击，动物界特别是哺乳动物进化出一套防御机制，称为免疫（immunity）。

人体对病原体侵害的防御共设置了三道防线：皮肤、口腔、鼻腔、消化道与呼吸道中的黏膜及其分泌物等构成了第一道防线；部分侵入到组织或细胞内的病原体还会受到人体内特殊免疫细胞与防御性蛋白质的抵御和攻击，吞噬作用、抗菌蛋白和炎症反应等构成了人体抵御病原体入侵的第二道防线。吞噬作用在人体及哺乳动物中最重要的一类非特异性防御细胞是白细胞，巨噬细胞、中性粒细胞和自然杀伤细胞是 3 种具有非特异性防御作用的白细胞。巨噬细胞由单核细胞特化而来，细胞内富含溶酶体，可吞噬入侵的细菌和病毒，单个巨噬细胞可以通过其伸展出的伪足捕捉细菌。中性粒细胞可吞噬受感染组织中的细菌和病毒，还可以释放出杀死细菌的其他化学物质。中性粒细胞本身寿命较短。另一类自然杀伤细胞也是具非特异性防御作用的淋巴细胞，它们并不直接攻击入侵的微生物，而是通过增加质膜的通透性来杀死受到病毒感染的细胞。抗菌蛋白在人体非特异性防御系统中还有一类结构特殊的抗菌蛋白，这些抗菌蛋白可以直接攻击细菌和病毒，阻碍其复制。例如，由受病毒感染的细胞协同其他细胞共同产生的干扰素（interferon）就是这样一类抗菌蛋白。当一个正常细胞受到病毒侵染时，可诱导细胞核中干扰素基因的表达，从而产生干扰素以活化相邻细胞表达抗病毒蛋白，这种抗病毒蛋白可阻止病毒在该细胞中的复制和增殖。研究发现，这种抗菌蛋白的短期免疫作用对于抵御引起流感和普通感冒的病毒比较有效。第三道防线是病原体引起释放出许多能直接攻击入侵抗原的细胞或者通过细胞制造出相应的具有识别抗原功能的防御性蛋白质，发生特异性免疫。

淋巴器官和免疫器官紧密合作，共用一些结构，构成免疫系统（immune system）。其生理功能是进攻外来异物、病源微生物，从而保证身体的健康。

1）免疫器官

人类免疫系统是各种免疫细胞协同作用的网状系统，它们由淋巴管、淋巴结和包括胸腺、骨髓、脾脏和扁桃体等器官共同组成。淋巴结含有大量的白细胞，称为淋巴细胞和巨噬细胞，白细胞是免疫系统的组成部分。淋巴系统还是循环系统的辅助和补充。毛细血管中的部分液体成分渗透过毛细血管壁，进入组织间隙形成组织液，与组织、细胞交换后，大部分在毛细血管静脉端被吸收，进入静脉，少部分进入淋巴毛细管成为淋巴液，经过淋巴结，最后注入静脉。

2）免疫的机制

特异性免疫是由 B 淋巴细胞（B lymphocyte）和 T 淋巴细胞（T lymphocyte）介导的，它们由骨髓淋巴干细胞产生，未成熟的淋巴细胞在骨髓被加工成 B 淋巴细胞，运至胸腺的被加工成 T 淋巴细胞。B 细胞能产生出游离于体液中的抗体蛋白，即抗体（antibody），实现体液免疫应答（humoral immune response）；T 淋巴细胞则直接对病原体进行攻击，由此实现细胞免疫（cell-mediated immunity）。

（1）体液免疫：人体和哺乳动物对不同的抗原（antigens）具有特殊的识别能力，并能立即做出相应的反应，释放出许多直接攻击入侵抗原的细胞，或者 B 细胞被抗原活化，克隆出更多的浆细胞（plasma cell）和记忆细胞（memory cell），浆细胞制造出相应的抗体，几乎对于每一种抗原在体内都有相应的抗体存在。

抗体通常又称为免疫球蛋白（immunoglobulin），基本结构为"Y"型的四链分子，包括两条重链和两条轻链，每条链又分一个可变区（variable region）和一个恒定区（constant region），恒定区代表不同的抗体类型，可变区可提供 100 万种以上不同的抗体分子。

哺乳动物免疫球蛋白可根据重链氨基酸序列不同分成 IgG、IgM、IgD、IgA、IgE 5 类。IgG 是最常见的一组免疫球蛋白，是存在于体液中的主要抗体形式，IgM 是感染时由浆细胞分泌的第一种抗体，它们通常作为淋巴细胞表面的受体分子。主要功能是促进凝集、溶解细菌，不能以高水平长时间存在；IgD 是 B 细胞表面的受体，其主要功能目前尚不完全清楚。IgA 能维持分泌物及分泌结构中细菌低水平生长，如初乳、眼泪、唾液等，初乳中的 IgA 抗体为初生婴儿提供了重要的免疫保护；IgE 是促进组织胺和其他攻击病原体因子释放的主要抗体，诱发过敏反应。

抗体可以直接攻击抗原或激活相关的免疫系统，攻击入侵者。一种直接攻击的方式是凝集反应，使抗原凝集成块，减弱抗原的移动性并利于白细胞对抗原进行吞噬；某些抗体与抗原结合发生中和作用，使抗原失去致病性。当抗体与抗原反应时，激活补体系统（complement system）的酶，这些酶破坏入侵的生物的细胞膜，形成穿孔，使其裂解，或攻击病毒的分子结构，使病毒毒性消失。同时，补体会引发局部的炎症反应。炎症主要是由受损的表皮细胞以及肥大细胞释放组织胺，诱导小动脉、毛细血管膨胀，粒细胞穿透血管壁并在受损部位聚集。同时，更多的白细胞进入到伤口，对已经侵入的细菌进行吞噬性攻击，吞噬攻击细菌后的白细胞也与细菌同归于尽。伤口化的脓就是炎症反应时死亡的白细胞和毛细血管流出液体的混合物。在强烈的炎症反应中，白细胞遭遇入侵微生物时会释放出一种调节性化学分子白细胞介素-1，白细胞介素-1 经过血液输送到大脑，与细菌释放的热原蛋白（pyrogens）共同作用刺激下丘脑中神经元，导致发烧。体温升高（发烧）可刺激白细胞的吞噬作用，还可以增加肝脏和脾脏中铁的浓度以降低血液中铁的浓度。发烧也会对机体内环境的平衡带来危害，高烧超过 40.6℃往往会危及生命。

IgG 抗体与细胞表面抗原结合后成为一种分子标记，引起巨噬细胞对被标记的感染细胞发生吞噬作用。因此，抗体本身并不直接杀死入侵的病原体，它是通过活化互补的蛋白系统和作为分子标记而使病原体成为巨噬细胞攻击的目标，最终使病原体分解。

免疫系统具有特殊的记忆力，即免疫系统能记住入侵的抗原，当同样的抗原第二次入侵时，免疫系统能够更快更强烈地做出反应。如接种牛痘或患天花、麻疹等疾病痊愈以后，当上述病原体再次入侵时，记忆 B 细胞便产生出游离于体液中的抗体蛋白，抗体就能迅速识别并将它们消灭。各种疫苗都是利用了免疫系统的记忆力原理。

（2）细胞免疫：当病原体入侵到我们的血液、淋巴或组织液中时，由 B 细胞介导的体液免疫起着关键的作用。但是包括病毒在内的许多入侵者进入人体后直接进入到体细胞中，在其中复制后再感染其他的体细胞，在这种情况下，攻击和消灭被感染的细胞由 T 细胞介导的细胞免疫完成的。它可以防御病毒感染和癌症，杀死并消灭被感染的体细胞，同时也消灭了其中的病毒等病原体。

大多数哺乳动物和人类，当病原体入侵到体细胞或被巨噬细胞吞噬后，抗原分子与细胞表面的主要组织相容性复合体（major histocompatibility complex，MHC）糖蛋白嵌合，形成抗原呈递细胞（antigen presenting cell，APC），可刺激助 T 细胞分泌一种称为白细胞介素-1 的淋巴细胞因子。白细胞介素-1 又进一步刺激助 T 细胞分泌白细胞介素-2。白细胞介素-2 可直接刺激淋巴细胞通过增殖作用分化出更多的胞毒 T 细胞，胞毒 T 细胞通过细胞表面 MHC 蛋白的进行自我与非我的识别，消灭被病原体感染的表面嵌合了 MHC－病原体抗原的靶细胞。

消灭过程是胞毒 T 细胞首先与靶细胞结合，分泌一种称为穿孔素的蛋白质，使被病原体感染的靶细胞解体和死亡，于是细胞内的病原体失去藏身之所而被消灭（图 5-12）。

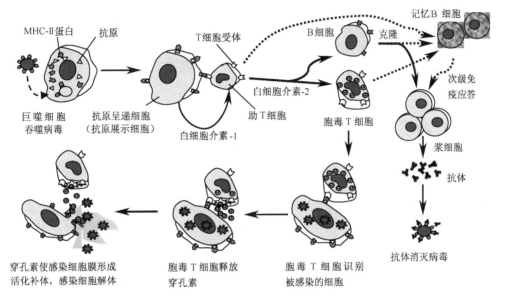

图 5-12　T 细胞介导的细胞免疫过程示意图

另外，助 T 细胞分泌的白细胞介素-2 还能刺激 B 细胞，使之迅速分化成体液免疫中必需的浆细胞和记忆细胞。在细胞免疫过程中，助 T 细胞活化时也能产生记忆细胞。浆细胞制造抗体 2000 个/min，寿命很短，当一次感染被消除后，浆细胞很快消失。而记忆细胞也可产生抗体，但寿命长，可达几年甚至终身存在。记忆细胞可促进下一次免疫应答（次级免疫应答），同样抗原二次入侵时，很快分裂产生浆细胞和新的记忆细胞，把病原体消灭在萌芽状态。

3）人工免疫

英国医生 Jenner 在 1796 年首创接种牛痘预防天花。据记载，宋朝就接种"人痘"预防天花。1870 年，巴斯德和柯赫系统地用弱毒疫菌接种，预防羊炭疽病、鸡霍乱，狂犬病等传染病。1978 年世界卫生组织宣布，人类消灭了天花。这种通过注射、口服等方法使人体摄入抗原类或抗体类物质，使人体增强对外来入侵的免疫能力，称为人工免疫。

人工免疫又分为人工自动免疫和人工被动免疫两种。注射抗原，使人体"主动地"产生特异抗体。例如，卡介苗经过处理，成弱毒或无毒的活结核杆菌；伤寒疫苗是经过处理的死菌体。人工被动免疫注射含抗体成分的血清，使人体"被动地"获得特异的或非特异的抵抗能力，如抗狂犬病毒血清、抗乙肝病毒血清、抗破伤风毒素血清等。

4）免疫源性疾病

免疫的一个重要特征是要能识别自我和非我，如果发生异常，把自身的细胞或组织当作入侵的抗原攻击，则造成自身免疫病。

自身免疫病是一类最常见的免疫性疾病，如风湿性心脏病、类风湿性关节炎、红斑狼疮、溶血性贫血、风湿热、依赖胰岛素的糖尿病综合症硬化病、肌无力症等都属于这一类疾病。

过敏反应是另一类免疫系统失调引起的疾病，过敏原导致体内与其互补的抗体大量增加。体液中组织胺等分泌物异常增加，促使毛细血管渗透性增大，体液渗出增加，出现局部红肿、灼热、流鼻涕、流眼泪、打喷嚏等症状。过敏原的类型很多，如一些花粉、青霉素、蜂毒素、蛇毒素等。一些严重的过敏反应如果得不到及时治疗还会危及生命。

5）艾滋病

1981 年首例艾滋病（AIDS）被确认。艾滋病是由人类免疫缺陷病毒（human immunodeficiency virus，HIV）引起的获得性免疫缺陷综合征。HIV 是一种反转录病毒，攻击 T 淋巴细胞群中的 T4 淋巴细胞，T4 淋巴细胞对于细胞介导的免疫至关重要。HIV 主要通过血液和体液（如精液）传播，其次是母婴传播。性接触或使用被患者血液污染了的针头都会感染 HIV。共用针头吸毒、同性恋和不使用安全套的随意性行为等都可增加 HIV 感染的机会。HIV 最初侵入到人体时，人体的免疫系统可以摧毁大多数的病毒，接着，少数的 HIV 便在身体中潜伏下来，其可长达潜伏期可达 8~10 年。以后随着 HIV 浓度的增加，身体内的 T 细胞数量逐渐减少，最终导致人体免疫能力的全部丧失，很多艾滋病患者在确诊后的 3 年内便死于其他疾病或某些癌症。

7. 泌尿系统

机体在新陈代谢过程中产生的废物（尿素、尿酸、无机盐等）及过剩的水分，需要不断地经血液循环输送到排泄器官，然后排出体外。动物的排泄可以通过皮肤汗腺形成汗液排出，一些挥发性气体还可通过肺的呼吸作用排出体外，但是，机体代谢产生的废物绝大部分是通过泌尿系统排出的。泌尿系统（urinary system）由肾、输尿管、膀胱和尿道组成。

肾（kidney）是实质性器官，左右各一，呈蚕豆形，新鲜肾呈红褐色。位于腹后壁脊柱两侧，上端平第 11~12 胸椎体，下端平第 3 腰椎，后面贴腹后壁肌，前面被腹膜覆盖。肾的内侧缘中部是血管、淋巴管、神经和肾盂出入肾的门户。从肾的冠状剖面上，肉眼可见肾实质分为皮质和髓质两个部分。皮质位于浅层，富含血管，呈红褐色。肾髓质位于深部，色淡呈锥体形，叫肾锥体，锥体的尖端钝圆叫肾乳头。肾不仅是排泄器官，它对维持体内电解质平衡也有重要作用。

肾实质主要由许多肾单位（nephron）组成（图 5-13）。一个肾单位包括肾小体和肾小管两部分，肾小体是由血管球和包在血管球外面的肾小囊构成，是泌尿部分，位于肾皮质内，肉眼看呈细小颗粒状。肾小管的起始段在肾小体附近蟠曲走行，称近端小管曲部或近曲小管，继而离开皮质迷路入髓放线，从髓放线直行向下进入肾锥体，称近端小管直部。随后管径骤然变细，并返折向上走行于肾锥体和髓放线内，称为远端小管直部。近端小管直部、细段和远端小管直部三者构成"U"形的袢，称为髓袢（Henle's loop）。髓袢由皮质向髓质方向下行的一段称降支，而由髓质向皮质方向上行的一段称升支。髓袢长短不一，长者可达乳头部，短者只存在于髓放线中。远端小管直部离开髓放线后，在皮质迷路内蟠曲走行于肾小体附近，称为远端小管曲部或称远曲小管，最后汇合于集合管。

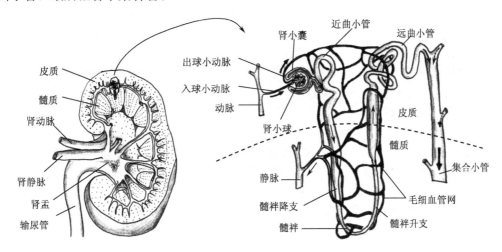

图 5-13　人的肾纵切面及一个肾单位结构示意图

　　肾小管收集肾小体泌出的原尿向外输出，在输出过程中，对其中有用的物质和大部分水分还有重吸收作用，可见肾小管的功能除参与排泄某些代谢废物外，还与调节体内水、电解质、酸碱平衡等有重要关系，这在保持内外环境稳定方面起重要作用。肾小管的迂曲部分在皮质内围绕于肾小体的周围，直行的部分位于髓质内。许多肾小管的末端汇集成集合管，再合并形成乳头管开口于肾乳头。

　　8. 生殖系统

　　脊椎动物的生殖系统由生殖腺（卵巢或睾丸）、输精管或输卵管、附属腺体和外生殖器四部分组成。主要功能是产生生殖细胞，繁殖后代，延续种族。生殖器官还具有内分泌功能，可产生激素，调节发育。

　　1）男性生殖系统

　　男性生殖系统的组成主要包括睾丸、附睾、输精管、精囊、前列腺和阴茎及附属腺等。睾丸是产生精子的器官，也有分泌雄激素的功能。输精管道包括附睾、输精管和射精管。附睾有贮存精子，供给精子营养和促进精子成熟的作用，输精管和射精管的作用是输送精子。附属腺有精囊腺、前列腺和尿道球腺，它们的分泌物能增强和维持精子的活动力。外生殖器包括阴茎和阴囊（图 5-14）。

　　睾丸由细精管和睾丸间质组成。睾丸内有数百条直径 0.3mm 的曲精小管组成。阴茎由三条长柱状海绵体构成。海绵体内有许多血窦，与动脉分支沟通。阴茎内动脉扩张，血液入血窦，阴茎体积增大形成勃起。动脉收缩，血流减少，阴茎疲软。阴茎内动脉的变化由盆神经和腹下神经控制。间质细胞能分泌雄激素（睾丸酮）。精囊腺位于膀胱底，分泌果糖，是组成精液的重要成分之一，为精子运动提供所需

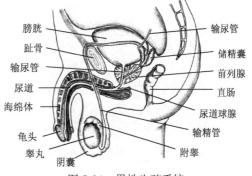

图 5-14　男性生殖系统

要的能量。精囊腺的分泌也受雄激素的调节，如切除睾丸，精囊腺即萎缩。前列腺位于膀胱的下方，其分泌物是形成精液的主要成分之一，内含前列腺素。前列腺的分泌物浓缩凝固后可形成圆形或卵圆形小体，有时发生钙化，称前列腺结石。结石的数量常随年龄而增加。如果前列腺内的结缔组织增生，则形成前列腺肥大，严重时可压迫尿道，导致排尿困难。

每次排出精液为 2～5mL，每毫升含精子为 2 亿～6 亿。如果每毫升精液少于 2000 万个精子时，受精机会减少。每毫升精液含精子低于 500 万即不容易生育，少于 200 万则表现为男性不育症。

2）女性生殖系统

女性生殖器分为内生殖器和外生殖器。内生殖器包括卵巢、输卵管、子宫和阴道。卵巢产生卵子和分泌雌激素。输卵管是输送卵子和受精的管道。子宫可孕育胎儿和定期产生月经。阴道是分娩胎儿和排出月经的器官。外生殖器包括阴阜、大阴唇、小阴唇、前庭大腺、阴道前庭和处女膜（图 5-15）。此外，乳房是哺育婴儿的器官，与女性生殖器官有密切联系。

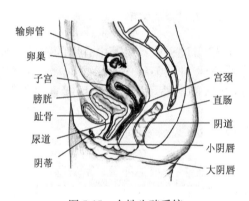

图 5-15　女性生殖系统

卵巢内部结构可分为两部：周围为皮质，主要由不同发育阶段的卵泡和结缔组织所组成，中央为髓质，由疏松结缔组织构成，含有血管、淋巴管和神经等。皮质的结缔组织中有大量棱形细胞，它能分化为卵巢间质细胞并参与组成卵泡膜。卵巢内卵泡数量很多，出生时两个卵巢内有 30 万～40 万个，自青春期（13～14 岁）起，一般每月有 15～20 个卵泡开始生长发育，但通常只有一个卵泡成熟并排出（图 5-16）。从成熟女性的卵巢切面上可以看到卵巢的外层（皮质）中有许多大大小小、代表不同发育阶段的卵泡（ovarian follicles）（图 5-16）。

不同的动物卵子类型不同，表现出多态性（图 5-17）。人类成熟的卵细胞由外向内依次包括有：凝胶层、卵黄层（细胞膜外）、皮质颗粒（细胞膜下）、卵黄颗粒和线粒体（细胞质中）、单倍浓缩的核（中央）。外面还包裹有透明带（zona pellucida）。主要成分为黏多糖和糖蛋白。

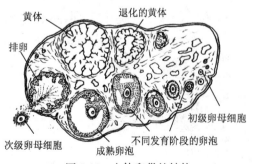

图 5-16　人体卵巢的结构

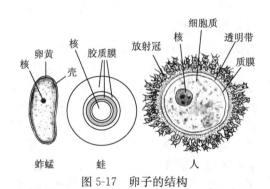

图 5-17　卵子的结构

在女子一生中，有 30～40 年生育史，两侧卵巢仅有 400～500 个能发育成熟卵泡，其余均在不同年龄先后退化为闭锁卵泡。卵巢分泌的激素主要是雌激素和孕酮，此外还有少量雄激素。

第二节　动物的个体发生及发育

进行有性繁殖的动物，通过生殖细胞的分化，产生世代交替的细胞——配子，使种族的得以繁衍。有性繁殖是一种由两个单倍体性细胞融合产成一个二倍体合子生殖方式，是动物的基本繁殖方式。有性繁殖涉及生殖干细胞减数分裂形成单倍体的雄配子和雌配子，再通过两性配子的融合，得到合子。某些动物可进行无性生殖延续后代。无性生殖是一种不经历受精过程的生殖方式，如动物的孤雌生殖现象，蜜蜂、黄蜂、蚁的单倍体未受精的卵可直接发育为雄性个体；某些动物的卵子在减数分裂过程中发生变异，产生二倍体的配子，蚱蜢的生殖干细胞通过两次有丝分裂形成二倍体的卵子，不发生减数分裂；某些昆虫和蜥蜴的卵原细胞在减数分裂之前染色体数目先增加一倍，通过减数分裂得到的二倍体的配子，这些二倍体的配子不需受精，可直接发育成新个体。

不同的多细胞有机体个体发育都开始于精卵的融合，卵子类型决定胚胎发育的不同模式，发育出不同的动物形态。脊椎动物个体发育一般都要经历受精、卵裂（精卵有丝分裂，胞不生长）、囊胚、原肠胚（细胞迁移）、三个胚层建立、神经胚、器官形成（形体模式建立；胚轴形成、体节形成肢芽和器官原基形成）、生长、繁殖、衰老和死亡过程几个阶段（图 5-18）。

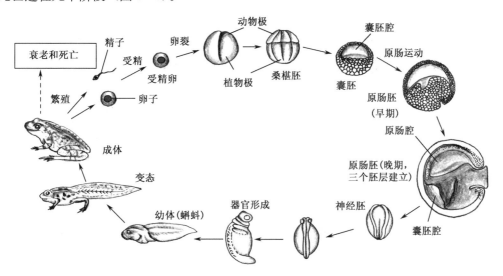

图 5-18　两栖动物（蛙）胚的发育过程示意图

在胚胎的发育过程中，细胞逐渐分化，形成各种类型的细胞，成人约有 250 种细胞，这些细胞可分为体细胞和生殖细胞两类。生殖细胞在胚胎时期就已经决定，此时决定细胞称为原生殖细胞。然而，某些低等动物成体的体细胞可在一定的条件下转化为生殖细胞。

一、生殖细胞的发生

1. 精子发生

在睾丸内的曲精小管中，精原细胞通过有丝分裂形成大量的初级精母细胞，初级精母细胞通过减数分裂形成精细胞，精细胞再形成成熟的精子（图 5-19）。精细胞形成精子的过程中，细胞核浓缩外，整体形态结构发生巨大改变，如高尔基体发育为含水解的酶顶体；中心粒定位在颈部，以后随精核入卵，在两核融合过程中发挥作用；线粒体排列在中段，为鞭毛的运动供能；中部到尾部形成长的鞭毛结构，起着驱动精子运动的作用。

精子成熟后，从精曲小管进入附睾（epididymis），每一附睾是由一条盘成一团的细管所构成，精子暂时贮藏于附睾之中，附睾与输精管（vas deferens）相连，输精管通入尿道。二输精管各连有一个盲管状的精囊腺或称贮精囊（seminal vesicle）。输精管与尿道会合处有前列腺（prostate gland）。

2. 卵子发生

哺乳动物卵细胞成熟方式可以分为两种类型：一是通过交配过程刺激诱发垂体分泌促性腺激素，导致休眠卵细胞苏醒完成减数分裂和释放，如兔子、水貂等；二是有固有的发情期，如绝大多数哺乳动物。环境因子触发下丘脑产生促性腺激素，促性腺激素并刺激滤泡细胞增殖；同时促进垂体释放促卵泡激素（FSH）和黄体生成素（LH），使滤泡细胞增殖并释放雌激素，促进发情并排卵。

人的胚胎时期，卵原细胞已陆续分裂分化产生了初级卵母细胞，这是处于减数分裂Ⅰ前期的细胞。到性成熟时，初级卵母细胞恢复减数分裂，分裂过程中细胞质不均等分开，结果形成一个大的卵子和三个小的极体（图 5-20）。减数分裂全过程必须等到排卵及受精后才能完成。卵细胞还担负着积累和贮存能源、传递酶、mRNA、细胞器、营养物质、结构蛋白、蛋白质合成前体分子以及发育信息的任务，发育比精子复杂。而形成的极体被淘汰。

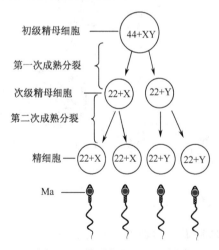

图 5-19　精子发生过程示意图

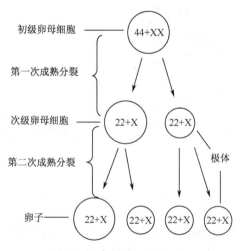

图 5-20　卵细胞发生示意图

人类胚胎发育的 2～7 个月，经过急速分裂产生约 700 万个生殖细胞，以后的发育阶段大多细胞迅速死亡，而剩下细胞在性成熟之前，进入第一次减数分裂的前期Ⅰ时期，即初级卵母细胞（primary oocyte），将来发育成卵。从出生到成熟期之前，大多数初级卵母细胞被淘汰，只剩下约4万个，从性成熟开始，每28天左右，只有1~2个继续发育成熟，直到更年期，约有420个逐一启动发育成卵细胞，其他的退化掉。

子宫内膜在未受精和受精时发生不同的变化。灵长类卵子的成熟和排卵具有阶段性：一是卵巢周期性地使卵子成熟和排卵；二是子宫周期性地为发育中的胚泡着床提供合适的环境；三是子宫颈周期性地使精子只能在某一适当的时间进入子宫。三方面的活动受垂体、下丘脑、卵巢释放的激素调控。

成年的子宫内膜，受卵巢激素的直接影响而出现周期性变化，即每隔28天出现一次子宫内膜的剥落和出血，称月经，子宫内膜周期性变化称月经周期。月经周期中子宫内膜变化可分月经期、增生期和分泌期（图5-21）。

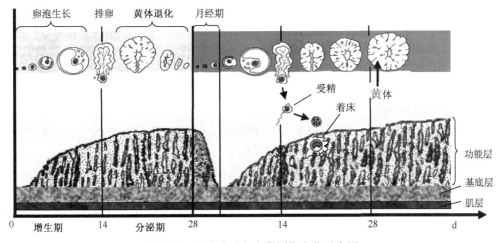

图5-21　子宫内膜与卵巢周期变化示意图

（1）月经期：月经期3~5天。如果排出的卵未受精，黄体就逐渐退化，孕酮和雌激素急剧减少，子宫内膜突然失去这两种激素的作用，内膜血管发生持续性收缩，致使内膜功能层缺血，引起组织坏死，随后螺旋动脉弛张，使毛细血管急性充血，而使坏死的内膜剥脱，并与血液一同排出，形成月经。月经包括血液、脱落的子宫内膜、子宫颈分泌的黏液等。

（2）增生期：增生期又称排卵前期、卵泡期，8~10天（从月经开始算起的第6~14天）。月经后基底层的子宫腺上皮细胞分裂增生，移向破溃的创面，逐渐修复和形成新的上皮层。此时卵巢内有一些初级卵泡开始生长发育，最后卵泡成熟排卵。在此期间，子宫内创面，易感染，故要注意保持经期卫生。

（3）分泌期：分泌期又称排卵后期、黄体期，10~14天（从月经开始算起的第15~28天），卵巢内残余的卵泡细胞形成黄体。如果排出的卵受精，滋养层释放催乳素来维持黄体的活性，子宫内膜不剥落，并继续增厚，发育成能养育胚胎的器官。若卵未受精，则黄体退化，雌激素和孕酮急剧减少，内膜又重新发生周期性变化，形成下次月经。子宫内膜的这种周期性有规律性的变化，一般维持到45~55岁左右。此后，子宫内膜周期性变化停止，进入绝经期。

二、受精

受精（fertilization）是两性生殖细胞融合并创建出具备自双亲遗传潜能的新个体的过程。不同的动物有着不同的繁殖方式：哺乳动物为胎生；其他陆生动物为卵生，而水生动物的受精地点发生在体外水域中。

1. 卵的运行

卵的运行主要依靠女性生殖道内的平滑肌的收缩和纤毛摆动，由输卵管运行到子宫，一般需 3～4 天。卵经过壶腹部的速度较快，但是在壶腹部和峡部之间要停留 2～3 天。由于峡部有较厚的环行平滑肌以及丰富的交感神经纤维，它对控制卵的运输有重要作用。

2. 精子在女性生殖道的运行

精子运行依靠其尾部的旋转或摆动，本身即具有运动能力；同时还依赖于女性生殖道平滑肌的收缩和纤毛的摆动，精子穿过子宫颈、子宫而到达输卵管一方面依靠其本身运动。人精子运动的速度为 2～3mm/min。

射精时，精子几乎是同时进入阴道后穹窿的，但它们并不同时到达输卵管。缺乏运动能力或运动力差的精子根本不能穿过宫颈黏液；而进入宫颈的精子，又有一部分进入宫颈隐窝和子宫内膜的腺体，以后才释放出来。因此这些地方起着精子贮存器的作用。这就使得在一次性交后，在几天内都有受精的可能。

3. 受精的机制

受精包括精子的活化、趋向、穿卵膜、细胞融合等过程。精子为受精卵提供单倍染色体和中心粒。当精核进入卵细胞以后，受精卵细胞的重组和触发胚胎发育程序的启动，包括雌雄原核融合、胞质重组、代谢启动、胚胎发育程序开始等。

为了保证动物的物种特异性和多精入卵的发生。受精的专一性和受精的唯一性是个体发育正常进行的基本条件，是生存选择的必然结果。

哺乳动物的精卵识别发生在卵细胞的透明带部位。ZP 糖蛋白形成网状骨架结构存在于透明带，精子膜上有 ZP 糖蛋白（小鼠 ZP3）的受体（SP56）、糖基转移酶和跨膜蛋白等。ZP 糖蛋白与受体结合后，激活和调节 IP_3 合成或离子调节，释放 Ca^{2+}，介导顶体反应。精子在卵细胞释放的引诱物作用下游向卵子，在 Ca^{2+}、脂质、磷酸脂醇介导下，精子膜破裂释放出顶体酶（水解酶），卵细胞外包被的胶膜被分解，即顶体反应。精子穿越胶膜后，顶体的突起与卵黄膜相互识别，识别后随之与卵细胞膜发生融合，精核入卵。

受精的唯一性保证每个卵细胞只接受一个精子。当第一个精子进入后，Na^+ 迅速涌入卵子，使质膜发生去极化的变化，同时膜上的受体也被破坏。有了这些变化，围绕在卵外的"剩余"精子就不能进入卵子了，即快封闭反应。同时，卵子外层的一些泡状物即连到质膜上面，将其中的水解酶和一些大分子物质释放到质膜与卵黄膜之间，水解酶将粘连分子消化，大分子物质吸水膨胀，使卵黄膜变为远离质膜并变硬的受精膜，即慢封闭反应。

哺乳动物的皮质颗粒释放并不形成受精膜，而是释放的酶对透明带中的精子受体分子进行修饰（剥离 ZP3 分子上的糖基），发生透明带反应，使之丧失与卵膜的结合能力。

三、胚胎发育

卵子一旦受精就被激活，受精卵开始按一定的时间、空间秩序有条不紊地通过细胞分裂和分化进行胚胎发育。多细胞动物的早期胚胎发育一般都包括以下几个基本阶段：

1. 卵裂和囊胚形成

人类的卵在输卵管靠近卵巢的 1/3 处与精子会合形成受精卵。1～4 天，受精卵在输卵管中进行多次有规律地分裂（卵裂）并逐渐移入子宫；4 天后成为 32 个细胞的"桑葚胚"，5 天后桑葚胚发育成球形的"胚泡"（blastocyst），此时，分裂球聚集为球状，中间出现一个空腔，称为囊胚，中间的腔叫囊胚腔，腔中充满液体。5 天以后，胚泡被植入子宫壁上，即着床，并从母血取得营养而继续发育。

2. 原肠胚的形成

以两栖动物为例，囊胚外部的细胞向胚胎内部迁移，在胚胎内部形成另一个腔，称为原肠腔，留在胚胎外面的细胞形成外胚层，迁移和包裹到里面的细胞形成中胚层和内胚层。原肠腔的开口称为胚孔或原口，此时的胚胎称为原肠胚。原肠胚形成的过程确定了胚胎的基本模式，奠定了组织和器官发生的基础。

陆生脊椎动物为了更好地适应陆生环境，发展出了羊膜（amnion）、绒毛膜（chorion）、卵黄膜（yolk sac）和尿囊膜（envelope）四种胚胎外膜（图 5-22）。

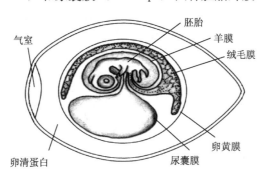

图 5-22 鸟类胚胎的四种胚胎外膜

羊膜是从胚胎本身长出来的膜，包裹在胚胎外面。羊膜所形成的腔称为羊膜腔（amniotic cavity），腔中液体称羊水，构建一个水生环境，使胚胎浴于羊水中。绒毛膜是从滋养细胞发育而来。绒毛膜和母亲的子宫壁共同形成胎盘。人和一些胎盘哺乳类的绒毛膜很厚，紧贴在母亲的子宫壁上，并有许多绒毛状突起长入子宫壁中，即蜕膜胎盘，分娩时绒毛膜连带子宫内膜一起脱出体外，生成大量出血。对于无蜕膜胎盘，绒毛膜和尿囊膜与子宫内膜联系不紧密，胎儿出生时胎盘与子宫内膜容易分离，分娩时子宫内膜不受伤害，无大量出血现象，如牛、羊。绒毛膜和母亲的子宫壁中都有丰富的血液供应，但胎儿和母亲的血液不相通。胎儿的血液经毛细血管壁而与母亲子宫壁中的血液进行气体和物质的交换。卵黄囊是消化道伸出的囊。在卵生脊椎动物，卵黄囊中充满卵黄。哺乳动物和人胚胎也有一卵黄囊，但只是一退化器官，无营养意义。尿囊是胚胎消化管的外延物。在爬行类和鸟类，尿囊的作用是收集代谢废物。人胚胎的尿囊很小，没有功能，是进化过程中遗留下来的。羊膜、尿囊和卵黄囊都是从胚胎的腹面延伸出来的结构。羊膜形成一管，将已缩小的尿囊和卵黄囊包围起来，形成一条和胎盘相连的带子——脐带（umbilical cord）。脐带中有胎儿的动脉和静脉，它们伸入到胎盘中而成毛细血管网。胎儿通过毛细血管网从母亲的血液中吸收氧和营养物质，排出 CO_2 和其他代谢废物。

人类的双胞胎现象可以分为同卵双胞胎和异卵双胞胎。异卵双胞胎是不同的卵子在同一时期分别与精子受精后发育形成的。如果两个胚体发生聚集可产生嵌合体。同卵双胞胎是同一个受精卵在分裂时，在某些因素的作用下，卵裂球或囊胚中内细胞团分成了两份，并分别形成胎儿。人类同卵双胞胎占双胞胎的比率约为的 0.25%。根据卵裂球或囊胚中内细胞团分开时间的早晚，有三种情况：早期（5 天前）卵裂球分离，形成的两个胚体各具独立的绒毛膜和羊膜；如若发生在囊胚早期（5～9 天），囊胚中内细胞团一分为二各自形成胚体，此时形成的两个胚体共用绒毛膜，囊胚内为双羊膜，即羊膜各自独立；若发生在囊胚羊膜已经形成的晚期（9 天之后），内细胞团才分开，此时形成的胚体不仅共用绒毛膜，而且共用羊膜和同一羊水（图 5-23），胎儿有发生连体的风险。

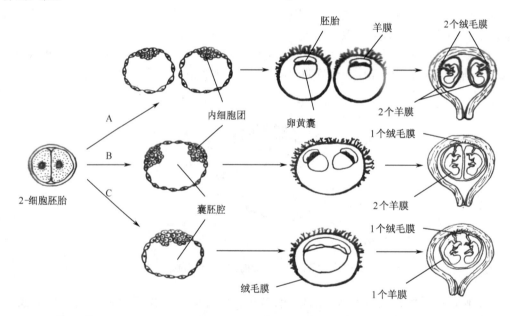

图 5-23 人类三种不同类型的同卵双生现象

A. 分裂发生于滋养层形成之前，因此双生胚胎各有独立的绒毛膜和羊膜；B. 分裂发生于滋养层形成之后、羊膜形成之前，因此双生胚胎各有独立的羊膜，但共用一个绒毛膜；C. 分裂发生于羊膜形成之后，因此双生胚胎同处于一个羊膜腔内，并共用一个绒毛膜

（张红卫，2006）

3. 器官发生和形态建成

原肠胚的细胞经过迁移运动，聚集成器官原基，继而分化发育成各种器官的过程。各种器官经过形态发生和组织分化，逐渐分化出特定的形态，并执行一定的生理机能。

脊椎动物胚胎的外胚层分化形成神经系统、感觉器官的感觉上皮、表皮及其衍生物、消化管两端的上皮等。中胚层分化形成肌肉、骨骼、真皮、循环系统、排泄系统、生殖器官、体腔膜及系膜等。内胚层分化形成消化管中段的上皮、消化腺和呼吸管的上皮、肺、膀胱、尿道和附属腺的上皮等（图 5-24）。

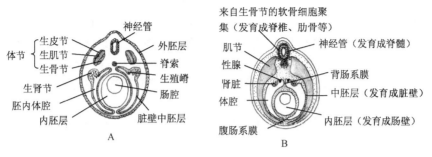

图 5-24　胚体躯干部横切面（示体节结构及发育）

A. 神经胚时期，胚层、体节的形成；B. 体节细胞迁移到特定位置，将发育形成相应的各种器官

人从受精卵到出生，共 270～280 天，可分 3 期，每期约 3 个月：第一期，器官分化，胚胎初具人形。第二期，胎儿脑继续发育，大脑出现沟回，器官机能也逐渐发展。第三期，胎儿继续生长，神经系统和其他器官系统完善化。

四、分娩

分娩的信息来自胎儿。胎儿成熟时分泌大量肾上腺皮质激素，它引起胎儿—胎盘单位分泌大量雌激素和前列腺素。雌激素增加子宫肌的敏感性，同时促使母体的垂体分泌催产素，在前列腺素和催产素的作用下，子宫开始节律性收缩。分娩时，羊膜破开，羊水流出，正常胎位下胎儿头部先出来。

婴儿出生后 2 天之内，母亲乳腺无乳，只分泌一种透明液体，称为初乳（colostrum），其主要成分是蛋白质和乳糖，无脂类，含有母亲的抗体，有利于婴儿对疾病的抵抗。第 3 天左右，乳腺才开始泌乳。婴儿初生时，身体各部比例和成人有异，头大腿短。以后头部生长变慢，其他部分继续生长，逐渐达到成人时期各部分的比例。

五、生长发育

生物在完成了胚胎发育之后，便进入个体生长或胚后发育阶段。一般将个体生长过程分为两个阶段，其一为幼体生长阶段；其二为生殖生长阶段。两个阶段的生长都伴随着发育进行。

1. **动物和植物的发育特征**

动物与植物在生长和生殖发育的时序上有很大不同。对动物而言，生长是已有器官体积与重量增长，功能加强的过程，不会产生新的器官。而植物在种子萌发后，先进行营养生长，形成根、茎、叶等营养器官，以后进行生殖生长，分化出花芽等生殖器官。

高等动物的生长遍及全身，到一定的年龄，生长到一定大小之后就全面停止生长。而植物则不然，它们的生长仅限于某一特定区域，如根尖、茎尖和形成层，而且是由分生组织来完成的。在生活史的大部分时间内，植物往往不断长出新的器官，如一株大树可以在几十年、几百年以至上千年的时间内，不断地发生根、茎、叶、花、果等新器官。

2. **动物的生殖发育**

生物个体生长到一定阶段后，便开始进入生殖发育阶段，其特点是生殖器官加速生长，生殖系统发育成熟，高等动物个体出现第二性征，具备生殖能力。这种生殖系统由不成熟到成熟并具备生殖能力的发育称为生殖发育。

动物的胚后发育有直接发育和间接发育两种类型。前者如鸟类、哺乳类等，其胚后发育主要是身体的长大和性成熟及各部分比例的改变，由幼体生长为成体，中间不经过变态，称为直接发育。后者如昆虫、蛙类等，由于幼体与成体形态结构及生活习性差异很大，幼体必须完成形态改变后才能发育为成体，这种发育称为变态。变态后直接成为成体或再经过一段生长和生殖发育为成体。

达到性成熟后，生物才开始进行一系列生殖活动，如动物开始发情、求偶、交配、产卵或产仔。

六、衰老和死亡

身体各部器官的生长速度是不同的。大脑和脊髓在儿童时生长快，到了 9～10 岁时，就达到了成人的体积；胸腺和淋巴组织在 12 岁时生长达到高峰，以后逐渐退化或减少到成人的水平；生殖系统发展缓慢，直到 12 岁以后才迅速生长，整个身体到 20 岁左右即达到成人的水平。

衰老是身体各部分器官功能的衰退，直到不能执行功能，终点是死亡。生物有机体通常在达到性成熟期后便开始在结构与身体上出现衰退性变化，即衰老（senescence）。随着时间的推移，衰老程度加剧，最终导致机体的死亡。在衰老过程中，生物有机体的构造和生理机能都发生一系列衰退性变化，如代谢效率降低、器官功能减退、骨质疏松、牙齿脱落等。细胞的衰老现象包括原生质状态不正常、代谢产物排除困难、色素沉积等。

关于衰老的原因，目前有很多假说，如自由基学说、生物膜损伤假说、内分泌失调假说、细胞遗传损伤或遗传钟假说等。归纳起来，可以把有关细胞衰老的假说分为两类：一类认为衰老是由遗传决定的，生物的生长发育、成熟、衰老和死亡都是按照遗传程序展开的必然结果；另一类虽然也承认遗传的作用，但更强调环境因子的影响，认为环境中的不利因素会造成细胞损伤，而损伤的积累便最终导致衰老和死亡。二者都有事实依据。多数学者认为，DNA 不仅继承了祖先的某些特性，而且也记录着生命的时间表，像定时开关一样，决定这些信息何时出现或消失，但遗传信息的表达离不开环境条件，因此遗传因素必须与环境条件结合起来，才能较全面地阐明衰老的起因及发展过程。

越来越多的证据表明端粒长度控制着衰老进程。端粒是真核细胞内染色体末端的蛋白质-DNA 结构，其功能是完成染色体末端的复制，防止染色体免遭融合、重组和降解，从单细胞的有机体到高等的动植物，端粒的结构和功能都很保守。端粒钟学说认为，端粒缩短是触发衰老的分子钟。在大多数正常的人体细胞中并不能检测到端粒酶的活性，端粒随细胞分裂每次丢失 50～200 个碱基。Cooke 等认为，这是由于正常的人体细胞中端粒酶未被活化，导致了端粒 DNA 缩短的缘故。保护性端粒的减少可能最终制约了细胞的增殖能力。当几千个碱基的端粒 DNA 丢失后，细胞就停止分裂而衰老。端粒及端粒酶涉及衰老最有力的证据是 Bodnar 等的工作。Bodnar 等将人的端粒酶基因导入正常的细胞中，使得端粒酶异常表达，活化的端粒酶导致端粒序列异常延长，细胞旺盛增殖，细胞寿命大大延长，这一结果首次为端粒钟学说提供了直接的证据。

第三节　动物发育的遗传学基础

在动物的发育过程中，有关基因在何时被激活？它的产物在何时、如何在不同的水平上起作用？导致出现各个水平的形态发生过程，则是探索动物发育的遗传学重点所在。

一、性别决定

从性起源的角度分析，性别现象具被选择的属性，因生物的进化选择不同而不同，造成了多细胞生物存在雌雄异体、同体、性别发育转换等不同的性别表达类型。动物个体发育中的性别决定有两种代表的模式：通过遗传物质的来决定其性别和在同样的异常背景下通过环境的干预来决定其性别类型。

1. 环境决定性别

一些低等的动物甚至在一些鱼和爬行动物中，其性别的决定受生活环境条件的干预。它们的性别的决定仅仅是受精后，根据外界条件的情况，确定性别的取向。例如，某些多毛纲环节动物可借助化学信号，使彼此随意流动的两个个体偶然地相遇，最终一个扮演了雄性的角色，而另一个则起到了雌性的作用；鳄鱼、许多龟和一些蜥蜴依赖温度的性别决定，其性别是由卵所处的外界温度决定的；海生动物沙蚕年幼时均为雄性，但随年龄的增长，俱变成雌性，若两条雌沙蚕游离群体，未遇到异性"情侣"时，其中一条会再次逆转为雄性，结成一对"伉俪"。鳝鱼是一种淡水无鳞鱼，鳝鱼先是雌性，然后 6 岁出现"性逆转现象"，变为雄性，不过这种性逆转现象是单向运行的，因此生长后期的鳝鱼都是雄性。

2. 哺乳动物遗传的性别决定

性别决定又包括两个方面的发育：一是性腺的决定和发育；二是附属性器官、特征以及性行为的建立。在脊椎动物中，性腺的发育占有优先主导地位，而附属器官、性特征以及性行为的建立主要是来自性腺产生的激素的诱导作用。因此，脊椎动物性别决定有初级性别决定和次级性别决定之分。

1）初级性别决定

初级性别决定涉及决定性腺形成精巢还是卵巢。胚胎发育早期的性腺原基没有性别的分化。已知哺乳动物的 Y 染色体睾丸决定基因是性别所必须的，同时可能需要常染色体的睾丸决定基因协调，性腺才能正常发育。如果是有 Y 染色体，生殖索形成网状结构并与上皮脱离，精巢雏形建立。如果没有 Y 染色体，成簇围绕一个生殖细胞形成卵巢雏形。

人的胚胎早期，男女生殖器官有关的两套管道都存在，即有一对中肾管（乌尔夫氏管，Wolffian duct）和一对中肾旁管（缪勒氏管，Müllerian duct）。随后，在男性中，中肾退化后，仍残留一部分中肾小管，它们与睾丸网相接，形成睾丸输出小管，中肾管的前段形成附睾管，后段成为输精管；末端成为输精管壶腹和射精管，而缪勒氏管退化；在女性中，中肾旁管发育，而中肾管退化，中肾旁管发育形成上、中、下三部，上部形成输卵管、中部形成子宫底和子宫体、下部形成子宫颈和阴道（图 5-25）。

2）次级性别决定

次级性别决定涉及身体表现型——第二性征。次级性别决定具有两个主要的时间

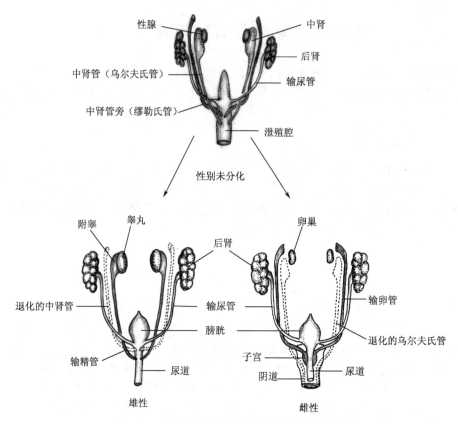

图 5-25　哺乳动物性腺及其生殖管道发育情况

在未分化的性腺中，缪勒氏管和乌尔夫氏管二者都存在。乌尔夫氏管的区域性发育取决于它们遇
到的间质；下部的乌尔夫氏管正常应形成附睾，如果它与上部（精巢）乌尔夫氏管的间质共同培
养，将发育为精囊组织

(Gilbert，2003)

成分：一是发生在器官发生的胚胎期；二是发生在成年期。胚胎时期，精巢分泌抗缪勒氏管激素（AMH）和睾丸酮（testosterone）激素两种激素。AMH 破坏子宫子宫颈、输卵管和阴道组织；睾丸酮促进生殖结节尿殖窦发育形成阴茎、前列腺，中肾管发育形成附睾、贮精囊、输精管，使胎儿雄性化。卵巢滤泡细胞分泌类固醇激素——抗缪勒氏管因子（anti-müllerian duct factor，AMDF），维持缪勒氏管的发育形成输卵管、子宫、子宫颈和上阴道，胎儿雌性化。成年期，睾丸分泌雄激素刺激雄性生殖器官和精子的发育与成熟，刺激并维持第二性征，如雄鹿的角、雄鸡的冠、孔雀之"屏"、男人的胡须和凸出的喉头等都是第二性征。卵巢分泌雌二醇和雌酮，促使性器官发育和副性征的出现。

二、胚胎细胞的定型和分化

胚胎细胞分化是指单个全能的受精卵产生各种类型细胞的发育过程。分化是不同基因在不同的时间和不同的空间的次序性表达的结果。分化成熟的细胞具有一定的形态、能合成特异性的物质、执行特定功能。

细胞分化之前首先发生一些隐蔽的变化，确定细胞定向发展，即定型。胚胎细胞的定型有两种主要方式。一是通过胞质隔离实现定型，又称自主特化。细胞质内的胞质决定子分离到特定的卵裂球，于是卵裂球上的细胞有不同的、独立的命运。以这种方式发育的细胞模式称镶嵌型发育或自主型发育，与临近细胞无关。形态发生决定子广泛存在于卵细胞质中，学术界一般认为它是某些特异蛋白质或 mRNA 等生物大分子物质，它们可以激活或抑制某些基因的表达，从而决定细胞分化方向。二是通过胚胎诱导定型，又称依赖型特化，是由相邻组织细胞之间相互作用决定的，即细胞的命运取决于所处的环境条件。以这种方式发育的细胞模式称调整型发育或有条件发育、依赖型发育。动物胚胎发育过程都会涉及这两种方式，但多数无脊椎动物主要是胞质隔离发生作用，脊椎动物主要是通过胚胎诱导完成细胞的定型。

三、卵裂的调控

早胚卵裂从单细胞到多细胞，由卵内的母型 mRNA 和蛋白质控制。通过大量有丝分裂形成卵裂球（图 5-26），早期卵裂，合子基因组不表达；晚期才活动转录 mRNA，调控胚胎发育，实现母型向合子型过渡。此时胚胎体积不加大，核质比增加。

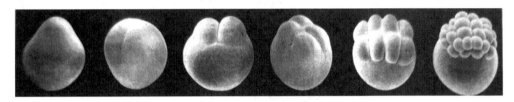

图 5-26　斑马鱼的盘状卵裂过程
动物极卵裂速度快，植物极卵裂速度慢（卵黄分布于植物极-端卵黄）
（Beams and Kessel，1976）

四、胚胎图式的形成

胚胎图式形成是指胚胎细胞形成不同组织、器官，构成有序空间结构（形体模式）的过程。最初的图式形成主要涉及胚轴形成及其一系列相关的细胞分化过程。

胚轴分为前—后轴、背—腹轴和中侧轴（左—右轴），多细胞动物至少有一种主要的轴。

1. 胚轴形成

以果蝇胚胎发育为例，果蝇背—腹轴形成涉及 50 个（4 组）母性影响基因和 120 个合子基因。由母性影响基因构成位置信息的基本网络，在滋养细胞中转录 RNA，运输到卵子中，受精后翻译成的和蛋白质，此蛋白又称形态发生素，以一定的浓度在不同区域分布，激活合子基因的表达，控制形体模式建成。

果蝇胚胎和幼虫沿前—后轴分三个剖区：头节、胸节（3 个）和腹节（8 个）。前端系统决定胸部分节区域，前端系统至少包括四种主要基因，其中 *bicoid*（*bcd*）基因对前端（头部和胸部）结构起关键的作用，*bcd* 基因产物 BCD 具有组织和决定胚胎极性与空间图式的功能。BCD 从前向后覆盖 2/3 的区域并形成递减的浓度梯度，不同浓度启动不同的合子靶基因（缺口基因），如 *btd* 基因等，靶基因表达各种 mRNA 和蛋白（如 HB 蛋白），使胚胎划分不同区域。

果蝇背—腹轴的形成涉及约 20 个基因，亦是通过转录因子的浓度梯度控制完成的。而浓度梯度在背腹两侧细胞内的分布位置（核内或细胞质内）不同。在第 9 次核分裂的胚胎合胞体的核迁移到外周皮质层时，胚胎腹侧 DL 蛋白开始向核内聚集，于是细胞核内 DL 蛋白分布沿背—腹轴形成一种浓度梯度，控制沿背—腹轴产生区域特异性的位置信息。

两栖类胚胎发育过程中，受精时卵质重新分布，此时就已经而决定胚胎的背—腹轴和前—后轴中侧轴，并随脊索的形成而决定。

2. 分节基因的功能

分节基因的功能是负责把胚胎沿前—后轴分为一系列重复的体节原基。动物胚胎不同部位体节上的细胞，被限定在特定的分化方向上。对果蝇的研究发现，分节基因在作用方式上分缺口基因、成对控制基因和体节基因三类。首先由母体效应基因控制缺口基因的活化，缺口基因转录或翻译调节成对控制基因的表达，把胚体分隔成系列重复体节，成对控制基因再控制体节基因的表达；缺口基因和成对控制基因再共同调控同源异型基因的表达（图 5-27）。最后胚胎末期的不同体节原基具有独特基因表达组合，然后决定每个体节的特征。体节界线确立后，由同源异型选择者基因（或称主调节基因）调控以后体节的特化（图 5-28）。

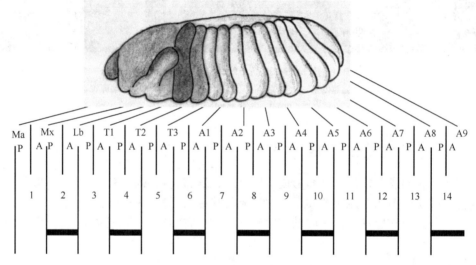

图 5-27　果蝇胚胎体节与副体节

晚期胚胎和幼体的每个体节由前—副体节和后—副体节的前区构成。A 表示体节的前区；P 表示体节的前区；Ma、Mx 和 Lb 表示头部的三个体节；T 代表胸部体节；A 代表腹部体节；第 1～14 表示 14 个副体节；成对控制基因 fts 表达的区域（黑色横线）正好遇个偶数副体节的位置一致

(Martinez-Arias and Lawrence, 1985)

同源框基因是一种同源异形基因（homeotic gene），在胚胎发育过程中将空间特异性赋予身体前后轴不同部位的细胞，进而影响细胞分化。同源异形基因在胚胎发育中起着类似万能开关的作用，保证生物在正常的位置发育出正常形态的躯干、肢体、头颅等器官。同源异型框编码蛋白质的同源异型结构域决定整个蛋白质的调节专一性。

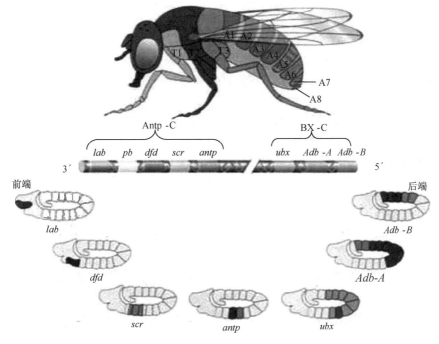

图 5-28 HOM-C 结构和表达示意图
(Dessain et al., 1992)

五、胚胎诱导

胚胎诱导是指胚胎一个区域对另一个区域发生影响，并使后者沿着一条新途径分化的作用。两栖类胚胎发育过程中，发生原肠作用时，灰色新月区的胚孔背唇细胞组织（组织者）具有自主分化的能力，同时有组织和诱导临近细胞原肠作用的能力，使动物级和植物级交界处的边缘带细胞形成中胚层；诱导背部外胚层形成中枢神经系统的原基——神经管。

Nieuwkoop 中心是两栖类囊胚植物半球近背侧上的一群具有特殊诱导能力的细胞（图 5-29）。Nieuwkoop 中心的 *β-catenin* 基因表达一种主要细胞因子——β-CATENIN 蛋白，β-CATENIN/TCF3 激活 *sms* 基因，得到产物 SMS 蛋白，启动组织者基因，得到组织者特异性转录因子和分泌性蛋白因子，激活胚孔背唇细胞迁移和控制脑形成的

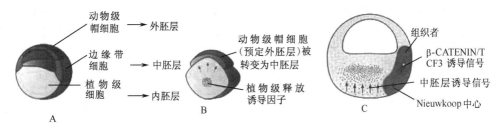

图 5-29 由植物级内胚层诱导中胚层的形成
A. 分离的部分囊胚部培养时产生不同的组织；B. 动物级部分和植物级部分结合产生中胚层组织；
C. 爪蛙中胚层诱导的简化模式
(Gilbert, 2003)

关键基因 $Xotx2$ 在前端中胚层及预定脑外胚层中表达，使中胚层背部化、外胚层神经分化（间接诱导）及 $Xotx2$ 的表达。$Xotx2$ 的表达和组织者分泌蛋白因子共同使神经结构区域性特化形成前脑、后脑和脊髓。

　　通过母体效应决定子的定位，合子基因的一系列信号传导和表达，胚轴逐渐形成，体节分化，三胚层细胞形成组织和器官原基，最后出现脊索、神经管和体节结构特征，动物的胚体模式建成。

　　脊索中胚层形成后，诱导覆盖于上面的外胚层细胞分裂、内陷并与表皮脱离形成中空的神经管，这一过程称为初级胚胎诱导。形成之后的神经管、背中胚层、咽内胚层等，又构成胚胎诱导的组织。诱导其他胚胎细胞的分化，形成诱导级联反应，如晶状体形成后在诱导角膜产生（图 5-30）。一种反应组织只有在某一阶段对某诱导组织有反应能力。

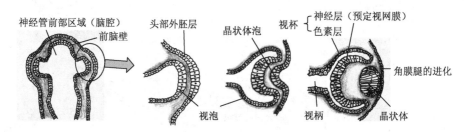

图 5-30　眼发育过程中的诱导
(Wolpert, 1998)

六、胚胎细胞的模块化

　　模块是胚胎发育过程中相互作用的一系列结构和功能单元。这些组件包括从分子到有机体各个层次水平发育过程中。构成等级相互作用的模块包括形态发生场、成虫盘、细胞谱系、昆虫副体节和脊椎动物器官原基。胚胎模块化的基本原理是允许分离、复制和变异以及协同选择三个过程改变胚胎发育。模块化是通过发育产生进化的先决条件。

　　异时性是指胚胎发生过程中，两个模块发育过程相对时间选择的改变。例如，树生和陆生蝾螈的足在发育早期，都有蹼的出现，发育后期，树栖的爪提前停止发育，形成短趾，蹼被完全保留下来，相对较大；美西螈的幼态成熟，生殖模块提前在幼体成熟，则其他模块的发育减慢，腮、尾不消失，不发生变态，形成水生型的蝾螈（图 5-31）。某模块发育的异时性是某些因素影响了基因的突变或影响基因的异时性表达。

　　有的因素是影响已经在表达的基因的表达速度，结果出现器官的异速生长。例如，现代马中趾生长速度发生了加快，快于其他趾的 1.4 倍（图 5-32）；鲸的鼻孔，在胚胎发育最

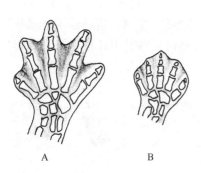

图 5-31　蝾螈足发育的异时性
Bolitoglossa 陆生种类（A）比树生种类（B）足大、趾长、且蹼小。这种差异完全由树栖种类足停止生长较早形成的

初，鼻孔位置正常，位于前端，随着发育进程，上颌骨和前颌骨异速生长，额骨逐渐后移到颅骨顶，最终形成鼻孔朝上的形态。这些特性的形成可能与靶细胞对生长因子的敏感性或生长因子的数量发生改变相关联。

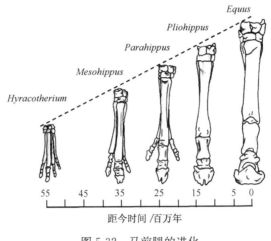

图 5-32　马前腿的进化
(Wolpert, 1998)

在进化过程中，胚细胞内某些基因首先复制，形成胚体多余的结构，这些多余的结构通过变异而获得新功能，如乳腺是由汗腺演变而来、鲨鱼的牙齿由身体鳞片演变而来。当鸟类由爬行动物进化来时，鳞片演变成羽毛。胚胎组织之间还存在着关联发育，当胚胎的一部分组织发生变化时，变化的这部分组织能诱导另一部分胚胎组织的变化。例如，犬头部变长的软骨能诱导相应部位肌肉的加长，同时神经和血管的形成也发生适应性变化，于是获得长嘴巴的牧羊犬品种。

小结

动物组织分为上皮组织、结缔组织、肌肉组织和神经组织。一般脊椎动物的器官系统主要有皮肤系统、运动系统、消化系统、呼吸系统、排泄系统、内分泌系统、循环系统、神经系统、免疫系统和生殖系统。消化系统为机体提供外来营养物质，呼吸系统实现机体与外界环境的气体交换，动物的循环系统由心脏和血管组成，把营养物质和氧气输送到各组织、器官中，同时把机体的代谢废物带到排泄器官中。神经系统包括中枢神经系统和周围神经系统两部分，传导神经冲动是神经元，使动物对环境具有高度的适性。淋巴器官是免疫系统的组成部分，保护人体免受侵害。

动物形态不同，胚胎发育模式存在一定的差异。脊椎动物发育首先源于动物性别的决定，从而生成两性配子，然后经历受精、卵裂、原肠胚形成、神经胚形成和器官形成、幼体、成体、衰老和死亡过程。

关于生物发育机制的探索，可以从分子水平到亚显微或细胞水平，直到个体水平来进行。不论哪个水平的发育，追究到底都可以从有关基因的调节、激活去探索。

思考题

1. 根据肌丝滑动学说，简述肌肉是如何实现收缩的。

2. 神经冲动的传导是如何发生和传导的?

3. 比较 B 淋巴细胞和 T 淋巴细胞的生理功能。

4. 某 O 血型女人生有一个 O 血型的孩子,如果这位女人起诉某 AB 血型的男人,称这个孩子是他们共同所生,那么这个男人可能是这个孩子的父亲吗?

5. 动物是如何保证受精过程的物种特异性(专一性)和防止多精入卵(唯一性)的?

6. 为什么女性进入妊娠期后,月经停止?

7. 什么是"胚胎诱导",它在胚胎发育中起什么作用?

第六章　生命的物质和能量代谢

第一节　酶与生物化学反应

人们对酶的认识来源于生产实践。几千年以前我国人民就开始制作发酵食品，夏禹时代酿酒盛行，周朝已开始制醋、酱，并用曲来治疗消化不良。酶的系统研究起始于19世纪中叶对发酵本质的研究，Pasteur提出发酵离不了酵母细胞。1897年，Buchner成功地用不含细胞的酵母液实现发酵，说明具有发酵作用的物质存在于细胞内，并不依赖活细胞。1926年Sumner首次从刀豆中分离出脲酶并进行结晶，提出酶的本质是蛋白质。现已有2000余种酶被鉴定出来，其中有200余种得到结晶，特别是近30年来，随着蛋白质分离技术的进步，酶的分子结构、酶作用机理的研究得到发展，有些酶的结构和作用机理已被阐明。随着酶学理论不断深入，必将对揭示生命本质做出更大贡献。

一、酶的概念及特性

酶（enzyme）是活细胞内产生的具有高度专一性和催化效率的蛋白质，又称为生物催化剂（biological catalyst）。生物体在新陈代谢过程中，几乎所有的化学反应都是在酶的催化下进行的。细胞内合成的酶主要是在细胞内起催化作用，也有些酶合成后释入血液或消化道，并在那里发挥其催化作用，人工提取的酶在合适的条件下也可在试管中对其特殊底物起催化作用。

酶作为生物催化剂，具有两方面的特性，既与一般催化剂相同的催化性质，又拥有一般催化剂所没有的生物大分子的特征。

1）与一般催化剂相同的催化性质

与一般催化剂一样，酶也只能催化热力学允许的化学反应，缩短达到化学平衡的时间，而不改变平衡点，其本身在反应前后没有质和量的改变，作用机理是降低反应的活化能（activation energy）。

2）酶固有的特性

（1）高度的催化效率。通常情况下，酶促反应速度比非催化反应高 $10^7 \sim 10^{20}$ 倍。例如，在反应"$2H_2O_2 \rightarrow 2H_2O + O_2$"中，无催化剂时，其活化能为18 000卡/克分子；在胶体钯存在时，需活化能11 700卡/克分子；有过氧化氢酶（catalase）时，仅需活化能2000卡/克分子以下。

（2）高度的专一性。一种酶只作用于一类化合物（甚至一种底物、特定构型）或一定的化学键，以促进一定的化学变化，并生成一定的产物，这种现象称为酶的专一性或特异性（specificity）。受酶催化的化合物称为该酶的作用物或底物（substrate）。

（3）酶活性的可调节性。酶是生物体的组成成分，和体内其他物质一样，在新陈代谢中其催化活性也受多方面的调控。例如，酶生物合成的诱导和阻遏、酶的化学修饰、抑制物的调节作用、代谢物对酶的反馈调节、酶的别构调节以及神经和体液因素的调节等，通过这些调控以确保酶在新陈代谢中充分发挥其催化作用，使众多生化反应能有条不紊、协调一致地进行。

（4）酶活性的不稳定性。酶是蛋白质，酶促反应要求一定的 pH、温度等温和的条件，强酸、强碱、有机溶剂、重金属盐、高温、紫外线、剧烈振荡等任何使蛋白质变性的理化因素，都可能使酶变性而失去其催化活性。

二、酶的分类与命名

1. 酶的分类

国际酶学委员会（International Enzyme Commission，IEC）规定，按酶促反应的性质，可把酶分成六大类。

（1）氧化还原酶类（oxidoreductases）：指催化底物进行氧化还原反应的酶类，如过氧化氢酶、细胞色素氧化酶、乳酸脱氢酶、琥珀酸脱氢酶等。

（2）转移酶类（transferases）：指催化底物之间进行某些基团转移或交换的酶类，如转氨酸、转甲基酶、己糖激酶、磷酸化酶等。

（3）水解酶类（hydrolases）：指催化底物发生水解反应的酶类，如淀粉酶、蛋白酶、脂肪酶、肽酶、磷酸酶等。

（4）裂合酶类（lyase）：指催化一个底物分解为两个化合物或两个化合物合成为一个化合物的酶类，如醛缩酶、柠檬酸合成酶等。

（5）异构酶类（isomerases）：指催化各种同分异构体之间相互转化的酶类，如磷酸丙糖异构酶、磷酸己糖异构酶、消旋酶等。

（6）合成酶类或连接酶类（ligases）：指催化两分子底物合成为一分子化合物，同时必须偶联有 ATP 的磷酸键断裂的酶类，如谷氨酰胺合成酶、氨基酸-tRNA 连接酶等。

2. 酶的命名

1）习惯命名法

（1）根据酶作用的底物命名，如过氧化氢酶、细胞色素氧化酶等。对水解酶类，只要底物名称即可，如淀粉酶、蛋白酶、脂肪酶等。

（2）依据酶催化反应的类型命名，如水解酶、转移酶、氧化酶、脱氢酶等。

（3）结合 1、2 的命名：如磷酸己糖异构酶、琥珀酸脱氢酶、柠檬酸合成酶等。

（4）有时在底物名称前冠以酶的来源或其他特点，如血清谷氨酸-丙酮酸转氨酶、唾液淀粉酶、胰蛋白酶、碱性磷酸酯酶等。

习惯命名法简单，应用历史长，但缺乏系统性，有时出现一酶数名或数酶一名的现象。

2）系统命名法

鉴于新酶的不断发现和过去文献中对酶命名的混乱，IEC 规定了一套系统的命名法，使一种酶只有一种名称。它包括酶的系统命名和 4 个数字分类的酶编号。例如，对于下列反应：

$$ATP+D\text{-}葡萄糖\longrightarrow ADP+D\text{-}葡萄糖\text{-}6\text{-}磷酸$$

催化该反应的酶的正式系统命名为"ATP：葡萄糖磷酸转移酶"，表示该酶催化从 ATP 中转移一个磷酸到葡萄糖分子上的反应。它的分类编号是：EC 2.7.1.1；EC 代表按国际酶学委员会规定的命名，第 1 个数字"2"代表酶的分类名称（转移酶类），第2个数字"7"代表亚类（磷酸转移酶类），第3个数字"1"代表亚亚类（以羟基作为受体的磷酸转移酶类），第4个数字"1"代表该酶在亚亚类中的排号（D-葡萄糖作为磷酸基的受体）。

三、酶促反应机制

在任何化学反应中，反应物分子必须超过一定的能阈，成为活化的状态，才能发生变化，形成产物。这种提高低能分子达到活化状态的能量，称为活化能。酶（催化剂）的作用，主要是降低反应所需的活化能，以致相同的能量能使更多的分子活化，从而加速反应的进行。

在无酶催化的情况下，底物需要越过一个较高的活化能才能发生反应，变成产物。酶作为催化剂所起的作用就是降低活化能，从而使反应速度加快（图6-1）。那么，酶是怎样降低反应的活化能的呢？现在一般认为，从底物角度来说，当底物进入酶活性中心区域得到集中、浓缩后，由于酶与底物的相互作用，致使两者的构象都发生了变化，此时底物分子内某些基团的电子密度发生了变化，形成所谓的电子张力，使与之相连的敏感键一端变得更加敏感，更易断裂。酶分子先和底物分子结合，生成酶-底物共价中间复合物，此中间物很容易变成过渡态，使反应活化能大为降低，这样底物就可以越过较低活化能屏障形成产物，酶又恢复游离状态，重新参加反应。同时酶和底物相互作用时要释放一些结合能，以使酶-底物复合物稳定，同时可用来降低化学反应所需的活化能。

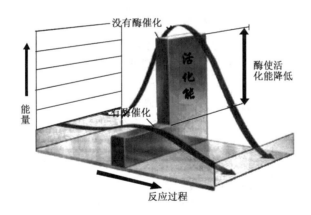

图6-1　酶的作用效果

1890年，E. Fischer提出钥匙-锁模型（lock-key）来解释酶-底物的相互结合机理（图6-2）。认为底物和酶分子的关系，就像钥匙和锁相配一样，一把锁只能被一把钥匙打开，或是被在构象上相近的钥匙打开。但它不能解释可逆反应，为什么不同的钥匙能开同一把锁？1958年，D. E. Koshland提出的诱导-楔合模型（induced fit model），认为酶与底物结合时，底物能诱导酶分子的构想发生变化，使酶分子能与底物很好的结合，从而发生催化作用（图6-3）。酶的X射线衍射研究证明，酶与底物结合时，酶分子的构象的确发生了变化。

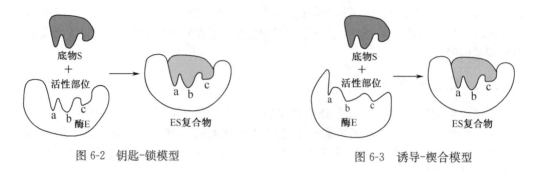

图 6-2　钥匙-锁模型　　　　　　　　　　　图 6-3　诱导-楔合模型

四、生物化学反应的特点

（1）在生物体中所进行的生物化学反应都是远离平衡点的反应，它需要从外界获取能量或向外界输出物质、能量和熵。

（2）参与反应的蛋白质一般都是固定在膜上或细胞骨架上，使细胞内每时每刻所进行的成千上万种生物化学反应，犹如行驶在具有立交的高速路上的机动车，各行其是，互不干扰。例如，细胞核中 DNA 的复制、转录都必须附着在核骨架上才能正确进行。

（3）细胞中生物化学反应的主要类型是氧化还原反应，电子在定位于膜上或骨架上的蛋白质之间进行高速传递。例如，电子传递链（内膜嵴）、光合作用（类囊体膜上）。

（4）由于细胞中的生物化学反应在膜分隔的空间中进行，因此存在着位置信息效应，即生物大分子只有在特定位置发生反应，其特定功能才能得以发挥。例如，RNA 转录、加工只在核中一定区域进行；蛋白质生物合成是在细胞质中进行，线粒体和叶绿体只能合成自己需要的一小部分蛋白质；糖酵解发生在细胞质中，三羧酸循环发生在线粒体基质中。

（5）膜的分隔使细胞中的生物化学反应成为一种由浓度梯度驱动的方向性化学反应。例如，溶酶体膜上 V-型 ATP 酶，叶绿体类囊体膜上的 F-型 ATP 酶等都是由 H^+ 浓度梯度驱动的。

（6）细胞内所进行的生物化学反应都需要有酶的催化。酶的催化效率高，反应条件温和，具有方向性，对底物有高度专一性。

（7）生物体或细胞中所进行的生物化学反应，在复杂的网络体系中都可以通过正、负反馈得到自动调控。而载着反馈过程蓝本的基因负责调制机体应如何解读同一基因。

（8）在生物体中所进行的生物化学反应，从本质上说都是由一种或几种作用物与受体蛋白等相互选择引起的。例如，激素、神经递质等通过与特定的受体蛋白结合形成复合物，再由后者引发一系列化学或物理的连锁反应、酶对底物的选择等。

第二节　细胞的能量"货币"

一、ATP 的结构与功能

一般把水解时能释放出 5.0kcal（20.9kJ）以上自由能的磷酸化合物称为高能磷酸化合物。腺嘌呤核苷三磷酸（ATP）是生命体系中重要的能量贮存物质，被称为能量货币单位。ATP 由腺嘌呤、核糖和三个磷酸基构成（图 6-4），其中第二个和第三个磷酸基上的磷酸键是高能键（～），不稳定，易被水解，从 ATP 上水解下来的磷酸基是一种能量穿梭基团，对驱动吸能反应起决定作用。ATP 是细胞内特殊的自由能载体，标准状况下，ATP 水解为 ADP 和 Pi 的 $\Delta G_0' = -30kJ/mol$，水解为 AMP 和 PPi 的 $\Delta G_0' = -32kJ/mol$。ATP 的 ΔG_0 在所有的含磷酸基团的化合物中处于中间位置，这使 ATP 在机体内起作中间传递能量的作用，称之为能量的共同中间体。机体内一些在热力学上不可能发生的反应，只需与 ATP 分子的水解相偶联，就可使其进行。所以说 ATP 又是生物细胞能量代谢的偶联剂。

ATP 水解时，一个高能磷酸键断裂。放能反应和 ATP 合成相偶联，吸能反应和 ATP 分解相偶联。

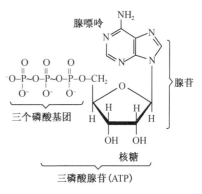

从低等的单细胞生物到高等的人类，能量的释放、贮存和利用都是以 ATP 为中心。ATP 是整个生命世界能量交换的通用货币，是能量的携带者或传递者，但不是贮能者。在脊椎动物中起能量贮存作用的是磷酸肌酸（phosphoccreatine，PC），在无脊椎动物中是磷酸精氨酸。

ATP 和其他的核苷三磷酸——GTP、UTP、CTP 常被称做富含能量的代谢物，它们几乎有相同

图 6-4　ATP 的分子结构

水解（或合成）的标准自由能，核苷酸之间的磷酰基团转移的平衡常数接近 1.0，所以计算物质代谢的能量时，消耗的其他核苷三磷酸用等价的 ATP 表示。

当蛋白质分子从 ATP 获得磷酸基后即获得能量，这个过程就称为磷酸化。磷酸化后的蛋白质构象发生了变化，而 ATP 则变成了 ADP。获得能量的蛋白质分子就能进行生物学做功，在做功的同时此能化的蛋白质分子发生去磷酸化，即脱去磷酸基，此时蛋白质构象又恢复原来的形状。脱下的磷酸基可以利用细胞中其他物质在氧化过程中所释放的自由能，与 ADP 重新生成 ATP。显然，ATP 是一种再生资源，细胞做功 ATP 被不断消耗掉，同时又不断得到再生补充。

二、ATP 循环

1. ATP 的生成方式

1）底物水平磷酸化

底物分子中的能量直接以高能键形式转移给 ADP 生成 ATP，这个过程称为底物水平磷酸化（substrate level phosphorylation），该过程在胞浆和线粒体中进行，包括有：

$$1,3\text{-二磷酸甘油酸} + ADP \underset{\text{3-磷酸甘油酸激酶}}{\xleftarrow{\hspace{2cm}}} 3\text{-磷酸甘油酸} + ATP$$

$$\text{磷酸烯醇式丙酮酸} + ADP \xrightarrow{\text{丙酮酸激毒}} \text{烯醇式丙酮酸} + ATP$$

$$\text{琥珀酸 CoA} + H_3PO_4 + GDP \underset{\text{琥珀酸硫激酶}}{\xleftarrow{\hspace{2cm}}} \text{琥珀酸} + CoASH + GTP$$

2）氧化磷酸化

氧化和磷酸化是两个不同的概念，氧化是底物脱氢或失去电子的过程，而磷酸化是指 ADP 与 Pi 合成 ATP 的过程。在结构完整的线粒体中氧化与磷酸化这两个过程是紧密地偶联在一起的，即氧化释放的能量用于 ATP 合成，这个过程就是氧化磷酸化

（oxidative phosphorylation）。氧化是磷酸化的基础，而磷酸化是氧化的结果。

机体代谢过程中能量的主要来源是线粒体，既有氧化磷酸化，也有底物水平磷酸化，以前者为主要来源。胞液中底物水平磷酸化也能获得部分能量，实际上这是酵解过程的能量来源，对于酵解组织、红细胞和组织相对缺氧时的能量来源是十分重要的。

无论是底物水平磷酸化还是氧化磷酸化，释放的能量除一部分以热的形式散失于周围环境中之外，其余部分多直接生成 ATP，以高能磷酸键的形式存在。同时，ATP 也是生命活动利用能量的主要直接供给形式。

2. ATP 能量的转移

ATP 是细胞内的主要磷酸载体。ATP 作为细胞的主要供能物质参与体内的许多代谢反应，还有一些反应需要 UTP 或 CTP 作供能物质，如 UTP 参与糖元合成和糖醛酸代谢，GTP 参与糖异生和蛋白质合成，CTP 参与磷脂合成过程，核酸合成中需要 ATP、CTP、UTP 和 GTP 作原料合成 RNA，或以 dATP、dCTP、dGTP 和 dTTP 作原料合成 DNA。

作为供能物质所需要的 UTP、CTP 和 GTP 可经下述反应再生：

UDP＋ATP→UTP＋ADP

GDP＋ATP→GTP＋ADP

CDP＋ATP→CTP＋ADP

dNTP 由 dNDP 的生成过程也需要 ATP 供能：

dNDP＋ATP → dNTP＋ADP

3. 磷酸肌酸

ATP 是细胞内主要的磷酸载体或能量传递体，人体贮存能量的方式不是 ATP 而是磷酸肌酸。肌酸主要存在于肌肉组织中，骨骼肌中含量多于平滑肌，脑组织中含量也较多，肝、肾等其他组织中含量很少。

磷酸肌酸的生成反应如下：

$$肌酸＋ATP \rightleftharpoons 磷酸肌酸＋ADP$$

肌细胞线粒体内膜和胞液中均有催化该反应的肌酸激酶，它们是同工酶。线粒体内膜的肌酸激酶主要催化正向反应，生成的 ADP 可促进氧化磷酸化，生成的磷酸肌酸逸出线粒体进入胞液，磷酸肌酸所含的能量不能直接利用；胞液中的肌酸激酶主要催化逆向反应，生成的 ATP 可补充肌肉收缩时的能量消耗，而肌酸又回到线粒体用于磷酸肌酸的合成，此过程可用图 6-5 表示。

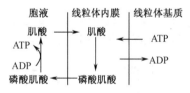

图 6-5　磷酸肌酸的生成与利用

肌肉中磷酸肌酸的浓度为 ATP 浓度的 5 倍，可贮存肌肉几分钟收缩所急需的化学能，可见肌酸的分布与组织耗能有密切关系。

有机体维持生命需要不断地水解 ATP，同时又不断地从 ATP 和 Pi 合成 ATP。一般一个动物细胞或植物细胞的细胞质中溶有 1×10^{10} 个 ATP 分子。细胞内存在一个 ADP 库，库中的 ATP 分子不是静止的，而是不断在循环着，平均每个细胞每分钟将水解 1×10^{9} 个 ATP 分子。随着细胞活动的增加，ATP 循环的速度加快。例如，正在激烈活动的一个肌肉细胞可在 1 分钟内将其 ATP 分子循环一遍。ADP 磷酸化产生 ATP 是一个吸能反应，它的能量来源于细胞分解代谢，ATP 是细胞的能量产生及能量消耗之间的中间环节。生物体内 ATP 的生成、贮存和利用如图 6-6 所示。

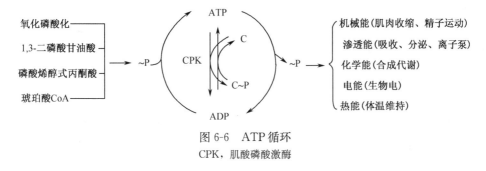

图 6-6　ATP 循环
CPK，肌酸磷酸激酶

第三节　物质和能量代谢

生物体是一个与环境保持着物质、能量和信息交换的开放体系。通过物质交换建造和修复生物体，通过能量交换推动生命运动，通过信息交换进行调控，保持生物体和环境的适应。

生命体系中的能量来源是太阳能。绿色植物和一些微生物（如光合细菌等）通过光合作用把太阳能转变为化学能，并贮存在糖等有机分子中。食草动物、食肉动物、还原腐生的动物等通过食物链间接地利用太阳能（图 6-7）。然而，所有有机体在日常生命活动中所消耗的能量都来自于生物氧化，即把贮存在有机分子中的化学能通过氧化分解释放出来，并以高能磷酸键的方式贮存在 ATP 中，供生物化学反应过程中使用。在能量代谢的过程中伴随着物质代谢，由以酶促反应为代表的一系列生物化学反应完成，它是生命活动的基本机制。

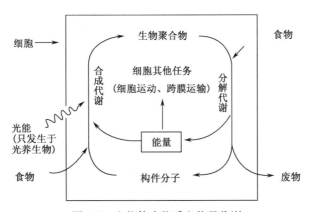

图 6-7　生物体内物质和能量代谢

一、生命体系中的能量

生命体内的能量存贮在化学键中，如糖类、脂肪和蛋白质中，但在生命活动过程中直接使用的能量是 ATP，它通过磷酸化作用将贮存在高能磷酸键中的能量释放出来，驱动相应的化学反应，产生各种生命活动，如肌肉的收缩、DNA 的复制等。ATP 的产生在细胞内主要通过细胞呼吸实现。

　　呼吸作用释放的能量用于细胞的各种生命活动过程。细胞呼吸产生的能量除约40％供生命活动所需外，其余约60％变为热能。

　　ATP几乎是生物组织细胞能够直接利用的唯一能源，在糖、脂类及蛋白质等物质氧化分解中释放出的能量，相当大的一部分能使ADP磷酸化成为ATP，从而把能量保存在ATP分子内。

　　在自然界中能量的形式多种多样，如光能、热能、电能、机械能和化学能等。在生命体系中，只有化学能可以被直接作为做功的能源，而其他形式的能量则是起激发生物体做功的作用。例如，它们可以分别激发动物的平衡感觉、视觉、温觉、痛觉和味觉等。提供给生物体做功的化学能，可以来自因水解等化学反应而造成生物分子化学键断裂产生的能量，也可以来自因离子浓度梯度变化而得到的能量。

　　对生物体来说，贮藏在化学键中的能量是一种重要的自由能。所谓自由能，就是能够用来做功的能量。食物中的自由能有相当一部分是以热的形式散发出去，这些热不能再被用来做功。不管怎么说，所有形式的能量最终都要转化为热能，因此能量的测度通常采用热的单位，如千焦（kJ）、千卡（kcal）。生物分子中化学键能的大小与许多因素有关，其中主要的因素是被键连接在一起的原子间电负性差异。具有较小键能的键容易被破坏，即这种键本身较弱、较不稳定。在每一生物化学反应中都以 $\Delta G_0'$ 表示特定的标准自由能变化，"＋"号表示能量并未丧失而是贮藏在产物中，"－"号表示能量从反应系统中释放出来。

　　对于一个物体而言，它的能量形式主要包括动能和势能。物体由于运动，也就是物体由于具有速度而具有的能量，称之为动能。而凡是能量的大小决定于物体之间的相互作用和相对位置的，这种能量称为势能。

　　热力学系统状态的变化，总是通过外界对系统做功，或向系统传递热量，或两者兼施并用来完成的。热力学系统在一定状态下，应具有一定的能量，叫做热力学系统的"内能"，内能的改变量只取决于初、末两个状态，而与所经历的过程无关。内能是系统状态的单值函数，从分子运动论的观点来说，系统的内能就是系统中所有的分子热运动的能量和分子与分子间相互作用的势能的总和。"做功"所起的作用是物体的有规则运动与系统内分子无规则运动之间的转换，从而改变系统的内能。"传递热量"是通过分子之间的相互作用来完成的，所起的作用是系统外物体的分子无规则运动与系统内分子无规则运动之间的转换，从而也改变系统的内能。

　　热力学第一定律（能量转化和守恒定律）：外界对一系统传递的热量 Q，系统从内能为 E_1 的状态改变到内能为 E_2 的状态，同时系统对外做功为 A，则 $Q=E_2-E_1+A$。说明外界对系统所传递的热量，一部分使系统的内能增加，另一部分用于系统对外所作的功。

　　热力学第二定律有两种叙述方式。开尔文的叙述指不可能制成一种循环动作的热机，只从一个热源吸收热量，使之完全变为有用的功，而其他物体不发生任何变化。而克劳修斯的叙述为能量不能自动地从低温物体传向高温物体。热力学第二定律反映了自然界中过程进行的方向和条件的一个规律，指出自然界中出现的过程是有方向性的，某些方向的过程可以实现，而另一方向的过程则不能实现。这证明了一切与热现象有关的实际过程都是不可逆的。也就是说，一个过程产生的效果，无论用任何曲折复杂的方法，都不能使系统恢复原状而不引起其他变化。对于系统所处的热力学状态可以用熵（S）表示。$dS=dQ/T$。熵不仅仅是能量损失的量度，同时也是一个过程之不可逆性的量度。由于能流在时间中具有方向性，所以熵也成为了时间的量度，即时间的不可逆性的量度。对于一个可逆循环中系统的熵变等于零，在封闭系统中发生任何不可逆过程都导致熵的增加，这称之为熵增加原理。这表明一切自发过程总是沿着熵增加的方向进行，这个熵包括系统和环境的熵，对封闭系统来讲，自发过程只有在按系统熵值增加的方向才能进行。

能量转换必然伴随着能量损失，剩下可利用的能量将不足以回到初态。热力学第二定律可以简洁而通俗地表述为："万物皆走向衰退"，这是自然界普遍使用的规律。生命系统中的高级秩序可以维持吗？换句话说，如何解释生命系统的多种多样的秩序？

生命不是一个力学问题，而主要是一个能量问题，生命系统如何能够在能量方面保持自身的稳定？生命如何保存和传递为它们的秩序所必要的信息？这最终将同样以能量的观点来考虑。从以上热力学的讨论中似乎暗示了所有生命系统终将崩溃，而所有高度有序的结构也终将土崩瓦解。腐烂分化，这印证了死是一种本能的观点。但如何解释生命可以从一个单细胞生长发育成为一个个体，生命可以从最简单的单细胞生命进化到人类这样的能改造自然界的高等智能生物？

在自然界中还存在一类物理和化学现象，如广为人知的例子被称为贝纳尔不稳定性（Benard instability）的物理现象和称之为别洛索夫-扎鲍京斯基反应（Belousov-Zhabotinskii reaction）的化学反应，前者产生于液体的热对流，后者指许多生物化学反应在特定条件下也能形成与贝纳尔波非常相似的图样。它可以起到一种化学钟的作用，其振荡频率取决于各组分的浓度。普利高津把这种需要依靠外界供应自由能来维持其有序性的结构称为耗散结构（dissipative structure）。

生命体也可以定义为一个需要通过不断汲取外部能量来维持甚至扩展其有序结构的系统，能量的供给被用于维持和扩展结构。能量大部分来自太阳，绿色植物利用它来化学合成所需的养料。换言之，阳光的电磁能转变为化学能（葡萄糖和淀粉），有机体摄入这些养分，把它们改造（消化、代谢）成可以同化的形式，然后把他们转变为机械能以产生肌肉运动，转变为电能以产生神经冲动，转变为热能以维持体温，或者通过声带转变为声能，萤火虫甚至把化学能转变为光能，于是完成了能量的循环。

二、光合作用

1. 光合作用概述

生物界利用的自由能绝大部分来自太阳能，光合作用是自然界将光能转变为化学能的主要途径，地球上每年由植物捕获的太阳能至少产生 4.2×10^{17} kJ 的自由能。光合细胞捕获光能（太阳能）并将其转变为化学能的过程，即绿色植物或光合细菌利用光能将 CO_2 转化成有机化合物的过程称为光合作用（photosynthesis，图 6-8）。光合作用为异养生物提供食物和氧气，是异养生物赖以生存的物质和能量基础。绿色植物吸收太阳能并将其转变成有机化合物中的化学能，主要经历了三个重要事件：H_2O 被氧化成 O_2；CO_2 被还原成糖；光能被固定并转化成化学能。光合作用中所释放的 O_2 来自于 H_2O，而 CO_2 中的 O 和 H_2O 分子中的 H 则用于制造糖分子和新形成的 H_2O。因此，光合作用是一个典型的氧化还原反应过程。

光合作用的核心问题是太阳能的固定和转换。地球上几乎所有生物的能量都直接或间接地来自太阳能，植物对太阳能固定、转换以及所制造的有机物质规模之大是令人叹为观止的。每年照射到地球表面的日光能是 5.2×10^{21} kJ。其中，50% 可被植物利

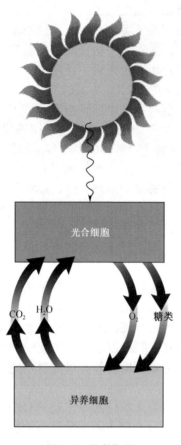

图 6-8　光合作用

用，但真正进入有机物分子中的能量只是其中的 0.05%，即 $1.3\times10^{18}kJ$，它是人类全年所消耗能量的许多倍。陆地植物的光合作用每年固定的 CO_2 量可达 $1.55\times10^{11}t$，占光合作用固定 CO_2 总量的 61%，其中森林固定 $6.45\times10^{10}t$，栽培植物仅固定 $0.91\times10^{10}t$；水生植物固定 $6\times10^{10}t$，约占固定 CO_2 总量的 39%，其中海洋植物就固定了 $5.5\times10^{10}t$。据估计，全世界每年消耗的矿物燃料约相当于 3×10^9t 碳，仅约占光合作用所固定的 2%。由此可见，保护森林、保护海洋是何等重要！

光合作用对地球生物圈形成和维持至关重要。绿色植物和各种藻类利用日光能进行光合作用，每年可为地球生产约 1700 亿吨有机物。已知地球上的自然现象、生物的生命活动及人类的生产活动都是产生 CO_2 的过程，而唯有放氧性光合作用能释放出 O_2。自然界中存在着不同类型的光合生物，如藻类、绿色植物、紫硫细菌、氢细菌，他们都是利用大气中的 CO_2，唯有藻类（包括蓝细菌）和绿色植物等能进行放氧的光合作用，大气中的 O_2 主要来自海洋表层的浮游藻类和陆地森林的光合作用，显然这类光合生物对改变地球早期环境条件、自然界中的物质循环、O_2 循环以及能量流动起着关键性作用。

地球化学和古生物学研究证实，光合作用的起源大大先于大气圈的 O_2，大概在 35 亿年前，甚至更早就已经出现了具有光系统Ⅰ和Ⅱ，能进行放氧光合作用的蓝细菌。当蓝细菌等光合微生物在浅海底建立起光合微生物生态系统后，一方面由于光合微生物能利用大气中 CO_2 建造自己的身体，从而使碳酸盐在地球上得以沉淀，将大气中的 CO_2 转移并束缚于岩石圈中，减少了大气圈中 CO_2 含量；另一方面，它们释放出的自由氧在大气圈中得到积累，并在大气圈中形成臭氧层。有证据表明，在太古宙（38 亿年前到 25 亿年前）和远古宙（25 亿年前到 6 亿年前）早期大气圈是缺乏自由氧的，直到远古宙（大约距今 20 亿年前）大气圈中自由氧才相当于现代大气圈氧分压的 1%。

2. 光合作用研究简史

公元前 3 世纪，亚里士多德提出，植物生长在土壤中，土壤是构成植物体的原材料。

1627 年，荷兰人 Van Helmont 通过柳枝扦插实验得出结论：植物是靠水来构建躯体的。

1772 年，化学家 Joseph Priestley 实验得出，植物能净化空气。

1779 年，医生 Jan Ingenhousz 确定植物净化空气需依赖于光。

1782 年，牧师 J. Senebier 证明，植物在照光时吸收 CO_2，并释放 O_2。

1796 年，Jan Ingenhousz 提出，植物光合作用所吸收的 CO_2 中的 C 构成有机物的组成成分。

1804 年，N. T. de Saussure 发现，植物光合作用后增加的重量大于 CO_2 吸收和 O_2 释放所引起的重量变化，认为水参与了光合作用。

1864 年，J. Sachs 观察到照光的叶绿体中有淀粉的积累。

至此，对光合作用的认识为：

$$6CO_2 + 6H_2O \xrightarrow{\text{光、绿色植物}} C_6H_{12}O_6 + 6O_2$$

20 世纪 30 年代，Stanford 大学 Conelius van Niel 比较了不同生物（绿色植物、紫硫细菌、氢细菌）的光合作用过程，发现了共同之处，提出了光合作用的通式为

$$CO_2 + 2H_2A \longrightarrow (CH_2O) + 2A + H_2O$$

1939 年，英国剑桥大学的希尔（Robert Hill）从细胞中分离出叶绿体，证明光合作用产生的 O_2 不是来自 CO_2，而是来自 H_2O，将光合作用分为两个阶段：①光诱导的电子传递以及水的光解和 O_2 的释放。②CO_2 还原和有机物的形成。

$$CO_2 + 2H_2A \longrightarrow AH_2 + 1/2O_2$$

20 世纪 40 年代初，同位素实验进一步肯定了 Van Niel 和 R. Hill 的科学预见，证明光合作用产生的 O_2 不是来自 CO_2，而是来自 H_2O。

$$CO_2 + 2H_2^{18}O \longrightarrow (CH_2O) + {}^{18}O_2 + H_2O$$

3. 光合作用机理

光合作用是能量和物质的转化过程。光能首先转化成电能，再经电子传递产生 ATP 和 NADPH 形式的不稳定化学能，最终转化成稳定的化学能贮存在糖类化合物中。整个过程分为光反应（light reaction）和暗反应（dark reaction）两个阶段，前者需要光，涉及水的光解和光合磷酸化；后者不需要光，涉及 CO_2 的固定和还原，分为 C_3、C_4 和 CAM 三条生化途径。

1）叶绿体的结构及组成

叶绿体是进行光合作用的细胞器，由外膜和内膜组成（图 6-9），膜上含有大量的进行光反应的光合色素。两膜之间有间隙，膜包着基质，基质内有参与光合作用暗反应的酶，使 CO_2 还原成葡萄糖。基质内由膜系统排列折叠成片层，片层间隔扩大成扁平盘状胞囊，称类囊体（thylakoid），类囊体膜（光合膜）上存在 PS I、PS II、$Cytb_6/f$、ATP 酶四类蛋白复合体（图 6-10），是光反应的场所。类囊体彼此垛叠排列成基粒，基粒之间由基质片层连接。细菌无叶绿体，它们的光合色素存在于类似的片层结构中。

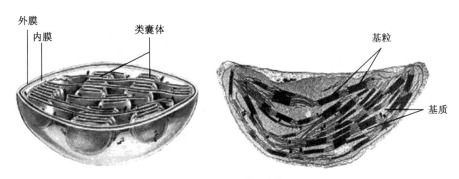

图 6-9　叶绿体的结构

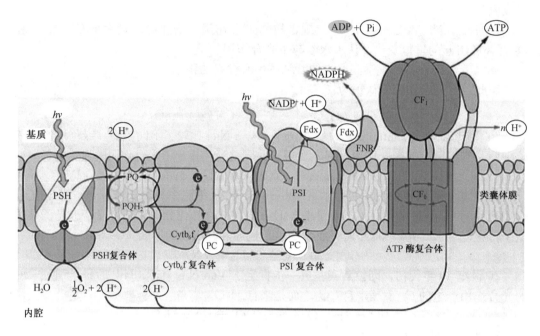

图 6-10　光合膜组成及其电子-质子传递

(Buchanan et al.，2000)

2）光合色素

绿色植物的叶绿体中接受光能的主要分子是叶绿素（chlorophyll），位于类囊体膜上，包括叶绿素 a 和叶绿素 b；另一类为类胡萝卜素（carotenoid），包括胡萝卜素和叶黄素；细菌和藻类中还有藻胆色素、叶绿素 c 等。叶绿素是一类含 Mg 的卟啉衍生物，其一个带羧基的侧链与一个含有 20 个碳的植醇形成酯。叶绿素 b 和叶绿素 a 的区别在于吡咯环 II 上是甲酰基或是甲基（图 6-11）。这种具有双键和单键交替的分子称为多烯类化合物，在可见光谱区有很强的吸收带。叶绿素 a 和 b 的摩尔吸收系数在有机化合物中均较大，但二者最高吸收率的位置不同，叶绿素 b 在 460nm，叶绿素 a 在 680nm 的位置。胡萝卜素也是一个含有 11 个双键的不饱和化合物，有 12 个同分异构体，常见的是 β-胡萝卜素。叶黄素是 β-胡萝卜素衍生的二元醇（图 6-12）。

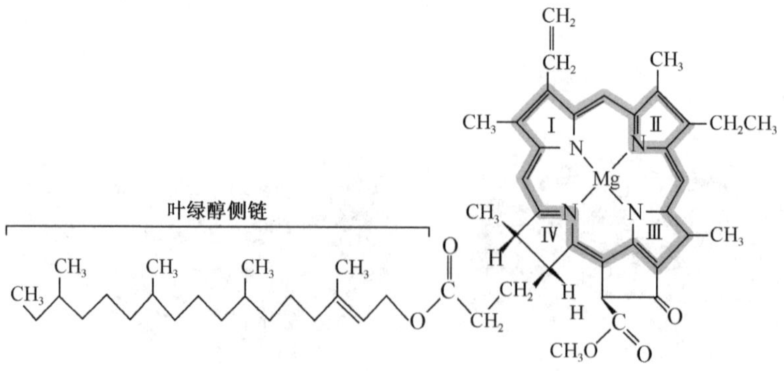

图 6-11　叶绿素 a 的分子结构

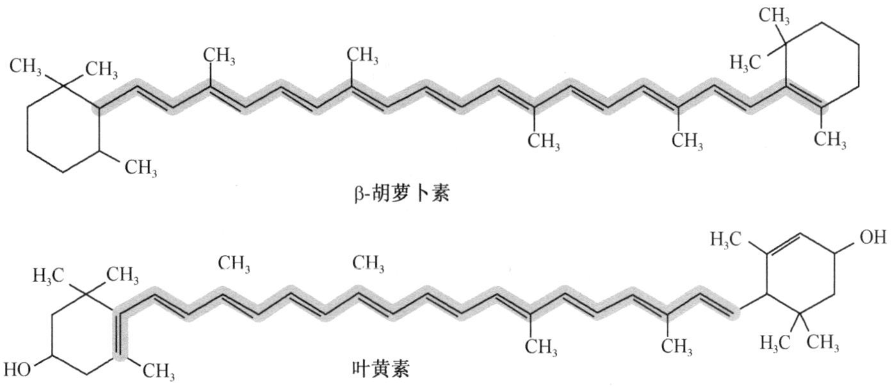

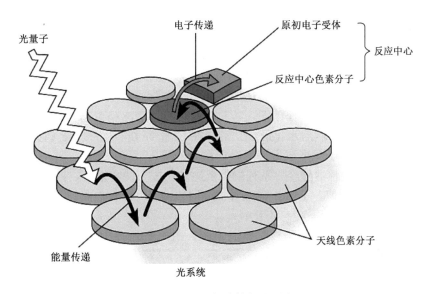

β-胡萝卜素

叶黄素

图 6-12　类胡萝卜素的分子结构

叶绿素 a 和细菌叶绿素 a 都是光合色素，叶绿素 b 和类胡萝卜素所吸收的光也能传递给叶绿素 a。胡萝卜素还能保护叶绿素 a，使之免于受光氧化。

大部分色素分子起捕获光能的作用，并将光能以诱导共振方式传递到反应中心色素，因此这些色素被称为天线色素，叶绿体中全部叶绿素 b 和大部分叶绿素 a 都是天线色素。另外，胡萝卜素和叶黄素分子也起捕获光能的作用，叫做辅助色素。由大约 200 个叶绿素分子和一些肽链构成聚光复合体（light-harvesting complex）（图 6-13）。

光量子

电子传递

原初电子受体

反应中心

反应中心色素分子

能量传递

天线色素分子

光系统

图 6-13　聚光复合体与光系统

两个光系统合作完成电子传递、水的光解、产生 O_2 和 NADPH 的生成，产生的 H^+ 则进入类囊体腔中，使类囊体内外形成了质子梯度。

3）光合作用的两个阶段

1939 年 Robert Hill 发现叶绿体在光照下，只要有适当的电子受体即可产生 O_2。他的实验证明光合作用产生 O_2，并不需要 CO_2。光合作用的第一阶段是光反应，第二阶段是不需要光的酶促反应或称暗反应。光反应是由光合色素将光能转变成化学能并形成 ATP 和 NADPH（烟酰胺腺嘌呤二核苷酸磷酸）的过程，暗反应是利用 ATP 和 NADPH 的化学能使 CO_2 还原成糖或其他有机物的一系列酶促过程。暗反应并非只能在夜间或暗处进行，只是不需要光而已，在白天也可以进行糖的合成。

（1）光反应。Robert Emerson 和 William Arnold 测定绿藻细胞光照后 O_2 的释放，发现在充足的光线照射下，每 2500 个叶绿素分子放出 1 分子 O_2。因此，Hans gaffron 推测几百个叶绿素分子吸收光量子后将其汇集到反应中心的叶绿素分子参与光反应，将光能转变成化学能。这种由色素分子装配成的系统能把吸收的能量汇集到光反应中心，称光系统（图 6-13）。

（2）暗反应。绿色植物和光合细菌通过光合磷酸化作用将日光能转变成化学能，即 NADPH 的还原能和 ATP 的水解能，并以此促进 CO_2 还原成糖。植物利用光反应中形成的 NADPH 和 ATP 将 CO_2 转化成稳定的碳水化合物的过程，称为 CO_2 同化（CO_2 assimilation）或碳同化。根据碳同化过程中最初产物所含碳原子的数目以及碳代谢的特点，将碳同化途径分为三类：C_3 途径（C_3 pathway）、C_4 途径（C_4 pathway）和 CAM（景天科酸代谢，Crassulacean acid metabolism）途径。C_3 途径是光合碳代谢中最基本的循环，是所有放氧光合生物所共有的同化 CO_2 的途径。

C_3 途径（Calvin 循环）：1940 年 Melvin Calvin 在单细胞绿藻中通过 $^{14}CO_2$ 示踪实验，经几秒钟光照后，用乙醇停止酶的反应，以双向纸层析分离放射性产物，发现 ^{14}C 标记在 3-磷酸甘油酸的羧基上，进一步研究发现 CO_2 与 1,5-二磷酸核酮糖缩合成 6 碳化合物，然后迅速裂解形成 2 分子 3-磷酸甘油酸。催化这一反应的酶是 1,5-二磷酸核酮糖羧化酶/加氧酶（ribulose-1,5-bisphosphate carboxylase oxygenase，缩写为 Rubisco）。这个酶位于类囊体膜上朝基质一侧，有 8 个 56 000 大亚基和 8 个 14 000 小亚基，每个大亚基上有催化和调节位点，小亚基的作用不清楚。在叶绿体中此酶的含量十分丰富，大约是总蛋白量的 60%，可能是自然界含量最丰富的酶。

Calvin 循环的全过程分为羧化、还原、再生 3 个阶段。

羧化阶段：在 Rubisco 的作用下，1,5-二磷酸核酮糖与 CO_2 合成 2-羧基-3-酮基-1,5-二磷酸核糖中间产物，然后水化形成二醇，在 C_α 上断裂产生一个 3-磷酸甘油酸和一个负碳离子，后者再质子化形成另一个 3-磷酸甘油酸。

还原阶段：3-磷酸甘油酸经一系列酶促反应转化成 6-磷酸果糖，催化这一系列反应的酶与糖的异生途径相似，不过 3-磷酸甘油醛脱氢酶在叶绿体中是以 NADPH 为辅基，而不是 NADH（烟酰胺腺嘌呤二核苷酸）。

再生阶段：再生 1,5-二磷酸核酮糖的步骤，由一系列转酮酶和转醛酶催化这些反应，催化酶及反应式与戊糖途径类似。最后，由 5-磷酸核酮糖再生成 1,5-二磷酸核酮糖。

Calvin 循环中由 3C 化合物合成 1,5-二磷酸核酮糖的过程见图 6-14。

Calvin 循环的总反应：

$$6CO_2 + 12H_2O + 18ATP + 12NADPH + 12H^+ \longrightarrow$$
$$C_6H_{12}O_6 + 18ADP + 18Pi + 12NADP^+ + 6H^+$$
$$\Delta G_0' = +114 \text{kcal/mol} = 476.86 \text{kJ/mol}$$

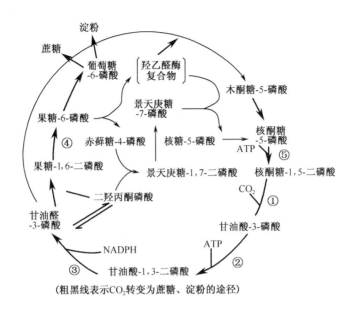

（粗黑线表示CO_2转变为蔗糖、淀粉的途径）

图 6-14　Calvin 循环主要反应

三、细胞呼吸

细胞呼吸（cell respiration）是指在细胞内，氧化葡萄糖、脂肪酸等生物大分子以获取能量并产生 CO_2 的过程，也称之为生物氧化（biological oxidation）。细胞呼吸是所有生物获取能量的方式，代谢物在细胞内的氧化可以分为三个阶段：首行是糖、脂肪和蛋白质经过分解代谢生成乙酰辅酶 A（乙酰 CoA）中的乙酰基；接着乙酰 CoA 进入三羧酸循环脱 H，生成 CO_2 并使 NAD^+ 和 FAD（黄素腺嘌呤二核苷酸）还原成 $NADH+H^+$、$FADH_2$；第三阶段是 $NADH+H^+$ 和 $FADH_2$ 中的 H 经呼吸链将其电子传递给 O_2 生成 H_2O，氧化过程中释放出来的能量用于 ATP 合成。

$$C_6H_{12}O_6+6O_2+6H_2O \longrightarrow 6CO_2+12H_2O+能$$

生物大分子在细胞内的氧化与体外燃烧氧化，在本质上是相同的，都要消耗 O_2，并产生 CO_2 和 H_2O。但是两者产生的能量不同，燃烧时，从生物大分子中释放的能量 100% 是以光和热的形式散失；而葡萄糖生物氧化时，约有 40% 的能量贮存到 ATP 中。此外，在氧化方式上也存在着巨大的差异，葡萄糖在体外燃烧是一步完成的，而细胞内的生物氧化过程则是逐步进行的，需要在 pH 接近中性、体温条件及酶的参与下完成，且能量是逐步释放的。

细胞呼吸的全过程由四个部分组成：

（1）糖酵解（glycolysis）。

（2）丙酮酸氧化脱羧（oxidation and decarboxylation of pyruvate）。

（3）三羧酸循环（tricarboxylic acid cycle）。

（4）电子传递链（electron transport chain）或呼吸链（respiratory chain）。

1. 糖酵解

糖酵解途径是指细胞在胞浆中分解葡萄糖生成丙酮酸（pyruvic acid）的过程，此过程中伴有少量 ATP 的生成。在缺氧条件下丙酮酸被还原为乳酸（lactate），有氧条件下丙酮酸可进一步氧化分解生成乙酰 CoA 进入三羧酸循环，生成 CO_2 和 H_2O。

糖酵解是生物在无氧条件下从糖的降解代谢中获得能量的途径，也是大多数生物进行葡萄糖有氧氧化的一个准备途径。在此过程中，6 碳的葡萄糖分子经过十多步酶催化的反应，分裂为 2 分子 3 碳的丙酮酸，同时使 2 分子 ADP 与 Pi 结合生成 2 分子 ATP。

$$C_6H_{12}O_6 + 2NAD^+ + 2ADP + 2Pi \longrightarrow 2CH_3COCOOH + 2NADH + 2H^+ + 2H_2O + 2ATP$$

丙酮酸的进一步代谢，因生物种属的不同以及供氧情况的差别而有不同的道路。

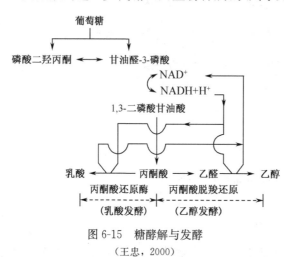

图 6-15　糖酵解与发酵

(王忠，2000)

例如，在无氧情况下，强烈收缩的动物肌肉细胞中，丙酮酸还原为乳酸；在许多微生物中可分解为乙醇或乙酸等（图 6-15）；在有氧情况下，则氧化成 CO_2 和 H_2O。

在原核生物和真核生物的大部分缺氧细胞或组织（骨骼肌）中，丙酮酸会转化成乳酸或者像酵母那样成为乙醇和 CO_2。在有氧环境下工作的组织分解 3C 的丙酮酸为乙酰 CoA 和 CO_2，乙酰 CoA 会进一步行三羧酸循环分解为 CO_2 和 H。H 会与 H 载体 NAD^+ 或 FAD 结合成 $NADH + H^+$ 或 $FADH_2$。在线粒体里进行的呼吸链，H^+ 的氧化会导致 ATP 的产生，能量会贮存在 ATP 的高能磷酸键中供细胞使用。

糖酵解最早可能发生在 35 亿年前第一个原核生物中，是唯一一条现代生物都具有的代谢途径。

2. 丙酮酸氧化脱羧——乙酰 CoA 的生成

该过程发生在线粒体的基质中，释放出 1 分子 CO_2，生成 1 分子 $NADH + H^+$。

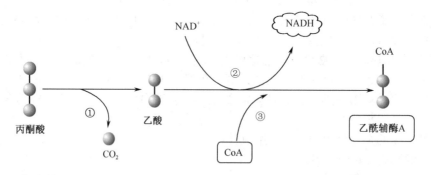

3. 三羧酸循环

三羧酸循环是生物体有氧氧化的主要代谢途径，是维持生命活动最基本的供能体系，是糖有氧氧化的必经之路，也是脂肪和氨基酸的主要代谢途径。大多数需氧生物（包括哺乳动物）体内的营养物质糖、脂肪、蛋白质，经过初步降解生成葡萄糖、脂肪酸、甘油及氨基酸，它们再进一步裂解成共同的中间产物 2 碳化合物，其活性形式为乙酰 CoA。此 2 碳化合物最后经过一系列酶促反应的循环机构被彻底氧化成 CO_2 和 H_2O，并放出大量可供利用的能量 ATP。这一循环式的催化机构中含有几种三羧酸，如柠檬酸、顺乌头酸及异柠檬酸等，故称三羧酸循环（或称柠檬酸循环）。因此循环系在 1937 年由 H. A. Krebs 首先阐明，故也称为 Krebs Cycle。

三羧酸循环不仅是生物体产生 CO_2 和能量的主要机构，也能为许多物质的生物合成提供原料和互相代谢转变的联络机构。

三羧酸循环的化学途径见图 6-16。

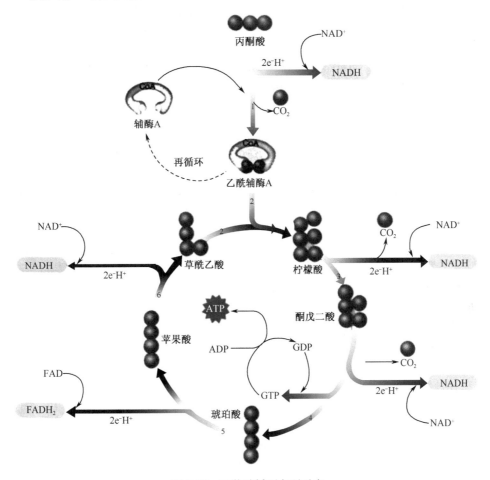

图 6-16 三羧酸循环主要反应

①活化的 2 碳物质乙酰 CoA（Acetyl CoA）在柠檬酸合成酶的催化下，先"借用"1 分子 4 碳物质（草酰乙酸）缩合成 6 碳物质柠檬酸。②柠檬酸再依次酶促转变成顺乌头酸及异柠檬酸。③异柠檬酸经异柠檬酸脱氢酶的催化脱 H、脱 CO_2 成 5 碳的 α-酮戊二酸。④α-酮戊二酸经脱 H、脱 CO_2 成 4 碳的琥珀酰 CoA。⑤琥珀酰 CoA 脱 CoA 生成琥珀酸，其能量为 GTP 所保留。⑥琥珀酸脱 H 成延胡索酸。⑦延胡索酸加 H_2O 成苹果酸。⑧苹果酸脱 H 又恢复成草酰乙酸。总的经 1 次循环，代谢消耗掉 1 分子 2 碳物质（乙酰基），生成 2 分子 CO_2 和 H_2O，脱掉 4 对 H（原子）。循环开始时"借用"的 1 分子草酰乙酸，在循环终了时得到再生复原，又可与第二个分子乙酰基缩合，以

进入第二次循环。周而复始的循环、消耗，代谢掉的只是乙酰基。因此，三羧酸循环是最终氧化分解 2 碳物质（乙酰基）的酶促化学机构。

三羧酸循环的总反应式可表示为：

$$Acetyl\text{-}CoA+3NAD^++FAD+GDP+Pi+3H_2O \longrightarrow$$
$$CoA\text{-}SH+3NADH+3H^++FADH_2+GTP+2CO_2$$

三羧酸循环的生理意义可概括为：

（1）通过三羧酸循环生成的 CO_2，是哺乳动物呼出 CO_2 的主要来源。

（2）通过三羧酸循环脱下的大量 H（H^++e），可经呼吸链的传递及氧化磷酸化以生成大量可供生物体利用的能量，故维持三羧酸循环的正常运转是需氧生物生命攸关的重要生物化学过程。

（3）凡是能转变成三羧酸循环中任一成员的代谢物，均可被彻底氧化成 CO_2 及 H_2O，如天冬氨酸及谷氨酸脱去氨基后，分别生成草酰乙酸及 α-酮戊二酸而进入三羧酸循环。因此，三羧酸循环是体内营养物质最终氧化分解的共同途径。

（4）三羧酸循环中的某些中间产物，可为合成某些生物活性物质提供原料，如琥珀酰 CoA 为合成血红素的原料；草酰乙酸、丙酮酸及 α-酮戊二酸经氨基化后分别生成的天冬氨酸、丙氨酸及谷氨酸，为合成蛋白质和核酸的原料。葡萄糖通过磷酸丙糖可转变为 α-磷酸甘油，通过乙酰 CoA 可合成脂肪酸及脂肪酰 CoA，再合成脂肪，某些非糖物质也可通过此途径转变为糖（糖的异生途径）。可见，三羧酸循环是体内物质代谢相互转变的联络机构。

（5）三羧酸循环中的某些组分可对其他代谢途径起直接或间接的调控制约作用，如柠檬酸的积聚可通过变构效应抑制葡萄糖酯解的关键酶——磷酸果糖激酶，使葡萄糖分解代谢减缓。相反，某些其他代谢产物也可对三羧酸循环起调节控制作用。故通过三羧酸循环，体内一些代谢途径间可相互协调，相互制约。

4. 电子传递链

葡萄糖代谢中的大部分能量的释放靠包括分子氧（O_2）在内的电子传递系统或电子传递链来完成。电子传递链是存在于线粒体内膜上的一系列电子传递体，如 FMN、CoQ 和各种细胞色素等，O_2 是电子传递链中最后的电子受体（图 6-17）。在电子传递链中，各电子传递体的氧化还原反应从高能水平向低能水平顺序传递，在传递过程中释放的能量通过磷酸化而被贮存到 ATP 中，ATP 的形成发生在线粒体内膜上。与底物水平的磷酸化不同，氧化磷酸化的磷酸化作用是和氧化过程的电子传递密切关联的。

1961 年，P. Mitchell 提出的化学渗透学说（chemiosmosis）解释线粒体膜上电子传递过程中 ATP 形成的机理，获 1978 年的诺贝尔奖。其要点为：电子传递链位于线粒体的内膜上，电子传递体顺序排列在线粒体的内膜上，其中很多电子传递体和线粒体内膜上的蛋白质紧密结合形成 3 个电子传递体和蛋白质的复合体。这 3 个复合体在线粒体内膜上的位置是固定的，除传递电子外，还起着质子泵的作用，将质子泵入膜间腔中，使得在膜间腔和基质之间形成一个电化学梯度，膜间腔内的质子通过 ATP 合成酶复合体进入基质，释放的能量用来合成 ATP。每 2 个质子穿过线粒体内膜所释放的能量可合成 1 个 ATP 分子。一个 NADH 分子经过电子传递链后，可积累 6 个质子生成 3 个 ATP，而一个 $FADH_2$ 分子只生成 2 个 ATP 分子。整个过程包括质子通过有选择性透的线粒体内膜的过程，又包括一个化学合成，即 ADP→ATP 的过程

（图 6-18）。

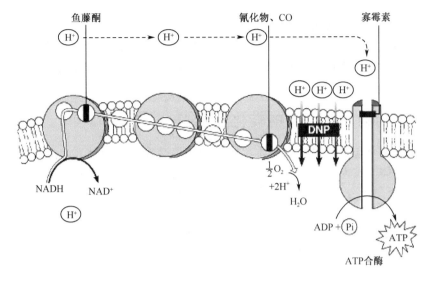

图 6-17 电子传递链

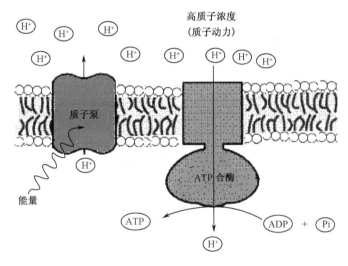

图 6-18 化学渗透过程

化学渗透过程不是线粒体独有的过程，叶绿体也是通过化学渗透来合成 ATP 的，只是叶绿体是从日光获得能量来实现化学渗透，线粒体则是从葡萄糖（食物）获得能量。细菌既无线粒体又无叶绿体，通过质子横跨质膜造成质子梯度来合成 ATP。其实，1961 年 Mitchell 就是根据细菌所做的实验最早提出化学渗透学说的。

三羧酸循环中有 4 步脱 H 反应，脱下的 H 经呼吸链传递与 O_2 结合成 H_2O，在此过程中生成的能量可被氧化磷酸化保留在 ATP 中。每克分子乙酰 CoA 经三羧酸循环和氧化磷酸化可生成 12 克分子 ATP。1 克分子葡萄糖在有氧氧化情况下，可生成 2 克分子乙酰 CoA，彻底氧化成 CO_2 和 H_2O，共可释出总能量 686kcal，保留生成 38 克分子 ATP，其中由三羧酸循环生成 24 克分子 ATP。而在无氧情况下，1 克分子葡萄糖经无氧酵解生成乳酸，释出的总能量仅 57kcal，保留为 ATP 者仅 2 克分子，仅为有氧氧化过程产生能量的十余分之一。杀鼠药氟代乙酸中毒致死的原因，就是氟代乙酸能与乙酰 CoA 竞争，它容易与草酰乙酸相结合，生成氟代柠檬酸，导致三羧酸循环的中断。肝昏迷的成因之一是体内堆积过多的氨，与三羧酸循环中的 α-酮戊二酸结合以生成谷氨酰胺，α-酮戊二酸被大量消耗，导致三羧酸循环的运转受阻，脑的能量供应匮乏，导致昏迷。

四、体内物质和能量的转化及调控

生物体是一个与环境保持着物质、能量和信息交换的开放体系，通过物质交换建造和修复生物体（按人的一生计，交换物质的总量约为体重的 1200 倍，人体所含的物质平均每 10 天更新一半）。通过能量交换推动生命运动，通过信息交换进行调控，保持生物体和环境的适应。

人和动物的物质代谢分为三个阶段：食物、水、空气进入机体（摄取营养物的消化和吸收）；中间代谢；代谢产物的排泄。中间代谢是指物质在细胞中的合成与分解过程，合成是吸能反应，分解是放能反应，它们是矛盾的对立和统一。所以，新陈代谢的功能是：从周围环境中获得营养物质；将营养物质转变为自身需要的结构元件；将结构元件装配成自身的大分子；形成或分解生物体特殊功能所需的生物分子；提供机体生命活动所需的一切能量。

各种生物具有各自特异的新陈代谢类型，这决定于遗传和环境条件。绿色植物及某些细菌有光合作用，若干种细菌有固氮作用，是自养型的；动物与人是异养生物，同化作用必须从外界摄取营养物质，通过消化吸收进入中间代谢。同一生物体的各个器官或不同组织还具有不同的代谢方式。

各种生物的新陈代谢过程虽然复杂，却有以下共同的特点：

（1）生物体内的绝大多数代谢反应是在温和条件下，由酶催化进行的。

（2）物质代谢通过代谢途径，在一定的部位严格有序地进行（图 6-19）。各种代谢途径彼此协调组成有规律的反应体系（网络）。

（3）生物体对内外环境条件有高度的适应性和灵敏的自动调节。

小结

酶是活细胞内产生的具有高度专一性和催化效率的蛋白质，生物体在新陈代谢过程中，几乎所有的化学反应都是在酶的催化下进行的。酶的作用主要是降低反应所需的活化能，从而加速反应的进行。

生物体能量的获得是与物质代谢相伴随的，从整个生物体来说，能量最终来源是太阳光能或部分化学能，它由植物、藻类或一些细菌通过光合作用将太阳光能固定在有机物中，并通过食物链传递给其他动物等生物。在能量的获得与转换过程中伴随着物质代谢，主要由一系列生物化学反应完成，这也反映了生命活动的生物化学本质。重要的能源是糖、脂肪和蛋白质，它们最终来自于光合作用。

绿色植物或光合细菌利用日光能将 CO_2 转化成糖的过程称光合作用。光合作用是一个典型的氧化还原反应过程，其作用机理比较复杂，包括光反应和暗反应。绿色植物吸收太阳能并将其转变成有机化合物中的化学能，主要经历了三个重要事件：H_2O

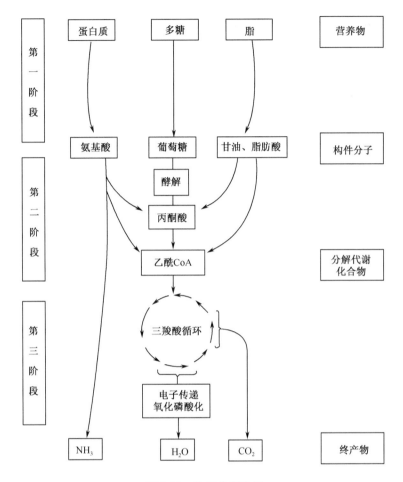

图 6-19　物质代谢途径

被氧化成 O_2；CO_2 被还原成糖；光能被固定并转化成化学能。

　　细胞代谢是生物体从外界能源中获取能量，并在内部使用以保证必要的细胞活动。细胞呼吸是通过食物分子的生物学降解而获取能量的方式。生物体的每一项活动都需要能量，它的能量由细胞呼吸产生的 ATP 提供，就生物个体而言，生命活动所需要的能量直接来自于 ATP，它主要通过细胞呼吸，氧化分解生物大分子而产生。细胞能量获取过程是所有生物体都具备的一种能力，是生命的共性，所有生物均具有类似的生物化学途径和能量产生机制，例如三羧酸循环和电子传递链的氧化磷酸化等，这也反映了生命的进化关系。

思考题

　　1. 从 ATP 的结构特点出发对其在生物体中的地位和作用进行分析。

　　2. 酶催化反应的机制是怎样的？

　　3. 光合作用中光反应与暗反应有何重要区别及联系？

　　4. 细胞呼吸包括哪几个过程？在每个过程中发生哪些主要的反应？产生多少能量？

　　5. 如何理解底物水平磷酸化、氧化磷酸化和光合磷酸化？

6. 三羧酸循环有何生理意义？

7. 什么是生物氧化？举一个具体的例子来说明。

8. 为什么说太阳能是整个世界的能量源泉？

9. 在"葡萄糖→丙酮酸＋能量"这个反应中，同时包含有物质代谢和能量代谢。试用你所学过的知识对这两个代谢方面进行分析。

第七章　生命的繁衍

世界上现存的生物种类繁多，大到几十吨的白鲸，小至单细胞的藻类都有一个共同的特征——繁殖，通过繁殖生物使种族得以延续。

一个物种只产生同一物种的后代，这些后代又都继承了上一代的各种基本特征，这就是遗传。正是因为遗传现象的存在，生物个体才能保持形态、生理和生化等特征的相对稳定。但是繁殖的结果还有一种可能，即各种生物产生的后代又不完全像亲代，子代个体之间也不完全相同，这种存在于亲代、子代间的差异就是变异。遗传使物种保持相对稳定，变异则使物种的进化成为可能，其实质是在环境因素的作用下，机体在各种形态、生理等各方面获得了某些不同于亲代的新特征。如果没有遗传现象，世界上的各种生物就不可能一代一代地延续下去；如果没有变异现象的存在，地球上的生命就只能永远保留在最原始的类型，也就不可能形成五彩缤纷的生物界，更不可能有人类进化的历史。所以说，遗传与变异是生物界稳定和发展的主要矛盾，在生物进化过程中取作决定作用。

第一节　繁殖方式与减数分裂

繁殖是生物所体现的重要特征之一。生物的繁殖方式可分为无性生殖和有性生殖两大类型。无性生殖不涉及性别，没有两性配子的参与，也没有受精过程。通常亦不发生减数分裂。有性生殖则是有两性配子如精子和卵子参与和有受精过程的繁殖方式，在产生新个体之初，精核和卵核互相融合，即受精。同时，在受精之前，形成精子或卵子的过程中都要经过减数分裂。

一、无性生殖

凡不涉及性别，没有配子参与，不经过受精过程，直接由母体形成新个体的繁殖方式统称为无性生殖（asexual reproduction）。无性生殖在自然界较普遍。主要有以下几种方式。

1. 裂殖

是单细胞生物最常见的一种生殖方式。单细胞生物由一个细胞构成。一个个体可经有丝分裂而产生两个子细胞的个体，所以细胞进行有丝分裂是单细胞生物的生殖方式，这种方式叫做分裂生殖（fission），如变形虫就是以分裂生殖产生后代。

2. 出芽生殖

凡从母体上长出芽，由芽发育成新个体的生殖方式统称为出芽生殖（budding）。这种生殖方式广泛存在。酿酒酵母是出芽生殖，细胞核分裂，一个子核进入细胞表面突出的芽体内，成为子细胞。水螅及高等植物中均存在出芽生殖。

3. 孢子生殖

孢子生殖（spore reproduction）是无性生殖中的高级方式。它是由母体先形成专管生殖的特定部分，然后产生许多孢子的生殖方式。产生孢子的器官叫孢子囊。孢子囊成熟后，孢子散出，遇到适合的条件就萌发成新个体。无性孢子生殖常见于藻类、黏菌、真菌、苔藓、蕨类以及原生动物的孢子纲，在真菌界尤为普遍。

4. 营养生殖

植物利用营养繁殖比较普遍，植物的根、茎或叶等营养器官也可用来繁殖而产生后代。例如，扦插植物枝即可繁殖出新个体，马铃薯块茎上的芽眼，切下后埋入土内，能发芽生根，长成新的植株。这种以营养器官繁殖的方式，叫做营养生殖。

二、有性生殖与减数分裂

有性生殖是一种比较进化的生殖方式。生物进行有性生殖时，必须先产生配子，配子通常要经过细胞的减数分裂而形成。在生物进化过程中，配子分别向着运动和贮存养料两个不同的方向分化，开始是没有雌雄分化的同型配子，然后出现有雌雄分化的异型配子，最后发展到高等动物、植物的精、卵生殖细胞。根据两性配子之间的差异程度，有性生殖可分为三种类型：同配生殖、异配生殖和卵式生殖。减数分裂的特征是 DNA 复制一次，细胞连续分裂两次。结果子细胞内染色体减半，成为单倍性的生殖细胞。减数分裂的过程如下（图 7-1）。

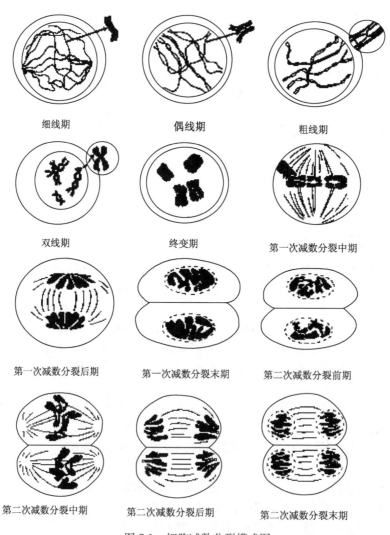

细线期	偶线期	粗线期
双线期	终变期	第一次减数分裂中期
第一次减数分裂后期	第一次减数分裂末期	第二次减数分裂前期
第二次减数分裂中期	第二次减数分裂后期	第二次减数分裂末期

图 7-1　细胞减数分裂模式图

1. 第一次减数分裂

（1）前期Ⅰ（prophase Ⅰ）。变化最为复杂，占减数分裂时间的 90％，呈现出减数分裂的许多特征，细胞内的染色体进行联会（synapsis）、交叉（chiasma）、交换（crossingover）。按进展顺序和染色体的形态变化分为五个时期。

①细线期（leptotene）。染色质凝集，染色体呈细线状。每条染色体包含两条染色单体。在染色质丝中有许多粒状结构，类似念珠，称之为染色粒（chromomere），这是染色质丝螺旋紧密折叠的结果，该期染色体排列多变。

②偶线期（zygotene）。又称配对期（pairing stage）。细线期终了阶段，染色体渐渐缩短变粗。来自父本、母本各自相对应的染色体，其形态、结构相似，称为同源染色体（homologus chromosome）。同源染色体进行配对，即联会，是该期的主要特征。当同源染色体配对完成后，在两者之间便形成一个复合结构，即联会复合体（synatonemal complex，SC）。

③粗线期（pachytene）。又称重组期（recombination stage）。染色体不断变粗变短，结合紧密，同源染色体之间发生 DNA 的片段交换，进行遗传物质重组，产生新的等位基因的组合。

④双线期（diplotene）。遗传物质交换后，在双线期联会的同源染色体分开。每个染色体上含有一对姊妹染色单体，因而每对同源染色体含有两对姊妹染色单体，共 4 个染色单体。同源染色体之间的接触点，称之为交叉（chiasmata），这是从形态学提出粗线期同源染色体之间发生交换的证据。双线期染色体比粗线期缩得更短，核仁体积也进一步缩小。

⑤终变期（diakinesis）。此期染色体进一步浓缩变粗变短，双线期与终变期之间的差别并不十分明显，可从他们之间染色体的长度及姊妹染色单体与另一对染色单体分开的距离来区别。染色体缩得更短，每个二价染色体的四个染色单体分离，每对姊妹染色单体附着在各自的着丝粒上。至终变期，核膜、核仁消失，开始出现纺锤体，终变期的完成标志着减数分裂前期Ⅰ的结束。

（2）中期Ⅰ（metaphase Ⅰ）。该期的特征是核膜完全消失和纺锤体的形成。染色体排列在赤道板上，染色体着丝粒与纺锤丝相连。与有丝分裂不同，每个同源染色体上只有一个着丝粒，把两条染色单体相连在一起。而每对同源染色体的两个着丝粒各向着相对的两极与纺锤丝相连。同源染色体对中一条来自父本，一条来自母本。

（3）后期Ⅰ（anaphase Ⅰ）。同源染色体分离，来自双亲的同源染色体自由组合地分别移向两极，此时已发生了部分遗传物质交换的染色体仍由两条染色单体组成，因而每极 DNA 含量仍为二倍。故从 DNA 的含量看还未达到单倍体的程度。但由于连接两条染色单体的着丝粒不分裂，因此染色体数减半。

（4）末期Ⅰ（telophaseⅠ）。在后期染色体到达两极后，末期便开始。核膜、核仁又出现，染色体逐渐伸长，形状发生改变。经胞质分裂，在两个子细胞间形成横缢（动物细胞）或形成细胞板（植物细胞），最后形成两个子细胞。

（5）间期（interphase）。在末期之后有一个很短的分裂间期。此期是第一次和第二次减数分裂减的短暂停顿，不进行 DNA 合成。

2. 第二次减数分裂

此期与一般的有丝分裂相似，包括前期Ⅱ、中期Ⅱ、后期Ⅱ、末期Ⅱ四个阶段。减数分裂形成的子细胞和有丝分裂形成的子细胞间的区别：①染色体为单倍体数。

②染色体单体分开。③每条染色单体由于进行了非姊妹染色体的交换，在遗传上与开始进行减数分裂时有着显著的不同。

在减数分裂过程中，同源染色体联会且每条染色体形成2分体，由于二分体中的四条非姊妹染色体之间进行交叉互换和同源染色体之一随机地分配到某一配子中，因而使产生的新配子染色体组成多样化，位于染色体上的基因组合也呈多样化。故减数分裂为后代提供了众多的变异，为自然选择提供了丰富的材料。

第二节　遗传与变异

遗传（heredity）是生物在繁殖过程中，把它们的特性传给后代，使后代与亲代相似的现象。生物体的后代与亲代之间以及后代各个体之间总有些差异，这种差异即是变异（variation），变异是生物进化的基础。遗传和变异是生物最本质的属性之一，二者同时存在。遗传是相对的、保守的，而变异则是绝对的、前进的。正是遗传的保守性使生物物种保持相对的稳定性和生物类型间的区别。变异为生物产生出新的性状，导致物种的变化和发展。遗传、变异和进化构成了生物发展史。

一、基因的概念及其发展

1. 基因的概念

基因（gene）是含特定遗传信息的核苷酸序列，是遗传物质的最小功能单位。除某些病毒的基因由核糖核酸（RNA）构成外，多数生物的基因由DNA构成并在染色体上作线状排列。一个基因相当于DNA分子上的一个特定的区域，它是由若干个脱氧核苷酸形成的特定的序列。一个基因含若干个核苷酸对，一个生物则含若干个基因。

在真核生物中，由于染色体都在细胞核内，故称核内基因。位于线粒体和叶绿体等细胞器中的基因，称核外基因。基因在染色体上的位置称为座位，每个基因都有自己的特定座位。凡是在同源染色体上占据相同座位的基因统称为等位基因。在杂合体中，两个不同的等位基因往往只表现一个基因性状，该基因称为显性基因，另一个基因称为隐性基因。

随着精密的微生物遗传分析的进展，基因已不是最小的不可分割的单位。在一个基因内部，仍可划分出若干个起作用的小单位，即可区分成作用子、突变子和重组子。作用子亦称为顺反子（cistron）。一个作用子通常决定一种多肽链合成，一个基因包含一个或几个作用子，作用子是基因的主要部分，是一个功能单位。突变子（muton）是指一个基因内部能够突变的最小单位，有时一个作用子包含若干个突变子。重组子（recon），亦可叫交换子，是最小的重组单位。

2. 基因概念的发展

1909年，丹麦遗传学家约翰森（Johannsen）首次提出了基因的概念，替代孟德尔早年所提出的遗传因子（genetic factor）一词，同时提出了基因型（genotype）和表现型（phenotype）的概念，前者指的是生物的内在遗传组成，后者指的是可观察到的个体外在性状，是特定的基因型在一定环境条件下的表现，这样把遗传基础和表现性状科学地区分开来。1910～1925年摩尔根利用果蝇做研究材料，证明基因是在染色体上呈直线排列的遗传单位。

1941年，比得尔（G. W. beadle）和塔特姆（E. L. Tatum）对红色链孢霉做了大量的研究。他们认为，野生型的红色链孢霉可以在基本培养基上生长，是因为它们自身具有合成一些营养物质的能力，如嘌呤、嘧啶、氨基酸等。一旦控制这些物质合成的基因发生突变，将产生一些营养缺陷型的突变体，并证实了红色链孢霉各种突变体的异常代谢往往是一种酶的缺陷，产生这种酶缺陷的原因是单个基因的突变。他们认为基因决定或编码一个酶，提出了"一个基因一个酶"的学说。

红色链孢霉和大肠杆菌营养缺陷型的早期研究表明，在各种氨基酸、维生素、嘌呤和嘧啶的生物合成途径上，催化每一步反应的酶都是在一个基因的控制下进行的。到了 20 世纪 50 年代，杨若夫斯基（Yanofsky）发现在大肠杆菌中，催化吲哚磷酸甘油酯生成色氨酸反应的酶，即色氨酸合成酶的结构比较复杂，实际上是由两种多肽构成，A 肽可以独立催化吲哚磷酸甘油酯分解生成吲哚，B 肽则可以单独催化吲哚转变为色氨酸。由此提出一个基因控制两步反应，对一个基因一个酶的学说做了第一次修正。

1955 年，美国分子生物学家本兹尔（Benzer）提出了比传统基因概念更小的基本功能单位即顺反子的概念。用 r 突变型和野生型噬菌体共同侵染 K 菌株，两种噬菌体都可以正常生长并使得 K 菌株裂解。但是在 r 突变型之间进行的互补试验，结果有很大的差异。同一互补群的突变型不存在功能上的互补关系，只有分别属于两个互补群的突变型才能在功能上互补，而表现出野生型的特点。本兹尔把这种基因内部的功能互补群称为顺反子。实际上，本兹尔从遗传学的互补实验中所得出的顺反子的概念已经深入到当时人们并不了解的基因转录水平上了。顺反子的概念与蛋白质的高级结构的研究结果是一致的，因为蛋白质往往是由两条或多条多肽链所构成，它们即为蛋白质的亚基。

本兹尔通过实验提出了一种新的基因概念：①作为突变单位，从分子水平上可以精确到单核苷酸或碱基水平，这就是突变子。②作为交换单位，也以单核苷酸或单个碱基为基本单位，这就是交换子。③作为功能单位，基因也是可分的，基因不是一个功能的基本单位，基因的功能常含有一个或多个顺反子的功能。现代遗传学的研究证明本兹尔提出的概念基本上是正确的。

随着遗传学的发展，特别是分子生物学的迅猛发展，人们对基因概念的认识正在逐步深入。基因的种类较多，至少包括：

（1）结构基因（structural gene）与调控基因（regulator gene）。随着研究的深入，人们首先在原核生物中发现，不是所有的基因都能为蛋白质编码。于是，人们就把能为多肽链编码的基因称为结构基因。除结构基因以外，有些基因只能转录而不能进行翻译，如 tRNA 和 rRNA 基因。还有些基因本身并不进行转录，但是可以对其邻近的结构基因的表达起控制作用，如启动基因和操纵基因。从功能上讲，启动基因、操纵基因和编码阻遏蛋白、激活蛋白的调节基因都属于调控基因。操纵基因与其控制下的一系列结构基因组成一个功能单位，称做操纵子。对这些基因的研究，加深了人们对基因的功能及其调控关系的认识。

（2）断裂基因（split gene）。断裂基因首先由凯姆伯恩（Chambon）和博杰特（Berget）在 20 世纪 70 年代报道。在 1977 年美国冷泉港举行的定量生物学讨论会上，有些实验室报道了在猿猴病毒 SV40 和腺病毒 Ad2 上发现基因内部的间隔区，间隔区的 DNA 序列与该基因所决定的蛋白质没有关系。用该基因所转录的 mRNA 与其 DNA 进行分子杂交，会出现一些不能与 mRNA 配对的 DNA 单链环。人们把基因内部的间隔序列称为内含子（intron），而把出现在成熟 RNA 中的有效区段称为外显子（exon）。这种基因分割的现象后来在许多真核生物中都有发现，因此是一种普通现象。

　　断裂基因的初级转录物称为前体 RNA，把前体 RNA 中由内含子转录下来的序列去除，并把由外显子转录的 RNA 序列连接起来这一过程称为剪接。剪接过程涉及许多问题，有些问题目前还没有彻底搞清。值得一提的是，1981 年切赫首次报道了原生动物四膜虫（Tetrahymena）前体 rRNA 的中间序列在没有蛋白质的情况下可以催化该前体 rRNA 进行自我剪接，说明某些 RNA 具有酶活性。

　　（3）重叠基因（overlapping gene）。1977 年桑格（F. Sanger）领导的研究小组，在研究分析 ΦX174 噬菌体的核苷酸序列时，发现在由 5375 个核苷酸组成的单链 DNA 所包含的 10 个基因中有几个基因具有不同程度的重叠。根据大量研究事实绘制了共含有 5375 个核苷酸的 ΦX174 噬菌体 DNA 碱基顺序图，第一次揭示了遗传的一种经济而巧妙的编排——B 和 E 基因核苷酸顺序分别与 A 和 D 基因的核苷酸顺序的一部分互相重叠。当然它们各有一套读码结构，且基因末端密码也有重叠现象。重叠基因的发现使人们冲破了关于基因在染色体上成非重叠的线性排列的传统概念。重叠基因中不仅有编码序列也有调控序列，说明基因的重叠不仅是为了节约碱基，能经济和有效地利用 DNA 遗传信息量，更重要的可能是参与对基因的调控。

　　（4）管家基因（house-keeping gene）和奢侈基因（luxury gene）。具有相同遗传信息的同一个体细胞间其所利用的基因并不相同，有的基因活动是维持细胞基本代谢所必须的，而有的基因则在一些分化细胞中活动，这正是细胞分化、生物发育的基础。前者称为管家基因，而后者被称为奢侈基因。

　　（5）跳跃基因（jumping gene）。1950 年，麦克林托克（B. Mcclintoek）在玉米染色体组中发现可以控制玉米籽粒颜色的"转座因子"。这些因子在染色体上的位置不固定，可以在染色体上移动，并控制着某些基因表达。这项研究在当时并未引起人们的关注，但是随着科学的发展，人们在果蝇、酵母、大肠杆菌中都发现了跳跃基因的存在。20 世纪 70 年代年夏皮罗（J. Shapiro）等人用 E. coli 乳糖操纵子突变株进行杂交分析后，才证实了可移位的遗传基因存在。现在把存在于染色体 DNA 上可以自主复制和位移的基本单位称为转座子（transposon）。转座子不同于质粒等一些可移动的因子，当质粒或某些病毒遗传物质成为宿主染色体一部分后，它们是随着染色体复制的，是被动的。转座子不但可以在一条染色体上移动，而且可以从一条染色体跳到另一条染色体上，从一个质粒跳到另一个质粒或染色体上，甚至可以从一个细胞跑到另一个细胞。转座子在移位过程中，导致 DNA 链的断裂/重接，或是某些基因启动/关闭。这样就会引起插入突变、产生新的基因、染色体畸变等遗传变异。转座子普遍存在于原核细胞和真核细胞中，与同源染色体重组相比，细胞中转座子作用的频率却要低得多，不过它在构建突变体方面有重要意义。

　　综上可见，在历史发展的不同时期，基因概念也有着不同的内涵。我们相信，在世界科学技术日新月异发展的今天，生物科学随着其相关科学技术的发展，将会有更多、更大的突破性进展。基因概念还将被赋予更新的内容。

二、基因的本质

1. 核酸是遗传物质的证据

孟德尔通过对豌豆的杂交和遗传学研究，提出了遗传因子的分离定律和自由组合定律。摩尔根进一步将遗传学与细胞学的研究方法结合起来,以果蝇为对象研究了染色体上遗传因子的连锁、交换和伴性遗传,发展并确立了基因学说。但是,20世纪初,没有人能够想到 DNA 就是遗传物质。当时科学家们猜测,生命的遗传物质应该是蛋白质。因为 20 种氨基酸多种不同的组合,可以形成许多不同的蛋白质,蛋白质作为酶催化生物代谢反应,由此控制多种遗传性状的表达。当时科学家们很难想像,众多的遗传性状仅仅由 4 种核苷酸来表现。以后,在对细菌和病毒这些极其简单的生命形式的研究中,科学家才揭开了遗传物质的神秘面纱。

1) 肺炎链球菌的转化实验

DNA 作为遗传物质的最早证据来自肺炎链球菌的转化实验。1928 年,英国的细菌学家格里弗斯(Griffith)首次发现了遗传物质是一类特殊生物分子的证据。他当时正在进行两种肺炎球菌的实验:一种肺炎球菌有荚膜,在培养基平板上形成的菌落表面光滑,称为 S 型肺炎球菌。将活的 S 型肺炎球菌注射到小白鼠的体内,很快便导致小白鼠的死亡。如果通过加热将 S 型肺炎球菌全杀死,再注射到小白鼠的体内,小白鼠就不会死亡。另一种肺炎球菌没有荚膜,在培养基平板上形成的菌落表面粗糙,称为 R 型肺炎球菌。将活的 R 型肺炎球菌注射到小白鼠的体内,小内鼠不会死亡。格里弗斯将加热杀死的 S 型肺炎球菌与无害的 R 型肺炎球菌混合起来注射到小白鼠体内,结果发现小白鼠死亡了,从死亡的小白鼠体内居然还分离到活的 S 型肺炎球菌。这一结果说明,加热杀死的 S 型肺炎球菌中一定有某种特殊的生物分子或遗传物质可以使无害的 R 型肺炎球菌转化为有害的 S 型肺炎球菌(图 7-2)。

这种遗传物质是什么呢?在美国纽约洛克菲勒研究所工作的 Avery 立刻敏感地抓住了这一问题,他反复进行了类似 Griffith 的转化实验。Avery 从加热杀死的 S 型肺炎球菌中将各种生物化学成分如蛋白质、核酸、多糖、脂类等分离出来。分别加入到无害的 R 型肺炎球菌中,结果发现,唯独只有核酸可以使无害的 R 型肺炎球的转化为有害的 S 型肺炎球菌。对加热杀死的 S 型肺炎球菌中各种生物化学成分的酶解实验也证明,蛋白质水解与否与转化无关,但核酸水解与否可以控制转化的成败。1944 年,Avery 等正式得出了结论:DNA 是生命的遗传物质,蛋白质不是生命的遗传物质。

2) 噬菌体的感染实验

另一个证明 DNA 是生命遗传物质的实验是 1952 年美国冷泉港年卡内基遗传学实验室的 Hershey 极其学生 Chase 利用病毒为实验材料进行的实验。病毒是一种比细胞更加简单的非胞结构,它由少量简单的 DNA(或 RNA)构成芯子,核酸芯子的外面被一层蛋白质的外壳所包裹。病毒不能自我完成繁殖过程,它必须通过感染其他细胞才能完成繁殖。专门感染细菌的病毒称为噬菌体(bacteriophage)。

Hershey 和 Chase 将放射性同位素[35]S 加入细菌培养基中进行细菌及噬菌体的培养,由于组成噬菌体外壳的蛋白质一定有含硫的氨基酸(如胱氨酸和半胱氨酸),因此,这一批培养的噬菌体其蛋内质外壳便被标记[35]S 了,即在噬菌体的蛋白质外壳中可以检测到放射同位素。接着他们又同样用[32]P 标记了噬菌体的 DNA(核酸含有磷酸基团)。然后分别用这些噬菌体去感染细菌。将被感染的细菌通过搅拌破碎器作用,使附在细菌细胞壁外的噬菌体与细菌脱离,然后用离心机分离,离心管的上清液含有较轻的噬菌体颗粒,离心管的沉淀中则是被感染过的细菌。Hershey 和 Chase 发现,经[35]S 标记的一组实验,仅在上清液中检测到放射性同位素。经[32]P 标记的一组实验,仅在沉淀中检测到放射性同位素。实验结果说明,噬菌体感染细菌时,仅是 DNA 进入到细菌的细胞

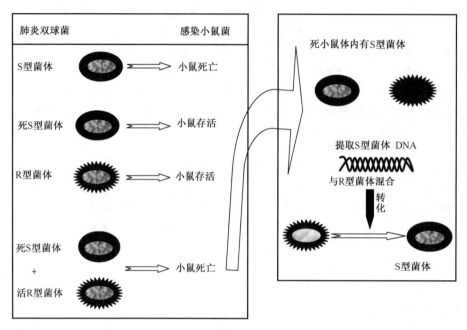

图 7-2　DNA 是遗传物质的转化实验

中，而蛋白质外壳没有进入到细菌的细胞。然后 Hershey 和 Chase 发现，从细菌中释放出的被新复制的噬菌体经裂解后，在新的病毒中又检测到了^{32}P 标记的 DNA，而没有检测到^{35}S 标记的蛋白质。Hershey 和 Chase 的实验又一次证明，在病毒繁殖时 DNA 得到复制并控制了新蛋白质外壳的合成。

确定遗传物质为核酸后，科学家们就考虑，作为遗传载体的 DNA 分子，应该具有怎样的结构？1953 年，Watson 和 Crick 以非凡的洞察力，得出了正确的答案。他们以立体化学上的最适构型建立了一个与 DNA X 射线衍射资料相符的分子模型——DNA 双螺旋结构模型。这是一个能够在分子水平上阐述遗传（基因复制）的基本特征的 DNA 二级结构。它使长期以来神秘的基因成为了真实的分子实体，是分子遗传学诞生的标志，并且开拓了分子生物学发展的未来。

三、遗传的基本规律

1. 孟德尔的实验及其研究成果

孟德尔（Gregor Mendel，1822～1884）生于西里西亚小乡村的贫苦农民家庭、因经济困难退学进了布隆修道院。1851 年被派到维也纳大学学习物理、数学和自然科学，这为他以后的科学研究奠定了基础。1854 年返回布隆，开始用 34 个豌豆株系进行一系列的豌豆杂交实验。他选用豌豆作实验是其成功的重要因素，因为豌豆是严格的自花授粉，其后代均为纯系。他又应用统计学方法处理实验结果。经过大约十年的研究，于 1865 年在"布隆自然历史学会上"宣读了他的《植物杂交实验》论文，并于 1866 年发表于该会的会议记录上。然而他的论文并未被人重视甚至被人曲解，直到 1900 年德国植物学家科伦斯（Carl Correns，1864～1935），奥地利植物学家冯·臣歇马克（Erichvon Tschermak，1871～1962）和荷兰植物学家德弗里斯（H. de Vries，1848～1935）分别在自己的工作范围内发现孟德尔论文中的结论与他们的实验结果相同，被埋没 34 年后论文终于重见天日。

1）孟德尔的分离定律

孟德尔在他的研究中选择了豌豆的花色、花的位置、种子的颜色、种子的形状、豆荚的颜色、豆荚的形状及株高等 7 对独立性状进行了杂交实验，并对实验结果进行了统计分析。孟德尔假设这些相对性状是由遗传因子控制的，而现代遗传学认为孟德尔所说的"因子"就是位于染色体上的基因。孟德尔所做的豌豆花颜色杂交实验，用基因这一术语可解释为花的颜色是由一对等位基因 A 和 a 控制，红花是由显性基因（A）控制，白花则由纯合隐性（aa）控制，A 对 a 是完全显性即杂合基因型 Aa 表现为红花与 AA 相同。按基因控制的观点，红花与白花杂交，实际上就是 AA（或 Aa）与 aa 杂交。

统计结果 F_2 约为 3 红花、1 白花，即表现型比例为 3∶1。这就是孟德尔的分离规律（law of segation），可表述为一对等位基因在杂合状态（Aa）下，互不干预，保持其独立性，在形成配子时各自（A 或 a）分配到不同配子中去。在一般情况下，子一代配子分离比为 1∶1，子二代基因型分离比为 1∶2∶1，子二代表现型分离比是 3∶1。若子一代自交，即为 $Aa×Aa$。

为了验证这一规律，孟德尔设计了测交实验：以 F_1（Aa）杂种与亲代纯隐性个体杂交。按照定律，Aa 应产生两类配子 A 和 a，隐性亲本 aa 只能产生配子 a，两者交配只产生两种后代即 Aa 和 aa，并且后代表现型之比约为 1∶1。说明杂合体的确是产生两种数目相等的配子（表 7-1）。

表 7-1　孟德尔一对遗传因子规律的解释

配子	♂	
	A	a
♀ A	红花 AA	红花 Aa
♀ a	红花 Aa	白花 aa

F_2 表型：3 红花∶1 白花

F_2 基因型：$1AA$∶$2Aa$∶$1aa$

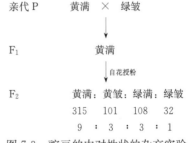

图 7-3　豌豆的中对性状的杂交实验

2）孟德尔的自由组合定律

孟德尔在实验中不仅观察一对性状的遗传，而且还仔细观察分析了两对性状的遗传。一对相对性状的杂交 F_2 显性、隐性性状出现 3∶1 的分离，那么多对性状的杂交结果如何呢？孟德尔试验用的一个亲本是子叶黄色和饱满的豌豆，另一亲本是子叶绿色和皱缩的豌豆。杂交所得子一代豆粒全是子叶黄色和饱满，表明黄色和饱满相对于绿色和皱缩是显性性状，后者是隐性性状。子一代（F_1）自花授粉，得到子二代（F_2）共计 556 豌豆，F_2 表现为 9 种不同基因型，4 种表型：9 黄满∶3 绿满∶3 黄皱∶1 绿皱。其中黄皱和绿满这两种类型是亲代所没有的（图 7-3）。从结果可以看出，如果按一对相对性状来说，它们仍然符合 3∶1 的分离定律，即黄绿为 3∶1，满皱为 3∶1。这就是说，一对性状的分离与另一对性状的分离是互相独立的，而且可以自由组合，因此子二代四种类型的比例只是根据分离规律用等比积数把它们扩展开来的结果。后人将其归纳为孟得尔第二定律（law of independent assortment）——自由组合定律，即在配子形成时各对等位基因彼此分离后，独立自由地组合到配子中。

　　如果用 Y 和 y 表示黄色和绿色的基因，R 和 r 表示饱满和皱缩的基因，两对性状杂交的基因分离组合可以用图 7-4 表示。

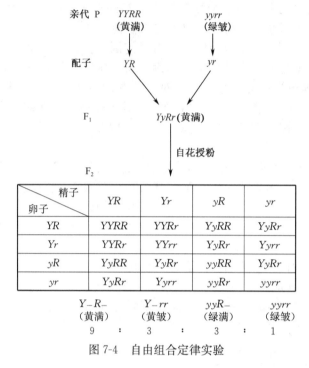

图 7-4　自由组合定律实验

2. 遗传的染色体学说

　　对孟德尔定律在孟德尔时代不可能作出科学的解答。随着科学的发展，1903 年，美国哥伦比亚大学的研究生萨顿（Walter S. Sutton）在研究炸蜢的精子发生时，发现染色体在减数分裂时的行为与孟德尔遗传因子的分离、组合之间存在平行关系：

　　（1）体细胞中，染色体是成对存在的，而孟德尔假设的遗传因子也是成对存在的。

　　（2）染色体在生殖细胞成熟过程中，经过减数分裂而减少一半，孟德尔假定的遗传因子（基因）在生殖细胞即配子中也只有一半数目。

　　（3）形成配子时，每对基因分离，每对染色体也分离。在配子中，只有每对基因中一个等位基因，而每对染色体也只有一条染色体。

　　（4）配子中染色体成单倍性，而遗传因子也是单个的。在两种生殖细胞结合后，染色体或者遗传因子又表现为二倍性。

　　（5）不同对基因有不同对的染色体，在形成配子时都是独立分配的。根据以上的分析，萨顿等人提出遗传因子是位于染色体上的假说。但是，他们当时都缺乏直接的实验证据，而摩尔根和他的学生通过性连锁实验，才完全证实了萨顿等人的假设是正确的。

3. 性染色体和伴性遗传

　　摩尔根（T. H. Morgan，1866～1945）是现代遗传学另一位奠基人。20 世纪初，他和他的学生就把注意力放在基因与染色体关系上。他们想，如果能把果蝇的某一特征，如眼睛的颜色在子代中只表现在雄性（♂）或雌性（♀）的某一实验组内，那么就可以说决定这一特征的基因就位于某一染色体上。

1910 年摩尔根和他的学生以果蝇为材料进行遗传试验时，在纯种红眼果蝇的群体中发现了个别的白眼果蝇。由于果蝇的红眼性状是自然界中存在的，称为野生型（wide type），而白眼则是从红眼中变异产生的。为了查明白眼与红眼的遗传关系，他们以雌性红眼果蝇与雄性白眼果蝇杂交，结果在子一代中不论是♂的还是♀的果蝇，眼睛都是红色的；再让子一代的雌果蝇和雄果蝇进行自交，子二代中，♀的全部是红眼，♂的则是白眼、红眼各占一半。若不管♀、♂，红眼∶白眼＝3∶1，但白眼全是♂（图 7-5）。这说明红眼对白眼为显性，而且它们由一对基因控制。特别引人注意的是，在 F_2 群体中，所有白眼果蝇都是雄性而无雌性，这说明白眼这个性状的遗传是与雄性联系在一起的。摩尔根等提出了这样的解释：控制白眼的基因 W 是位于 X 染色体上，为隐性的，而 Y 染色体上没有与 W 等位的基因。于是上述杂交图可写成：

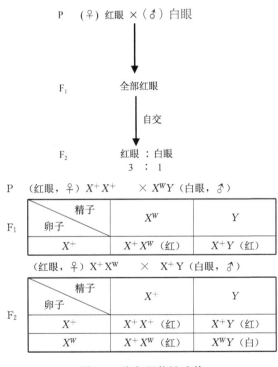

图 7-5　摩尔根伴性遗传

在 F_2 中，♀全部是红眼；♂一半是红眼，一半是白眼

摩尔根伴性遗传实验与他的假设完全吻合，即说明控制果蝇白眼的基因就是位于 X 染色体上。因此可以说伴性遗传实验具有划时代的意义：人类第一次把一个特定的基因与一个特定的染色体联系起来。

实际上，性别是包括酵母、植物、动物和人类在内的所有真核生物具有的重要遗传特征。性别遗传规律符合孟德尔定律，各种两性生物中 1∶1 的性别比反映两性之间一个是纯合子，另一个是杂合子。1905 年，细胞学家 Wilson 通过直翅目昆虫的研究，发现雌性个体具有两条 X 染色体。这种与性别相关的特殊形态的染色体叫性染色体（sex chromosom），一般用 XY 或 ZW 表示。生物中一般有 XY 型、XO 型、ZW 和单倍体-二倍体型等染色体类型。XY 是最常见的类型，如果蝇、人等物种的性染色体都属这种类型。人的体细胞中有 23 对染色体（$2n＝46$），女性具有 22 对常染色体和一对 XX 性染色体；男性有 22 对常染色体和一对 XY 性染色体。在生殖过程中，女性产生的卵细胞中含有一条 X 染色体，男性产生比例相等的两种精子，一种含一条 X 染色体，它与卵受精结合后形成 XX 型的受精卵，将来必然发育为女性；另一种含一条 Y 染色体，它与卵受精结合后形成 XY 型的受精卵，以后发育为男性。直翅目昆虫的性染色体属于 XO 型，雌性的性染色体成对为 XX，而雄性只有一条单一的 X 染色体。大部分鸟类、鳞翅目昆虫、某些两栖类和爬行类动物的性染色体则为 ZW 型，即雄性的一对性染色体为纯合子 ZZ，而雌性为杂合子 ZW（一条 Z 染色体、一条 W 染色体）。这种性别决定刚好与 XY 型相反。此外，蜜蜂和蚂蚁的性别决定比较特殊，由受精后的卵发育成的二倍体个体为雌性，未经受精的卵发育成的单倍体个体则是雄性。

性别基因除了决定性别外，还带有与性别无关的基因，通常把这些基因称为性连锁基因（sex-linked gene）。性连锁的遗传叫伴性遗传（sex-linked inheritance）。少数性连锁基因定位在 Y 染色体上，如一种决定人耳缘上有较粗长毛的性状基因，这种性状只传给男性。在生物中，大多数性连锁基因定位在 X 染色体上。如前所述的果蝇的复眼颜色基因就定位在 X 染色体上。人类的许多伴性遗传现象与果蝇眼色伴性遗传相似。例如，人的色盲、血友病等都是 X 连锁的隐性遗传病。由于 Y 染色体上缺乏其等位基因，对于男性只要来自母方的 X 染色体携带有致病的隐性的基因，就可表现病症，因此，上述 X 连锁的遗传病往往在男性中出现的几率比女性多。

在 19 世纪以前，人们总认为生物之所以存在遗传现象是亲代生殖液混合的结果，而孟德尔和摩尔根的上述实验对现代遗传学重要贡献之一就是彻底纠正了混合遗传的错误，确立起了染色体遗传理论。

4. 连锁与交换定律

1906 年，英国遗传学家 W. Bateson 和 R. C. Punnet 研究了香豌豆的两对性状杂交试验，首次发现了性状连锁现象。他们把开紫花、长花粉粒的香豌豆与开红花、圆花粉粒的香豌豆进行杂交。已知紫花（P）对红花（p）是显性，长花粉粒（L）对圆花粉粒（l）是显性。杂交结果表明，F_1 都是紫长；在 F_2 代的表现型各自分离比符合 3：1 规律，而两对基因的表现型分离比却不符合孟德尔的 9：3：3：1 规律，表明这两对性状显然不能用两对因子的自由组合定律来解释。似乎两对基因在杂交子代中的组合不是随机的，而是原来属于一个亲本的两个基因更倾向于出现在同一配子中。以后，摩尔根用果蝇作杂交实验，也发现了同类现象，并提出了连锁与互换的概念。

野生果蝇身体呈灰色（B），长翅（V），突变型果蝇为黑身（b）残翅（v），若 ♂ 灰身残翅（$BBvv$）× ♀ 黑身长翅（$bbVV$）杂交，结果见图 7-6。

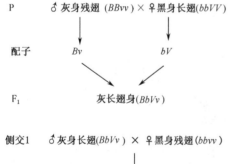

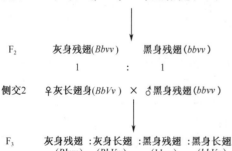

图 7-6　果蝇的不完全连锁

上述实验结果表明，只有灰身显性基因（B）与残翅基因（v）连锁，黑身（b）与长翅（V）连锁可能得到如此结果。故在 F_1 只能产生两种类型的配子，即 bV 和 Bv，在与双隐性 bbvv 交配时只产生亲代的表现型灰身残翅（$Bbvv$）和黑身长翅（$bbVv$）两种后代。这种现象称完全连锁。人们往往把摩尔根这一重要发现，称为继孟德尔分离律、自由组合律之后，经典遗传学上的第三定律——连锁交换定律。

假如上面杂交 F_1 灰身长翅（$BbVv$）雌果蝇与双隐性（$bbvv$）杂交，结果又大不相同，F_2 出四种表现型：灰身残翅（$Bbvv$）（41.2%）、灰身长翅（$BbVv$）（8.5%）、黑身残翅（$bbvv$）（8.5%）和黑身长翅（$bbVv$）（41.2%），但其比例不是1∶1∶1∶1，新出现的两种类型（重组合）数量较少。而相似于亲本的性状（亲组合）比例较高。这种现象称不完全连锁。这个结果表明在 F_1 体色（Bb）和翅形（Vv）这两对基因之间发生了交换。为什么改用子一代♀个体做测交时会出现基因交换现象？尚不清楚两对基因距离越近，交换机会就越小；相反，相距越远，交换机会就越大。同时，如果一群基因连锁在一起，就称为连锁群。研究发现，细胞中连锁群数目等于单倍体染色体数（n）。例如，人 $n=23$，那么就有 23 个连锁群。

根据基因在染色体上有直线排列的规律，把每条染色体上基因排列的顺序（连锁群）制成图称为遗传学图（genetic map），亦称基因连锁图（gene linkage map）。做出基因连锁图首先要确定基因在染色体上的位置及基因间的距离。如双因子杂交等多种方法均可确定基因遗传学图上的位点和基因间的距离。交换值以百分比表示，把百分比去掉即是图距；例如，有如下两种果蝇进行杂交：（甲）W

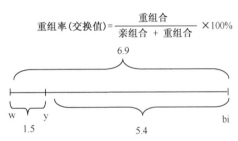

$$\text{重组率（交换值）} = \frac{\text{重组合}}{\text{亲组合 + 重组合}} \times 100\%$$

图 7-7　交换值的计算及 W、Y、Z 三基因在染色体上的位置和距离

（红眼），Y（灰体色），Bi（正常翅脉）；（乙）w（白眼），y（黄体色），bi（粗翅脉）。杂交后经计算得知各基因间交换值分别为：w-y，1.5%；y-bi，5.4%；w-bi，6.9%。根据交换值就很容易画出各基因在染色体上相对位置和排列顺序（图 7-7）。

5. 孟德尔遗传的延伸

自 1900 年孟德尔论文的再发现，到现在近一个世纪中，遗传学已有了很大的进展，同时科学家们也发现，孟德尔遗传学定律准确地反映了一些有性生殖过程中遗传性状的传递规律，但并不代表所有的遗传因子表现的性状及遗传规律。生物性状往往不是单一基因控制的，而是由若干个基因相互作用的结果，从分子水平上看，这种相互作用一般指代谢产物间的相互作用，少数情况指基因直接产物（如蛋白质）间的相互作用。

1）等位基因的相互作用

等位基因间的相互作用主要表现为显性、隐性和共显性关系。孟德尔研究的两个相对性状的等位基中只有一个表达出来，是一种最简单的等位基因之间的相互关系，即完全显性。但是在自然界中，很多等位基因存在着不完全的显性，如紫茉莉红花和白花，二者杂交子代则出现紫红（浅红）色花，说明红对白是不完全显性。有的基因，一个座位上（染色体上基因的位置）的基因，因突变而产生两种以上的等位基因，它们都影响同一性状的状态和性质，这个座位上的一系列等位基因总称为复等位基因。

例如，人的 ABO 血型是由 3 个复等位基因决定的，即同一等位基因位点上有 A、B、O 三种基因中任一种。A、B 对 O 是显性的，A 与 B 是并显性的。A 型血的基因型是 $I^A I^A$ 或者 $I^A i$；B 型血是 $I^B I^B$ 或者 $I^B i$；AB 型血是 $I^A I^B$；O 型血是 ii。ABO 血型的抗原物质存在于红细胞膜表面，而在血清中则存在着它的天然抗体。在 AB 型血的人中，红细胞既有 A 抗原，又有 B 抗原。血浆中既无 A 抗体又无 B 抗体，I^A 和 I^B 两显性基因都表达出来，称之为共显性（codominance）关系。A 与 α、B 与 β 可发生凝集反应，因此输血时最好输同型血。为什么把 O 血型称完能输血者 AB 血型称万能受血者呢？这是由于每次输入血量少（如 200mL）和输入缓慢，这样输入血的一部分抗体被不亲和受血者吸收，同时输入血被受血者血浆稀释，使供血者抗体浓度大力降低，这样就难以产生凝血作用，或即使产生极少量血凝，也可被及时带走、被吸收。

　　一般地讲，等位基因都是决定身体的同一性状的，但也有这种情况，即一个等位基因影响身体的一个部分，另一等位基因影响身体的另一部分，因而在杂合体中两个基因分别在两个部份得到表达，这种现象称为镶嵌显性，如异色瓢虫（*Harmonia axyridis*）的鞘翅色斑遗传。异色瓢虫的鞘翅有很多色斑变异。黑缘型鞘翅的前缘呈黑色，由 S^{AU} 决定；均色型鞘翅的后缘呈黑色由 S^E 决定。如把纯种黑缘型（$S^{AU} S^{AU}$）与纯种均色型（$S^E S^E$）杂交，在子一代杂种（$S^{AU} S^E$）既不表现黑缘型，也不表现均色型，而出现一种新的色斑，即两种亲本类型的色斑类型镶嵌。镶嵌显性（mosaic dominance）也是一种共显性现象。

　　2）非等位基因的相互作用

　　以上讨论的是等位基因之间的相互作用方式。不过生物大多数性状并不是由单一基因座上的等位基因所决定的，而是由许多对基因共同作用的结果。非等位基因的相互作用是多种多样的。就一个基因对另一个非等位基因作用的性质而言主要有互补基因、上位基因、抑制基因等。

　　若干个非等位基因只有同时存在时才表现出某性状，这些基因称为互补基因（complementary gene）。例如，豌豆中 $CcPp$ 植株开紫花、$ccPp$、$CcPp$ 或 $ccpp$ 植株都开白花。显然，当 C 和 P 基因同时存在时，则个体表现为紫花，这说明基因 C 和 P 对紫花是必须的，两者中任何一个发生了突变都开白花。这里 C 和 P 就是互补基因。

　　在两对独立基因中，一对基因是显性基因，它本身并不控制性状的表现，但对另一对基因的表现具有抑制作用，这个基因被称为抑制基因（inhibiting gene），而由此所决定的遗传现象被称为抑制作用（inhibiting effect）。例如，家蚕的茧色有白色和黄色之分，如把结黄茧的家蚕和结白茧的中国家蚕品种杂交，F_1 全为黄茧，这说明黄茧是显性性状，白茧是隐性性状；但如果把结黄茧的品种和欧洲的结白茧的品种交配，F_1 全为白茧。在这里，黄茧的显性基因（Y）的效应没有显现出来，这是因为欧洲种存在着另一个非等位的抑制基因（I），它可以抑制黄茧基因 Y 的作用，使之不能表达，只有 I 不存在时，Y 基因的作用才能表现出来。

　　在有些情况下，一对等位基因的表现，受到另一对等位基因的制约，前者的表现随着后者的不同而有所差异，后者即为上位基因（epistatic gene），这一现象称为上位效应（epistasis）。上位作用与显性相似，因为这两者都是一个基因掩盖另一基因的表达，但后者是一对等位基因中的一个基因掩盖另一个基因的作用，而前者是非等为基因间的掩盖作用。如在家兔中，基因 C 和 c 决定黑色素的形成，而基因 G 和 g 控制黑色素在毛内的分布情况。每一个体至少有一个显性基因 C 才能合成黑色素，因而才能显示出颜色来，而 G 和 g 也只有在这时才能显示作用，G 才能使毛色成为灰色。因此，当 C 存在时，基因型 GG 或 Gg 表现为灰色，gg 表现为黑色；当 C 不存在时，即在 cc 个体中，基因型 GG、Gg 和 gg 都为白色。基因 C 和 c 对 G 和 g 为上位基因。

3）累加作用

当多个不等位基因对某一性状起决定作用时，每个基因对该性状都有影响，这叫基因的累加作用（duplicate effect）。在玉米中，至少有 50 个不同位置的基因影响着叶绿素的形成；果蝇的眼色至少有 40 个不同位置的基因作用。

6. 人类基因组计划

最早提出人类基因组计划（HGP）这一设想的是美国生物学家、诺贝尔奖得主里内托·杜贝科（Renato Dulbecco）。他在 1986 年 3 月 7 日出版的 *Science* 上发表了一篇题为"肿瘤研究的一个转折点——人类基因组的全序列分析"的短文，提出包括癌症在内的人类疾病的发生都与基因有直接或间接关系，呼吁科学家们联合起来，从整体上研究人类的基因组，分析人类基因组的序列。他说，这一计划可以与征服宇宙的计划相媲美，应该以征服宇宙的气魄来进行这一工作。人类基因组计划的目标是完成人体细胞 23 对染色体的遗传图谱、物理图谱，并测定出（23 条染色体）总长 30 多亿碱基对的 DNA 全部序列。在此基础上进行人体 8 万～10 万个基因的定位和分离工作。

人类基因组计划是由美国国立研究院和能源部 1990 年发起，后来有德、日、英、法、中等国科学家加入，有至少 16 个实验室及 1100 名生物学家、计算机专家和技术人员参与，预计耗资 30 亿美元，在 15 年内完成。人类基因组计划正式启动以来，受到人类各界的极大关心，经过全球科学家的努力，各阶段进展一再提前。2000 年 6 月 26 日，美国总统克林顿在白宫举行记者招待会，郑重宣布：经过上千名科学家的共同努力，被比喻为生命天书的人类基因组草图已经基本完成（测序完成 97%，序列组装完成 85%）。2001 年 2 月 12 日，由美国、日本、德国、法国、英国和中国组成的国际人类基因组计划及美国 Celera 公司联合宣布对人类基因组的初步分析结果：①人类基因组有 31.6 亿个核苷酸，3 万～4 万个结构基因。结构基因的数量只有酵母的四倍，果蝇的二倍，比线虫也只多一万多个基因，数目少得惊人。②基因在染色体上不是均匀分布的，有些区域有很多的基因，即所谓的"热点"区域；有些区域（约 1/4）则没有或有极少的基因，好像是"荒漠"。③人与人之间有 99.9% 的基因密码是相同的。不同种族之间的差异并不比同一种族不同个体之间的差异大。

由美国、英国、日本、法国、德国和中国科学家经过 13 年努力共同绘制完成了人类基因组序列图，在人类揭示生命奥秘、认识自我的漫漫长路上又迈出了重要的一步。虽然 HGP 在各国科学家的努力下，已提前完成计划任务，但必须指出，HGP 是国际生物学界的一项"太空计划"，是对人类智慧的一项挑战。3.2×10^9 bp 这本天书的"读出"，并不是 HGP 的终极目标，它的终极目标应该阐明人类全部基因的位置、功能、结构、表达调控方式及与致病有关的变异。

四、遗传的分子基础

1. DNA 的复制

DNA 是遗传信息的载体。生物体要保持物种的延续，子代必须从亲代继承控制个体发育的遗传信息。作为遗传物质的 DNA 分子的数目也加倍（复制），并伴随染色体平均分配到两个子代细胞中。因而，DNA 分子的复制在保持生物物种遗传的稳定性方面起着重要的作用。复制（replication）是指以原来的分子 DNA 为模板合成出相同分子的过程。遗传信息通过亲代 DNA 分子的复制传递给子代。

1）DNA 的半保留复制

Watson 和 Crick 发表了 DNA 双螺旋模型之后不久，于同年又紧接着发表了 DNA 半保留复制的复制机理。这一建立在碱基互补基础上的机制为转录、修复、重组、分子杂交等奠定了基础。在他们提出半保留复制之前，人们普遍认为："蛋白质和核酸是彼此互补的，DNA 自我复制过程是通过核酸和蛋白质的交替合成。"但 Watson 和 Crick 认为："DNA 自我复制并不依赖于特异的蛋白质的合成，DNA 双螺旋中的每一条互补 DNA 链，在合成它的一条互补新链时都可以作为模板"。他们推测，DNA 在复制过程中碱基间的氢键首先断裂，双螺旋解旋分开，每条链分别作模板合成新链，每个子代 DNA 的一条链来自亲代，另一条则是新合成的，故称之为半保留式复制（semiconservative replication）。

1958 年，Meselson 和 Stahl 设计了一个很巧妙的实验证明了 DNA 复制是采取半保留机制的。他们首先让大肠杆菌在以 ^{15}N（NH_4Cl）为唯一氮源的培养基中生长，经过多代培养，所有的 DNA 分子都被标记上 ^{15}N。^{15}N-DNA 的密度比普通 ^{14}N-DNA 的大，这样可以通过 CsCl 密度梯度离心将亲本链和子代链区分开来。将有 ^{15}N 标记的大肠杆菌转移到普通的培养基（含 ^{14}N 的氮源）中培养，一代后，所有 DNA 的密度都介于 ^{15}N-DNA 和 ^{14}N-DNA 之间，即形成了 ^{15}N-^{14}N 杂合分子。两代后，^{14}N 分子和 ^{15}N-^{14}N 杂合分子等量出现。继续培养，^{14}N-DNA 增多，说明在 DNA 分子复制时，原来的 DNA 分子被分为两个亚单位，分别构成子代分子的一半，证明了 DNA 的半保留复制机制。

半保留复制机制是双链 DNA 普遍采用的复制机制。即使单链 DNA 分子，在其复制过程中通常也要先形成双链的复制形式。半保留复制要求亲代 DNA 分子的两条链分开，各自作为模板，通过碱基配对原则，合成另一条互补链。模板就是能提供合成一条互补链所需信息的核酸链。半保留复制机制说明了 DNA 在代谢上是稳定的。但实际过程并不像上述这么简单。半保留复制作为一个复杂的过程，需要多种细胞组分的参与；受到细胞中多种条件的控制；同时为保持遗传的稳定性，要具有高度的忠实性，否则随着不断复制，将产生严重的差错，从而影响生物体个体的存活。

2）DNA 的复制过程

DNA 的复制是在细胞周期中的 S 期进行的。DNA 双螺旋结构在解旋酶（helicase）的作用下，可以同时在一条 DNA 双链的许多复制的起始点局部解螺旋，并拆开为两条单链（图 7-8）。这样，在一条双链上可形成许多"复制泡"，解链的叉口处称为复制叉（replication fork）。

（1）每一条链上所暴露出来的碱基各自与一个游离于核中的互补核苷酸碱基相连，即链上的 A 和游离的 T 相连，G 和游离的 C 相连，C 和游离的 G 相连，T 和游离的 A 相连。连接上去的各种核苷酸都是脱氧核苷三磷酸。这样，原来的 DNA 两条链都各自分别连上与之互补的核苷酸了。

（2）在 DNA 聚合酶的催化作用下，游离的核苷酸准确地与 DNA 上互补的碱基结合并与早先结合形成的核苷酸新链连接，使新链延长。这些新连接上的核苷三磷酸丢失两个磷酸，释放出能量，变为核苷一磷酸，并依顺序连接而成一条新链，它们放出

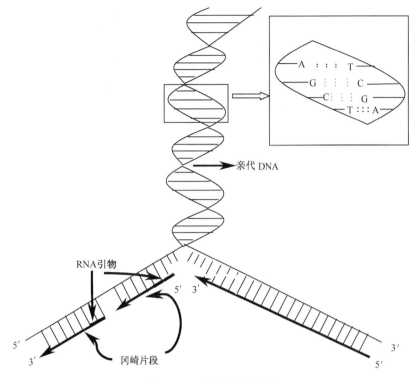

图 7-8　DNA 的复制过程
（北京大学生命科学导论编写组，2000）

的能量即用于这一多聚反应。这样一条双链 DNA 分子就复制成各含一条旧链和一条新链的两条双链 DNA 分子了。

（3）此外还需指出，DNA 聚合酶只能把核苷酸连到已经和 DNA 模板互补产生的核苷酸链上，而不能从头开始把核苷酸连接起来。由于 DNA 聚合酶只能将游离的核苷酸加到新链的 $3'$ 端（而绝不是 $5'$ 端），因此，DNA 的复制总是从 $5'$ 向 $3'$ 端，这时 DNA 的复制和延伸不是连续的，而是分段进行的，合成的片段称为冈崎片段。

（4）所有的 DNA 复制都是从一个固定的起始点开始的，而 DNA 聚合酶只能延长已存在的 DNA 链，DNA 复制时，往往先由 RNA 聚合酶在 DNA 模板上合成一段 RNA 引物，再由聚合酶从 RNA 引物 $3'$ 端开始合成新的 DNA 链。对于前导链来说，这一引发过程比较简单，只要有一段 RNA 引物，DNA 聚合酶就能以此为起点，一直合成下去。对于后随链，引发过程较为复杂，需要多种蛋白质和酶参与。后随链的引发过程由引发体来完成。引发体由 6 种蛋白质构成，预引体或引体前体把这 6 种蛋白质结合在一起并和引发酶或引物过程酶进一步组装形成引发体。引发体似火车头一样在后随链分叉的方向前进，并在模板上断断续续的引发生成滞后链的引物 RNA 短链，再由 DNA 聚合酶Ⅲ作用合成 DNA，直至遇到下一个引物或冈崎片段为止。由 RNA 酶 H 降解 RNA 引物并由 DNA 聚合酶Ⅰ将缺口补齐，再由 DNA 连接酶将每两个冈崎片段连在一起形成大分子 DNA。

DNA 的个保留复制保证了所有的体细胞都携带相同的遗传信息，并可以将遗传信息稳定地传递给下一代。DNA 复制过程很快，大肠杆菌的 DNA 分子，约有 500 万个碱基，条件合适，30min 内即可完成一个复制过程。细胞也分裂为二。人细胞有多达 30 亿个碱基，复制一次也不超过几小时，并且很少错误。

除了上述的 DNA 复制方式之外，生物中还存在着少数其他的复制方式。例如，某噬菌体的环状 DNA 只有一条链，当它进入宿主后，在引物酶和 DNA 聚合酶Ⅲ的作用下、产生一条互补的新链，然后以这个双链环状 DNA 为模板，再形成新的单链 DNA 分子。噬菌体 DNA 的这种复制方式称为滚环复制（rolling circle replication）。

2. DNA 到蛋白质 RNA

1）遗传的中心法则

中心法则是分子生物学的基石，它的整个过程就是基因的复制、转录与表达。DNA 分子可以自我复制，将遗传信息传给下一代，DNA 分子也可以通过转录形成信使 RNA，进而翻译成蛋白质的过程来控制生命现象，即贮存在核酸中的遗传信息通过转录，翻译成蛋白质，体现为丰富多彩的生物界，这就是生物学中的中心法则（central dogma）。这一法则表示信息流（information flow）的方向是由 DNA 流向 RNA，再从 RNA 流向蛋白质。这是所有细胞结构的生物所遵循的法则。但某些 RNA 病毒如烟草花叶病毒 TMV 等及某些动物细胞可以产生 RNA 复制酶，然后以自己为模板复制出 RNA，然后再由 RNA 直接合成蛋白质。同时，科学家们在对病毒核酸的研究中还发现了反转录（reverse transcription）现象，即在反转录酶的作用下，以 RNA 为模板，反向转录形成互补的 DNA，然后 DNA 转录产生 mRNA 再进行蛋白质的翻译。这一发现不仅说明了致病的 RNA 病毒所以造成恶性转化的原因，还证明了 RNA 在反转录酶作用下的反转录功能。现在有些人认为某些癌细胞及动物胚胎细胞迅速分裂的过程中，也同样存在这种反转录现象。由此可见，遗传信息并不一定是从 DNA 单向地流向 RNA，RNA 携带的遗传信息同样也可以流向 DNA。但是 DNA 和 RNA 中包含的遗传信息只是单向地流向蛋白质，迄今为止还没有发现蛋白质的信息逆向地流向核酸。由于发现了以上的几种新的遗传信息流，中心法则可写为图 7-9 所示。

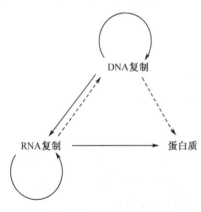

图 7-9　中心法则示意图

2）遗传密码

中心法则提出后，更明确指出了遗传信息传递的方向，那么遗传信息是如何贮存在只有简单的碱基差别的 4 种核苷酸中的？mRNA 的核苷酸序列又怎样决定蛋白质中的氨基酸顺序的？

1954 年物理学家 George Gamow 研究组成蛋白质的 20 种氨基酸和 mRNA4 个核苷酸之间的关系首先提了遗传密码的猜想，核酸由 4 种不同碱基的核苷酸组成的，蛋白质是由 20 种氨基酸组成的。如果一种碱基决定一种氨基酸，那么就只能有 4 种氨基酸编码。如果相邻的两种碱基配合来决定一种氨基酸，也只有 16 种组合（$4^2=16$），这还不够决定 20 种氨基酸，如果 3 种核苷酸为一个氨基酸编码，可组合为：$4^3=64$ 种氨基酸，满足 20 种氨基酸的编码还有剩余，但氨基酸只有 20 种，因此应该有几个不同组合都可决定同一种氨基酸。于是就把 3 个核苷酸组合在一起的方式称为三联体密码。

　　1966 年，Nirenberg 等完成了对全部遗传密码的破泽，在全部 64 个密码子中，61 个密码子负责 20 种氨基酸的翻译，一个起始密码，3 个终止信号（终止密码子）（表 7-2）。遗传密码有以下几个基本特点。

　　（1）密码的连续性和不重叠性：两个密码子之间没有任何其他核苷酸予以隔开，因此要正确地阅读密码必须从一个正确的起点开始，以后连续不断地一个一个往下读，直至读到终止信号。假如在密码中插入一个或删去一个碱基，就会使该点以后的读码全部发生错误（即移码突变）。一条 mRNA 分子中相连的 3 个核苷酸（三联体）编码一个氨基酸，而不能与相邻的三联体重叠编码多个氨基酸。

表 7-2　通用遗传密码及相应的氨基酸

第一位 （5'端）核苷酸	第二位（中间）核苷酸				第三位 （3'端）核苷酸
	U	C	A	G	
U	苯丙氨酸 (Phe，F)	丝氨酸 (Ser，S)	酪氨酸 (Tyr，Y)	半胱氨酸 (Cys，C)	U
	苯丙氨酸 (Phe，F)	丝氨酸 (Ser，S)	酪氨酸 (Tyr，Y)	半胱氨酸 (Cys，C)	C
	亮氨酸 (Leu，L)	丝氨酸 (Ser，S)	终　止 (stop)	终　止 (stop)	A
	亮氨酸 (Leu，L)	丝氨酸 (Ser，S)	终　止 (stop)	色氨酸 (Trp，W)	G
C	亮氨酸 (Leu，L)	脯氨酸 (Pro，P)	组氨酸 (His，H)	精氨酸 (Arg，R)	U
	亮氨酸 (Leu，L)	脯氨酸 (Pro，P)	组氨酸 (His，H)	精氨酸 (Arg，R)	C
	亮氨酸 (Leu，L)	脯氨酸 (Pro，P)	谷氨酰胺 (Gln，Q)	精氨酸 (Arg，R)	A
	亮氨酸 (Leu，L)	脯氨酸 (Pro，P)	谷氨酰胺 (Gln，Q)	精氨酸 (Arg，R)	G
A	异亮氨酸 (Ile，I)	苏氨酸 (Thr，T)	天冬酰胺 (Asn，N)	丝氨酸 (Ser，S)	U
	异亮氨酸 (Ile，I)	苏氨酸 (Thr，T)	天冬酰胺 (Asn，N)	丝氨酸 (Ser，S)	C
	异亮氨酸 (Ile，I)	苏氨酸 (Thr，T)	赖氨酸 (Lys，K)	精氨酸 (Arg，R)	A
	甲硫氨酸 (Met，M)	苏氨酸 (Thr，T)	赖氨酸 (Lys，K)	精氨酸 (Arg，R)	G
G	缬氨酸 (Val，V)	丙氨酸 (Ala，A)	天冬氨酸 (Asn，D)	甘氨酸 (Gly，G)	U
	缬氨酸 (Val，V)	丙氨酸 (Ala，A)	天冬氨酸 (Asn，D)	甘氨酸 (Gly，G)	C
	缬氨酸 (Val，V)	丙氨酸 (Ala，A)	谷氨酸 (Gln，E)	甘氨酸 (Gly，G)	A
	缬氨酸 (Val，V)	丙氨酸 (Ala，A)	谷氨酸 (Gln，E)	甘氨酸 (Gly，G)	G

　　（2）密码的简并性：在 64 种密码子中有 61 种是有意义的密码，它们决定了 20 种氨基酸，因而许多氨基酸有多个密码子。实际上在 20 种氨基酸中只有两种氨基酸（甲硫氨酸 AUG 和色氨酸 UGG）分别只有一个密码子外，其他氨基酸都有一个以上密码子。把由一种以上密码编码同一种氨基酸的现象称为简并性（degeneracy），对应于同一氨基酸的

不同密码称为同义密码（synonymous codon）。密码的简并性在遗传的稳定性上有一定意义。另外，AUG 和 GUG 既是甲硫氨酸、缬氨酸的密码子，又是起始密码子。

（3）密码的通用性：遗传密码不论在体内还是在体外，包括病毒、细菌、动植物的绝大多数生物都是通用的。如多聚 U 在病毒、细菌以至哺乳动物体内都能促进苯丙氨酸的合成。也可以说，三联体密码是一本通用的字典，绝大多数生物都是按照这一字典来翻译蛋白质。但也有例外，如人线粒体中密码子 AUA 编码 Met，而不是编码 Ile；密码子 UGA 不是终止密码，而是 Trp 的密码。

（4）密码的摆动性：在蛋白质生物合成过程中，tRNA 的反密码子在核糖体内是通过碱基的反向配对与 mRNA 上的密码子相互作用的，如甲硫氨酸的密码子是 5′AUG 3′，反密码子是 3′UAC5′。但由于密码子的兼并性，第一碱基，第二碱基非常重要，而第三碱基相对可发生变动，即摆动，因而，使某些 tRNA 可以识别一个以上的密码。究竟能识别多少个密码子由反密码子第一个碱基的性质确定的。

（5）密码的使用规律：在原核生物中大部分以 AUC 为起始密码子，少数使用 GUG。真核生物则全部使用 AUG 为起始密码。终止密码子 UAA、UAG、UGA 全部被使用，有时连用两个终止密码子，以便更保险地终止链的合成。在哺乳动物中，对同义密码的使用差异较大，有的广泛使用，有些则选择使用；在大肠杆菌中是以 C、U 为结尾的同义密码，若前两个碱基为 A、U，则第三位碱基优先使用 C 而不使用 U；若两个碱基为 C、G，则优先使用 U。

3）mRNA 的转录与加工

（1）转录。所谓转录（transcription）是指以一条 DNA 单链为模板合成 RNA，同时把遗传信息从 DNA 传递到 RNA 的过程。转录发生在细胞核中，其过程与 DNA 的复制基本相同。

mRNA 合成过程和 DNA 复制一样，需要多种酶催化，从 DNA 合成 RNA 的酶称 RNA 聚合酶（RNA polymerase）。真核细胞 mRNA 转录需要 RNA 聚合酶 Ⅱ。DNA 双链分子转录成 RNA 的过程是全保留式的，即转录的结果产生一条单链 RNA，DNA 仍保留原来的双链结构。转录开始时，DNA 分子首先局部解开为两条单链，双链 DNA 中只有其中一条单链成为新链 RNA 合成的模板，在 RNA 聚合酶的作用下，游离的核糖核苷酸以氢键与模板 DNA 上互补的碱基配对并连接成链，然后新的单链从模板上解离下来。RNA 新链合成与 DNA 复制不同的是，转录中尿嘧啶(U)替代胸腺嘧啶(T)并与模板的腺嘌呤(A)相配对。在细胞中、转录起始是由 DNA 链上的转录起始信号——启动子（一段特定的核苷酸序列）控制的。然而 RNA 聚合酶本身不能和启动子结合，只有在另一种称为转录因子的蛋白质与启动子结合后，RNA 聚合酶才能识别并结合到启动子上，使 DNA 分子的双链解开，转录就从此起点开始。启动子正好位于被转录基因的起始位置，新的 RNA 链的合成与延伸也是由 5′端向 3′端方向进行，当 RNA 聚合酶沿模板链移行到 DNA 上的终点序列后，RNA 聚合酶即停止工作，新合成的 RNA 陆续脱离模板 DNA 游离于细胞核中（图 7-10）。

（2）加工。真核生物的结构基因（structure gene）序列大多数是不连续的，转录后新合成的 mRNA 是未成熟的 mRNA，又被称为 mRNA 前体（pre-mRNA），其中含有内含子和外显子，不能直接作为蛋白质翻译的模板。这些 mRNA 前体需要经过一定的加工，才能成为有生物学功能的 mRNA。这些加工包括在 mRNA 的 5′末端加一个甲基化的"帽子"和在 3′末端加上一个 poly A 的尾巴，在刚转录的特定部位进行剪接

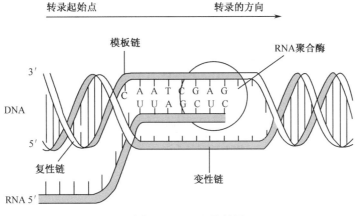

图 7-10　DNA 的转录

除去内含子，使外显子连接起来形成成熟 mRNA（图 7-11）。在原核生物中，DNA 链上不存在内含子，因此转录和翻译过程比真核生物要简单。

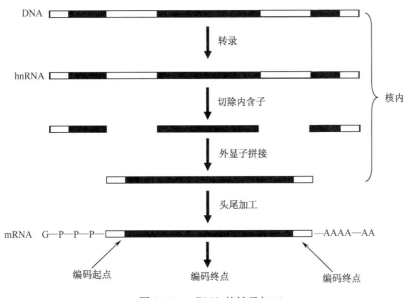

图 7-11　mRNA 的转录加工

（李宪民，2004）

4）翻译

翻译是由 tRNA 携带相应的氨基酸到核糖体-mRNA 上，严格按 mRNA 上的遗传信息合成为多肽链的过程。翻译过程包括多肽链合成的起始、延伸和终止等阶段。

（1）翻译的起始。在此阶段，核糖体小亚基、mRNA 和起始 tRNA（甲酰甲硫氨酸-tRNA）在起始因子的协助下组装成 70S 起始复合物。

翻译开始时，在三个起始因子（IF1、IF2、IF3）的协助下，30S 亚基中的 16S rRNA 与 mRNA 的编码区上游通过碱基配对，使 30S 亚基与 rRNA 的结合位点结合。然后起始 tRNA 的反密码子（UAG）识别并与 mRNA 的起始密码（AUG）配对，形成 30S 复合体，最后与 50S 大亚基结合形成完整的核糖体（图 7-12A）。

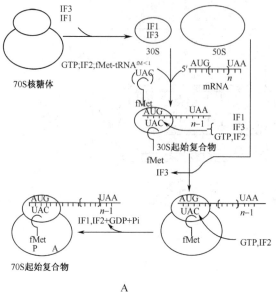

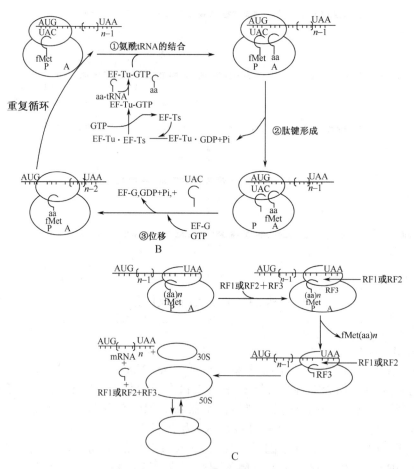

图 7-12 原核生物蛋白质合成过程

A. 蛋白质合成的起始；B. 肽链的延伸；C. 蛋白质合成的终止

（2）肽链的延伸。在完整的核糖体上有两个 tRNA 的结合部位。一个是 A 部位，又叫氨酰基附着位置，进入的 aa-tRNA 结合在这里。另一个是 P 部位，它结合附着有延长的肽链的 tRNA，进入的 aa-tRNA 分子与它所携带的氨基酸形成肽键后，就从 A 位移到 P 部位（图 7-12B）。

肽链的延伸是在延伸因子 EF-Tu 和 GTP 作用下以形成的 70S 复合物中第一个 fMet-tRNA 放在 P 位点后，第二个氨基酸-tRNA 进入起始复合物的 A 位点开始。携带某一氨基酸的 tRNA 分子进入 A 位点，在肽基转移酶的作用下，其所带的氨酰基与 P 位上 tRNA 所带的氨基酸形成肽键，转肽反应使 P 位上的肽基-tRNA 肽链转移给 A 位的 tRNA，而 P 位的 tRNA 变为空位。转肽结束后，核糖体沿 mRNA 向前移动一个密码子的距离，这样新的 mRNA 密码子就在 A 位显露出来，以便新的氨基酸进入，如此反复的进行使肽链不断的延伸。

（3）翻译的终止。有三种终止密码子：UAG、UAA、UGA。当 mRNA 上的终止密码子进入到核糖体的 A 位时，终止因子 RF1 或 RF2 识别不同的终止密码子，并与之结合，活化肽基转移酶，使多肽链与 P 位的 tRNA 水解分离，合成完毕的多肽链从核糖体中被释放出来。由于 mRNA 翻译出来的多肽链是没有功能的，这叫蛋白质前体，它们需要经过加工改造、折叠组装才能成为有功能的蛋白质（图 7-12C）。

5）基因的表达调控

在不同的生物、不同的基因中，基因的表达调控类型、方式各有不同，大致可以归纳为转录水平上的调控；mRNA 加工、成熟水平上的调控；翻译水平上的调控。

（1）转录水平的调控。转录水平上的调控是原核生物和真核生物在 DNA 转录水平上的主要调控方式。法国巴斯德研究所著名的科学家 Jacob 和 Monod 在实验的基础上于 1961 年建立了乳糖操纵子学说（图 7-13），现在已成为原核生物基因调控的主要学说之一。大肠杆菌乳糖操纵子包括 4 类基因：

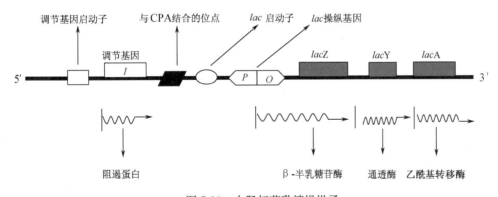

图 7-13 大肠杆菌乳糖操纵子

①结构基因：能通过转录、翻译使细胞产生一定的酶系统和结构蛋白，这是与生物性状的发育和表型直接相关的基因。乳糖操纵子包含 3 个结构基因（*lacZ*、*lacY*、*lacA*）。*lacZ* 合成 β-半乳糖苷酶，其功能是催化乳糖变为半乳糖和葡萄糖；*lacY* 合成通透酶，其功能是构成转运系统将半乳糖苷运到细胞中；*lacA* 合成乙酰基转移酶，其功能是将乙酰-辅酶 A 上的乙酰基转移到 β-半乳糖苷酶上。

②操纵基因 O：位于结构基因的附近，其功能是控制结构基因的转录速度，本身不能转录成 mRNA。

③启动基因 P：是 RNA 聚合酶结合转录起始的地方，该基因本身也不能转录成mRNA。

④调节基因 i：可调节操纵基因的活动，调节基因能转录出 mRNA，并合成一种蛋白，称阻遏蛋白。

操纵基因、启动基因和结构基因共同组成一个单位——操纵子（operon）。当细胞内缺少乳糖时，调节基因 i 产生的阻遏蛋白结合在操纵基因上，就阻遏了启动子的起始转录，使结构基因不能表达。当细胞中有乳糖存在时，乳糖代谢产生别构乳糖，别构乳糖与调节基因产生的阻遏蛋白结合，使其改变构象，失去阻遏作用，结果 RNA 聚合酶便与启动基因结合，使结构基因活化，转录出 mRNA，翻译出酶蛋白。当细胞中有了 β-半乳糖苷酶后，便催化分解乳糖为半乳糖和葡萄糖。乳糖被分解后，又造成了阻遏蛋白与操纵基因结合，使结构基因关闭。这种调节被称为阻遏蛋白的负性调节。乳糖操纵子还存在一种 CAP 的正性调节：细菌中的 cAMP 含量与葡萄糖的分解代谢有关，当细菌利用葡萄糖分解产生能量时，cAMP 生成少而分解多，cAMP 含量低；相反，当环境中无葡萄糖可供利用时，cAMP 含量就升高。细菌中有一种能与 cAMP 特异结合的 cAMP 受体蛋白 CRP（cAMP receptor protein），当 CRP 未与 cAMP 结合时它是没有活性的，当 cAMP 浓度升高时，CRP 与 cAMP 结合并发生空间构象的变化而活化，称为 CAP（CRP-cAMP activated protein）。分解代谢物基因激活蛋白 CAP 在其分子内有 DNA 结合区及 cAMP 结合位点。当没有葡萄糖及 cAMP 浓度较高时，cAMP 与 CAP 结合，这时 CAP 结合在乳糖启动序列附近的 CAP 位点，可刺激 RNA 转录活性，使之提高 50 倍；当葡萄糖存在时，cAMP 浓度降低，cAMP 与 CAP 结合受阻，因此乳糖操纵子表达下降。

由此可见，对乳糖操纵子来说，CAP 是正性调节因素，乳糖阻遏蛋白是负性调节因素。两种调节机制根据存在的碳源性质及水平协调调节乳糖操纵子的表达。

真核生物基因表达调控与原核生物有很大的差异。真核生物没有像原核生物那样的操纵子，真核生物的转录调控大多数是通过顺式作用元件（cis-acting element）和反式作用因子（trans-acting factor）的相互作用实现的。顺式作用元件是基因周围能与特异转录因子结合而影响转录的 DNA 序列，包括启动子（promoter）和增强子（enhancer）等。真核生物的启动子是指 RNA 聚合酶结合并起动转录的 DNA 序列，真核生物的启动子不像原核那样有明显共同一致的序列，而且单靠 RNA 聚合酶难以结合 DNA 而起动转录，而是需要多种蛋白质因子的相互协调作用，不同蛋白质因子又能与不同 DNA 序列相互作用，不同基因转录起始及其调控所需的蛋白因子也不完全相同，因而不同启动子序列也很不相同。真核启动子一般包括转录起始点及其上游共 100～200bp 序列，包含有若干具有独立功能的 DNA 序列元件，每个元件约长 7～30bp。如在 TATA盒中，启动子结构中的 TATA 序列的主要作用是精确地起始，而 CAAT 区和 GC 区主要控制起始频率。增强子在真核细胞中是通过启动子来提高转录效率的远端顺式调控元件，它能使与之相连锁的基因转录频率显著增加，但与其他顺式调控元件一样，必须与特定的蛋白质因子结合后才能发挥增强转录的作用。反式作用因子（通常是蛋白质）是能直接或间接地识别或结合在顺式作用元件 8～12bp 的核心序列上，参与调控靶基因转录效率的一组蛋白质。真核细胞的反式作用因子通常是以数种功能的多肽亚基复合体形式参与转录调控。在反式作用因子中最引人注目的是与特异调控序列结合的转录因子，它们使转录起始复合物形成过程受到调控，并通过专一因子的结合提高 RNA 聚合酶起始转录活性。

总之，真核细胞中基因转录水平的调控机制涉及到反式因子与顺式元件、反式因子与反式因子之间的相互作用，而且不同基因的表达，甚至相同基因在不同组织的表达受到不同组合的反式因子协同调节，过程非常复杂。不同反式作用因子对蛋白质表达的调控活性是极其特异而又精密，不同因子间的加和、协同或阻遏可以认为是确定真核细胞特征以及细胞生长、发育、成熟过程中基因在特定时空下特异表达的基础。

染色质结构对转录调控也有影响，真核细胞中染色质分为两部分，一部分为固缩状态，如间期细胞着丝粒区、端粒、次缢痕，染色体臂的某些节段部分的重复序列和巴氏小体均不能表达，通常把该部分称为异染色质。与异染色质相反的是活化的常染色质。真核基因的活跃转录是在常染色质进行的。转录发生之前，常染色质往往在特定区域被解旋或松弛，形成自由 DNA，这种变化可能包括核小体结构的消除或改变、DNA 本身局部结构的变化，如双螺旋的局部去超螺旋或松弛、DNA 从右旋变为左旋，这些变化可导致结构基因暴露，RNA 聚合酶能够发生作用，促进了这些转录因子与启动区 DNA 的结合，导致基因转录，实验证明，这些活跃的 DNA 首先释放出两种非组蛋白，（这两种非组蛋白与染色质结合较松弛），非组蛋白是造成活跃表达基因对核酸酶高度敏感的因素之一。

（2）转录后调控。转录后调控有各种方式，这里主要介绍 mRNA 前体的选择性加工及运输和 RNA 的选择性拼接。真核生物基因在转录水平的调控是决定细胞质中 mRNA 水平的一个重要（在大多数情况下是主要）方式。可是在实验中人们观察到，某些基因序列在 mRNA 前体（不均一核 RNA，hnRNA）和 mRNA 中的相对含量差异很大。也就是说，一些基因的转录活性和它们在细胞中 mRNA 拷贝数目不成比例。另外，虽然生长中的细胞和静止细胞的 hnRNA 转录速度差不多，含 poly A 的 hnRNA 比例差异也很小，但是生长中细胞的细胞质中 mRNA 含量和种类比静止细胞要多得多。这些结果都说明，除了转录水平的调控外，hnRNA 的加工及 mRNA 的运输也是决定细胞质中各种 mRNA 分子水平的一个调控环节。细胞可以在不同情况下有选择性地将不同的 hnRNA 加工成 mRNA，并运输进入细胞质。RNA 的选择性拼接，是指在同一基因中，基因的初级转录产物可通过不同方式进行 RNA 剪接，即其剪接位点和拼接方式可以改变，从而使同一个基因产生不同的多肽链。通常，真核生物体基因的最初产物经过加工后产生一种 mRNA，但在有的情况下，一个基因的最初产物可以形成两种或两种以上的 mRNA。细胞通过调节选择 RNA 的拼接途径而调控 mRNA 的形成，例如，降钙素基因转录后的选择性拼接。降钙素为多肽类激素，在甲状腺中大量产生。在下丘脑中也发现有大量与降钙素基因序列相关的 mRNA，但所合成的不是降钙素，而是一种功能尚不明确的叫做降钙素基因相关产物（calcitonin gene related product，CGRP）的蛋白质，降钙素和 CGRP 为同一 hnRNA 不同拼接途径的产物。

（3）翻译水平调控。mRNA 与核糖体结合将遗传信息翻译成多肽，是一个极其复杂的生化反应过程，涉及核糖体、mRNA、tRNA 和一系列翻译因子的相互作用。翻译调控主要涉及以下几个方面。

①翻译起始的调控：原核生物中核糖体结合点同 16S rRNA 的 3′端互补。核糖体结合点长 3～12bp。与 16S rRNA 的 3′端的相应序列配对对翻译的起始很重要，如果核糖体结合点序列发生点突变，就不能开始翻译。核糖体结合点序列与 16S rRNA 的结合能力不同，从而控制翻译过程中起始复合物形成的数目、最终控制翻译速度。

真核生物中翻译起始受翻译起始因子的磷酸化作用调节，eIF-4F 的磷酸化激活蛋白质合成速率，eIF-2α 的磷酸化抑制翻译。

②mRNA 的稳定性与结构：基因的表达既受 mRNA 翻译的控制也受 mRNA 降解控制。而且 mRNA 的降解控制在基因表达中是主要的控制点。基因的表达量与 mRNA 的半衰期成正比关系。mRNA 越稳定、表达时间越长，合成蛋白质的数量就越多，这与 mRNA 的结构直接相关，在真核生物中尤为突出。

真核生物的 mRNA 在其 5′ 端有"帽子"结构，在 3′ 端有 poly A 尾巴结构。这是与原核 mRNA 区别的重要特征之一。大多数真核 mRNA 的翻译活性依赖帽子结构，帽子结构可使 mRNA 免受核酸酶的降解，增强 mRNA 的稳定性，同时促进蛋白质生物合成起始物的形成。此外，具 5′ 帽子和 3′ 端的 poly A 尾巴的 RNA 的翻译效率明显高于无 poly A 尾巴的 mRNA，对翻译的促进与 poly A 尾巴的长度成正比。一旦 3′ poly A 尾巴被消除，又会引起 5′ 端帽子结构的脱帽反应，无帽无尾的 mRNA 经 5′—3′ 核酸外切酶作用而被降解。

③翻译速率与蛋白质合成比例：在原核生物的操纵子中，几个功能相关的结构基因受一个启动子的控制，它们的终产物蛋白质的量各不相同。现在已知，原核生物可以利用稀有密码子的调控或重叠基因的调控进而控制它们的终产物蛋白质的比例和翻译速率，从而实现基因表达量的控制。

（4）翻译后水平的调控。许多 mRNA 的翻译产物是无活性的蛋白质前体，必须经过加工才能成为具有生物活性的蛋白质，如许多激素前体（如前胰岛素原）等。蛋白质前体的加工一般涉及蛋白酶的特异性水解，去掉一部分多肽，还包括加入某些常常与生物活性关系密切的糖基、脂类或其他有机小分子。从理论上看，通过控制这些加工修饰过程也可以调控基因活性。

6）DNA 损伤修复

环境和生物体内的因素都经常会使 DNA 的结构发生改变。DNA 的复制会发生碱基的配对错误；体内 DNA 会有自发性结构变化，包括 DNA 链上的碱基异构互变、脱氨基、碱基修饰、DNA 链上的碱基脱落等。外界射线的照射等物理因素，烷化剂、碱基类似物、修饰剂等化学因素都能损伤 DNA 的结构，变化包括有相邻嘧啶共价二聚体的形成、碱基、脱氧核糖和磷酸基团的烷基化和其他修饰、碱基脱落、DNA 单链断裂、双链断裂、DNA 链内交连、链间交连、DNA 与周围的蛋白质交连等。最后可能导致 DNA 的点突变、DNA 核苷酸的缺失、插入或移位、DNA 链的断裂等，结果可能影响生物细胞的功能和遗传特性。这些改变可能会导致细胞死亡，也有机会使细胞获得新的功能或从而进化，也可能细胞只有 DNA 结构的遗传性改变而没有表型变化，视 DNA 结构变化的部位、类型和范围不同而异。

DNA 存贮着生物体赖以生存和繁衍的遗传信息，因此维护 DNA 分子的完整性对细胞至关重要。外界环境和生物体内部的因素都经常会导致 DNA 分子的损伤或改变，而且与 RNA 及蛋白质可以在胞内大量合成不同，一般在一个原核细胞中只有一份 DNA，在真核二倍体细胞中相同的 DNA 也只有一对，如果 DNA 的损伤或遗传信息的改变不能更正，就可能影响体细胞的功能或生存，对生殖细胞则可能影响到后代。所以在进化过程中生物细胞所获得的修复 DNA 损伤的能力就显得十分重要，也是生物能保持遗传稳定性之所在。在细胞中能进行修复的生物大分子也就只有 DNA，反映了 DNA 对生命的重要性。另一方面，在生物进化中突变又是与遗传相对立统一而普遍存在的现象，DNA 分子的变化并不是全部都能被修复成原样的，正因为如此生物才会有变异、有进化。

（1）回复修复。这是较简单的修复方式，一般都能将 DNA 修复到原样。

①光修复：这是最早发现的 DNA 修复方式。修复是由细菌中的 DNA 光解酶（photolyase）完成，此酶能特异性识别紫外线造成的核酸链上相邻嘧啶共价结合的二聚体，并与其结合，这步反应不需要光。结合后如受 300～600nm 波长的光照射，则此酶就被激活，将二聚体分解为两个正常的嘧啶单体，然后酶从 DNA 链上释放，DNA 恢复正常结构。后来发现类似的修复酶广泛存在于动植物中，人体细胞中也有发现。

②单链断裂的重接：DNA 单链断裂是常见的损伤，其中一部分可仅由 DNA 连接酶（ligase）参与而完全修复。此酶在各类生物各种细胞中都普遍存在，修复反应容易进行。但双链断裂几乎不能修复。

③碱基的直接插入：DNA 链上嘌呤的脱落造成无嘌呤位点，能被 DNA 嘌呤插入酶（insertase）识别结合，在 K^+ 存在的条件下，催化游离嘌呤或脱氧嘌呤核苷插入生成糖苷键，且催化插入的碱基有高度专一性、与另一条链上的碱基严格配对，使 DNA 完全恢复。

④烷基的转移：在细胞中发现有一种 O^6-甲基鸟嘌呤甲基转移酶，能直接将甲基从 DNA 链鸟嘌呤 O^6 位上的甲基移到蛋白质的半胱氨酸残基上而修复损伤的 DNA。这个酶的修复能力并不很强，但在低剂量烷化剂作用下能诱导出此酶的修复活性。

（2）切除修复。切除修复（excision repair）是修复 DNA 损伤最为普遍的方式，对多种 DNA 损伤包括碱基脱落形成的无碱基位点、嘧啶二聚体、碱基烷基化、单链断裂等都能起修复作用。这种修复方式普遍存在于各种生物细胞中，也是人体细胞主要的 DNA 修复机制。修复过程需要多种酶的一系列作用，基本步骤包括：①首先由核酸酶识别 DNA 的损伤位点，在损伤部位的 $5'$ 端切开磷酸二酯键。不同的 DNA 损伤需要不同的特殊核酸内切酶来识别和切割。②$5'—3'$核酸外切酶将有损伤的 DNA 片段切除。③在 DNA 聚合酶的催化下，以完整的互补链为模板，按 $5'→3'$ 方向 DNA 链，填补已切除的空隙。④由 DNA 连接酶将新合成的 DNA 片段与原来的 DNA 断链连接起来。这样完成的修复能使 DNA 恢复原来的结构。

（3）重组修复（recombination repair）。上述的切除修复在切除损伤片段后是以原来正确的互补链为模板来合成新的片段从而做到修复的。但在某些情况下没有互补链可以直接利用，例如在 DNA 复制进行时发生 DNA 损伤，此时 DNA 两条链已经分开，其修复可用 DNA 重组方式：①受损伤的 DNA 链复制时，产生的子代 DNA 在损伤的对应部位出现缺口。②另一条母链 DNA 与有缺口的子链 DNA 进行重组交换，将母链 DNA 上相应的片段填补子链缺口处，而母链 DNA 出现缺口。③以另一条子链 DNA 为模板，经 DNA 聚合酶催化合成一新 DNA 片段填补母链 DNA 的缺口，最后由 DNA 连接酶连接，完成修补。

重组修复不能完全去除损伤，损伤的 DNA 片段仍然保留在亲代 DNA 链上，只是重组修复后合成的 DNA 分子是不带有损伤的，经多次复制后，损伤就被"冲淡"了，在子代细胞中只有一个细胞是带有损伤 DNA 的。

小结

　　生物体的延续与繁殖和变异有着密切的关系。生物体的生殖方式主要包括有性生殖、无性生殖、营养繁殖等。在有性生殖的过程中细胞要进行减数分裂，减数分裂的特点包括同源染色体的配对、交换，分裂的结果是染色体减半。生物的性状由基因控制，所谓基因是含特定遗传信息的核苷酸序列，是遗传物质的最小功能单位，而基因的本质即是 DNA（RNA），不同的发展时期，基因概念也有着不同的内涵。遗传学的三大基本定律是自由组合定律、分离定律和连锁交换定律，它们与染色体学说一起准确地反映了一些生殖过程中遗传性状的传递规律，但并不代表所有的遗传因子表现的性状及遗传现象。生物性状往往不是单一基因控制的，而是由若干个基因相互作用的结果。作为遗传信息的载体的 DNA，一方面其通过半保留复制方式的形式将遗传信息从上一代传递给下一代，另一方面 DNA 通过转录和翻译指导蛋白质的合成，遗传信息从 DNA 传递到蛋白质的过程叫基因表达。基因表达过程包括一系列的调控，调控方式主要包括转录水平上的调控、转录后调控、翻译水平调控以及翻译后水平的调控。掌握了基因调控机制就可以揭开生命的奥秘。环境和生物体内在的因素常常导致 DNA 的损伤，而 DNA 分子的完整性对细胞至关重要。在进化过程中，细胞或机体形成了多种 DNA 修复系统，使 DNA 分子受损伤的大部分结构得以恢复，保持了 DNA 分子的相对稳定性。

思考题

　　1. 比较有丝分裂和减数分裂的异同。

　　2. 比较细胞周期中的 G_0 期与 G_1 期。

　　3. 试述染色体的组成成分及结构。

　　4. 简述基因的概念及其发展以及目前对基因本质的看法。

　　5. 孟德尔在豌豆杂交实验中提出哪些假设，才从性状传递的分析中推导出遗传因子的分离定律和自由组合定律？

　　6. 什么是 DNA 的半保留复制？它是如何被证明的？

　　7. 遗传密码有什么特点？它是如何被破译的？

　　8. 试述大肠杆菌乳糖操纵子的结构和功能。

　　9. 试述真核生物细胞的基因表达调控。

　　10. 损伤的 DNA 可以通过哪些方式修复？

第八章　生命的调控系统

生命与非生命物质最显著的区别在于生命是一个完整的自然的信息处理系统。一方面生物信息系统的存在使有机体得以适应其内外部环境的变化，维持个体的生存；另一方面信息物质如核酸和蛋白质信息在不同世代间的传递维持了种族的延续。生命现象是信息在同一或不同时空传递的现象，生命的进化实质上就是信息系统的进化。

高等生物所处的环境无时无刻不在变化，机体功能上的协调统一要求有一个完善的细胞间相互识别、相互反应和相互作用的机制。在这一系统中，细胞识别与之相接触的细胞，或者识别周围环境中存在的各种信号（来自于周围或远距离的细胞），并将其转变为细胞内各种分子功能上的变化，从而改变细胞内的某些代谢过程，影响细胞的生长速度，甚至诱导细胞的死亡。这种针对外源性信号所发生的各种分子活性的变化，以及将这种变化依次传递至效应分子，以改变细胞功能的过程称为信号转导（Signal Transduction）。其最终目的是使机体在整体上对外界环境的变化发生最为适宜的反应。如神经-内分泌系统对代谢途径在整体水平上的调节，其实质就是机体内一部分细胞发出信号，另一部分细胞接收信号并将其转变为细胞功能上的变化的过程。生物调控机制是生物在长期进化过程中逐步形成的。生物进化程度愈高，调控机制愈完美、愈复杂。

此外，对细胞周期的调控不仅是网络状的，也是一种震荡的调控，符合物理学的阻尼震荡模式。这一发现揭示了生命中很多现象应该是符合一定的自然规律的。震荡调控模式的建立将物理学，数学知识溶合进入细胞信号和细胞网络，大大加深了人类对细胞和生命的认识。生命的调控不是线性的，而是复杂的网络调控模型，这种模式从简单范围来说是正负反馈构成的网络。从更深远来看，应该是某种数学模型，如混沌的调控模型，生命自组织调控模型。只有当人类对微观认识十分透彻时，再从宏观上进行综合，人类对生命的本质认识才会出现真正意义上的飞跃。相信在今后几年内，人类对生命微观网络的认识将越来越深入。

第一节　信号转导与基因表达调控

单细胞生物是通过反馈调节来适应环境的变化。而多细胞生物是由各种细胞组成，除反馈调节外，更依赖于细胞间的通讯与信号转导，以协调不同细胞的行为。例如，①调节代谢，通过对代谢相关酶活性的调节，控制细胞的物质和能量代谢。②实现细胞功能，如肌肉的收缩和舒张，腺体分泌物的释放。③调节细胞周期，使DNA复制相关的基因表达，细胞进入分裂和增殖阶段。④控制细胞分化，使基因有选择性地表达，细胞不可逆地分化为有特定功能的成熟细胞。⑤影响细胞的存活。

一、细胞通讯的基本概念和主要类型

细胞通讯（intercellular communication）指一个细胞发出的信息通过介质传递到另

一个细胞产生相应反应的过程。目前已知的细胞通讯的方式主要有三种，即细胞间隙连接、膜表面分子接触通讯、化学通讯。

1. 细胞间隙连接

细胞间隙连接是细胞间的直接通讯方式。两个相邻的细胞以连接子相联系，连接子中央为直径 1.5nm 的亲水性孔道，允许小分子物质如 Ca^{2+}、cAMP 通过，有助于相邻同型细胞对外界信号的协同反应，如可兴奋细胞的电耦联现象。

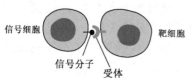

图 8-1　膜表面分子接触

2. 膜表面分子接触通讯

膜表面分子接触通讯是指细胞通过其表面信号分子（受体）与另一细胞表面的信号分子（配体）选择性地相互作用，最终产生细胞应答的过程，即细胞识别（图 8-1）。可分为以下四类。

（1）同种同类细胞间的识别。同种同类细胞间的识别如胚胎分化过程中神经细胞对周围细胞的识别，输血和植皮引起的反应可以看作同种同类不同来源细胞间的识别。

（2）同种异类细胞间的识别。同种异类细胞间的识别如精子和卵子之间的识别，T 与 B 淋巴细胞间的识别。

（3）异种异类细胞间的识别。异种异类细胞间的识别如病原体对宿主细胞的识别。

（4）异种同类细胞间的识别。异种同类细胞间的识别仅见于实验条件下。

3. 化学通讯

化学通讯是间接的细胞通讯（图 8-2），指细胞分泌一些化学物质（如激素）至细胞外作为信号分子作用于靶细胞，调节其功能。根据化学信号分子可以作用的距离范围，可分为四类（图 8-3）。

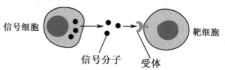

图 8-2　化学通讯

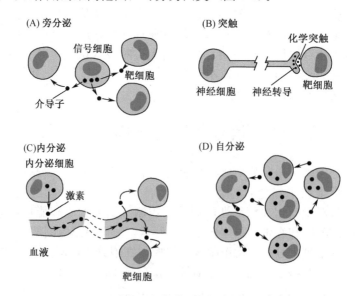

图 8-3　化学通讯的类型

（1）内分泌。由内分泌细胞分泌的激素随血液循环输至全身，作用于靶细胞。其特点是：①低浓度。②全身性，随血液流经全身，但只能与特定的受体结合而发挥作用。③长时效，激素产生后经过漫长的运送过程才起作用，而且血流中微量的激素就足以维持长久的作用。

（2）旁分泌。细胞分泌的信号分子通过扩散作用于邻近的细胞，包括各类细胞因子、气体信号分子（如 NO）。

（3）突触信号发放。神经递质（如乙酰胆碱）由突触前膜释放，经突触间隙扩散到突触后膜，作用于特定的靶细胞。

（4）自分泌。与上述三类不同的是，信号发放细胞和靶细胞为同类或同一细胞，常见于癌变细胞。如大肠癌细胞可自分泌产生胃泌素，介导调节 *c-myc*、*c-fos* 和 *ras p21* 等癌基因表达，从而促进癌细胞的增殖。

二、信号转导基本概念和信号转导途径

细胞间的联系依赖于信号的传递或信号转导。在外界刺激下细胞产生特定的信号，信号被靶细胞捕获、注册，在细胞内信号链的协助下被进一步传递和处理。

1. 信号转导基本概念

信号转导指外界信号（如光、电、化学分子）与细胞表面受体作用，通过影响细胞内信使的水平变化，进而引起细胞应答反应的一系列过程。信号转导可以用数学模型或物理模型进行模拟，信号转导的过程中是一种混沌式的调节，而不仅仅是正负反馈。信号转导是生命的最本质特征，任何一种信号传入细胞内，在它传入过程中，都是不断接受其他信号的调节，通过不断地调控，从而形成一种混沌式的控制模型，从而保证了信号的精确性。

机体细胞间联系时，信号是在专门化的细胞中产生。细胞能自我调节信号的生成，使信号仅在有特殊刺激时才能产生。这样的方式使得信号传递途径可彼此被偶联和协调。信号传递与细胞联系的基本过程包括外部动因促使内部信号的形成，信号转运至靶细胞，靶细胞内信号的注册，信号进一步发送到靶细胞内部，靶细胞内信号向生化反应或电反应的转化以及信号的终止（图 8-4）。

2. 细胞信号的种类

生物细胞所接受的信号既可以是物理信号（光、热、电流），也可以是化学信号，但是在有机体间和细胞间的通讯中最广泛的信号是化学信号。从化学结构来看细胞信号分子包括：短肽、蛋白质、气体分子（NO、CO）以及氨基酸、核苷酸、脂类和胆固醇衍生物等等，其共同特点是：①特异性，只能与特定的受体结合。②高效性，几个分子即可发生明显的生物学效应，这一特性有赖于细胞的信号逐级放大系统。③可被灭活，完成信息传递后可被降解或修饰而失去活性，保证信息传递的完整性和细胞免于疲劳。

从产生和作用方式来看，可分为内分泌激素、神经递质、局部化学介导因子和气体分子等四类。从溶解性来看，又可分为脂溶性和水溶性两类。

（1）脂溶性信号分子。脂溶性信号分子，如甾类激素和甲状腺素，可直接穿膜进入靶细胞，与胞内受体结合形成激素-受体复合物，调节基因表达。

（2）水溶性信号分子。水溶性信号分子，如神经递质、细胞因子和水溶性激素，不能穿过靶细胞膜，只能与膜受体结合，经信号转换机制，通过胞内信使（如 cAMP）

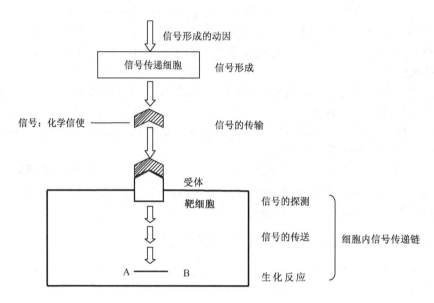

图 8-4　信号传递与细胞间的联系

在接受一个动因刺激时发出信号，信号在细胞内转化为化学信使，随即被分泌到胞外，并
转运至靶细胞。在此处信号被注册，进一步被转运最终转换成生化反应。图中未显示信号
终止过程及细胞间的联系过程，二者可作用于上述步骤中的任何一步。

（克劳斯，2003）

或激活膜受体的激酶活性（如受体酪氨酸激酶），引起细胞的应答反应。所以这类信号
分子又称为第一信使（primary messenger），而 cAMP 这样的胞内信号分子被称为第二
信使（secondary messenger）。目前公认的第二信使有 cAMP、cGMP、三磷酸肌醇
（IP3）和二酰基甘油（DG），Ca^{2+} 被称为第三信使是因为其释放有赖于第二信使。第
二信使的作用是对胞外信号起转换和放大的作用。

　　3. 细胞内和细胞间信号传递的调控

　　发出信号和接收信号的细胞间联系的结果是靶细胞内一个限定的生化反应。这一
反应的性质和程度取决于直接或间接参与信号转导的许多独立的过程。

　　以激素生成细胞为例阐述高等生物激素信号转导的基本过程（图 8-5），包括激素
的生物合成；激素的贮存和分泌；激素转运至靶细胞；激素受体对信号的接收；信号
的转送和放大，靶细胞内的生化反应；激素的降解和排除。在靶细胞内，激素的有效
浓度能在较宽的范围内进行调节，激素的生物合成可被其他的信号途径转导控制。

　　一条信号转导链不应视为生物体内一个独立的事件，而是与其他信号传递途径相
互联系、作用的结果。因此，信号转导途径是可被调控的。

　　多细胞生物体的每种细胞都以特定的方式对外部信号作出反应。一种细胞类型的
反应模式取决于受体的独特模式及其相应的偶联反应途径，这在很大程度上决定了细
胞的功能和形态。这种调控模式和途径网络在机体发育过程中并不是恒定不变的，受
到遗传发育的调控。

　　4. 信号转导途径的类型

　　（1）胞内受体介导的信号转导。细胞内受体的本质是激素激活的基因调控蛋白。
在细胞内，受体与抑制性蛋白（如 Hsp90）结合形成复合物，处于非活化状态。配体

（如皮质醇）与受体结合，将导致抑制性蛋白从复合物上解离下来，从而使受体暴露出 DNA 结合位点而被激活。甾类激素分子是化学结构相似的亲脂性小分子，可以通过简单扩散跨越质膜进入细胞内。每种类型的甾类激素与细胞质内各自的受体蛋白结合，形成激素-受体复合物，并能穿过核孔进入细胞核内，激素和受体的结合导致受体蛋白构象的改变，提高了受体与 DNA 的结合能力，激活的受体通过结合于特异的 DNA 序列调节基因表达。甲状腺素和雌激素也是亲脂性小分子，其受体位于细胞核内，作用机理与甾类激素相同。也有个别的亲脂性小分子，如前列腺素，其受体在细胞膜上。影响细胞内激素作用过程，如图 8-5 所示。

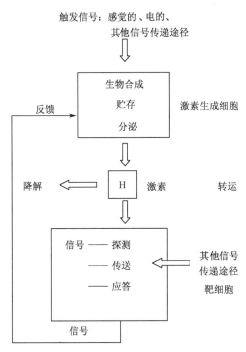

图 8-5　影响细胞内激素作用过程简要图示
靶细胞内释放的信号能调控生成激素的细胞，例如通过抑制激素的合成或分泌。
应该注意不同信号途径的等级结构和相互影响的可能性。
（克劳斯，2003）

　　（2）膜表面受体介导的信号转导。亲水性化学信号分子（包括神经递质、蛋白激素、生长因子等）不能直接进入细胞，只能通过膜表面的特异受体传递信号，使靶细胞产生效应。膜表面受体主要有三类：①离子通道型受体（ion-channel-linked receptor）。②G 蛋白耦联型受体（G-protein-linked receptor）。③酶耦联的受体（enzyme-linked receptor）。第一类存在于可兴奋细胞。后两类存在于大多数细胞，在信号转导的早期表现为激酶级联（kinase cascade）事件，即为一系列蛋白质的逐级磷酸化，由此使信号逐级传送和放大。

　　（3）可控性蛋白降解与信号转导。在动物的发育过程中涉及极其复杂的信号转导过程，除了以上提到的信号途径以外，还有可控性蛋白水解相关的信号途径，如 Wnt、Hedgehog、Notch、NF-κB 等信号途径，这些信号途径往往影响相邻细胞的分化，称为侧向信号发放（lateral signaling）如 Notch 缺陷引起果蝇翅缘缺刻。

　　5. 信号转导的特征

　　（1）信号是曲线、多维的。信号转导并非是传统想象中的一维的，直线的，单一的模式，而是非常复杂的，是曲线的，网络的，甚至混沌的。同时，还包括很强的定位和定量特性。所谓曲线，因为机体内蛋白质相互作用十分复杂，一个信号不可能是单一传导，而且有许多其他蛋白质或信号去增强它，抑制它，构成了一个信号反馈网络，从而保证了信号传导的精确性。如果将信号比作一个大型机器，它在每一级传导过程中，都会有相应的检测机制，通过正负反馈的调节使信号定量和定位地传导下去。

　　（2）信号是震荡传导。信号转导的震荡是一种普遍现象，正负反馈的调节决定了震荡存在的必然性。信号传导的每一级都会形成一个小的反馈环，而整个信号又会形成一个大的反馈环，通过不断地调控和震荡，使信号精确传导下去。这些震荡产生的根本在于生命体要维持信号或某项活动的精确性，就必需在信号或活动的运行过程中不断地通过正反馈和负反馈进行修正，使其处于一个正确的轨道上，这是当前系统生物学的研究热点和重点。

　　（3）信号传导具有定位性或局部性——时空传导特征。细胞接受外界信号，细胞内蛋白质传导这一信号，但信号并非遍布整个细胞，而是局限于细胞的局部。且同一信号在细胞的不同部位，最终产生的效应也不同，这种信号转导的定位特征，使信号转导变得更为复杂而有趣。目前有关信号的定位研究还仅仅局限于神经细胞和心肌细胞的信号研究。

　　（4）信号网络本身受到其他信号网络调控。信号转导本身也是受其他信号控制的，且是复杂的网络信号调控。

　　（5）信号通路调控细胞生长与死亡的过程。胚胎的细胞能够以惊人的速度分化并形成完整的肌体，但是细胞的这种生长和分裂是受控制的，否则胚胎发育会发生障碍或者造成成年后癌症的发生。组织生长的控制是通过使一些细胞分化而另一些细胞死亡来实现的，细胞的不同结局是由细胞内分子信号决定的。欧洲分子生物学实验室的研究人员 Barry Thompson 发现 Hippo 信号通路能够控制细胞的分裂与死亡，如果这条信号通路活性过高，就会导致大量细胞分裂增殖而只有少量细胞死亡，这样组织就会增长过度，从而导致组织增生。更好地了解 Hippo 信号通路，也许会为该通路在组织生长、人类肿瘤及其他生物中的作用提供启示。

三、基因表达及其调控

　　生命体不同的组织和器官由不同的细胞组成。这些细胞含有同样的遗传物质DNA，但却具有各自不同的形态、结构和功能。这是因为特定基因严格按一定时间顺序开启或关闭，即是基因的表达或沉默。

　　基因表达指遗传信息的转录和翻译的过程。对这一过程的调节就称为基因调控。基因的选择性表达是细胞特异性的基础。原核生物通过基因表达的调控可以改变它们的代谢方式以适应环境的变化，多细胞生物通过基因表达的调控而实现细胞分化、形态发生和个体发育。无论是真核细胞还是原核细胞都有一套准确调节基因表达和蛋白质合成的机制，使得细胞在需要的时间和地点（空间）产生相应的特异性的蛋白质成为可能。这种机制使得生物体随时随地地改变自身基因活性以适应变幻莫测的周围环境。

基因表达调控主要发生在转录水平和翻译水平。转录水平的调控是基因表达调控的关键环节，因为遗传信息的表达首先涉及的是转录过程，尤其是原核生物，其转录和翻译几乎是同时进行的，所以转录水平的调节显得尤为重要。

1. 原核基因的表达调控

19 世纪末，人们发现酵母在有乳糖的培养基中能合成专门用于乳糖代谢的酶，如果乳糖不存在时，这种酶就不产生的现象。不久又在细菌中也发现它们对化学环境具有某种适应性，只有在某些特定的物质活诱导物存在时，某些种类的酶才能产生，保证其生存。酵母和细菌的这一类酶称为诱导酶。另一类是与化学环境无关，无论某种特定物质是否存在，它们都可以不断地被合成的酶，称为组成酶。

巴斯德研究所的 Francois Jacob 和 Jacques Monod 在对大肠杆菌乳糖分解代谢过程中酶的适应性和其他一系列研究的基础上于 1960～1961 年提出了乳糖操纵子模型（lac operon model），开创了基因表达调控机制研究的新领域。

（1）大肠杆菌的乳糖操纵子模型。操纵子（operon）是由在功能上彼此有关的几个结构基因和控制区所组成，后者包括启动子和操纵基因。操纵子只在原核生物中存在。调节乳糖消化酶产生的操纵子称为乳糖操纵子。乳糖操纵子是一个自我调节的系统，有乳糖时可产生消化乳糖的一系列酶，乳糖消化完后，酶不再产生。乳糖在这里起诱导的作用，所以被称为诱导物。

在大肠杆菌（E.coli）乳糖操纵子中有 3 个连锁在一起的结构基因，即 lac Z 基因，编码 β-半乳糖苷酶（β-galactosidase）。该酶将乳糖水解成葡萄糖和半乳糖，作为细菌代谢活动的碳源；lac Y 基因，编码 β-半乳糖苷透性酶（β-galactoside permease）。该酶的作用是使乳糖易于进入 E.coli 的细胞中；lac A 基因，编码 β-半乳糖苷乙酰基转移酶（β-galactoside acetylase），此酶的功能尚不清楚。这 3 个结构基因具有两方面的特征：按 Z、Y、A 顺序排列，且在一起转录形成一个多顺反子的 mRNA；只有当乳糖存在时，这些基因才迅速转录，形成多顺反子 mRNA，并翻译成相应的酶。这些酶是在诱导物的诱导下合成，并随着合成的进行，酶的浓度迅速增加。

调节基因（regulator gene，R）是参与其他基因表达调控的 RNA 和蛋白质的编码基因。调节基因编码的调节物通过与 DNA 上的特定位点结合来控制转录，是调控的关键。调节物与 DNA 特定位点的相互作用能以正调控方式（启动或增强基因表达活性）调节基因的表达，也能以关闭或降低基因表达活性的负调控方式来调节基因的表达活性。调节基因通常处在受调节基因的上游，其产物是阻遏蛋白。

启动子（promoter，P）是一段短的核苷酸序列，它的作用是标志转录起始的位点。RNA 聚合酶在这一位点与 DNA 接触，并开始进行转录。操纵基因（operator，O）不编码任何蛋白质，是 DNA 上一小段序列（仅为 26bp），它是调节基因所编码的阻遏蛋白的结合部位。操纵基因决定了 RNA 聚合酶是否能够与 DNA 序列上的启动子接触，从而沿着 DNA 分子移动，启动 RNA 的转录。

乳糖操纵子的基本原理：在大肠杆菌的培养基中，没有乳糖时，操纵子关闭，调节基因转录而产生 mRNA，编码的阻遏蛋白与操纵基因结合，导致 RNA 聚合酶不能与启动基因结合，致使操纵子中全部结构基因不能发生转录，而没有 3 种特定酶的合成。在培养基中含有乳糖时，乳糖与结合在操纵基因上的阻遏蛋白结合，使后者失活，从操纵基因上脱落下来，操纵基因被打开。RNA 聚合酶结合到启动子上，使结构基因进行转录、翻译而产生 3 个乳糖酶。乳糖被不断消化，培养液中的乳糖逐渐减少，最后全部被消化，阻遏蛋白脱离乳糖，恢复活性，又与操纵基因结合，阻止结构基因的转录。

操纵子模型说明，酶的诱导和阻遏是在调节基因的产物——阻遏蛋白的作用下，通过操纵基因控制结构基因的转录而发生的。由于经济的原则，细菌通常不合成在代谢过程中无用的酶蛋白质。因而，一些分解代谢的酶类只在有关的底物（或底物类似物）存在时才被诱导合成，而一些合成代谢的酶类，在产物或产物类似物的数量充足的情况下，其合成被阻遏。

（2）色氨酸操纵子。色氨酸操纵子（trp 操纵子）和乳糖操纵子恰恰相反，是在色氨酸存在时关闭，没有色氨酸时才开启。色氨酸在这里的作用不是诱导而是阻遏，因而被称为辅阻遏物（corepressor），辅阻遏物是一些能帮助阻遏蛋白发生作用的各种生物合成途径的终产物。如果培养液中或细胞中色氨酸缺乏，调节基因转录翻译而产生阻遏蛋白的大部分由于构象不符而不能和操纵基因结合。因而 trp 操纵子开放，结构基因不断转录mRNA，色氨酸不断合成。如果培养液中有了色氨酸，色氨酸和阻遏蛋白结合，使阻遏蛋白构象发生变化而结合到操纵基因上去，如果 trp 操纵子关闭，色氨酸不能产生。

2. 真核生物的基因表达调控

真核生物是由多细胞组成（酵母、藻类和原生动物等单细胞除外），细胞的结构比原核细胞要复杂得多，基因功能的调节也更加复杂。多细胞真核生物从一个受精卵到一个个体的形成要经历复杂的细胞分化和个体发育过程。在这一过程中，除了维持细胞基本生命活动必需的基因外，不同组织细胞中的基因表达受到时间和空间的严密调控。

（1）不同细胞有不同的基因表达方式。真核细胞的特异性是由于它们表达特定的基因而造成的。多细胞生物的细胞分化，是选择性基因表达的结果，就像细菌细胞具有在不同时期、不同环境条件下会产生不同的酶的能力一样。例如，编码胰岛素的基因只在胰腺中那些能够分泌激素的细胞中表达；成熟的晶状体细胞，在晶状体蛋白基因被频繁表达并积累后，这些细胞会失去它们的细胞核和几乎全部的基因。

（2）染色体结构影响基因的表达。真核细胞的染色体上带有数量巨大的基因，每一条DNA分子的单链都比一个典型的细胞核的 $5\mu m$ 直径要长数千倍，如果将人的 46 条染色体彼此相连接，将有 3m 长，所有这些 DNA 都能装入一个细胞核中，这是因为每条染色体都存在一个精密的、多层次的折叠和压缩机制。DNA 和 8 个组蛋白分子组成的核小体（nucleosome），是真核生物染色体的基本结构单位。每个核小体由 4 种组蛋白——H_{2A}、H_{2B}、H_3 和 H_4 构成。每种组蛋白有 2 个分子，从而形成一个 8 聚体。多数核小体还有非组蛋白的蛋白质分子。核小体可能通过阻止转录酶接近 DNA 分子的方式起到了调节基因表达的作用。核小体串缠绕成为一个高度螺旋的丝状结构，这种丝状结构进一步缠绕成为直径大约为 200nm 的超螺旋结构，通过折叠和缠绕，DNA 更紧密地压缩，最终形成染色体。

染色体不同区域有不同程度的螺旋化，这些区域有的涉及 RNA 合成和 DNA 复制，有些则无关。染色体的异染色质区（如着丝粒区）比常染色质区的螺旋程度高，因而结构更致密。基因的转录是以染色质结构的一系列变化为前提的，对昆虫多线染色体的研究表明，基因的活跃转录是在常染色质上进行的。转录发生之前染色质常常会在特定的区域被解螺旋而变得"疏松"。这种变化在黑腹果蝇的多线染色体的带纹区最为典型。在果蝇幼虫发育的特定时期，某些带纹区基因活跃转录时，带纹的染色体纤维解浓缩，核蛋白纤丝向外伸展成环（loop），使得局部变得很膨大而形成有特色的染色体"疏松"（puff）或称染色体泡。研究证明，一个染色体泡是由一个活化基因产生的。染色体泡在染色体上出现的位置就是基因正在进行转录活跃的区域。因此，它们成为基因开启与关闭的信号。

真核细胞的转录还涉及许多调节蛋白，而这些蛋白质之间的相互作用是十分复杂的。

（3）真核细胞 RNA 转录后的加工。在真核细胞的基因中，编码氨基酸的 DNA 序列，常常被一些非编码区所隔开，这类基因称为断裂基因或割裂基因，其非编码区称为内含子（intron），编码区称为外显子（exon）。断裂基因是 1977 年分别由 R. J. Roberts 和 P. A. Sharp 发现的，这两位科学家由于发现断裂基因及其以后有关 RNA 剪接研究中的贡献于 1993 年获得诺贝尔生理学或医学奖。断裂基因在真核生物中普遍存在，在幽门螺杆菌（*Helicobacter pylori*）的基因中以及古细菌和大肠杆菌的噬菌体中也有发现。

真核生物编码蛋白质的基因，经过转录产生的初始转录物需要经过复杂的加工后才产生成熟的 mRNA，然后，mRNA 进入细胞质，翻译成特定的蛋白质。这些初始转录物包括基因的全部 DNA 序列（外显子和内含子），是 mRNA 的前体（pre-mRNA）。mRNA 前体的加工包括 5′加帽、3′加尾、剪接和编辑等过程。RNA 剪接是将前体 mRNA 中的内含子切除，产生一个由外显子彼此相连接的，具有连续编码区的成熟的 mRNA 分子。在这些加工过程中，要受到调控的作用。例如通过不同的剪接，可由一个基因转录物产生不同的成熟 mRNA，从而翻译出不同蛋白质；又如通过 RNA 编辑后的密码子有所改变，于是将产生出与基因编码有所不同的蛋白质。

一个基因的转录产物在生物体的不同发育阶段、不同的分化细胞和不同的生理状态下，通过不同的剪接方式可以得到不同的 mRNA 和翻译的产物。因此，RNA 剪接是基因表达调节的重要环节。通过不同的 mRNA 方式的剪接，控制生物体的生长发育。无疑，这是真核生物遗传信息精确而特殊的调节和控制的重要方式之一。基因的表达调控是生物体的生命活动中一个十分复杂而协调有序的过程。

3. 基因调控蚕丝的颜色

东京大学的 TakashiSakudoh 说："对蚕的色素传输系统的了解，使得我们有可能通过基因调控来控制蚕丝的颜色和色素比例。"日本的科学家们发现吐白色丝的蚕的 Y 基因产生了变异，DNA 的片断被删除。而 Y 基因会使桑蚕能够吸收桑树叶中的类胡萝卜素——一种黄色的化学物质。科学家们发现这些变异的蚕会产生没有功能的类胡萝卜素捆绑蛋白（CBP）——一种已知会辅助色素吸收的蛋白。因此，研究人员通过基因工程技术把原始的 Y 基因引入变异的蚕，这些蚕会产生有功能的 CBP，于是就吐出了黄色的蚕丝。并且在多轮杂交后，蚕丝的黄色会更加鲜艳。

4. 基因调控的快速进化决定着物种间的差异

人类和黑猩猩的编码蛋白基因有 99% 是相同的，但二者的巨大差异是不言而喻的。这一现象的根源何在？美国科学家的一项最新研究表明，基因中的调控序列的变异速度远远超过编码蛋白基因，这在很大程度上决定着物种间的进化差异。类似的研究将有望使人们弄清编码蛋白基因和基因调控之间的平衡，进而揭开人类和黑猩猩的差异之谜。

5. 小分子 RNA——生命活动"调控剂"

基因"表达"决定了蛋白质的合成，最终决定了细胞是形成肺、肝、脑，还是其他组织。研究什么因素会激活基因表达、什么因素会抑制基因表达，对认识生命本身的生物过程至关重要，进而为医药、农业和其他领域的研究奠定基础。

而 RNA 是生物体内最重要的物质基础之一，它与 DNA 和蛋白质一起构成生命的框架。但长久以来，RNA 分子一直被认为是小角色，即它从 DNA 那儿获得自己的序列，然后将遗传信息转化成蛋白质。然而，一系列发现表明，这些小分子 RNA 事实上操纵着许多细胞功能。它可通过互补序列的结合反作用于 DNA，从而关闭或调节基因的表达。甚至某些小分子 RNA 可以通过指导基因的开关来调控细胞的发育时钟。小分子 RAN 通常以 RNA 的形式参与生命活动的调控，包括细胞的生长、发育、基因转录和翻译，以及基因沉默等。细胞体内有一种小分子 RNA，它能把一段带有表达信号的基因降解掉，就造成了基因沉默。大部分 piRNA，能在染色体上相同的位置找到。它们似乎是染色体上某类基因的分界线，这说明它们可能与染色体生物学有关。

通过对 RNA 染色，研究者们在其他哺乳动物的睾丸中也找到了潜在的这类 piRNA，包括人类、大鼠以及公牛。这些物种中的 piRNA 和小鼠的具有同样的特征，如起始端尿嘧啶强偏好性以及长度在 30 个核苷酸左右等。鉴于 piRNA 主要分布在包括人类等数种动物体睾丸的精原细胞内，科学家们推测这类小分子 RNA 功能可能与动物体精子的发育和维持相关。精子发生过程包括了很多蛋白以及 mRNA 翻译的动态调控，在这些过程中，piRNA 可能起着重要作用。piRNA 和精子细胞特异的某种蛋白相互结合，通过调控转录或者抑制翻译，来调节减数分裂以及减数分裂后事件发生的时机。虽然 piRNA 的功能仍然需要研究阐明，但是生殖细胞中的 piRNA 富集现象表明，piRNA 在配子形成的过程中起着重要作用。

鉴于 piRNA 主要分布在包括人类等数种动物体睾丸的精原细胞内，科学家们推测这类小分子 RNA 功能可能与动物体精子的发育和维持相关。虽然现在预测 piRNA 在生物医学上的应用还为时过早。

第二节　激素调控

一、植物激素的种类及其调控作用

植物激素（plant hormones，phytohormones）是指在植物体内合成的、通常从合成部位运往作用部位、对植物生长发育（发芽、开花、结果和落叶）及代谢有控制作用的化合物质。由于这类激素具有调节植物生长的能力，所以又称为植物生长调节剂。在个体发育中，不论是种子发芽、营养生长、繁殖器官形成以至整个成熟过程，主要由激素控制。在种子休眠时，代谢活动大大降低，也是由激素控制的。

植物激素这个名词最初是从动物激素沿用过来的。植物激素与动物激素有某些相似之处，然而它们的作用方式和生理效应却差异显著。例如，动物激素的专一性很强，并有产生某激素的特殊腺体和确定的"靶"器官，表现出单一的生理效应。而植物没有产生激素的特殊腺体，也没有明显的"靶"器官。植物激素可在植物体的任何部位起作用，且同一激素有多种不同的生理效应，不同种激素之间还有相互促进或相互颉颜的作用。

1. 植物激素的种类

到目前为止，公认的有五大类植物激素，它们是：生长素类、赤霉素类、细胞分裂素类、脱落酸和乙烯。除了五大类植物激素外，人们在植物体内还陆续发现了其他一些对生长发育有调节作用的物质（图 8-6）。例如，油菜花粉中的油菜素内酯，苜蓿中的三十烷醇，菊芋叶中的菊芋素（heliangint），半支莲叶中的半支莲醛（potulai），罗汉松中的罗汉松内酯（podolactone），月光花叶中的月光花素（colonyctin），还有广泛存在的多胺类化合物等都能调节植物的生长发育。此外，还有一些天然的生长抑制物质，如植物各器官中都存在的茉莉酸、茉莉酸甲酯、酚类物质中的酚酸和肉桂酸族以及苯醌中的胡桃醌等。这些物质虽然还没被公认为植物激素，但在调节植物生长发育的过程中起着不可忽视的作用。已有人建议将油菜素甾体类和茉莉酸类也归到植物激素中。随着研究的深入，人们将更深刻地了解这些物质在植物生命活动中所起的生理作用。

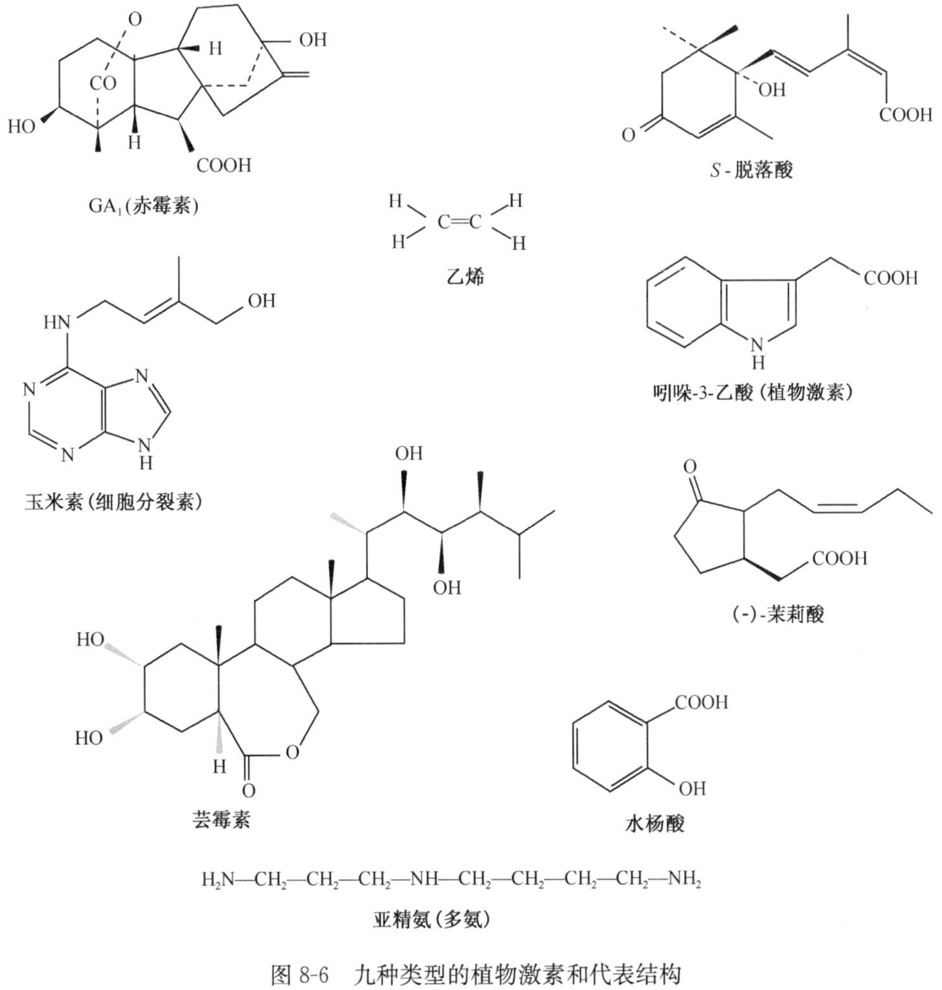

GA₁(赤霉素)　　乙烯　　S-脱落酸

玉米素(细胞分裂素)　　吲哚-3-乙酸(植物激素)

芸薹素　　(-)-茉莉酸　　水杨酸

$H_2N-CH_2-CH_2-CH_2-NH-CH_2-CH_2-CH_2-CH_2-NH_2$

亚精氨(多胺)

图 8-6　九种类型的植物激素和代表结构

　　(1) 生长素。生长素 (auxin) 是最早被发现的植物激素，它的发现史可追溯到1872 年波兰园艺学家西斯勒克 (Ciesielski) 对根尖的伸长与向地弯曲的研究。他发现，置于水平方向的根因重力影响而弯曲生长，根对重力的感应部分在根尖，而弯曲主要发生在伸长区。他认为可能有一种从根尖向基部传导的刺激性物质使根的伸长区在上下两侧发生不均匀的生长。同时代的英国科学家达尔文 (Darwin) 父子利用金丝雀虉鸟草胚芽鞘进行向光性实验，发现在单方向光照射下，胚芽鞘向光弯曲；如果切去胚芽鞘的尖端或在尖端套以锡箔小帽，单侧光照便不会使胚芽鞘向光弯曲；如果单侧光线只照射胚芽鞘尖端而不照射胚芽鞘下部，胚芽鞘还是会向光弯曲。他们在 1880 年出版的《植物运动的本领》一书中指出：胚芽鞘产生向光弯曲是由于幼苗在单侧光照下产生某种影响，并将这种影响从上部传到下部，造成背光面和向光面生长速度不同。博伊森和詹森在向光或背光的胚芽鞘一面插入不透物质的云母片，他们发现只有当云母片放入背光面时，向光性才受到阻碍。如在切下的胚芽鞘尖和胚芽鞘切口间放上一明胶薄片，其向光性仍能发生。帕尔发现，将燕麦胚芽鞘尖切下，把它放在切口的一边，即使不照光，胚芽鞘也会向一边弯曲。荷兰的温特把燕麦胚芽鞘尖端切下，放在琼胶薄片上，约 1h 后，移去芽鞘尖端，将琼胶切成小块，然后把这些琼胶小块放在去顶胚芽鞘一侧，置于暗中，胚芽鞘就会向放琼胶的对侧弯曲。如果放纯琼胶块，则不弯曲，这证明促进生长的影响可从鞘尖传到琼胶，再传到去顶胚芽鞘，这种影响与某种促进生长的化学物质有关，温特将这种物质称为生长素。根据这个原理，他创立了植物激素的一种生物测定法——燕麦试法 (avena test)，即用低浓度的生长素处理燕麦芽鞘的一侧，引起这一侧的生长速度加快，而向另一侧弯曲，其弯曲度与所用的生长素浓度在一定范围内成正比，以此定量测定生长素含量，推动了植物激素的研究。图 8-6 为九种类型的植物激素和代表结构。

　　1934 年，荷兰的 F. Kogl 等从人尿、根霉、麦芽中分离和纯化了一种刺激生长的物质，经鉴定为吲哚乙酸 (indole-3-acetic acid，IAA)，$C_{10}H_9O_2N$，相对分子质量为175.19。从此，IAA 就成了生长素的代号。除 IAA 外，还在大麦、番茄、烟草及玉米等植物中先后发现苯乙酸 (phenylactic acid，PAA)、4-氯吲哚乙酸 (4-chloroindole-3-acetic acid，4-Cl-IAA) 及吲哚丁酸 (indole-3-butyric cid，IBA) 等天然化合物，它们都不同程度的具有类似于生长素的生理活性。之后人工合成了生长素类的植物生长调节剂，如 2,4-D、萘乙酸等。

　　生长素在扩展的幼嫩叶片和顶端分生组织中合成，通过韧皮部的长距离运输，自上而下地向基部积累。植物体内的生长素是由色氨酸通过一系列中间产物而形成的。其主要途径是通过吲哚乙醛。另一条可能的合成途径是色氨酸通过吲哚乙腈转变为吲哚乙酸。在植物体内吲哚乙酸可与其他物质结合而失去活性，如与天冬氨酸结合为吲哚乙酰天冬氨酸，与肌醇结合成吲哚乙酸肌醇。此外植物组织中普遍存在的吲哚乙酸氧化酶可将吲哚乙酸氧化分解。

　　生长素有多方面的生理效应，这与其浓度有关。低浓度时可以促进生长，高浓度时则会抑制生长，甚至使植物死亡，这种抑制作用与其能否诱导乙烯的形成有关。生长素的生理效应表现在两个层次上。在细胞水平上，生长素可刺激形成层细胞分裂；刺激枝的细胞伸长、抑制根细胞生长；促进木质部、韧皮部细胞分化，促进插条发根、调节愈伤组织的形态建成。在器官和整株水平上，生长素从幼苗到果实成熟都起作用。生长素控制幼苗中胚轴伸长的可逆性红光抑制；当吲哚乙酸转移至枝条下侧即产生枝条的向地性；当吲哚乙酸转移至枝条的背光侧即产生枝条的向光性。吲哚乙酸造成顶端优势；延缓叶片衰老；施于叶片的生长素抑制脱落，而施于离层近轴端的生长素促进脱落；生长素促进开花，诱导单性果实的发育，延迟果实成熟。

（2）赤霉素。赤霉素（GA）是一类属于双萜类化合物的植物激素。内源赤霉素以游离和结合型两种形态存在，可以互相转化。

赤霉素在 pH 3~4 的溶液中最稳定，pH 过高或过低都会使赤霉素变成无生理活性的伪赤霉素或赤霉烯酸。不同的赤霉素存在于各种植物不同的器官内。幼叶和嫩枝顶端形成的赤霉素通过韧皮部输出，根中生成的赤霉素通过木质部向上运输。霉素中生理活性最强、研究最多的是 GA_3，它能显著地促进植物茎、叶生长，特别是对遗传型和生理型的矮生植物有明显的促进作用；能代替某些种子萌发所需要的光照和低温条件，从而促进发芽；可使长日照植物在短日照条件下开花，缩短生活周期；能诱导开花，增加瓜类的雄花数，诱导单性结实，提高坐果率，促进果实生长，延缓果实衰老。

（3）细胞分裂素。细胞分裂素（CTK）是一类具有腺嘌呤环结构的植物激素。它们的生理功能突出地表现在促进细胞分裂和诱导芽形成。目前已从高等植物中得到 20 几种腺嘌呤衍生物。如二氢玉米素、玉米素核苷（ZR）和异戊烯基腺嘌呤。近代人工合成了多种类似物质，如 6-苄基腺嘌呤（BA）、四氢吡喃苄基腺嘌呤（PBA）等。它们通称为细胞分裂素。根部分生组织（根尖）合成细胞分裂素最活跃，通过木质部的长距离运输从根到茎。幼叶、芽、幼果和正在发育的种子中也能形成细胞分裂素，玉米素最早就是从未成熟的玉米籽中获得的。细胞分裂素有多种生理效应。一为细胞分裂，二是诱导芽形成，三是防衰老，四是克服顶端优势。

（4）脱落酸。脱落酸（ABA）是一种具有倍半萜结构的植物激素，在衰老的叶片组织、成熟的果实、种子及茎、根部等许多部位形成。水分亏缺可以促进脱落酸形成。合成脱落酸的前体是甲瓦龙酸，在它生成法尼基焦磷酸后有两条去路：一是真菌中常见的 C_{15} 直接途径；一是高等植物中的 C_{40} 间接途径。后者先形成类胡萝卜素（紫黄质），经光或生物氧化而裂解为 C_{15} 的黄氧化素，再转化为脱落酸。脱落酸可由氧化作用和结合作用被代谢。脱落酸可以刺激乙烯的产生，催促果实成熟，它抑制脱氧核糖核酸和蛋白质的合成。生理功能有抑制与促进生长，维持种子休眠，促进果实与叶的脱落，促进气孔关闭，影响开花，影响性分化。

（5）乙烯。乙烯是一种气态激素。干旱、水涝、极端温度、化学伤害、和机械损伤都能刺激植物体内乙烯增加，称为"逆境乙烯"，会加速器官衰老、脱落。萌发的种子、果实等器官成熟、衰老和脱落时组织中乙烯含量很高。高浓度生长素促进乙烯生成。乙烯抑制生长素的合成与运输。抑制黄化豌豆幼苗伸长生长，促进增粗和改变向地性（三重反应）以及叶片产生偏上性反应是乙烯专一的生物效应，常作为生物鉴定方法。乙烯促进开花，诱导雌花形成，打破某些种子的休眠，抑制幼苗顶端钩开放，抑制根生长，诱导不定根和根毛形成，促进皮孔增生，增加植物的排泄作用。

（6）油菜素。又称芸薹素，是一类以甾醇为骨架的植物内源甾体类生理活性物质。在五大激素之外，油菜素被认为是第 6 类激素。油菜素内酯对菜豆幼苗有促进细胞分裂和伸长的双重作用，可促进整株生长，包括株高、株重和荚重等；对桦、榆等树苗不仅促进茎生长，还能使叶和侧芽数增加；在低温下降低水稻细胞内离子的外渗，表明其对细胞膜有保护作用，能提高作物耐冷性。

2. 植物激素的调控

植物体内的激素与细胞内某种称为激素受体的蛋白质结合后即表现出调节代谢的功能。激素受体与激素有很强的专一性和亲和力。有些受体存在于质膜上，与吲哚乙酸结合后改变质膜上质子泵活力，影响膜透性。有些受体存在于细胞质和细胞核中，与激素结合后影响 DNA、RNA 和蛋白质的合成，并对特殊酶的合成起调控作用。

激素间存在各种相互作用。

（1）增效作用。例如，GA_3 与 IAA 共同使用可强烈促进形成层的细胞分裂。对某些苹果品种，只有同时使用才能诱导无籽果实形成。

（2）促进作用。外源 GA_3 能促进内源生长素的合成，因为施用的 GA_3 可抑制组织内 IAA 氧化酶和过氧化物酶的活性，从而延缓 IAA 的分解。高浓度的外源生长素促进乙烯的生成。

（3）配合作用。例如，生长素可促进根原基的形成，细胞分裂素可诱导芽的产生。进行植物细胞和组织培养时，培养基中必须有配合适当比例的生长素和细胞分裂素才能表现出细胞的全能性，既长根又长芽，成为完整植株。

（4）颉颃作用。如植物顶端产生的生长素向下运输能控制侧芽的萌发生长，表现顶端优势，如将细胞分裂素外施于侧芽，可以克服生长素的控制，促进侧芽萌发生长。又如 GA_3 诱导大麦籽粒糊粉层中 α-淀粉酶生成作用可被 ABA 抑制。反之，ABA 对马铃薯芽的萌发抑制作用可被 GA_3 抵消。外源乙烯促进组织内 IAA 氧化酶的产生，从而加速 IAA 的分解，使植物体内 IAA 水平降低。

二、动物激素及其调控

细胞的物质代谢反应不仅受到局部环镜的影响，即各种代谢底物、产物的正、负反馈调节，而且还受来自于机体其他组织器官的各种化学信号的控制。激素就属于这类化学信号。激素是一类由特殊的细胞合成并分泌的化学物质，它随血液循环于全身，作用于特定的组织或细胞（称为靶组织或靶细胞），指导细胞物质代谢沿着一定的方向进行。同一激素可以使某些代谢反应加强，而使另一些代谢反应减弱，从而适应整体的需要。如果说神经系统主要负责生物体对外界刺激的感应，那么激素系统主要的功能是生物体个体内部的调控。通过激素来控制物质代谢是高等动物体内代谢调节的一种重要方式。

动物体内，分泌激素的器官称为内分泌腺，内分泌系统是各种内分泌腺的总称，这是因为它们不像唾液腺或汗腺那样，使分泌物经分泌管通向体外或消化道中。内分泌腺没有分泌管，它们所分泌的激素，经由血液循环系统，送达身体各处。实际上，不仅专门的内分泌腺分泌激素，动物体内的许多种细胞都有分泌各种激素的功能。有的细胞分泌的激素，作用于周围细胞，称为旁分泌，有的细胞甚至分泌一些化学成分，对自身有调控作用，称为自分泌。例如：前列腺素就是哺乳动物各种组织器官的细胞均能产生的一种激素。

1. 激素的分类

激素的分子构成是多种多样的。按照激素的化学性质可分为三类：多肽/蛋白质激素、胺类激素、脂类激素。

（1）多肽/蛋白质激素。多肽/蛋白质激素都是由氨基酸残基构成的肽链。肽类激素主要有下丘脑激素、降钙素、胰岛素、胰高血糖素、胃肠道激素、促肾上腺皮质激素、促黑激素等。蛋白质类激素主要有：生长素、催乳素、促甲状腺素、甲状旁腺素等。

（2）胺类激素。胺类激素主要为酪氨酸衍生物，包括甲状腺素、儿茶酚胺类激素（肾上腺素、去甲肾上腺素）和褪黑素等。胺类、肽类和蛋白质激素因都含有氮元素，故又合称为含氮激素。

（3）脂类激素。脂类激素均为脂质衍生物，分子质量小，而且都是脂溶性的非极性分子，可以直接透过靶细胞膜，多与胞内受体结合发挥生理效应。类固醇激素，主要包括肾上腺皮质和性腺分泌的激素，如醛固酮、皮质醇、雄激素、雌激素和孕激素等。固醇激素1,25-双羟维生素 D_3、脂肪酸衍生物；前列腺素类包括血栓素和白细胞三烯类等生物活性物质。

2. 激素作用的一般特点

激素在体内的生理作用，主要是调节细胞的代谢和行为，往往数量很少，在很低的浓度下，就能起到很强的调节作用，使细胞发生明显的改变。通常把激素称为信号分子。激素作用的一般特点为：

（1）信使作用。它们作用于靶细胞时，既不能添加成分，也不能提供能量，只能将携带的信息传递给靶细胞，促进或抑制靶细胞内原有的生理生化过程。只能作为第一信使。

（2）特异性。激素只能选择性地作用于某些器官和组织细胞，产生特异的作用，是由于靶细胞膜上或细胞浆内或细胞核内具有该激素的受体。

（3）高效性。这是因为激素与受体结合后，在细胞内发生了一系列酶促放大作用，逐级放大其后续效应，形成一个高效能生物放大系统。

（4）激素间的相互作用。激素间的相互作用有协同作用、颉颃作用。

3. 激素的作用机制

激素作用的机制实际上就是细胞信号的转导过程。目前主要有以下两种机制：

（1）由胞膜受体介导的机制。该机制主要是针对那些含氮激素以及前列腺素。含氮激素均为非脂溶性物质，不能穿透细胞膜，只能与胞膜上受体结合，而脂溶性的前列腺素则能透过细胞膜与细胞膜内侧的受体结合。这些激素先与胞膜受体结合，再通过激发，细胞内生成第二信使物质，而实现调节效应。这就是著名的第二信使学说。

（2）胞内受体介导机制。类固醇一类激素直接进入细胞内，与胞内受体结合成复合物，并向细胞核内转移，再与核受体结合变成有生物活性的核内激素-受体复合物（简称活性复合物），触发基因的转录过程，生成新的 mRNA 诱导新的蛋白质的合成，再引起细胞的最终效应。此外，还有一些激素（如雌激素、孕激素及雄激素）是直接穿过核膜与核受体结合，调节基因表达。

4. 激素传导途径

激素的作用显示很强的专一性。各种激素分子随血液循环到达身体各处，但是只有一定的细胞才对特异的激素分子作出独特的反应。在胞内，脂溶性激素和水溶性激素的信号传递途径是存在差异的。

（1）脂溶性激素的信号传递途径。脂溶性激素（即固醇类激素）的受体通常位于细胞核中，固醇类激素可以穿过细胞膜进入细胞，和受体在细胞质或细胞核内相结合，改变了受体蛋白质的构象，使它能够专一地结合到核内 DNA 分子的某个特定位置，调节基因的表达，即调节 DNA 转录为 mRNA 的过程。从而使细胞合成出新的蛋白质，或者使细胞停止合成某种蛋白质（图 8-7）。所以，受固醇类激素活化的受体，起着转录调节因子的作用。

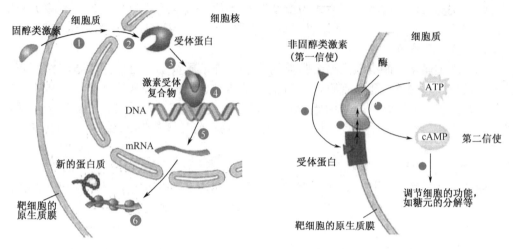

图 8-7　固醇激素的作用过程　　　　　　　图 8-8　非固醇激素的作用过程

（2）水溶性激素的信号传递途径。例如，胰岛素，肾上腺素等激素不进入细胞内，它们也有各自专一的受体，但位于细胞膜上。激素分子与受体的结合推动了存在于细胞膜附近的一个酶，腺苷酸环化酶的活化，在该酶的作用下，ATP 变为 cAMP（环状腺苷酸），再由 cAMP 活化和推动以下的各种细胞内反应（图 8-8）。在受体活化以后 cAMP 在胞内起着"承"外"启"内的关键作用，后来又有多种生物分子，包括钙离子，起着胞内第二信使的作用。

5. 激素分泌的调控

激素分泌调节系统有神经调节和体液调节。神经调节包括神经垂体和肾上腺髓质激素的分泌，直接受神经控制；植物性神经系统会影响内分泌腺的分泌，许多内分泌腺体含有丰富的交感或副交感神经纤维，中枢神经系统通过下丘脑分泌各种释放激素和释放抑制激素，经过垂体门脉系统调节腺垂体多种促激素的分泌，进而再影响和调节其他内分泌腺的分泌，叫神经-体液调节。体液调节主要分为激素的反馈调节和血浆无机盐或有机营养物质浓度的反馈调节。有负反馈和正反馈。

（1）下丘脑-神经垂体激素。下丘脑的室上核与室旁核主要产生抗利尿素/血管升压素和催产素，暂时贮存于神经垂体，在适宜的刺激下释放入血，发挥作用。下丘脑的促腺垂体区的神经内分泌细胞所产生的肽类激素主要调节腺垂体的活动，因此又称为下丘脑调节肽。下丘脑调节肽已经知道的有九种，它们可分为释放激素和抑制激素两类。

调节性多肽与腺垂体靶腺细胞膜受体结合后通过第二信使和细胞内 Ca^{2+} 介导（如生长抑素等）或二者兼之调节腺垂体相应激素的释放。

（2）甲状腺素分泌调节。甲状腺素在腺泡腔内以胶质的形式贮存。当甲状腺受到 TSH 刺激后，腺泡细胞顶端通过吞饮作用和溶酶体蛋白水解酶作用下，T3、T4 迅速进入血液。T3、T4 释放进入血液后，一种与血浆蛋白结合，另一种则呈游离状态，两者之间可互相转化，维持动态平衡。游离的甲状腺素很少，只有游离的激素才能进入细胞发挥作用。T3、T4 对腺垂体有负反馈调节作用；T3、T4 能刺激甲状腺素细胞分泌一种抑制性蛋白，一方面能抑制 T 的合成和释放，另一方面，又降低腺垂体对 TRH 的敏感性；T3、T4 本身也能抑制腺垂体 TSH 的释放。

　　甲状腺具有能适应血液中碘的供应的变化，而调节自身摄取碘和合成、释放 T3、T4 的能力，在某种情况下不受 TSH 的影响。表现在当血液中的 $[I^2]$ ↑ 时，甲状腺摄碘能力加强，T3、T4 合成、释放增加。但当 $[I^2]$ ↑ 超过一定范围时，甲状腺会出现一个短暂的摄碘能力加强，T3、T4 合成、释放增加，随后摄碘能力↓，若 $[I^2]$ 再提高，摄碘能力几乎消失。如果 $[I^2]$ 持续升高，甲状腺摄碘能力和 T3、T4 合成、释放又重新增加。若血液中 $[I^2]$ ↓，甲状腺摄碘能力会加强并合成和释放 T3、T4。这种自身调节是一个缓慢的过程，具体机制尚不清楚，其意义在于可以暂时缓解从食物中摄取碘的变化对 T3、T4 合成和释放的影响。

　　6. 视黄酸对生殖细胞的调控

　　解开生物学"哥德巴赫"猜想——为什么雄性产生精子，而雌性产生卵子。视黄酸（retinoic acid）又称维生素 A 酸，也叫维甲酸，是维生素 A 的活性衍生物，其实对视觉并没有什么直接的作用，主要是对动物的正常发育和保持上皮组织、软骨的正常性有与视黄醇相同的效果。除全反式化合物外，还有 3 种异构体。研究人员发现视黄酸可以引起减数分裂，而减数分裂开始的时间会决定一个发育中的生殖细胞是向雄性还是雌性的方向发展：如果减数分裂在胚胎发育时发生，生殖细胞成为卵子；如果减数分裂被推迟到出生之后，生殖细胞则会成为精子。因此要发育成雄性胚胎，需要细胞中一类维生素 A 降解酶——CYP26B1 降解视黄酸，来推迟减数分裂的时间。来自霍德华休斯医学院（Howard Hughes Medical Institute）的 Jana Koubova 等人也提出减数分裂成卵子还是精子的转换过程需要视黄酸基因 8（*Stra 8*）的刺激。这两个研究为实现调控生殖干细胞发育成卵子或者精子提供一个方法。

第三节　神 经 系 统

一、神经系统的组成

　　神经系统是人体内由神经组织构成的全部装置，主要由神经元组成。神经系统由中枢神经系统和遍布全身各处的周围神经系统两部分组成。中枢神经系统包括脑和脊髓，分别位于颅腔和椎管内，是神经组织最集中、构造最复杂的部位。存在有控制各种生理机能的中枢。周围神经系统包括各种神经和神经节。其中同脑相连的称为脑神经，与脊髓相连的为脊神经，支配内脏器官的称植物性神经。各类神经通过其末梢与其他器官系统相联系。神经系统具有重要的功能，是人体内起主导作用的系统。一方面它控制与调节各器官、系统的活动，使人体成为一个统一的整体。另一方面通过神经系统的分析与综合，使机体对环境变化的刺激作出相应的反应，达到机体与环境的统一。神经系统对生理机能调节的基本活动形式是反射。人的大脑高度发展，使大脑皮质成为控制整个机体功能的最高级部位，并具有思维、意识等生理机能。神经系统发生于胚胎发育的早期，由外胚层发育而来。

$$
神经系统组成
\begin{cases}
中枢神经系统
\begin{cases}
脑
\begin{cases}
大脑：大脑皮层有许多神经中枢 \\
小脑：使运动协调、正确，维持身体平衡 \\
脑干：有专门调节心跳、呼吸、血压等基本生命活动的中枢
\end{cases} \\
脊髓：能刺激产生有规律的反应，并且是脑和躯干、内脏之间的联系通道
\end{cases} \\
周围神经系统
\begin{cases}
脑神经 \\
脊神经
\end{cases}
传导神经冲动
\end{cases}
$$

1. 神经元

神经元的类型很多，按照神经元的功能不同，可以分为三类：感觉神经元（传入神经元）、运动神经元（传出神经元）、中间神经元（联络神经元）。

（1）感觉神经元。感觉神经元又称为传入神经元，是把神经冲动从外周传到神经中枢的神经元；细胞形态为假单极或双极神经元。接受来自体内外的刺激，将神经冲动传到中枢神经。神经元的末梢，有的呈游离状，有的分化出专门接受特定刺激的细胞或组织。分布于全身。在反射弧中，一般与中间神经元连接。在最简单的反射弧中，如维持骨骼肌紧张性的肌牵张反射，也可直接在中枢内与传出神经元相突触。一般来说，传入神经元的神经纤维，进入中枢神经系统后与其他神经元发生突触联系以辐散为主，即通过轴突末梢的分支与许多神经元建立突触联系，可引起许多神经元同时兴奋或抑制，以扩大影响范围。

（2）运动神经元。运动神经元又称为传出神经元，是把神经冲动从神经中枢传到外周的神经元。细胞形态为多极神经元。神经冲动由胞体经轴突传至末梢，使肌肉收缩或腺体分泌。传出神经纤维末梢分布到骨骼肌组成运动终板；分布到内脏平滑肌和腺体时，包绕肌纤维或穿行于腺细胞之间。在反射弧中，一般与中间神经元联系的方式为聚合式，即许多中间神经元和同一个传出神经元构成突触，使许多不同来源的冲动同时或先后作用于同一个神经元。经过中枢的整合作用，使反应更精确、协调。

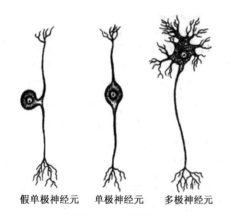

图 8-9　三类神经元

（3）中间神经元。中间神经元又称为联络神经元，中间神经元是在传入和传出两种神经元之间起联系作用的神经元，位于脑和脊髓内。此外，还可以按照神经元突起的数目不同，而分为假单极神经元、双极神经元和多极神经元三类（图 8-9）。假单极神经元由细胞体发出一个突起，在一定距离又分为两支，其中的一支相当于树突，另一支相当于轴突。如脊神经节的神经元是假单极神经元。双极神经元由细胞体发出两个突起，一个是树突，另一个是轴突。如耳蜗神经节的神经元为双极神经元。多极神经元由细胞体发出多个树突和一个轴突。如脊髓等中枢神经系统内的神经元大多属于多极神经元。

2. 神经纤维

神经纤维是由神经元的轴突或长的树突以及套在外面的髓鞘组成的。习惯上把神经纤维分为两类：有髓神经纤维和无髓神经纤维。有髓神经纤维的轴突外面包有髓鞘。

髓鞘呈有规则的节段，两个节段之间的细窄部分叫做郎氏结。周围神经纤维的髓鞘来源于施万细胞，在电镜下观察，可以看到髓鞘是由许多明暗相间的同心圆板层组成的。这种同心圆板层是由施万细胞的细胞膜在轴突周围反复包卷而成的。中枢神经纤维的髓鞘来源于少突胶质细胞，由少突胶质细胞的细胞膜包卷轴突而成（其包卷方式与施万细胞包卷方式不同）。

无髓神经纤维过去认为没有髓鞘，现在证明它也有一薄层髓鞘，而不是完全没有髓鞘。在电镜下观察，无髓神经纤维是指一条或多条轴突被包在一个施万细胞内，但细胞膜不作反复的螺旋卷绕，所以不形成具有板层结构的髓鞘。由于施万细胞不一定完全包裹这些轴突，所以常有裸露的部分。植物性神经的节后纤维、嗅神经或部分感觉神经纤维属于这类神经纤维。

3. 神经胶质细胞

神经胶质细胞是神经组织中的一类细胞，根据其不同的形态和功能，可以分为星状胶质细胞（包括原浆性星状胶质细胞和纤维性星状胶质细胞两种，少突胶质细胞和小胶质细胞。HE染色只能显示其细胞核，用特殊的金属浸镀技术（银染色）或免疫细胞化学方法可显示细胞的全貌。

此外，周围神经内的施万细胞也属于神经胶质细胞。神经胶质细胞具有突起，但与神经组织中的另一类细胞——神经元不同，没有树突和轴突之分。它的数量比神经元多，分布在神经元周围，交织成网，构成神经组织的网状支架，对神经元起着支持、营养和修复等作用。

4. 突触

神经元与神经元之间，或神经元与非神经细胞（肌细胞、腺细胞等）之间的一种特化的细胞连接，称为突触（synapse）。它是神经元之间的联系和进行生理活动的关键性结构。突触可分两类，即化学性突触（chemical synapse）和电突触（electrical synapse）。通常所说的突触是指前者而言。

（1）化学性。光镜下，多数突触的形态是轴突终末呈球状或环状膨大，附在另一个神经元的胞体或树突表面，其膨大部分称为突触小体（synaptosome）或突触结（synaptic bouton）。根据两个神经元之间所形成的突触部位，则有不同的类型，最多的为轴-体突触（axo-somatic synapse）和轴-树突触（axo-axonal synapse），此外还有轴-棘突触（axo-spinous），轴-轴突触（axo-axonal synapse）和树-树突触（dendrodriticsynapse）等等。通常一个神经元有许多突触，可接受多个神经元传来的信息，如脊髓前角运动神经元有2000个以上的突触。大脑皮质锥体细胞约有30000个突触。小脑浦肯野细胞可多达200000个突触，突触在神经元的胞体和树突基部分布最密，树突尖部和轴突起始段最少。

电镜下，突触由三部分组成（图8-10）：突触前部、突触间隙和突触后部。突触前部和突触后部相对应的细胞膜较其余部位略增厚，分别称为突

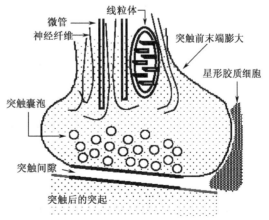

图8-10 突触的组成

触前膜和突触后膜，两膜之间的狭窄间隙称为突触间隙。

突触前部（presynaptic element），神经元轴突末端呈球状膨大，轴膜增厚形成突触前膜，厚约 6～7 nm。在突触前膜部位的胞浆内，含有许多突触囊泡（synaptic vesicle）以及一些微丝和微管、线粒体和滑面内质网等。突触小泡是突触前部的特征性结构，小泡内含有化学物质，称为神经递质（neurotransmitter）。各种神经递质在胞体内合成，形成囊泡，通过轴突的快速顺向运输到轴突末端。新近研究发现在中枢和周围神经系统中，有两种或两种以上神经递质共存于一个神经元中，在突触小体内可有两种或两种以上不同形态的突触囊泡。如交感神经节内的神经细胞，有乙酰胆碱和血管活性肠肽。前者支配汗腺分泌；后者作用于腺体周围的血管平滑肌使其松弛，增加局部血流量。神经递质共存的生理功能，是协调完成神经生理活动作用，使神经调节更加精确和协调。

突触后部（postsynaptic element），多为突触后神经元的胞体膜或树突膜，与突触前膜相对应部分增厚，形成突触后膜（postsynaptic membrane）。厚为 20～50nm，比突触前膜厚，在后膜具有受体和化学门控的离子通道。根据突触前膜和后膜的胞质面致密物质厚度不同，可将突触分为Ⅰ和Ⅱ两型：①Ⅰ型突触（type Ⅰ synapse）后膜胞质面致密物质比前膜厚，因而膜的厚度不对称，故又称为不对称突触（asymmetrical synapse）；突触小泡呈球形，突触间隙较宽（20～50nm）；一般认为Ⅰ型突触是兴奋性突触，主要分布在树突干上的轴-树突触。②Ⅱ型突触（type Ⅱ synapse）前、后膜的致密物质较少，厚度近似，故称为对称性突触（symmetrical synapse），突触小泡呈扁平形，突触间隙也较窄（10～20nm）。认为Ⅱ型突触是一种抑制性突触，多分布在胞体上的轴-体突触。

突触间隙（synaptic space），位于突触前、后膜之间的细胞外间隙，宽约 20～30nm，其中含糖胺多糖（如唾液酸）和糖蛋白等，这些化学成分能和神经递质结合，促进递质由前膜移向后膜，使其不向外扩散或消除多余的递质。

突触的传递过程，是神经冲动沿轴膜传至突触前膜时，触发前膜上的电位门控钙通道开放，细胞外的 Ca^{2+} 进入突触前部，在 ATP 和微丝、微管的参与下，使突触小泡移向突触前膜，以胞吐方式将小泡内的神经递质释放到突触间隙。其中部分神经递质与突触后膜上的相应受体结合，引起与受体偶联的化学门控通道开放，使相应的离子经通道进入突触后部，使后膜内外两侧的离子分布状况发生改变，呈现兴奋性（膜的去极化）或抑制性（膜的极化增强）变化，从而影响突触后神经元（或效应细胞）的活动。使突触后膜发生兴奋的突触，称兴奋性突触（exitatory synapse），而使后膜发生抑制的称抑制性突触（inhibitory synapse）。突触的兴奋或抑制决定于神经递质及其受体的种类，神经递质的合成、运输、贮存、释放、产生效应以及被相应的酶作用而失活，是一系列神经元的细胞器生理活动。一个神经元通常有许多突触，其中有些是兴奋性的，有些是抑制性的。如果兴奋性突触活动总和超过抑制性突触活动总和，并达到能使该神经元的轴突起始段发生动作电位，出现神经冲动时，则该神经元呈现兴奋，反之，则表现为抑制。

化学突触的特征，是一侧神经元通过出胞作用释放小泡内的神经递质到突触间隙，相对应一侧的神经元（或效应细胞）的突触后膜上有相应的受体。具有这种受体的细胞称为神经递质的效应细胞或靶细胞，这就决定了化学突触传导为单向性。突触的前后膜是两个神经膜特化部分，维持两个神经元的结构和功能，实现机体的统一和平衡。

故突触对内、外环境变化很敏感，如缺氧、酸中毒、疲劳和麻醉等，可使兴奋性降低；茶碱、碱中毒等则可使兴奋性增高。

（2）电突触。电突触是神经元间传递信息的最简单形式，在两个神经元间的接触部位，存在缝隙连接，接触点的直径约为 $0.1\sim10\mu m$。也有突触前、后膜及突触间隙。突触的结构特点，突触间隙仅 $1\sim1.5nm$，前、后膜内均有膜蛋白颗粒，显示呈六角形的结构单位，跨跃膜的全层，顶端露于膜外表，其中心形成一微小通道，此小管通道与膜表面相垂直，直径约为 $2.5nm$，小于 $1nm$ 的物质可通过，如氨基酸。缝隙连接两侧膜是对称的。相邻两突触膜，膜蛋白颗粒顶端相对应，直接接触，两侧中央小管，由此相通。轴突终末无突触小泡，传导不需要神经递质，是以电流传递信息，传递神经冲动一般均为双向性。神经细胞间电阻小，通透性好，局部电流极易通过。电突触功能有双向快速传递的特点，传递空间减少，传送更有效。现在已证明，哺乳动物大脑皮质的星形细胞，小脑皮质的篮状细胞、星形细胞，视网膜内水平细胞、双极细胞，以及某些神经核，如动眼神经运动核前、庭神经核、三叉神经脊束核，均有电突触分布。电突触的形式多样，可见有树-树突触、体-体突触、轴-体突触、轴-树突触等。

电突触对内、外环境变化很敏感。在疲劳、乏氧、麻醉或酸中毒情况下，可使兴奋性降低。而在碱中毒时，可使兴奋性增高。连接部位的神经细胞膜并不增厚，膜两侧旁胞浆内无突触囊泡，两侧膜上有沟通两细胞胞浆的通道蛋白，允许带电离子通过而传递电信号。电突触传递的功能是促进不同神经元产生同步性放电。

二、兴奋及其传导

神经冲动是指沿神经纤维传导着的兴奋。实质是膜的去极化过程，以很快速度在神经纤维上的传播，即动作电位的传导。感受性冲动的传导，按神经纤维的不同，有两种情况：一种是无髓纤维的冲动传导，当神经纤维的某一段受到刺激而兴奋时，立即出现锋电位，即该处的膜电位暂时倒转而除极化（内正外负），因此在兴奋部位与邻近未兴奋部位之间出现了电位差，并发生电荷移动，称为局部电流，这个局部电流刺激邻近的安静部位，使之兴奋，即产生动作电位，这个新的兴奋部位又通过局部电流再刺激其邻近的部位，依次推进，使膜的锋电位沿整个神经纤维传导；另一种是有髓神经纤维的冲动传导，其传递是跳跃性的。因有髓鞘，使离子不能有效地通过，但在郎飞结处轴突裸露，此处膜的通透性比无髓纤维膜的通透性大 500 倍左右，离子很容易通透，因而当一郎飞结处兴奋时，这一区域出现除极，局部电流只能沿轴突内部流动，直至下一个未兴奋的郎飞结处才穿出。在局部电流的刺激下，兴奋就以跳跃方式从一个郎飞结传至下一个郎飞结而不断向前传导。所以，有髓纤维的传导速度比无髓纤维更快。

1. 神经冲动的传递特征

神经冲动的传递具有完整性、绝缘性、双向传导和相对不疲劳性和非递减性的特征。

（1）完整性。神经纤维必须保持解剖学上与生理学上的完整性，由于一些原因（如纤维切断、机械压力、冷冻、电流、化学药品作用等）致使神经纤维局部结构或机能发生改变，神经的传导则中断。

（2）绝缘性。神经冲动在传导时不能传导至同一个神经干内的邻近神经纤维。

（3）双向传导。刺激神经纤维的任何一点，产生的冲动可沿纤维向两端同时传导。

（4）相对不疲劳性和非递减性。在传导过程中，锋电位的幅度和传导速度不因传导距离增大而减弱，也不因刺激作用时间延长而改变。这是因为神经传导的能量来源于兴奋神经本身。

2. 中枢部分兴奋传布的特征

中枢部分兴奋的传布，不同于神经纤维上的冲动传导。反射弧中枢部分兴奋传布的特征：

（1）方向性。单向传布在人为刺激神经时，兴奋可由刺激点爆发后沿神经纤维向两个方向传导（双向性）；但在中枢内大量存在的化学性突触处，兴奋传布只能由传入神经元向传出神经元方向传布，也即兴奋只能由一个神经元的轴突向另一个神经元的胞体或突起传递，而不能逆向传布，单向传布是由突触传递的性质的决定的，因为只有突触前膜能释放神经递质。但是近年来的研究指出，突触后的靶细胞也能释放一些物质分子（如 NO、多肽等）逆向传递到突触前末梢，改变突触前神经元的递质释放过程。因此，从突触前后的信息沟通角度来看，是双向的。

（2）中枢延搁。兴奋通过中枢部分比较缓慢，称为中枢延搁。这主要是因为兴奋越过突触要耗费比较长的时间，这里包括突触前膜释放递质和递质扩散发挥作用等环节所需的时间。根据测定，兴奋通过一个突触所需时间约为 0.3～0.5ms。因此，反射进行过程通过的突触数愈多，中枢延搁所耗时间就愈长。在一些多突触接替的反射，中枢延搁可达10～20ms；而在那些和大脑皮层活动相联系的反射，可达 500ms。所以，中枢延搁就是突触延搁。

（3）反射性传出效应。总和在中枢内，由单根传入纤维的单一冲动，一般不能引起反射性传出效应。如果若干传入纤维同时传入冲动至同一神经中枢，则这些冲动的作用协同起来发生传入效应，这一过程称为兴奋的总和。因为中枢神经元与许多传入纤维发生突触联系，其中任何一个单独传入的冲动往往只引起该神经元的局部阈下兴奋，亦即产生较小的兴奋性突触后电位，而不发生传布性兴奋。如果同时或差不多同时有较多地传入纤维兴奋，则各自产生的兴奋性突触后电位就能总和起来，在神经元的轴突始段形成较强的外向电流，从而爆发扩布性兴奋，发生反射的传出效应。局部阈下兴奋状态是神经元兴奋性提高的状态，此时神经元对原来不易发生传出效应的其他传入冲动就比较敏感，容易发生传出效应，这一现象称为易化。兴奋的总和包括空间性总和及时间性总和两类。如在第一个阈下刺激引起的局部兴奋未消失前，紧接着给予第二个阈下刺激，两个刺激所引起的局部兴奋可叠加起来，这种局部兴奋的总和为时间总和；同样，在相邻细胞膜同时受到两个或两个以上阈下刺激时，它们所引起的局部兴奋也可以叠加起来，称为空间总和。局部兴奋的总和，可使膜电位接近直至达到阈电位水平，从而触发扩布性兴奋。

3. 生物电

细胞的生物电现象主要表现为安静时膜的静息电位（resting potential）和受到刺激时产生动作电位。

（1）静息电位。安静时存在于细胞膜内外两侧的电位差，称为静息电位。膜内电位差大多在 $-100 \sim -10$mV之间。生理学将静息电位存在时，膜两侧所保持的内负外正状态，称为膜的极化。如细胞受到刺激，膜的极化状态就可能发生改变。如膜内电位负值减小，称为去极化或除极化；相反，如膜内电位负值增大，称超极化；膜去极化后，又恢复到安静时的极化状态，则称复极化。

（2）动作电位。神经轴突一次有效刺激后，膜内、外的电位差迅速减少直至消失，进而出现两侧电位极性的倒转，由静息时膜内为负膜外为正，变成膜内为正膜外为负，然而，膜电位的这种倒转是暂时的，它又很快恢复到受刺激前的静息状态。膜电位的这种迅速而短暂的波动，称为动作电位。

（3）膜电位的产生机制——霍奇金的离子学说。霍奇金（Hodgkin）的离子学说：生物电的产生依赖于细胞膜两侧离子分布的不均匀性和膜对离子严格选择的通透性及其不同条件下的变化，而膜电位产生的直接原因是离子的跨膜运动。

大量研究证实，神经、肌肉的细胞膜上都有 Na^+ 通道和 K^+ 通道，静息时，膜主要表现 K^+ 通道的部分开放，即对 K^+ 有通透性，于是，膜内高浓度的 K^+ 离子顺着本身的浓度梯度向膜外扩散，而膜内的负离子大多数为大分子有机磷酸和蛋白质的离子，它们不能随 K^+ 外流。K^+ 外流的结果使膜外聚集较多的正离子，膜内则为较多的负离子，形成膜两侧的电位差，其极性为膜外为正，膜内为负。当膜内外的电位差达到某一临界点时，该电位差又阻止 K^+ 进一步的外流。当膜的 K^+ 净通量为零，膜两侧的电位差稳定在一个水平时，即是静息电位。可见，静息时膜主要对 K^+ 有通透性和 K^+ 的外流是静息电位形成的原因。

动作电位的成因起自于刺激对膜的去极化作用。当膜去极化达到某一临界水平时（具有这种临界意义的膜电位，称阈电位），膜对 Na^+ 和 K^+ 的通透性会发生一次短促的可逆性变化。开始，膜的 Na^+ 通道被激活，Na^+ 通道突然打开，使膜对 Na^+ 的通透性迅速增大。Na^+ 借助于电化学梯度迅速内流，导致膜内极性急剧减少，进而出现极性倒转，呈现出膜内为正、膜外为负的反极化状态。此时膜两侧的电位差亦阻止 Na^+ 内流。当电场力的作用足以阻止 Na^+ 的继续内流时，Na^+ 净通量为零，膜两侧形成 Na^+ 的平衡电位，该电位相当于动作电位的锋值。由此可见，动作电位上升支的形成是膜对 Na^+ 通透性突然增大和 Na^+ 的迅速大量内流所致。然而膜对 Na^+ 通透性增大是短暂的，当膜电位接近锋值水平时，Na^+ 通道突然关闭，膜对 Na^+ 通透性回降，而对 K^+ 通透性增高，K^+ 的外流，又使膜电位恢复到内负、外正的状态，形成动作电位下降。在动作电位发生后的恢复期间，钠泵活动也增强，将内流的 Na^+ 排出，同时将细胞外 K^+ 移入膜内，恢复原来离子浓度梯度，重建膜的静息电位。

三、人体脑系统及其功能

1. 脑的保护结构

既然脑是最重要的器官，在进化过程中，自然界也给了脑最严密的保护。这种慎密的结构既保护脑、又能营养脑以及排出脑代谢的产物。人的大脑位于颅腔内，大脑分为左右两半球。脑实质外的颅骨、脑膜、血管和血-脑屏障等构成了脑的物理、化学环境，正是这些理化环境的相对稳定才保证了脑的正常生理功能（图8-11）。

脑膜是一种特殊化的致密结缔组织，对脑起着机械、化学和生物学等方面的保护作用。脑膜有硬膜（或称韧膜）、蛛网膜和软膜3层组成。

脑脊液是一种比重低而清晰的液体，含有较多的电解质（$NaCl$、KCl、$CaCl_2$ 等），及少量的蛋白质和葡萄糖。脑脊液的成分与血浆成分具有一定的差异，脑脊液的蛋白质含量极微（大部分是白蛋白，球蛋白少于 16%），葡萄糖的含量也仅为血糖的 60%～70%，各种离子的浓度也有高、有低。这是由于脑内存在着血-脑脊液屏障，使血液中的高分子成分很难进入脑脊液。脑脊液起着水垫作用，使脑"悬浮"于脑脊液

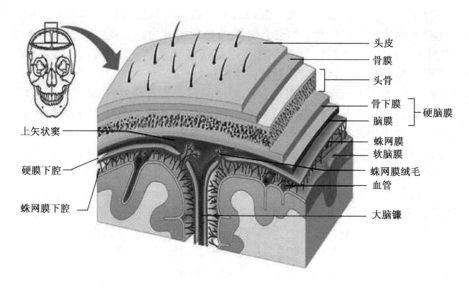

头皮
骨膜
头骨
骨下膜
脑膜
硬脑膜
蛛网膜
软脑膜
蛛网膜绒毛
血管
大脑镰
上矢状窦
硬膜下腔
蛛网膜下腔

图 8-11　脑的保护环境
（叶创兴等，2006）

中，协助维持恒定的颅内压，排除脑和脊髓中的废物，又为脑和脊髓提供营养物质。脑脊液的总量随年龄有所增长。正常成人为 120～180mL，平均为 150mL。脑脊液每天可以更新 4 次。

此外，中枢神经系统中存在着 3 种屏障来保护脑，即血-脑屏障，血-脑脊液屏障和脑脊液-脑屏障。

2. 睡眠与觉醒

睡眠和觉醒是人类和较高等动物生命活动必需的两个相互转化的生命过程。正常充足的睡眠是觉醒时各种活动和工作的保证。睡眠与觉醒相互交替的节律活动不是完全由环境昼夜交替引起的被动反应，而是身体内部的振荡机制进行调节和维持的结果。

成年人正常睡眠是由慢波睡眠与快波睡眠两个时相周期交替形成的，每夜大约反复转变 4～5 次。开始入睡时首先进入慢波睡眠（slow wave sleep，SWS），或称非快速眼动睡眠（non-rapid-eye-movement sleep，NREM）；再转为快波睡眠，或称异相睡眠（paradoxical sleep，PS），这个阶段发生在慢波睡眠之后，常伴有间断性的眼球快速运动，又称快速动眼睡眠（rapid-eye-movement sleep，REM）。在人的一生中，每天睡眠总时间随年龄增长而逐渐减少，其中快波睡眠时间缩短更明显。新生儿的快波睡眠占整个睡眠时间的 50% 左右，成年人只占 20%～30%，老年人占的比例更小。

脑电图（Electroencephalography，EEG）记录技术的发展及应用，有力地推进了睡眠的实验性研究。根据脑电图描记的特征性改变和睡眠深度，睡眠周期可细分五期。其中，Ⅰ～Ⅳ期为慢波睡眠，第五期为快波睡眠。

Ⅰ期睡眠是清醒和睡眠之间的转换期，人很容易在此期醒来，约占睡眠总时间 5%～10%。EEG 特征是 Alpha 波逐渐减少，低幅的 Theta 波和 Beta 波不规则地混杂在一起，脑电波波幅较小。正常人此期通常不超过数分钟，随即进入Ⅱ期。

Ⅱ期睡眠约占整个睡眠周期的 50%，是所有各期中所占比例最大的；脑电图表现为 4～7sTheta 波，出现睡眠梭形波（sleep spindle）并伴有少量的 Delta 波。

Ⅲ期：以 k 复合波（k complex）为特征。k 复合波系 Theta 波和睡眠梭形波的复合，表现为睡眠梭形波载于 Delta 波上或紧跟于 Delta 波后面。

Ⅳ期：EEG 呈现 1.5～2Hz、$75\mu V$ 以上的 Delta 波，数量超过 50％。

Ⅲ、Ⅳ期又称再生期，人体进行自我愈合及修补，占总睡眠的 20％。

Ⅴ期即 REM 期，为深度睡眠阶段，占总睡眠 20％～25％，人的梦 80％发生于此期，这时脑血流量增大、耗氧量增多、蛋白质合成增加、脑代谢也加强，呼吸常不规则，血压也不够稳定，全身肌肉张力极度降低，某些易在夜间发作的疾病常常出现在这个时相。如果人正好从此期中醒来，则能完整地叙述梦。

睡眠并不是脑活动的简单停止，而是脑活动状态的转变。睡眠时脑血流和代谢有时还有增强的趋势，表明睡眠是一种主动、积极的生理过程，有着复杂的脑神经元活动。睡眠与觉醒是生物节律最为重要的外在表现，睡眠的实施由褪黑素、视交叉上核的节律性活动，以及脑干上行激活系统、脑干上行抑制系统，以及大脑皮层、海马边缘系统等神经结构相互作用、相互影响而得以共同实现。睡眠和觉醒的交替节律由大脑的网状激活系统控制。异相睡眠中运动机能的深度抑制，是借助于蓝斑下面的神经核团中的"异相睡眠-开"（PS-ON）神经元，投射至延髓的巨细胞核，并经腹外侧网状脊髓束至脊髓，从而引起四肢肌肉的几乎完全松弛。下丘脑与睡眠密切相关，损毁下丘脑后部使动物处于昏迷状态，而损毁下丘脑前部将引起严重的失眠。

3. 语言是人脑的高级神经活动

人类的语言文字是客观世界中具体信号的抽象信号，称为第二信号。第二信号系统是在第一信号系统基础上发展与完善起来的，是人类大脑特有的产物，语词作为抽象信号对人类有条件刺激作用，是人类高级神经活动的特征。语言中枢是神经中枢的重要组成部分（图 8-12）。语言和思维活动的脑机制，既不是未分化的"整体功能"，也不是绝对的一侧半球的功能，而是在机能分工前提下大脑两半球协同活动的结果。

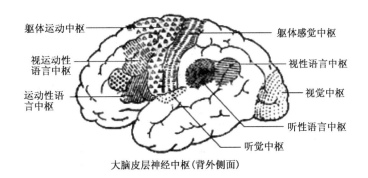

大脑皮层神经中枢(背外侧面)

图 8-12　脑神经中枢的组成

一般说来，人具有形象（直感）思维、抽象（逻辑）思维和灵感（顿悟）思维 3 种思维方式。形象思维是一种以客观现象为思维对象、以感性形象认识为思维材料、以意象为主要思维工具、以指导创造物化形象的实践为主要目的的思维活动，是一种并行处理，并具有协同性、动态性、总体性、容错性、无法预测性和不确定性、难以直接表达等特点。抽象思维是以概念、判断、推理等形式进行的理性思维，它反映了人们以抽象的、间接的、概括的方式认识客观世界。从认识的顺序性说，总是在概念的基础上形成判断，在判断的基础上进行推理；灵感思维是在显意识下，经潜意识加工后，再通向显意识，是显意识和潜意识相互作用的结晶。它具有非同期的突发性、非线性的独到性、非神秘的模糊性等特点，穿插在抽象思维和形象思维之中，起着突破、升华的作用，它比形象思维更复杂。虽然人的思维活动可划分为 3 种形式，但它们是从不同侧面反映事物的本质，它们之间既有区别又相互联系，而且还可相互转化，共同完成人的思维活动。通常在求解特定问题时，人们往往根据目标和问题的要求，随机应变地从大脑中抽取相关信息和知识进行逻辑推理分析或作直观判断。思维既是一种意识活动形式也是脑神经的物质运动形式，培养人的思维能力也就是加强大脑功能活动的训练；有利于促进智力发展，有利于灵感的产生或使脑内迸发出智能的火花。

许多事实表明，位于大脑最前端的大脑前额叶对人的智力发展十分重要。人类的前额叶皮质几乎占人脑新皮质的 1/3。前额叶在种族进化中是最后发展起来的神经结构，在个体发育中又是最后成熟的脑区之一，婴儿出生时，虽然大脑的一些脑区（如感觉区、运动区）已有相当程度的发育，但前额叶却很不成熟，直到 7～8 岁以后才逐渐接近成年人的水平。可以说，前额叶是最高水平的脑区，它与中枢其他部位（如顶叶、枕叶、颜叶、丘脑、脑干等）有非常广泛的神经联系，身体的各种信息最后都汇集到前额叶。而且，进入前额叶的信息是经过中枢许多部位加工处理或整合（分析、归纳、概括、抽象等）后的信息。因此，前额叶是对信息进行最后阶段的处理。目前已知的前额叶功能主要有四方面：对注意力的控制；具有短时记忆功能；对情绪和动机有调控作用；具有预见性和组织规划方面的功能。大脑前额叶受损伤的人没有能力发起和实现有目的、有计划的行为活动，也就没有什么创造性可言。大量临床观察表明，大脑前额叶损伤的主要症状是：不能集中注意力进行观察和思考问题，更不能进行周密的逻辑推理，对突发事件束手无策，对事物总是健忘，行为反应迟缓，性格偏执、孤僻，情绪波动，喜怒无常。临床医学将这些表现称为"额叶综合征"。

4. 学习与记忆

学习与记忆是人脑的重要生理功能之一。对生理学来说，学习主要是指神经系统接受外界环境信息而影响自身行为的过程，包涵两个方面的含义，一是记，指大脑从外界纷繁复杂的信息中，提取部分有用的信息形成感受印记，再从感受印记中选择部分信息形成短时记忆，又同样从短时记忆中选定部分信息形成长时记忆这样的一个过程；二是忆，指大脑根据当前外界传入信息的情况，迅速提取大脑贮存的相关的信息经验，结合外界传入信息，生成某种心理行为反应或应答的过程。学习与记忆既有区别又紧密联系，是难以截然分开的生理过程。

学习可分为简单学习、联合学习和复合学习三类。更高级的学习形式还有悟性学习，这种学习形式在高等动物（尤其是灵长类）中很常见。例如，猩猩看见挂在高处的食物，能学会利用长杆取食或利用物体堆迭垫高以后再站上去取食。这种悟性学习包含有判断、推理的性质。记忆按照记忆时程的长短分为瞬时记忆、短时记忆、长时记忆和永久记忆。长时记忆和永久记忆的特点是，所有的记忆内容不因脑活动状态的变化而消失，睡眠、麻醉、昏迷能使意识暂时丧失，一旦恢复意识，长时记忆也随之恢复。前三种记忆依次又称为感觉记忆、初级记忆和次级记忆，各类记忆的脑内神经机制不同。

人们在对脑损伤所致遗忘症患者的观察中发现，有两类记忆的分离现象，即一类记忆在脑损伤中受破坏而表现出遗忘，一类记忆则不因脑损伤而发生障碍。L R. Squire

等将两类记忆系统称为陈述性记忆（declarative memory）和程序性记忆（procedural memory）。前者进入意识系统，比较具体，可以清楚地进行描述；后者又称非陈述性记忆，没有意识成分参与，只是刺激顺序的相互关系，脑内贮存各事件或各个环节之间相关联的信息，只有通过顺序性回忆或顺序性操作过程才体现出来。这两类记忆系统的学习速度有差别，涉及的脑区结构和神经机制也不相同。一般认为，陈述性记忆依赖于边缘系统的脑结构以及大脑皮质等，程序性记忆只需激活与该项学习记忆有关的感觉系统与运动系统。

记忆信息贮存的部位目前有代表性的理论有学习记忆的突触理论和神经回路理论、学习记忆的生化理论和学习记忆的蛋白质理论。三个理论中学习和记忆的突触理论和神经回路理论最为重要，被普遍认可。该理论的有关依据是在学习记忆过程中，神经元突触膜的兴奋性增强，神经冲动释放的神经递质分子数目增加。在学习记忆过程中神经元突触的数量可以发生变化，突触钮可以增长，突触外形增大，功能增强。脑内神经元突触数目非常巨大，在神经系统的传入、传出和中枢的各级水平都存在着大量的不同种类的神经回路，能处理各类不同的简单的或复杂的传入和传出信息，这些神经回路是形成学习记忆的神经基础。

5. 神经元"信使"

在神经细胞的"信使大家族"中，有一类成员徒有其表：明明长着一副善于"沟通"的样子，却偏偏"沉默不语"。所谓"信使"，指的是神经元之间相接触的部位——突触，神经细胞间的信息传递就发生于此。神经科学家以前在脑内发现了一类只有突触结构而没有信息传递功能的突触，通常称之为"沉默突触"。引起了科学家极大兴趣的是，沉默突触在一定条件下可转化为有功能的突触，而这种转化可能是大脑学习和记忆的基础。那么，如何才可以帮沉默突触找回信息传递的功能？经典学说认为，沉默突触之所以不具备信号传递功能，是由于突触后膜只表达 NMDA 受体而缺乏 AMPA 受体。中科院上海神经所研究员段树民及其学生沈万华、吴蓓等却发现：在发育早期，有一类突触"沉默"并不是因为后膜缺乏 AMPA 受体，而要归罪于突触前神经元不能释放神经递质谷氨酸。增加突触前神经元的活动，可以将沉默突触快速转化为有功能的突触。原因是突触前神经元小 G-蛋白 CDC-42 被激活，增加了突触末梢骨架蛋白的聚合，从而促进了神经递质谷氨酸释放。

人类在遇到丰富多变的外部环境和勤于思考的时候，脑中也会出现类似电刺激的刺激，多思考就能激活更多"沉默"的突触，使它们完成信息传递的任务。因此，古训"勤能补拙"确实有着其科学依据。

人脑中可能存在大量的沉默突触，神经细胞感受到丰富的刺激，就有可能促使它们转变为有功能的突触——这就是所谓脑子越用越聪明。初生婴儿脑内沉默突触的数量最多，因此从小让孩子多听、多看、多感觉，会使孩子更聪明，这一观点看来是有道理的。

第四节　生 物 应 答

一、环境应答

1. 基本概念

人类许多疾病与接触环境因素有关，各种物理的、化学的和生物的有害因素暴露后，机体细胞很快产生应答，表现为一系列应答基因有序地发生表达水平的变化，使细胞尽快适应变化的环境而维持内平衡。基因与环境因素相互作用的后果决定细胞是否受到损伤及其损伤程度。有害环境因素可直接引起细胞基因组的损伤，或化学物在体内特异性分布和代谢后损伤基因组结构，或干扰细胞内的信号转导通路，最后引起疾病。涉及的基因主要包括与细胞分化、死亡、细胞周期调控、以及与 DNA 损伤和修复有关的基因等。

2. 生物钟与环境应答

人类早已知道，某些生物的活动是按照时间的变化（昼夜交替、四季变更或潮汐涨落等）来进行的，具有周期性的节律，这种规律被称为生物钟。由于生物钟在生物学的基础理论研究，以及治疗学等方面占据了独特的位置，因此一直以来都是科学家们研究的一个重点。英国剑桥大学植物学系以及英国约克大学生物系的研究人员发现了植物应答环境改变的一个关键生物钟分子。

植物和动物的细胞生物钟都包含了基因表达的许多反馈环，其中一系列的基因能相互激活或者相互抑制，从而形成生物钟模式。然而，不是一个蛋白或者基因，而是一个称为环腺苷二磷酸核糖（cyclic adenosine diphosphate ribose，cADPR）在其中扮演了重要的角色。这一发现使人们认识到这个过程需要整个细胞中的组分形成的信号网络。

研究人员发现干扰 cADPR 信号会导致生物钟的时间紊乱，若消除 cADPR 会让生物钟失准，走慢，因此研究人员认为 cADPR 信号是帮助优化植物生长的时间系统中的一个重要组成部分。而且，在遇到譬如旱灾，盐胁迫等环境胁迫，植物细胞中的cADPR分子也会参与对抗过程，这些信号引发细胞的一些应答，用于帮助细胞度过难关。这个分子整合进生物钟的过程为生物时间时序的改变或稳定提供了一个系统，从而确保细胞能在环境改变中存活。

来自加州大学欧文分校（University of California，Irvine）和日本东邦大学（Toho University）的研究人员发现，激活生理节奏的基因 CLOCK 的绑定 BMAL1 蛋白上的单个氨基酸经过修改能激活生物钟机制，触发与生理节奏有关的遗传事件。

这是迄今为止得到的关于人体生理节奏研究最明确的信息，为失眠以及其他相关疾病的药物治疗确定了精确的标靶。由于生物钟扰乱对于人体的健康有重要的影响，包括失眠、抑郁、心脏病、癌症以及神经退化紊乱等在内的多种疾病都与此有关。

二、免疫应答

免疫应答（immuneresponse）是机体免疫系统对抗原刺激所产生的以排除抗原为目的的生理过程。这个过程是免疫系统各部分生理功能的综合体现，包括了抗原递呈、淋巴细胞活化、免疫分子形成及免疫效应发生等一系列的生理反应。通过有效的免疫应答，机体得以维护内环境的稳定。

1. 免疫应答的基本过程

免疫应答的发生、发展和最终效应是一个相当复杂、但又规律有序的生理过程，这个过程可以人为地分成三个阶段。

（1）抗原识别阶段。抗原识别阶段（antigen-recognitingphase）是抗原通过某一途径进入机体，并被免疫细胞识别、递呈和诱导细胞活化的开始时期，又称感应阶段。一般，抗原进入机体后，首先被局部的单核-巨噬细胞或其他辅佐细胞吞噬和处理，然后以有效的方式（与 MHCⅡ类分子结合）递呈给 TH 细胞；B 细胞可以利用其表面的免疫球蛋白分子直接与抗原结合，并且可将抗原递呈给 TH 细胞。T 细胞与 B 细胞可以识别不同种类的抗原，所以不同的抗原可以选择性地诱导细胞免疫应答或抗体免疫应答，或者同时诱导两种类型的免疫应答。另一方面，一种抗原颗粒或分子片段可能含有多种抗原表位，因此可被不同克隆的细胞所识别，诱导多种特异性的免疫应答。

（2）淋巴细胞活化阶段。淋巴细胞活化阶段（lymphocyte-activatingphase）是接受抗原刺激的淋巴细胞活化和增殖的时期，又可称为活化阶段。仅仅抗原刺激不足以使淋巴细胞活化，还需要另外的信号；TH 细胞接受协同刺激后，B 细胞接受辅助因子后才能活化；活化后的淋巴细胞迅速分化增殖，变成较大的细胞克隆。

分化增殖后的 TH 细胞可产生 IL-2、IL-4、IL-5 和 IFN 等细胞因子，促进自身和其他免疫细胞的分化增殖，生成大量的免疫效应细胞。B 细胞分化增殖变为可产生抗体的浆细胞，浆细胞分泌大量的抗体分子进入血循环。这时机体已进入免疫应激状态，也称为致敏状态。

（3）抗原清除阶段。抗原清除阶段（antigen-eliminatingphase）是免疫效应细胞和抗体发挥作用将抗原灭活并从体内清除的时期，也称效应阶段。这时如果诱导免疫应答的抗原还没有消失，或者再次进入致敏的机体，效应细胞和抗体就会与抗原发生一系列反应。

抗体与抗原结合形成抗原复合物，将抗原灭活及清除；T 效应细胞与抗原接触释放多种细胞因子，诱发免疫炎症；CTL 直接杀伤靶细胞。通过以上机制，达到清除抗原的目的。

2. 免疫应答的定位

抗原经皮肤或黏膜进入机体以后，一般在进入部位即被辅佐细胞捕获处理，并递呈给附近的淋巴细胞；如果附近没有相应特异性的淋巴细胞，辅佐细胞会沿着淋巴细胞再循环的途径去寻找。抗原在入侵部位如未得到处理，至迟不越过附近的淋巴结，在那里会被辅佐细胞捕获，递呈给淋巴细胞。无论在何处得到抗原刺激，淋巴细胞都会迁移到附近淋巴组织，并通过归巢受体定居于各自相应的区域，在那里分裂增殖、产生抗体或细胞因子。所以外周免疫器官是免疫应答发生的部位。

淋巴细胞的大量增殖导致外周淋巴组织发生形态学改变：T 细胞增殖使其胸腺依赖区变厚、细胞密度增大；B 细胞增殖使非胸腺依赖区增大，在滤泡区形成生发中心。所以在发生感染等抗原入侵时，可见附近的淋巴结肿大等现象，便是免疫应答发生的证明。

在局部发生的免疫应答，可循一定的途径扩展到身体的其他部位甚至全身各处。抗体可直接进入血循环，很容易地遍布全身；T 细胞则从增殖区进入淋巴细胞再循环，也可以很快遍及全身。在黏膜诱导的局部免疫应答，分泌型 IgA 不能通过血循环向全身扩散，但淋巴细胞可经由再循环的途径，通过特殊的归巢受体选择性地定居于其他部位的黏膜组织，定向地转移局部免疫性。

3. 免疫应答的类型

根据抗原刺激、参与细胞或应答效果等各方面的差异，免疫应答可以分成不同的类型。

（1）按参与细胞分类。根据主导免疫应答的活性细胞类型，免疫应答可分为细胞介导免疫（cell-mediated immunity，CMI）和体液免疫（humoral immunity）两大类。

CMI 是 T 细胞介导的免疫应答，简称为细胞免疫，但与 E. Metchnikoff 描述的细胞免疫（吞噬细胞免疫）已有本质的区别。体液免疫是 B 细胞介导的免疫应答，也可称抗体应答，以血清中出现循环抗体为特征。

（2）按抗原刺激顺序分类。按抗原刺激顺序分类某抗原初次刺激机体与一定时期内再次或多次刺激机体可产生不同的应答效果，按抗原刺激顺序可将免疫应答分为初次应答（primary response）和再次应答（secondary response）两类。一般地说，不论是细胞免疫还是体液免疫，初次应答比较缓慢柔和，再次应答则较快速激烈。

（3）按应答效果分类。一般情况下，免疫应答的结果是产生免疫分子或效应细胞，具有抗感染、抗肿瘤等对机体有利的效果，称为免疫保护（immune protection）；但在另一些条件下，过度或不适宜的免疫应答也可导致病理损伤，称为超敏反应（hyper-sensitivity），包括对自身抗原应答产生的自身免疫病。与此相反，特定条件下的免疫应答不表现出任何明显效应，称为免疫耐受（immune tolerance）。

另外，在免疫系统发育不全时，可表现出某一方面或全面的免疫缺陷（immunode-ficiency）；而免疫系统的病理性增生称为免疫增殖病。

4. 免疫应答的调节

免疫应答是机体针对外来抗原产生的一种复杂的排斥过程，与其他生理系统相互配合，共同维持机体内环境的稳定。与其他生理过程一样，免疫应答也受到许多因素的影响和制约。首先，免疫应答受遗传基因的控制；受免疫系统内部各种因素的制约；还要接受宿主整体生理水平的调节。

（1）TH 细胞的调节作用。TH 细胞不是一个均一的群体，活化后可分化成 TH1、TH2 和 TH0 三种类型。三个类型细胞免疫功能互有差别，尤其是 TH1 与 TH2 之间存在相互或促进的作用。因为 TH 是免疫应答的中心细胞，所以它的活性对整个免疫应答具有调节作用。

TH1 产生 IL-2、IFN 和 TNF，作用于各种免疫细胞。IL-2 可诱导 T 细胞分裂增殖，增强细胞免疫应答；但 IFN 抑制抗体应答，抑制移植排斥反应和迟发型超敏反应。TH2 分泌 IL-4 和 IL-5 等细胞因子，可诱导 B 细胞的增殖化，促进抗体产生。由此可见，TH 细胞在体液和细胞免疫应答中皆有调控作用，被视为免疫应答的中心调节作用途径。

（2）抗体分子的调节作用。抗体是 B 细胞应答的效应产物，可反过来对特异性体液免疫应答产生反馈性抑制作用。抗体与相应抗原结合所形成的免疫复合物可结合到 B 细胞的表面 Ig 上，向胞内传入抑制信号，影响 B 细胞的活化和抗体的产生。例如将 Rh 抗体注射给刚分娩 Rh^+ 婴儿的 Rh^- 母亲，则可阻止母亲产生 Rh 抗体，从而预防下一次妊娠时可能发生的新生儿溶血。

在对肿瘤的免疫应答中，某些抗体分子与肿瘤抗原结合后，不仅能介导任何免疫效应，还能阻止 Tc 对靶细胞的杀伤，实际上是抑制了细胞免疫效应，这类抗体称为封闭抗体（blocking antibody）。

（3）独特型网络的调节作用。与游离的 Ig 分子一样，B 细胞的 SIg 分子高变区也存在着独特型标志。每一 B 细胞克隆的独特型标志能够被另一克隆 B 细胞的 SIg 所识别，构成一个相互识别的独特型网络；被识别的细胞受到抑制，而主动识别的细胞则活化。网络中的细胞可分成以下 4 组：①抗原反应细胞（antigen-rdactivecell，ARC），外来抗原与 ARC 结合，使细胞增殖并产生相应的抗体，构成网络的主体。②ARC 抑制细胞，即抗独特型组（anti-idotypeset），可识别 ARC 的独特型标志，有抑制 ARC 反应的作用。③ARC 激发细胞，为内影像组（internal image set），该组细胞的独特位与外来抗原表位的结构相似，可模拟外来抗原对 ARC 构成刺激。④与 ARC 独特位相同的细胞，为非特异性平行组（unspecific parallel set），可被 ARC 激活细胞识别，刺激其对 ARC 激活细胞识别，刺激其对 ARC 的抑制作用。后三类细胞也分别抑制细胞和刺激细胞，以构成自己的网络（图 8-13）。

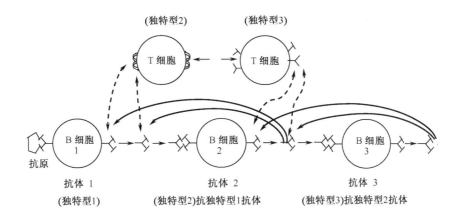

图 8-13　独特型网络作用

独特型网络调节的最终效应是抑制抗体的产生，使免疫应答终止。这一学说为免疫调节的研究开辟了新的领域，有关网络的精确机制及操纵方法尚需进一步研究。

（4）免疫应答的整体调节。上述的免疫调节并非各自独立存在，而是相互影响，并且在整体上受神经-内分泌的调节，构成更加复杂的神经-内分泌-免疫调节网络。尽管免疫系统与神经系统和内分泌系统没有解剖学上的直接联系，但通过小分子介质可以沟通这三个系统。已有资料表明，免疫细胞可以表达某些神经递质的受体，而某些神经细胞上也发现有细胞因子的受体。虽然这些受体的确切作用尚未得到证实，但无疑这是系统间相互作用的物质基础。

现已证明雌激素、雄激素和皮质醇等可抑制免疫应答，而生长素、甲状腺素和胰岛素等则有免疫促进作用。乙酰胆碱、肾上腺素、去甲肾上腺素、多巴胺等神经递质对淋巴活性的影响都有报道，尤其内啡肽与脑肽对免疫应答的影响已受到重视，并证明它们可促进 T 细胞增殖和 NK 细胞的杀伤活性；而对抗体的产生则表现抑制作用。

大量的临床观察和实验研究表明，精神因素和条件反射对免疫应答也有显著的影响，但其作用途径及机制尚不清楚。

小结

生命与非生命物质最显著的区别在于生命是一个完整的自然的信息处理系统。生命现象是信息在同一或不同时空传递的现象，生命的进化实质上就是信息系统的进化。生物生长和生存要受到调控，这是生物长期进化过程中逐步形成的。生物进化程度愈高，调控机制愈完美、愈复杂。生物体在微观和宏观上都受到调控，包括细胞信号转导和基因表达调控、激素的调控、神经系统的调控以及生物应答。

单细胞生物通过反馈调节，适应环境的变化。多细胞生物是由各种细胞组成，除反馈调节外，更依赖于细胞间的通讯与信号传导，以协调不同细胞的行为。细胞的特异性是基因选择性表达的结果。原核生物通过基因表达的调控可以改变它们的代谢方式以适应环境的变化，多细胞生物通过基因表达的调控而实现细胞分化、形态发生和个体发育，这是从分子水平进行的调控。激素调控是化学调控方式，植物由植物激素调控，动物由动物激素调控，属机体内调控。此外，神经系统能控制与调节各器官、系统的活动，使人体成为一个统一的整体，并对环境变化的刺激作出相应的反应，达到机体与环境的统一。生物体的生存必须和周围的环境形成有机的整体，发生相互的作用，因此，生物体要受到环境的调控，产生环境应答和免疫应答。

思考题

1. 生命体与生存环境是怎样的关系？
2. 细胞通讯的概念、种类及其意义是什么？
3. 如何认识基因对生命体的调控？
4. 激素在生命体内环境中的调控作用是什么？
5. 试从大脑的结果及功能来诠释"勤能补拙"。
6. 举例说明环境应答、免疫应答对生命调控的重要性。

第九章　生命的起源与进化

第一节　生命的起源与地球环境

一、生命起源与宇宙演化

现代生命起源研究认为，生命起源是宇宙物质演化的一部分。它关系到宇宙、太阳系和地球以至整个物质世界经历的演化。生命起源只是宇宙演化的一个阶段，是宇宙演化在特定条件下的必然结果。早期的生命在 38 亿年前的地球上已经出现。但是，构成生命的化学元素（碳、氢、氧、氮等）的产生和演化则在地球和太阳系形成之初就开始了。所以对生命起源的认识应当追溯到宇宙演化的初期（图 9-1）。

二、生命起源的早期探索

从间接的资料推测，生物有机合成（初级生产）可能在 38 亿年前就开始了。从有化石记录，即南非、澳大利亚等地发现的微生物化石证明，同位素年龄有 34 亿～35 亿年的历史。生命起源即化学进化的过程应在这以后的十几亿年间。这一过程中大体有以下几个主要阶段：①从无机小分子生成有机小分子（如氨基酸、嘌呤、嘧啶、糖、单核苷酸、ATP 等高能化合物、卟啉、脂类）。②从有机小分子聚合成生物大分子（如多肽、多聚核苷酸等）。③从生物大分子形成多分子体系（如类似"团聚体"、"微球体"一类的核酸和蛋白质体系）。④从多分子体系演变成原始生命。

早期阶段的研究以下列 3 个方面为代表。

1. 米勒的模拟实验

1953 年米勒（S. L. Miller）在导师尤里（H. Urey）的指导下，设计出成功的实验以弄清最古老地球上发生的化学反应（图 9-2）。他使烧瓶底部的水加热，迫使水蒸气在整个装置内循环（箭头所示）。烧瓶上部含有甲烷（CH_4）、氨（NH_3）、氢（H_2）和循环的水蒸气组合的"大气"。接着将这些气体暴露在连续放电（闪电）之下，使气体相互作用。然后，这些反应的水溶性产物通过冷凝器并溶解于模拟

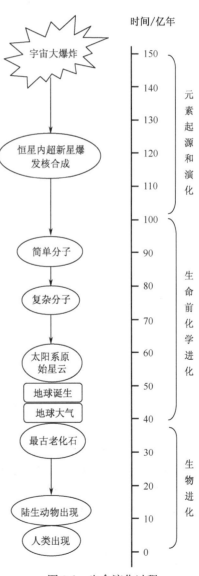

图 9-1　生命演化过程

的海洋中。此实验从无机物中制造出多种类型的有机小分子，其中有 11 种氨基酸。这些氨基酸有 4 种（甘氨酸、丙氨酸、天冬氨酸和谷氨酸）是生物体内蛋白质所含有的。1957 年，在地球生命起源研究的国际会议上，米勒发表了他的这项实验结果，引起了各方面的极大重视，并认为他的模拟实验工作开创了生命起源研究的新途径。此后，不少学者重复或仿效米勒的实验。例如，他们考虑到原始地球能源的多样性，实验时选择了几种能源，或变换了还原性大气的个别组分，其结果也都能产生氨基酸。相反，氧化性混合气体实验时却得不出上述结果。这就进一步证实了原始大气的性质。现在，天然蛋白质中所含的 20 种氨基酸，几乎全都可以合成。

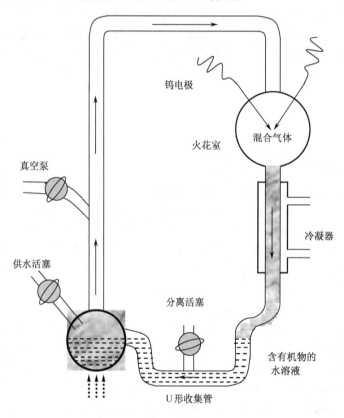

图 9-2　米勒实验装置

2. 奥巴林的团聚体模型

前苏联生物化学家奥巴林（А. И. Опарин）在《地球上生命的起源》（1924）一书中，吸取了恩格斯关于"生命的起源必然是通过化学的途径实现的"思想，提出了生命起源的"化学起源说"，并在他人工作的基础上对有机大分子的胶体凝集现象进行研究。他认为，原始海洋中有机大分子浓缩成为团聚体，是非生命物质向生命物质过渡的一种重要形式。从 20 世纪 50 年代末起，奥巴林等用多种生物大分子，如明胶、阿拉伯胶等各种蛋白质以及核酸、多糖等形成各种类型的团聚体。他们的实验表明，团聚体具有吸收、合成、分解、生长、生殖等类似生命的现象。但是，团聚体模型与原始的生命体相距甚远，而且也很不稳定。

3. 福克斯的类蛋白微球理论

微球体学说是由福克斯（S. W. Fox）所提出。1955 年福克斯等将各种氨基酸混在一起，加热到 140～180℃，数小时后就生成一些具蛋白特性的物质，福克斯称之为类蛋白。1960 年，他们把酸性类蛋白放到稀薄的盐溶液中冷却，或将类蛋白水溶液的温度降低到 0℃左右，便出现福克斯称之为的类蛋白微球体。在显微镜下观察微球体，会见到大量直径为 0.5～3μm 的球状小体，有双层膜，很似细菌。微球体小球并没有生命，但它表现出类似细菌的某些特性，如有膜、能收缩、有群聚倾向、可染色、能分裂和出芽。分裂时 1 个变 2 个或彼此连成一串。由于类蛋白微球体比较稳定，同时又是在模拟原始地球的条件下由非酶促合成的类蛋白所产生。当时以为它是一种比较理想的多分子体系或原始细胞模型。但是，早期的微球体模型中没有核酸的成分，蛋白质与核酸如何组合更不清楚。

三、现阶段生命起源研究

现阶段的研究在内容上以核酸和蛋白质为中心，区别于早期以蛋白质为中心的探讨；在生命起源的地点上，除了海上和陆地外还有深海海底。

所谓 RNA 世界，指的是在生命起源早期起关键作用的，不是蛋白质，也不是 DNA，而是具有自我催化功能的 RNA。RNA 世界是相对于现今的受中心法则控制的 DNA 世界而言的。

20 世纪 60 年代后期，随着分子遗传学的兴起，人们认识到在生命体的两种基本物质中，核酸是遗传信息分子，蛋白质是执行功能分子，蛋白质的合成需要核酸作为模板，而核酸又只有在酶（蛋白质）的催化下才能产生。这样便出现了一个前生命化学进化中先有核酸还是先有蛋白质的“蛋鸡悖论”。于是，奥格尔、沃伊塞、克里克便把目光向能自我催化的 RNA 即核酶（ribozyme）。因此在生物大分子中惟独 RNA 才具有遗传信息和执行功能的双重性质。据此，吉尔伯特提出了原始生命可能以 RNA 为主角的“RNA 世界”论。

尽管 DNA 是现代生物遗传信息的主要贮存库，但是学者们认为 RNA 作为遗传系统的先行作用超过了 DNA。因为 RNA 的核苷酸比 DNA 中的脱氧核苷酸容易合成。而且，也能想象得到 DNA 可能是从 RNA 进化来的，前者比 RNA 更稳定。同时，在没有核酸的条件下又无法复制蛋白质。

RNA 具有催化功能的发现来之不易，它是经过奥尔特曼（S. Altman）和切赫（T. R. Cech）各自独立地精心研究才证实的。为此他们两人“因为发现核糖核酸（RNA）具有催化的功能”而成为 1989 年诺贝尔化学奖得主。早在 20 世纪 70 年代奥尔特曼就开始研究转移 RNA 前体及其剪接加工过程。1978 年发现细菌核糖核酸酶 P 由 RNA 和蛋白质组成，而且其中 RNA 在酶的催化反应中不可缺少。1982 年切赫在研究四膜虫 rRNA 的剪接加工时，发现四膜虫 rRNA 前体所含的一段插入序列（由 413 个核苷酸残基组成），依靠其特殊结构能自我剪接形成 rRNA。整个反应由 RNA 自身催化完成，并不需要任何蛋白质（酶）参与，体现了核酶的催化功能。此后，他又对蛋白质和 RNA 的高级结构进行比较，从理论上证明 RNA 能够达到生物催化剂所必须的结构多样性的要求。1986 年又证明 rRNA 插入序列不仅有催化 rRNA 前体的自我剪接反应，而且还具有核苷酸转移酶、磷酸二酯酶、RNA 限制内切酶、磷酸转移和磷酸酯酶等多种活性。

由于 RNA 催化作用的发现,自然联想到古老的 RNA 也可能具有催化功能。如果这一判断成立,那么它在远古地球上是最早出现的还是后继产生的呢?如果是后继产生的,它的前身又是什么呢?有关资料表明,在原始地球上 RNA 也许不是最早的自我复制分子,在它以前还有一个结构更简单的甚至是无机物的复制系统。举例来说,现存生物体内的核糖或脱氧核糖都属于 D 构型。但是有实验显示核酸在模板链上合成时,若参与合成的核苷酸中的核酸有 D 和 L 两种构型,则合成会因此而终止。但在原始地球上等量的 D 型和 L 型的核苷酸或许早已存在。由此看来,古老的 RNA 产生以前,单体分子的构型已被筛选过了。J. P. 费里斯发现,有一种普通的黏土矿物蒙脱石可催化 RNA 寡核苷酸的合成。假如核苷酸又能结合起来形成随机的 RNA 多聚体,其中有 RNA 链具有催化功能,为催化剂。这样便开始了最初的 RNA 复制。当然,这一工作还需要进一步证实。奥格尔认为,寻找古老 RNA 的先驱将是未来研究的主要任务。

随着 RNA 的出现,它将引发蛋白质与 DNA 的形成。蛋白质的数量和种类不断增加,并逐渐担负起此前一直由 RNA 担负的催化功能。RNA 也通过新合成的反转录酶逐渐将遗传基因所具有的信息转让给结构稳定的 DNA。这样,就形成了 DNA、RNA 和蛋白质三者共存的生命世界。据此,作为生命起源研究要解决的中心问题,即核酸和蛋白质相互信赖的系统已初步阐明。

四、生命起源研究中的其他问题

1. 地球外是否存在生命

常有人问:在地球以外的茫茫宇宙中是否存在生命?要回答这个问题,首先要明白什么地方可能存在生命?生命只可能在行星上,因为恒星太热。约 20 多年前才发现太阳系以外的很多恒星都有行星。但是到目前为止已经发现的行星上都不适合生命的存在。在太阳系中离地球最近的是月球。那里大气极其稀薄,没有氧也没有水。白天温度高达 127℃,晚上降至零下 180℃。科学测定未发现任何生命存在。尽管火星、金星上曾经有类似存在生命的某些条件(如火星上发现有水的痕迹),但后来又消失了。由于宇宙间行星数量极其巨大,应当说适合生命起源的星球是存在的。

如果具备生命存在的条件,要产生最简单的生命形态似乎不太困难。宇宙中分布着很多生命起源所需要的分子,如嘌呤、嘧啶、氨基酸。通过实验,在模拟原始大气等条件下,也可产生复杂的有机分子。在自然条件下,如果这种演化能够成功的话,有可能产生出类似细菌样的生命。

2. 关于生命起源的地点问题

到目前为止有 3 种假说:

(1) 陆相起源论。认为由有机小分子聚合成大分子的反应,是在火山附近局部地区的高温条件下发生的,生成的大分子再经雨水冲刷到海洋中。1968 年以后,福克斯等做过这方面的模拟实验,主要是将氨基酸或核苷酸的混合物,即各种类蛋白质球体,绕过原始海洋的条件,在无氧的干燥环境下加热到一定的温度使其发生热聚合。

(2) 海相起源说。认为原始海洋中氨基酸和核苷酸可附着在黏土等物的活性表面上,在有适当的缩合剂的条件下可发生聚合反应。卡恰尔斯基(A. Katchalsky)等做过这方面的实验,使用氨酰基腺苷酸盐并用蒙脱土(天然黏土)作催化剂,使氨基酸发生聚合作用形成多肽。

(3) 深海海底起源说。认为原始地球表面火山频繁爆发、紫外线辐射强烈,那里的环境对生命的存在极为不利，而深海海底相对比较稳定、安全。联系到现今海底奇异生物的发现，认为那里也许是古老生命的起源和藏身之地。

第二节　地球生命史

一、化石与地质年代

1. 化石的概念

保存于地层中的古生物化石（fossil）是经过自然界作用的生物遗体、遗物和它们的生活遗迹，是生物进化的直接证据。化石是古生物学研究的对象。迄今为止，已有记录的化石种估计有 25 万个，它们所提供的研究内容是极其丰富的。

化石大多是生物体的坚硬部分，如动物的骨骼、贝壳，植物的茎、叶等。它们经过矿物质的填充和交替作用，形成了仅保持原来形状、结构以至印模的石化（包括钙化、碳化、硅化、矿化）了的遗体、遗物和遗迹。也有少量是指示经改变的完整的古生物遗体，如冻土中的猛犸（Mammothu）、琥珀（succinite）中的昆虫等。

在科学史上，最早把化石与生物进化联系起来，把化石当作生物进化见证的学者要算是达尔文了。达尔文在《物种起源》中说过，在"贝格尔"舰航行中所发现的许多重要事实不得不改变他对神学的信仰。这些事实中，首当其冲的便是化石动物和现存动物之间的相似性。从中使他领悟到两者之间的亲缘关系。生命史的划分及其对应的地质年代（图 9-3）。

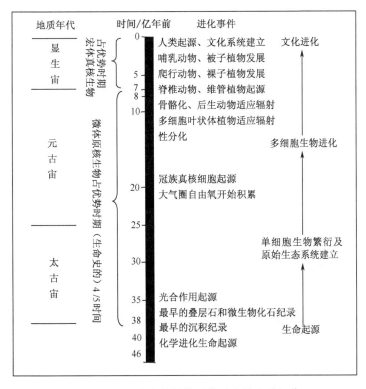

图 9-3　生命史的划分及其对应的地质年代

2. 地质年代的概念

所谓地质年代（geologic age）是指地壳上不同时代的岩石、地层在形成过程中的时间（年龄）和顺序。主要是根据地层学和古生物学方法划分为大小不同的单位：宙、代、纪等。如显生宙包括古生代、中生代和新生代，古生代又分为寒武纪等 6 个纪。在各个不同时期的地层中有各自的标准化石。纪的名称是翻译过来的，但也都有一定的含义。如石炭纪是因那个时代煤岩丰富而得名；侏罗纪是因德国与瑞士交界的侏罗纪山底层而得名。

与地质年代相对应的地层分别称为界、系、统、层等。它们与代、世、纪、期等名称平行并用。例如，称古生代的地层为古生界，称寒武纪的地层为寒武系。

二、单细胞生物繁衍和早期生态系统的建立

前面已讲到，大约在 35 亿年前，细胞出现之后，单细胞生物在地球上独立存在了相当长的一段时间。目前多细胞生物最早出现的时间还是一个有争论的问题，但是明确的多细胞植物和动物的化石发现在大约在 6 亿年前。这表明起码从规模而言，单细胞生物居于统治地位占据了地球生命存在的几乎 6/7 的时间。这一时期又可以分为以原核生物与真核生物分别占主体的两个发展阶段。

1. 原核生物的发展

由于年代的久远和化石保存的困难，今天对于早期单细胞生物的演化历史还存在许多的疑点。地球上早期单细胞生物是什么样的呢？研究发现生物在利用环境无机碳的同时，会产生对碳同位素的"分馏"，即 ^{12}C、^{13}C 更容易地进入生物体。利用生物对轻碳富集的性质，1983 年，国际专家小组共同对 35 亿年前澳洲瓦拉伍那群（Warrawoona group）和南非的斯瓦兹兰超群（Swaziland supergroup）碳酸岩进行了研究，确认层状和柱状的叠层石应是远古微生物生命活动的产物，并认识到在 35 亿年前生物的光合作用就出现了，他们还在燧石薄片中发现某些类似现代丝状蓝细菌的结构，表明在 35 亿年前，蓝细菌已普遍分布和繁盛于陆缘浅海的环境中。由此看来，在细胞形成的早期，以原核生物蓝细菌为主体的单细胞生物很快便开始了生命的第一次生态系统的构建和扩张，成为当时生物界的主宰。当然，现在对古代蓝细菌光合作用的类型，即对它的释氧能力还不清楚（光系统Ⅰ为非释氧型，光系统Ⅱ为释氧型）。但是地质记录表明当时地球大气圈中的自由氧的积累是极缓慢的，又经过漫长的 15 亿年即到距今约 20 亿年前，大气的氧分压才达到现在的大气氧分压的 10%～15%。因此，人们猜测古代蓝细菌只具有光系统Ⅰ（如 purple bacteria 或 green bacteria）。

2. 真核生物的兴起

目前发现的最早的真核生物化石是在大约 20 亿年前左右，出现在包括加拿大安大略省西南部 19 亿年前的冈弗林特成铁燧石层和我国长城群串岭沟 17 亿～16 亿年前的页岩中。从 35 亿年前细胞诞生开始，原核生物长期地占据着统治的地位。但是到 20 亿～18 亿年前，形势开始发生变化。可能因为进化中新的高效光合机制（光系统Ⅱ）出现，大气圈自由氧开始积累（以地质氧化红层初次出现为标志），到了 10 亿～8 亿年前的元古宙晚期，大气圈自由氧分压又一次较大地增加（有人认为到元古宙末期，氧分压已接近早期显生宙或现今的水平）。同时，海水的钙、镁离子浓度开始下降，其 pH 随同降低，并且大气中的二氧化碳可能由于被生物利用含量不断下降，造成地球表面温度逐渐降低。现在普遍认为可能由于环境因素的驱动，原核生物蓝细菌生态体系

走向衰落，真核生物走向它的兴盛和繁荣，表现在叠层石丰度和形态多样性的显著下降和主要由真核生物构成的海水表层浮游生态系统和海滨底栖生态系统逐渐形成，出现了历史上的第二次生态扩张。真核生物登上生命的历史舞台是生命史上的一个重大和有深远意义的事件，以后的历史证明，真核生物具有原核生物远远不能比拟的进化潜力，并迅速地将生命带入到了一个接一个的新的发展阶段。

请注意对生命史而言，真核生物化石的发现和规模发展远远迟后于原核生物，但是对生物进化而言，我们不能简单地把真核生物的出现看成是原核生物的继承事件，分子生物学的研究表明真核生物在30亿年前就已经独立分支出现了，从干族真核细胞形成到冠族真核细胞出现可能存在相当长的时间间隔和进化的跃迁，对于这个问题我们在前面已经作了讨论。

三、多细胞生物出现及生物演进

1. 多细胞生物出现

从已获得的最早的明确的化石看，多细胞生物出现在大约6亿年前，多细胞生物的出现是生物进化史上的又一个重要事件。现在一般认为多细胞植物和动物分别从单细胞真核生物起源，即它们各自独立地走向多细胞化。

（1）植物细胞的诞生。目前，明确的多细胞群细胞植物化石发现在大约6亿年前元古宙晚期的震旦纪。在中国贵州的陡山沱组磷块岩中保存了多种形式的植物化石，其中发现有两种类型的植物：一种是表现为细胞群体的结构，它们是由无数细胞不规则集聚成形态不定的集群，或者由几十到几百个形态相似的细胞有规则地排列成球状的集群；另一种则是具有明确多细胞生物结构的化石——叶藻。叶藻具有宏观体积的叶状植物体，它的内部结构复杂，有皮层以及髓层的分化，髓层由薄壁组织或假薄壁组织构成。

这里要特别说明，对于多细胞植物发生的问题还远没有搞清楚，因为在我国和世界各地陆续发现了更早期的可能是多细胞植物的化石材料，如在西伯利亚约10亿年前的地层中发现了类似于属无隔藻（Vaucheria）的黄藻（Xanthophyta）化石，在加拿大北部约12亿年前的地层中发现被猜测是多细胞红藻（Rhodophytal）的化石，在我国河北蓟县高于庄、美国蒙塔那、密歇根发现了14亿年前，以至20亿年前的可能是多细胞组成的生物印痕和碳质膜化石。由于这些化石与6亿年前震旦纪的化石之间存在相当大的时间跨度，搞清楚这一问题无疑对认识多细胞植物的发生是非常重要的。

（2）多细胞动物诞生。目前，一般认为多细胞动物的发生要比植物晚。明确的最早的多细胞动物化石发现于澳大利亚南部伊迪卡拉地区的晚前寒武纪5.7亿~5.5亿年前的庞德石英砂岩中。自20世纪40年代末到现在，与伊迪卡拉同地质年代的动物化石在世界各地被陆续发现。而距伊迪卡拉化石地质年代不久，在5.3亿~5亿年前的寒武纪，在加拿大西部的布尔吉斯页岩（Burgess shale）和在世界其他地区（如中国的云南澄江），又发现了另一批多细胞动物化石。从化石印痕复原的形态比较分析，伊迪卡拉动物和布尔吉斯页岩动物应是没有连续关系的两组完全独立的多细胞动物的发生过程。从进化的角度看，多细胞动物的发生给人们留下了深刻的印象：①上述两次多细胞动物的发生都可以说是形态结构不同的各种动物几乎同时"突然"地产生出来。②从分类的动物门类，而且也涵盖了寒武纪以后历史上陆续绝灭的其他大量的动物门类，共计可达50个左右的动物门类（有人说100多个）。这表明在随后的5亿多年的动物演化中，再没有新的门级分类单元出现（有人认为苔藓动物可能是一个例外）。③更令人惊奇的是，与寒武纪的动物比较，伊迪卡拉动物和现代存在的所有动物都显著地不同，不能纳入现在的动物分类系统之中，并且化石的研究表明这些动物在它们出现以后不久就相继绝灭了。

由于各种门类多细胞动物同时突然出现，而目前化石给人的信息又极为有限，1995年，达维孙等人在德国学者海克尔、俄国学者梅奇尼克夫假说的基础上提出，目前化石发现的最早的动物类群应存在一个复杂的前期进化阶段。他认为这些动物来自类似今天无脊椎动物幼虫那样的微小原始多细胞生物，它们首先经过一个重要的分支进化过程实现了不同门类动物的前期分化，而后再经历了发育控制和生理耐受性的进化，产生出宏观体积的各主要动物门类。目前看，这一假说得到了分子生物学研究结果的支持。近年，阿亚拉等人根据基因分析推断多细胞动物的门类分异应发生在6.7亿年前以至早到12亿年前。而在1998年，肖书海等人在中国贵州陡山沱6亿年前的震旦纪磷块岩中确实发现了极可能是早期动物胚胎的化石。根据比较胚胎学知识的分析，肖书海等人的发现提示多细胞动物的门类分异在伊迪卡拉化石群出现之前就应该发生了。这一发现无疑从古生物学上支持了达维孙的假说。达维孙的假说实际上提出了这样的观点，即现今生存的多细胞动物各种体制（body plan）的建立是经过前期跳跃的进化过程，这正是当前进化研究的一个活跃领域。

多细胞生物带来的不仅仅是生物个体规模的增大，还出现了细胞的分化和由大量不同分化细胞形成的整体结构，出现了生物体内精细的组织、器官、系统的秩序构建，出现了各项生命机能的分工。多细胞生物对环境的适应能力大大地提高了，对环境的影响控制能力大大地增强了，生物个体间的交流方式也同时极大地丰富了，由多细胞生物建立起来的生态系统的复杂性和规模更是单细胞生物所远远不能比拟的。所以应该说多细胞生物将生命带上了一个新的层次，它的优越的动力学性质为生命带来了新的巨大的进化潜力。

2. 多细胞生物出现后的生物演进

在5.5亿~5.4亿年前，多细胞生物迅速大量地出现，相应地，地质学的显生宙时代开始。多细胞生物的出现带来了地球生命的巨大进步，单细胞生物在生物界的主角地位很快地被多细胞植物和动物取代了。在进化中植物由水生走上了陆地，经苔藓植物、蕨类植物、最终发展出庞大的裸子植物、被子植物群落，成为今天地球上最重要的生态景观；动物更是展开了一幅波澜壮阔的进化画卷，无脊椎动物和脊椎动物先后登陆，两栖、爬行、哺乳、鸟类动物相继进化出现。在各类动物中不同物种此起彼伏、你来我往，地球上出现了前所未有的一派昂然生机景象。从生物学的角度，多细胞生物的进化主要表现在两个方面，第一是生物个体结构与功能的一系列进化革新；第二是大量新的生物物种形成、生态系统迅速扩张并覆盖全球。

（1）多细胞生物结构的进化。多细胞生物在个体结构与功能上的进化主要可以归纳为以下几个方面：①植物首次骨骼化，钙藻出现（元古宙末至显生宙古生代寒武纪初）；植物木质化维管系统形成，陆生维管植物诞生（古生代志留纪至泥盆纪）；被子植物起源（中生代晚侏罗纪至早白垩纪）。②动物极性躯体结构形成和发展、防护和支撑系统出现，无脊椎动物高级类群产生（古生代石炭纪）。③动物中枢神经系统发展、头及内骨骼形成，脊椎动物鱼类起源（古生代寒武纪至奥陶纪）；继之运动和呼吸器官改造，两栖类动物出现（古生代泥盆纪）；生殖系统进化（羊膜卵出现于古生代石炭纪早期），陆生爬行类动物出现（古生代石炭纪早期）；体温调节系统发展，温血动物出现在（中生代三叠纪至侏罗纪）；生殖方式进化，哺乳动物起源（中生代三叠纪末）；飞翔器官产生，爬行动物向鸟类进化（中生代侏罗纪）。

（2）多细胞生物物种和生态系统的进化。从生态的角度看，多细胞生物出现以后，先后经历了生物历史上的第三次和第四次扩张。第三次扩张开始于大约 6 亿年前至寒武纪早期，这是一次以生物多样性急剧增加为主要特征的生态扩张过程，多样化的浅海底栖多细胞藻类植物和无脊椎动物与大量浮游的单细胞真核藻类植物和原生生物结合，形成了滨海、浅海、半深海和大洋表层、中层水域的生态系统。同时，伴随这一时期地球气候环境的急剧变化（如冰川更替），生态系统中生物的分布、物种的构成也急剧地变迁着。第四次扩张大约开始于 4 亿年前。这一次生态变迁的主要特征是，陆地维管植物和陆生动物的出现引导陆地生态系统建立，同时海洋生物进一步向中深层和深海底层发展，覆盖全球的生物圈形成。同时，伴随陆地土壤形成、大气圈含氧量的继续上升、全球气候分带、环境分异，以及地球周期冰川期的重复出现，动物、植物歧度增加、物种替代频繁。

（3）性和有性生殖。在谈到多细胞生物的进化时，不能不提到生物中普遍存在的一个十分引人注目的现象——性和有性生殖。目前，生命有性现象的起源还是一个不清楚的问题。至今，找到的反应早期多细胞生物有性生殖现象的化石非常有限。中国张昀、袁训来经过多年的努力在贵州瓮安距今 6 亿年的震旦系磷块岩中发现了多细胞真红类叶藻的有性生殖结构。从化石上可以清楚地区分出雌性的果孢子囊和雄性的精子囊的细胞排布和构造。显然，有性繁殖方式有力地推动了多细胞生物的进化（这点我们在后面小进化中将给予讨论）。同时，多细胞生物的级联结构也为生物的有性过程创造了相当广阔的发展天地，多态的有性生殖模式、第二性征的分化、复杂的求偶育幼行为建立、生物个体间感情建立和传递，更深远地说，社会性动物的出现和生物的许多"美学"现象都源于此。

四、人类的起源与进化

生命经过了 38 亿年漫长的进化历史，在 1000 万～400 万年前走上了人类诞生的道路。从生物分类学看，除去已绝灭的种外，现代人类属于灵长目、人猿超科、人科（Hominidae）下仅存的唯一的一个属和种，即人属（Homo）智人种（Homo sapiens）。这在包括有庞大物种的生物分类系统中，实实在在只占据着一个十分小的位置。遍布全世界的人类根据他们的形态特征、地理分布，目前通行划分为五个不同的种族：蒙古人、高加索人、黑人（尼格罗人）、澳洲人、美洲印第安人，构成一个多态复合种（也还有其他的划分方法）。人在生物分类系统中的地位，如图 9-4 所示。

1. 人类的直接祖先

对于人类的起源，当前大致的认识如下：比较肯定的人科化石是发现于非洲埃塞俄比亚的 440 万年前的始祖地栖猿（Ardipithecus ramidus）；在东非大峡谷地区发现的随后年代的人科化石还有湖滨南猿（Australopithecus anamensis，距今 360 万年）。最早的人属化石是发现于坦桑尼亚的大约生存于 250 万～100 万年前的能人（Homo habilis）化石。能人的脑容量平均为 700mL，能直立、群居、能制造工具。人类进化的随后阶段是直立人（Homo erectus），其最早可能出现在 100 万年以前。直立人在世界各地被广泛发现（如中国的北京直立人、陕西蓝田直立人等），直立人的脑容量比能人有

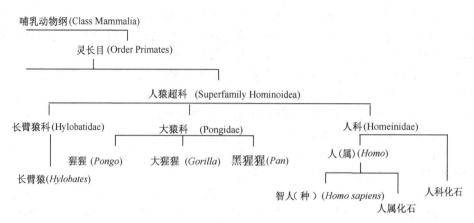

图 9-4　人在生物分类系统中的地位

较大的增长，头也相对增大，但头盖骨的结构仍保留较多猿的特征，如额骨低平、眉嵴发达、颅顶有矢状嵴、颜面突出等，而他们的肢体已经很接近现代人了。直立人开始有了原始的社会组织，创造了原始的文化（旧石器文化），如北京直立人能制造较精致的石器和能使用火。大约于 30 万年前直立人进化出现智人，智人又划分为早期智人和晚期智人。30 万～4 万年前为早期智人〔如中国辽宁金牛山人、陕西大荔人，欧洲尼安德特人（*Neanderthal*）等〕。4 万年以后为晚期智人，他们在形态上与现代人已经几乎完全一样〔如中国广西柳江人、北京山顶洞人，欧洲姆拉德克人 Mladec、克罗马农人（*Cro-Magnon*），非洲弗楼洛里斯巴人（*Florisbad*）等〕，不同地区的晚期智人已表现出了黄种人、白种人和黑种人的形态区分。

目前，现代人类的来源仍存在着一些没有搞清楚的问题，主要是，如果世界各地的现代人类起源于非洲，那么从早期直立人开始，在以后向早期智人、晚期智人进化的过程中是先从非洲扩散到世界各地，并随后在不同的地区独立地完成这一进化的呢（多起源）？还是现代人类的这一发生过程是在非洲完成，再陆续散布到世界各地并取代了当地的早期人类呢（非洲来源）？由此出现了所谓现代人类的多起源（multiregional）和非洲来源（out-of-africa）两派学说。

在人类起源的研究中还有一个值得注意的方面，就是从生理特征上探寻与人类接近的动物物种。人类与其他所有哺乳动物有两个很显著的不同特征，就是人类没有或仅有很少的体毛，以及几乎所有的兽类，包括黑猩猩在内都短期发情交配，性行为完全是繁殖后代的功能表达，而人类的性行为在一定的程度上与生殖不相关。人类两性的性接受能力很高，性爱和性行为成为人类重要的社会关系之一，这一现象一直是人类学家关心和探讨的问题。直到 20 世纪 80 年代后期，人们发现黑猩猩属的倭黑猩猩种（*Pan paniscus schwartz*）的性特征与人类有很多相似之处，并且它们的社会是以雌性为中心的。这就为人类独特的性生理和性行为特征的进化提供了一个可以比较的模式。对于人类缺乏体毛的现象，从进化上目前还没有一个统一的认识。

2. **人类与动物的区别**

今天我们把人类放在生物界最高也是最特殊的进化地位上。但是从生物特征的比较来看，人与灵长目动物并没有"天壤"之别。与人类最近且并列的灵长目另外两个科分别是长臂猿科（Hylobatidae）和大猿科（Pongidae）。那么人与猿的最重要区别是什么呢？人类与黑猩猩在形态和基因组成上的差别并不比猴子与大象之间的差别大，甚至还不如灵长目中其他不同物种（例如狐猴与黑猩猩）之间的差别大。如果说区别在于人类能够使用和制造工具，实际上黑猩猩甚至某些鸟类都能使用简单的工具，例如用树枝获取食物。黑猩猩甚至能"制造"简单工具，如把两根竹竿连接起来做成一个长杆来够取高处的食物。另外考察其他如社会性、语言能力、感情以至思维能力方面，也都不难找到有这些能力的动物：蚂蚁有高度复杂的社会组织；许多鸣禽有丰富的交流语汇（信号语言）；海豚经过训练可以与人通过手势语言交流思想（符号语言）；让一只黑猩猩在镜前观看它自己，然后在它的前额帖上红色标签，再照镜子后它的反应是动手涂抹自己的前额，这表明黑猩猩已有相当复杂的思维能力；感情现象在高等动物中更是普遍存在。

目前，似乎趋向这样一种共识，就是人类是文化的创造者和拥有者，它的整体构成了一个文化的系统，这一点是动物所没有的，而实现人类文化的三个基本条件是：①人类有彻底从行走功能中摆脱出来的可以制造和使用工具的双手。②人类有智力发达的大脑。③人类生活的社会性。在张昀《生物进化》一书中有这样一段概括，"人类大脑的智力发达程度决定了人能够学习，能够掌握符号语言，能够创造文字，因而能够贮存、积累和传递文化信息。人类灵巧的、彻底从行走功能中摆脱出来的双手与发达的智力相结合，使人类能够使用和制造复杂的工具。智力和双手是文化创造的两个重要因素。但如果人类不是群居，如果没有人类的社会组织，也不可能创造复杂的语言、文字，并形成一定的文化系统。正因为人类同时具备了上述创造文化的三个要素，任何动物都没有，因而只有人类才创造文化，并形成文化系统。尽管现代人类身上还保留着脊椎动物的不少相当"原始"的特征，但是人类对环境，对其他生物物种的影响与控制能力是有生命以来绝无仅有的。由此，我们可以说人类的出现标志着生命的发展又迈进了一个新的更高的层次，代表着生物进化的最高阶段。

第三节　进化机制与规律

一、物种概念与进化图谱

1. 生物物种概念的调整

物种是生物学的重要概念之一。由于物种是对生物群体区分识别的重要依据，在考察生物演化时，人们自然力图从物种分析入手，求得对生物进化现象的判断。但是在进化研究中，对生物物种的限定划分出现了新的问题。在林奈创立的界-门-纲-目-科-属-种的生物分类系统中，物种处在最基础的位置上，并逐渐形成了形态结构比较（形态结构相似的生物个体群为一个种）和生殖隔离（同物种个体间可以自由交配，而种间不能交配或交配后不能产生健全的后代）的判定方法。显然，生殖隔离的判断方法是不适用于历史存在的物种，也就是说在对历史上的生物进行种的判断时，只有形态结构比较这一条标准了。我们知道任何两个生物个体都不会是完全一样的，而形态结构间进行比较将很难得到明确而统一的标准，只能给出它们之间相似程度的分析。例如仅从有翅和可以飞翔来说，如果把蝙蝠和鸟放在一类是无可非议的。在分类学中，物种是一个不包括时间因素的概念，即无需给出在一个长的时间区段里，某个世代群体是否仍属于同一个物种的判断。但是对进化来说，物种概念的非时向性质与生物演进的时向性之间的矛盾就暴露出来了。

　　为了解决这一问题，人们发展了从现存物种结构分析推断过去物种存在的方法，衍生出了一套判定法则，即将生物的形态结构特征进行等级分类，如对于鸟、蝙蝠和马来说胎生哺乳或者卵生的差异比翅的有无处在更高的分类级别地位上，故将蝙蝠和马分为一类，而鸟为另一类；对于葫芦藓、卷柏和水稻来说，体内有无维管比叶的形状的不同处在更高的分类级别地位上，将卷柏和水稻分为一类，而葫芦藓为另一类。如此不仅可以将生物逐级地归类划分开来，也同时确定了它们亲缘关系的远近。虽然过去的生物是以化石的形式存在，但是由于生物各部位形态结构的相关性，还是能从骨骼和其他形态特征的印痕中找到相当完整的生物体结构的信息，引导人们得出对历史上生物物种的判断。显然，物种的概念被调整了，它失去了种内自由交配、种间生殖隔离的条件，而加入了时间的因素。因此进化研究中的物种与分类学中的物种概念是不完全的一样的。

　　2. 生物进化谱系的建立

　　生物物种概念的调整推动了人们对生物进化现象的认识。通过化石的比较研究，人们发现不同生物物种的历史存在状态是不同的：有的物种在漫长的年代中变化很小，这一现象在单细胞生物和低等的多细胞生物中相当普遍；有的物种随着时间的推移明显地发生了改变，又表现出三种情况：一个物种发生了显著的形态结构的改变，从一个物种变成了另一个物种；原始种群产生了剧烈的形态结构的歧化，由一个物种演变出两个以至更多的物种来；有的物种在历史的演进过程中绝灭消失了。由此人们绘出了以物种为单位的生物历史演进谱系图，即将历史上生物物种按它们有或者没有演进的亲缘递进关系，并依据发生的时间或者连续或者平行地排列起来，进行生物物种历史演变过程的描述工作。经过历代人的辛勤努力，一幅全过程的建立在形态结构基础上的生物物种演进轮廓被勾画出来，由于图谱的结构很像一棵不断分支的大树，所以又称为进化树或进化系统树。生物物种进化谱系的建立给出了生物进化最直观的描述。随着化石材料的不断丰富和新的生物进化研究方法的开拓，如胚胎的比较，生物物种进化谱系不断获得补充和修正，成为生物进化研究的基础。现在的情况是，多方面的研究表明这一谱系图在门、纲、目、科、属、种发生地位的确定方面得到较好的构建，但仍然存在一些不清楚和有争议的问题，如鸟的直接祖先。而近年分子系统学的研究结果表明，它对生命的早期发生的推断出现了大的偏差，如真核生物与原核生物的关系，一些门类动物的进化关系等，暴露出了单纯形态分析方法的局限性。

二、小进化与大进化

　　伴随对生物进化过程中物种演变认识的深入，遗传学家歌德斯密特针对进化研究范畴的规范，1940 年提出"大进化"和"小进化"的概念。1944 年古生物学家辛普森对此概念又作了修正和明确定义，即小进化是考察在进化中物种内性状维持或变异的规律，而大进化则是研究物种规模演变的特征。

　　1. 小进化

　　考察和认识生物物种内的性状维持或变异的规律是小进化的研究内容。对于生物性状的演变，最直观和具体的方法是从分析生物世代个体间的变化入手，再由此联系和推演出它的历史进程。达尔文和他以后的许多进化论者也确实长期地把生物个体看作是生物进化的单位。但是小进化的研究表明这样的认识是错误的。实际上，进化上生物维持或变更的单位，对无性生殖的生物是无性繁殖系，对有性繁殖的生物是通过有性繁殖联系起来的种群整体。这一概念的获得是人们对生物进化现象认识的一个大的进步。

遗传学研究表明，有性繁殖过程可造成子代与亲代遗传背景的差异，但是个体的遗传差异并不代表群体遗传性的改变。例如，一个特定的亲代匹配可能造成子代生物性状与亲代的显著差异，但是对于种群整体而言，如果没有突变发生，没有因种群迁移或加入而造成种群的遗传结构的改变（基因频度改变），没有环境适应性和生殖竞争选择因素的介入，尽管种群内世代个体间性状总在不断地变化着，这个种群是不会发生总体的趋势性演变的遗传学的哈代-温伯格平衡原理（Hardy-Wenberg equilibrium），因此，考察生物性状的维持或变更不能立足于对个体变化的分析，只能以种群整体为单位来认识，即分析种群而不是个体的遗传结构。对群体来说，它的性状的演变趋势是由种群整体遗传结构决定的。毫无疑问，这一认识上的提高和规范使人们对生物进化现象的考察更加准确，即物种的维持或变更是发生在种群遗传结构上的事件，并且这一规范同时也将进化的支因的问题突显出来（如上面提到的突变种、种群迁移或加入、环境适应性和生殖竞争选择）。

2. 大进化

大进化是以生物物种或者更高级的生物分类单元（如纲、门）为考察对象，研究历史上生物物种规模演进的规律和特征。大进化的研究发现生物的进化可以归纳为以下三种不同的形式辐射进化、趋同进化和平行进化。

（1）辐射进化。表现为在考察的时间里，一个原始的物种出现歧化，发生性状、适应方向、生存领域和生态位的明显区分，产生出若干新的不同的生物物种。在进化树上则表现为从一个线系向不同方向分支，形成一个辐射状枝丛。辐射进化有明显的趋异性。在历史中生物存在大量的辐射进化现象，如元古宙末期，一些异养和自养单细胞完成了向多细胞过渡之后，分别出现了植物与动物的第一次辐射进化，这一现象分别记录大约 6 亿年前中国扬子地台震旦系陡山坨组的原叶体植物化石群和 5.7 亿～5.5 亿年前伊迪卡拉软体动物化石群中。

（2）趋同进化。指的是不同源的生物物种，它们虽存在有明显的区别，但是在结构和机能的某些方面表现出相似和趋同的进化现象。这种现象被认为与不同的生物类群对类同的生存环境的适应相关。如许多固着生活的不同门类的无脊椎动物（如腔肠动物的珊瑚、甲壳动物的藤壶、棘皮动物的海百合）都具有相似的辐射对称的身体构型；水中游泳的不同类别的脊椎动物（如鱼类、爬行类的鱼龙、哺乳动物的鲸和海豚）都有着极为相似的梭状体形。

（3）平行进化。平行进化概括的是在长期进化过程中，不同物种出现的在形状结构、生物特征上广泛的平行发展的进化现象。典型的平行进化的例子来自对澳大利亚的后兽亚纲（Metatheria）有袋类动物和大陆的真兽亚纲（Eutheria）真兽类动物的比较。除了有袋与无袋的区别外，它们之间的其他形态和习性上有非常相似的对应物种存在，如澳大利亚的袋狼、袋猫、袋飞鼠、食蚁袋兽、袋鼹、小袋鼠，它们分别与欧亚大陆上无袋类的狼、豹猫、鼯鼠、食蚁兽、鼹鼠、老鼠相互对应。人们认为有袋类与真兽类适应辐射，不断地进化出适应不同环境的相似动物。

三、进化中的物种集群爆发和集群绝灭

人们对生物进化的研究，不仅认识了进化的辐射和绝灭现象，而且还发现有的进

化的辐射和绝灭的现象是相当大的，即在很短的时间里，大量新物种几乎同时产生出来或者大批物种又一起消失掉，这一现象被称为生物进化中的集群爆发和集群绝灭（大绝灭）。

1. 集群爆发现象

在有了生物进化图谱的分析方法和对照生物化石的资料，人们很容易发现生命史上存在的一个十分引人注目的现象，就是进化过程中阶段性地出现物种或物种以上分类等级的生物类群快速大幅度辐射发生的现象，即进化集群爆发现象。实际上，这一现象早在达尔文的年代就被看作可能是由于化石资料不全造成的假象而被提了出来。一百多年来，这一现象不仅被越来越多的证据所证实，并且人们发现这一现象在地球的生命史上多次发生。

现在已经明确地发生在显生宙（多细胞生物诞生后）的重要的进化集群爆发有：在大约6.5亿年前震旦纪（如中国陡山坨），不同类群的原叶植物体在地层中突然大量出现。它们是包括叶藻（Thallopophyca）在内的真红藻目（Florideophycidae）、紫菜目（Bangiophycidae）等多种形态结构上不同的多细胞植物。在大约5.7亿年前，前寒武纪澳大利亚伊迪卡拉动物群的骤然出现。引人注目的是它们的结构和体制和现代生存的所有动物都显著地不同，不能纳入到现生的动物分类系统之中。它们是一群无硬骨骼形态奇特的多样化的动物群。生物史上最著名的一次生物在爆发现象发生在寒武纪，即寒武纪动物集群爆发。这次动物物种的快速辐射发生在大约5.3亿年前的寒武纪早期到中期（化石发现于加拿大布尔吉斯页岩、中国澄江等地）。令人惊叹的是现代的所有动物门类，以及历史上已绝灭的多种门类动物的化石几乎都突然地同时出现在这一地层之中。寒武纪以后，生物还发生这多次大大小小的物种快速辐射现象，重要的有奥陶纪末鱼类的辐射发生，第三纪早期哺乳动物的辐射发生。

2. 集群绝灭现象

与生物物种集群爆发现象相对应的，生物进化史上的另一个重要现象是生物物种的快速大幅度绝灭。已知大的集群绝灭在生命史中发生过多次。美国学者塞普科斯基对其中五次进行了物种消亡的统计。其中，二叠纪的生物危机最为严重。

海洋动物的50个科在这一过程中绝灭了，它们差不多占当时海洋动物总科数的一半。如果以属、种为单位来统计则更为严重，占总数83%的属和96%的物种都绝灭了，估计只有4%的海洋动物物种延续生存到三叠纪。对集群绝灭现象的研究发现，历史上的生物大绝灭往往涉及的是生物分类上的高级分类群（科、目、纲、甚至门）中的大多数或全部物种的绝灭。尽管有些处在同一高级分类级别下属的不同物种，在形态结构和生存环境上已经相距很远，也都同样逃脱不了共同灭亡的命运。例如，历史上最早一次动物集群爆发出现的伊迪卡拉动物很快就全部绝灭了，而今天的动物都属于寒武纪大爆发所产生的动物门类的后裔。

3. 集群爆发和集群绝灭的"周期"更替现象

在分析进化中生物的集群爆发和集群绝灭现象时，人们注意到两者表现出了一定的相互更替的特征，即生物在每次大的绝灭之后往往会跟随一次大辐射进化的到来。例如，元古宙晚期至末期，蓝细菌迅速衰落之后，多细胞生物迅速繁荣；奥陶纪末无脊椎动物中的三叶虫、笔石、腕足动物和苔藓虫共一百多个科的动物绝灭后，鱼类等脊椎动物辐射发生；白垩纪晚期恐龙大灭绝后，第三纪早期哺乳动物辐射发生。似乎生物的集群绝灭，首先造成了短时间里生物物种在高级分类单元范围中的"大面积"

消失，导致地球生物圈多样性显著降低，继之生物发生新物种的快速辐射，又出现了生物圈物种构成的重建。这一现象提示人们生物的历史演进具有物种规模发生的"不连续性"和它们之间更替发生的相关性。更重要的是，纵观整个生命的发展史，生物物种的这种历史性周期演变不是一种简单的物种循环更替过程，生命在这一周期的演变过程中表现出明显的进化层次上的跃迁。

四、分子钟

1. 分子钟的概念

"分子钟"这个概念，早在 20 世纪 60 年代初就已提出。当时只是一种设想，后来的工作说明这个设想是可以实现的，并为分子进化和系统发育重建提供了理论基础。所谓分子钟（molecular clock），简单地说，就是以某一进化事件作为划分时间的刻度，并以此判定其他进化事件出现的时间。具体地说，根据不同生物同源蛋白质氨基酸序列的差异，结合其他资料（如有同位素年龄的化石记录）就可以从时间上表示出蛋白质分子的进化速度。由图 9-5 可见，每替换 1‰氨基酸残基所需的时间，血纤肽（纤维蛋白肽）约 110 万年，血红蛋白约 580 万年，细胞色素 c 约 2000 万年，组蛋白Ⅳ则要 6 亿年。

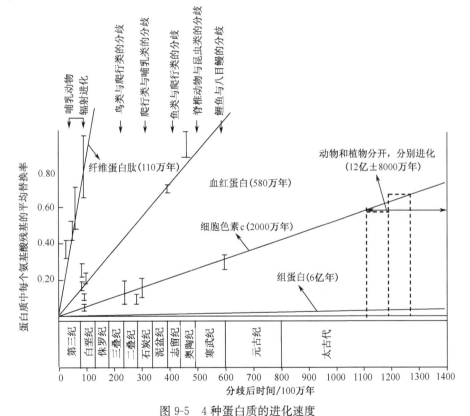

图 9-5　4 种蛋白质的进化速度

斜线代表进化速率，改变氨基酸序列 1‰需要的年数注明在括号中，斜线上的竖条代表误差范围

如果这一速度在相当长的地质时间内是相对恒定的，利用已知的不同生物同源蛋白质的氨基酸差异，对照已知的有关进化事件（如系统分支、门类分异）发生的具体

时间，就可按简单的比例关系估计出其他进化事件发生的时间。这就是分子钟的基本概念。哺乳动物基因的分子钟。图 9-6 中的资料来自 11 对哺乳动物中 7 种蛋白质的氨基酸序列，求出每对动物之间的氨基酸差数，并得出核苷酸替换最低数。同时，估计由化石证据推断出这些动物大致的分歧时间。相隔最远的一对动物是真胎盘类和有袋类，它们的共同祖先大约生活在 1 亿 2 千万年前；最近的一对动物是马和驴。从图中原点到最远点的连线是直线，显示出在长期进化过程中，DNA 碱基替换的积累速率相当稳定，像时钟那样准确。

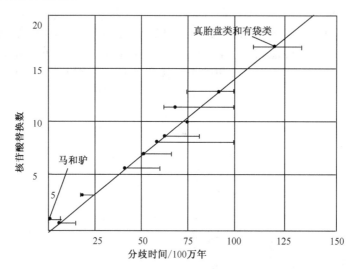

图 9-6　哺乳动物基因的分子钟

图中纵坐标表示核苷酸替换数，横坐标表示动物互相分歧、各自按物种世代发展的时间，
短线表示估计分歧年代的误差范围

同时，一个基因或蛋白质都分别作为一台钟的主要部分，它们有不同的突变率，但都可对同一进化事件计时。几个基因或蛋白质的结果汇总后，可起到相当精确的进化计时作用。

2. 建立分子钟的有关条件

建立分子钟，首先要具备分子进化的系统资料，如不同种类生物的蛋白质氨基酸排列顺序等。目前，已经掌握了许多同源蛋白质一级结构（氨基酸序列），但能否适用于分子钟的研究，还有一个选择的问题。以前面提到的一些进化速率不同的蛋白质为例，血纤肽进行速率快，但它只存在于哺乳动物，应用范围过窄，不适合分子钟的要求；细胞色素 c 虽然存在于不同生物中，但它的进化速度受到限制（不足以区分人和黑猩猩）；像组蛋白这样的分子进化速率又太慢，也不适用于分子钟的要求。现在，一般采用血红蛋白和肌红蛋白，它们的进化速率合适，而且存在于多数无脊椎动物和所有脊椎动物中，应用范围较宽。

其次，建立"分子钟"要求蛋白质分子的进化速率保持均一。根据遗传学的有关资料，总的来说，同源蛋白质或 DNA 分子进化速率是大体恒定的。许多学者认为，这些事实可以作为分子钟的基础。不过也有资料表明，蛋白质的进化速度并不恒定，从而怀疑分子钟的可靠性。杜布赞斯基等人认为，尽管少数蛋白质的进化速率并不恒定，但相当多数蛋白质的进化速率是接近恒定的，因而应当肯定分子钟的可靠性。

尽管分子钟概念还存在争议，但分子钟概念在估计不同物种间的分歧时间以及相互的进化关系方面还是十分有用的。

第四节 进化理论与达尔文

一、达尔文及其进化论

1. 达尔文的生平与科学活动

查理士·达尔文于 1809 年 2 月出生于英国希鲁兹别利的一个小城市里。祖父和父亲都是当地的医生。在达尔文幼年时代，家中主张他将来成为一名医生，以继承祖辈的事业。1826 年达尔文进入爱丁堡大学医学系。但是年轻的达尔文对当时枯燥无味的解剖学和医学课并不感兴趣，以致两年后他离开了爱丁堡。随后，他父亲便把他送到剑桥大学基督学院主修神学，希望他将来当个牧师。可是达尔文在那里比较有兴趣的却是亨斯洛教授的植物学课。尽管达尔文不研究植物学，但亨斯洛常常带领学生，徒步或驱车，到远处或江边考察，并且讲解考察中的植物和动物。这种旅行给达尔文留下了深刻的印象。

1831 年，达尔文结束了剑桥大学的学习。不久，由于亨斯罗教授的推荐，他以学者的身份搭上了即将出航的英国海军部军事水文地理战舰"贝格尔"（Beagle）舰，开始了对他一生科学活动具有重大影响的环球科学旅行。"贝格尔"舰先航行到巴西，在南美洲的东海岸逗留了两年多，随后绕道南美洲的西海岸，由此往新西兰、澳洲和塔斯马尼亚岛，后来经过印度洋，从南边绕过非洲的好望角，横渡大西洋，再回到巴西。最后再由巴西返回英国，全部航程，从 1831 年 12 月 27 日到 1836 年 10 月 2 日，历时约 5 年。

达尔文在这次科学旅行中，仔细地观察了所到各处的地质矿物和生物类型，深入地比较了化石动物和相互关系，考察了生物的地理分布及其在地质期内出现的程序等等。通过这些科学活动，并在赖尔的地质学进化原理的启发下，他对物种不变的信念有所动摇。例如，①南美草原地层中所发现的巨大动物化石，这些化石与现代的犰狳十分相像。这一事实说明，现代生物与古代生物之间，并非毫无联系，而是存在着某种亲属关系。②随着南美大陆南移的程度，相似动物类型发生了逐渐的更替，说明生物的分布与地理环境密切相关。③加拉帕哥斯群岛的物种是南美的类型，这些岛的历史并不长久，每一岛上都有彼此略有差异的物种。雀科鸣禽便属于这一类型。达尔文在那里区别出 13 个物种。这说明岛上生物类型是从邻近大陆上迁移过来的，同时又各自产生了适宜于当地环境的新的类型。④南美某地有 2 万多头牛，由于连续 3 年的旱灾而全部死亡。它表明，不需要造物主的干预，仅仅由于自然的原因就可以引起生物界的巨大变化。⑤在火地岛上，当地土人赤身裸体，拾食岩石上的软体动物，使用石器和弓箭等原始生活情景，给了达尔文很深刻的印象，对他认识人类起源于动物的原理有所启发。

总之，5 年的科学旅行为达尔文从相信神学而转变为一个坚定的进化论学者奠定了基础。正如他说："贝格尔舰上的航行，算是我生平最重要的事件，它决定了我的整个生涯"。

达尔文科学旅行回国后，于 1839 年与表妹韦奇伍德结婚，并居住在伦敦郊外的某小镇上。当时他手头的主要工作是整理旅行采集来的标本和资料，同时着手进一步探索生物的进化问题。

　　生物进化是一个漫长的历史过程，涉及许多复杂的关系。怎样才能有效地进行这一工作呢？达尔文说："当我从事本题研究的初期，觉得要解决这个困难问题其最有希望的途径，应从家养动物和栽培植物方面的研究着手"。

　　为此，他博览群书，广泛收集资料，其中包括一些我国古代的内容。同时他也走访了许多有丰富经验的育种工作者，经常他们保持通信联系；他还参加了两个养鸽俱乐部，并对 150 多个家鸽的品种进行了深入的研究。19 世纪初期，生物学本身也有所发展，特别是细胞学、胚胎学和古生物学。这一切为达尔文研究进化提供了极为有利的条件。

　　达尔文总结概括了科学发展的成果和劳动人民育种的实践经验，主要应用了历史方法和归纳方法，得出了家养生物起源于野生生物的正确结论。例如，家鸽起源于岩鸽（*Columba rupestris*）、家鸡起源于原鸡（*Gallus gallus*）等。并在此基础上提出了人工选择的原理。达尔文进一步研究表明，在自然界中，虽然没有培育者的主动意图但是却造成了与人工选择类似的结果。

　　早在 1838 年，达尔文在马尔萨斯（T. R. Malthus）的《人口论》一书启发下，从生物界广泛存在的种种复杂现象开始将自己的进化思想整理成文，共 35 页。这即是物种起源的最初大纲。1844 年，他又将原稿扩大到 230 页，并进一步收集资料。1854年，他完成了一项重要的工作，即关于蔓足类的研究，这对他的进化学说的研究提供了许多帮助。

　　1858 年 6 月，正当达尔文倾注全力撰写物种起源的书籍时，接到了年轻学者华莱士从马来群岛寄给他的一篇论文。论文题为"论变种无限地离开原始模式的倾向"。华莱士在论文中明确指出："物种的荣枯盛衰取决于对生存条件的适应程度"，"变异"、"生存竞争"是促进物种进化的动力。达尔文接到此论文后，发现华莱士的论文要点与自己的看法完全一致。当天达尔文给他的朋友地质学家赖尔写信说："我还没有见过世上竟有这么惊人巧合的事情"。

　　在这种情况下，达尔文曾经表示宁愿放弃自己的成果，单独发表华莱士的文章，只是在赖尔和植物学家胡克的建议下，才把华莱士的论文和达尔文 1844 年起草的论文摘要于 1858 年 7 月同时在英国林奈学会上宣读，并在《林奈学会杂志（动物学）》第三卷上发表。此后，又在赖尔和胡克的催促下，经过一年多时间的努力，完成了举世闻名的《物种起源》一书，并于 1859 年 11 月 24 日问世。该书第一版 1250 册在一天内争购一空。不久，又被翻译成了欧洲各国文字；我国在 1920 年，也出版了马君武的译本。

　　1859 年以后，达尔文进入他科学活动的最后一个时期。在这一时期他坚持生物进化的原理，广泛地应用了演绎的方法，深入研究了人类学和其他许多生物学问题，并取得多方面的成就。例如他发表了《动物和植物在家养下的变异》、《人类起源和性选择》等书，对人工选择作了系统的叙述，并提出了性选择及人类起源的理论。从而进一步证实了进化学说的内容。

　　达尔文的后半生体弱多病，也许是一种自主神经系统障碍性疾病，使他在 30 岁以后就无法长时间地坚持工作。他的大部分工作都是在与病魔顽强斗争中完成的。他曾说过："我一生的主要乐趣和唯一职务就是科学工作。对于科学工作的热心使我忘却或者赶走我的日常不适。"

1882 年 4 月 19 日，达尔文与世长辞。他的墓安葬在伦敦西敏寺，并和牛顿的墓并排着。

达尔文的科学成就具有划时代的意义；他本人的思想品德和治学态度也是出类拔萃的。达尔文热爱科学，坚持真理。他细致地观察和实验，认真地读书和思考。他待人处事勤勤恳恳，实事求是，几十年如一日。达尔文是一位富有献身精神和创新思维的科学家，也是一位勇敢而睿智的思想家。

在我国，最早译成中文的达尔文学说书籍《天演论》（赫胥黎著，严复译，原书名 Evolution and Ethics）出版于 1898 年（光绪 24 年木刻出版）。从那时起达尔文就已是深受我国人民热爱的伟大学者。

2. 达尔文的进化学说

达尔文学说的内容广泛。迈尔把它归纳成以下五个主要方面。它们相互之间有所联系，但每一部分又是独立的整体。

（1）生物是进化的学说。达尔文认为，世界不是静止的，而是进化的。物种不断地变异，新种产生，旧种消灭。人们无论从什么地方看生命的自然界，都会发现要用进化原理来说明问题，否则就毫无意义。化石资料对此作了极好的证明。正如达尔文说："虽然许多情况现在还是隐晦不明，而在未来的长时期内也未必清楚，但是经过了我所能做到的最谨慎的研究和冷静的批判，可以完全无疑虑地断言，许多自然学者直到最近还保持的、也是我过去所接受的那种观点即"每一物种都是个别创造出来的"是错误的。我完全相信，物种不是不变的；那些所属于同属的物种，都是另一个一般已经灭亡的物种的直系后代，正如现在会认为某一个种的那些变异，都是这个种的后代"。

（2）共同起源学说。达尔文认为，生物之间都有一定的亲缘关系，有着共同的祖先。例如，一切昆虫都有它们的原始祖种，一切哺乳动物和其他的物种也都这样。所有的生物则最初产生于少数形态或一种形态。不论在世界上如何遥远的地方发现的各类生物，它们也必定是从早期的某个地点传布到其他各地的。它们的起源只有一个中心。

在共同祖先的系统树中也包括人类。这实际上把《圣经》和某些哲学著作中赋予人在自然界的特权地位取消了。达尔文的这一学说无疑是一种革命。

（3）物种增殖学说。达尔文认为，自然选择通过生存竞争造成旧物种和中间类型的灭绝，导致性状向不同方向发展，出现性状分歧。性状分歧使生物用不同方式适应环境达到最大量的生存。同时，物种的种类也会逐渐增加，出现生物的多样性。对现代进化论注重的物种形成中的隔离问题，达尔文也有所认识。他认为海岛隔离是物种形成的主要机制，但在解释大陆上物种形成问题时却遇到了困难。

（4）渐变性进化学说。达尔文认为，生物进化是逐渐和连续的，其中不存在不连续的变异或突变。达尔文指出："自然选择只能通过积累轻微的、连续的、有益的变异而发生作用，所以不能产生巨大的或突然的变化，它只能通过短且慢的步骤发生作用。因此，'自然界没有飞跃'这个趋向于为每次新增加的知识所证实的原则，根据这个学说是可以理解的"。

（5）自然选择学说。达尔文认为，在人工选择中，起主导作用的是人，而在自然选择中，起主导作用的则是自然界。生物都具有生殖过剩（overprodution）的倾向，即生物物种产生比能生存的多得多的数量。同时，它们的个体数都保持相对的恒定。

又由于生物的生存空间和食物来源都有限，所以必须为生存而斗争。达尔文所讲的生存斗争或生存竞争（struggle for existence）包括种内斗争、种间斗争和生物跟无机环境的斗争三个方面。在同一群体的不同个体之间具有不同的变异，有些变异对生存比较有利，有些则不利。在生存斗争中就出现适者生存、不适者淘汰的现象。经过许多代之后，自然选择导致了生物进化。

生物经自然选择后的有利性状为何能在后代中得到保留并有可能演变成新种呢？达尔文采用了拉马克获得性状遗传的原理作了解释。达尔文还认为，自然环境变化大都是有方向的。因此，经过长期有方向的选择，即定向选择（directed selection）微小的变异得到积累而成为显著的变异，最终可能导致新种的形成。上述内容可作如下表示。

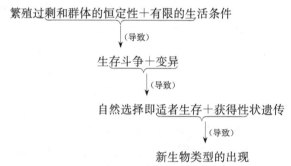

繁殖过剩和群体的恒定性＋有限的生活条件

（导致）

生存斗争＋变异

（导致）

自然选择即适者生存＋获得性状遗传

（导致）

新生物类型的出现

自然选择学说是达尔文说中最具有革命性的理论，它彻底否定了目的论的观念，唯物地、科学地解释了所有生命世界的许多进化现象。达尔文使用了精心挑选的例证和详细有力的论据来说明这个学说。在他的《物种起源》一书中曾三次提到自然选择是"我的理论"。

二、其他进化学说

1. 综合进化论

综合进化论（the synthetic theory）（包括后来的新综合进化论）也称现代达尔文主义，它是现代进化论中最有影响的一种学说。其中有许多著名的学者，如赫胥黎、迈尔、辛普森、伦施、斯特宾斯等等。其中最有影响的是美籍苏联学者杜布赞斯基。杜布赞斯基 1921 年毕业于苏联工辅大学，1928 年，他跟随摩尔根在美国麻省理工学院工作，1936 年任遗传学教授。杜布赞斯基一生致力于遗传学和进化论等多方面的研究。他不仅是实验群体遗传学的奠基人，而且在遗传学其他领域也有重要成就。例如，他在 1929 年证实以连锁关系为基础的基因直线排列，相当于基因在染色体上的直线排列。他最先进行了基因多效性的系统研究，并且对发育遗传学也颇有建树。此外，他还注重人类遗传和人类进化方面的探索。杜布赞斯基最重要的贡献是在《遗传学与物种起源》（1937）中完成的对现代进化理论的综合，即对达尔文主义选择论和新达尔文主义基因论的综合。因此，又称"综合理论"。此书被誉为是 20 世纪的《物种起源》。他的《进化过程的遗传学》（1970）一书，又为新综合理论奠定了基础。

综合理论的主要内容有以下两个方面：

（1）认为群体是生物进化的基本单位，进化机制的研究属于群体遗传学的范围。所谓群体（或孟德尔群体）是指一定地区一群可以进行交配的个体，这些个体是享有一个共同基因库的繁殖集团。最大的群体就是一个物种。综合理论的这一认识区别于以往个体为进化单位的一切进化学说。

（2）突变、选择、隔离是物种形成和生物进化的机制。突变是生物进化的材料，通过自然选择保留适应性变异，通过隔离巩固和扩大这些变异，从而形成新种。杜布赞斯基等强调指出："突变过程是所有遗传变异性的来源，是异化的主要关键，因为突变供给着产生进化改变的原始材料"。当然，大多数突变是有害的，但可以通过自然选择消除有害突变、保存有利突变，使基因频率定向改变。综合进化论还认为，自然选择的本质实际上就是"一个群体中不同基因型携带者对后代的基因库做出不同的贡献"。自然选择下群体基因库中基因频率的改变，并不意味着新物种形成。因为基因的交流并无中断，群体分化还未超出种的界限。通过隔离将可最终出现新种。正如杜布赞斯基说："族和种通常在许多基因和染色体畸变上彼此有所差异。它们进行杂交繁殖的结果，虽然基因的差异仍然保存着，但却造成了这些系统的破坏。因此，维持种和族成为独立的群体，须视它们的隔离如何而定，族和种形成，没有隔离是不可能的。隔离的机制一般可分为两类，一类是空间性的地理隔离，另一类是遗传性的生殖隔离。地理隔离在物种形成中起着促进性状分歧的作用，而生殖隔离则是物种形成的最重要的一个步骤。

70年代初，在原来综合理论的基础上，出现了新综合理论，它又称为分子水平的综合理论。这一学说的成就，主要表现在进化的选择机制研究方面。在老综合理论看来，所谓的选择机制，只是作为在每一对等位基因上分别而独立起作用的因素，它从"坏的"等位基因中挑出"好的"等位基因。只要等位基因略有不利，就会被自然选择所淘汰。这样，必然由于个体愈选愈纯而形成同源群体的趋势。显然，这种自然选择的筛选机制既不能解释适应和生物多样性的起源，也不符合群体遗传结构的事实。

实际上具有有害基因的个体并不一定在自然选择中被淘汰；往往还有另一种情况，即同一座位上的两个或两个以上的等位基因（即复等位基因）在群体中都有相当高的频率。例如，人类中的 ABO 血型、MN 型、葡萄糖-6-磷酸脱氢酶以及异色瓢虫的鞘翅色斑等，都属于这类情况。它们都是由复等位基因所引起的多态现象。所谓多态现象是指同一物种在同一生态环境中，存在着两个或两个以上的明显各别类型。这种现象用老综合理论是很难解释的。

新综合理论对这一现象做出了解释，费希尔、霍尔丹等人先后指出，多态现象是由于比纯合体更具有选择利益，因而，他们提出了"杂种优势选择"的概念。在人类群体中，引起镰刀形红细胞贫血症的致死基因可抗疟疾，就是其中的典型一例。泰瑟尔、赫利特尔还提出"平衡性选择"的概念解释过多态现象。它们认为，自然选择并不限制两个等位基因中的一个。等位基因是在竞争中，并在特有的平衡频率中有利于他们的共存。选择会使两个等位基因都在群体中保存下来，从而成为一个平衡的多态现象。他们还认为，等位基因的选择价值不是固定的，而是依赖于条件和每一等位基因的频率。当生态条件或遗传基础改变时，它可以变化。泰瑟尔进一步引入了自然选择模式的概念，还认为选择有保守选择和革新选择两种选择。

在选择机制的研究中，杜布赞斯基的工作表明，自然群体是极其异质的。每一个体都具有独特的"基因型"，其杂合程度不仅比以前想象的要高得多，更重要的是这些基因并非都不利，它包括大量的有害、甚至致死基因。因此，他认为在大多数生物中，自然选择都不单纯起着筛子的作用，即从有利的等位基因中挑出较少的有价值的等位基因。生物之所以在状态中会保留许多有害的、致死的基因，是因为在自然界中存在着多种选择模式。其中有消除有害等位基因的"正常化的选择"，在位点上保留不同等位基因的"平衡性选择"，促使有利突变等位基因频率增加的"定向选择"。这样，老综合理论中难以说明的问题才得到合理的解释。

此外，在修饰变异对进化意义的研究中，施马里高践提出了"稳定性选择"的概念，这一概念与英国沃丁顿的"遗传同化"假说颇为相似，它为现代进化论研究开辟了新的途径。契特维里柯夫、提摩菲也夫-雷索夫斯基、杜比宁等关于适合度和选择压力这两个相对系数的提出，福特引入遗传多型性的概念，勒纳关于发育和基因自动调节的思想，也都是综合进化理论的一些重要成果。

在综合进化论看来，自然选择是连接物种基因库和环境的纽带。基因的突变是偶然的因素，它与环境没有必然的联系。而选择是反偶然的因素，它自动地调节突变和环境的相互关系，把偶然性纳入必然的轨道，由此产生了适应和上升的进化。从这个意义上说，自然选择不仅起过筛的作用，而且在物种形成中有创造性的意义。

现代达尔文主义重申了达尔文自然选择学说在生物进化中的主导地位，并用选择的新概念解释达尔文进化论中的许多难点，否定了获得性状遗传是进化普遍法则等流行很久的假说，使生物进化论进入现代科学的行列。但是，这一学说的实验性工作基本上限于小进化的领域，对于在进化基本上未超出类推的范围。同时，对一些比较复杂的进化问题（如新结构、新器官的形成等）还不能做出有说服力的解释。

2. 间断平衡论

间断平衡论（punctuated equilibrium）由埃尔德雷奇和古尔德两人所提出。认为若以地质尺度来衡量，物种形成相当迅速（几千年至几万年），并非如达尔文主义强调的生物进化是渐变累积的结果；但物种一旦形成，新种便处于进化停滞（evolutionary stasis）状态。时间可达数百万年甚至上千万年。这便是"间断"和"平衡"的含义。也就是说，物种进化是一种短期突然发生和长期静态稳定即跳跃与停滞交替的现象。正如生物学家艾格将此形象地比喻为士兵的一生：短时间惊心动魄地战斗和长时间枯燥乏味地过日子。

间断平衡论能较合理的解释一些化石记录，如寒武大爆发、埃迪卡拉大爆发、三叠纪大爆发等。据报道，杨湘宁对北美晚第三纪海相瓣鳃类19年谱系形态演化速率的研究表明，至少在400万年历程中，不同年代居群的形态特征处于停滞状态。按照渐变论观点，化石记录应是一个渐进的连续过程，但实际上很少有这种情况，过渡类型的生物也很难发现。

物种形成中的"跳跃"特征，从德弗里斯、戈德施米特直至一些综合进化论的奠基者们都表认同，当然以古生物学家为主。一般认为，间断平衡论并不否认达尔文学说，而是对它的补充和发展。

对间断平衡论也有不少反对的意见。有人认为，在古生物学上几千年甚至几万年也只是一瞬间，但从另一个角度分析，也可认为这是一个较长的缓慢过程。其差别在于参考系的不同，与事实本身无关。例如，渐变论的难点在于缺少中间类型的化石。但是，化石发现的制约因素是多方面的，仅仅以此作为肯定间断平衡论的理由，很难令人信服。

3. 新灾变论

新灾变论（neo-catastrophism）的提出者是德国古生物学家欣德沃尔夫。它的前身是灾变论（catastrophism）。灾变论由居维叶（1817）首创。它们都是关于地壳发展和生物演变学说。

居维叶认为，地球的发展是经过多次周期性的由非常力量引起的巨大灾变。巴黎盆地白垩纪地层中大量已灭绝生物的化石是大灾变的结局。在所谓非常力量过去之后，地球便进入平静时期，重新产生出一批与以前完全不同的生物。他把引起灾变的"非常力量"归结为造物主的创造行为。为此，他的学说受到达尔文主义者（19 世纪下半叶）猛烈批判，并被逐出了学术圈。

新灾变论的主要特点不仅有证据，也不与神创论相牵连。它最流行的证据是阿尔瓦雷斯关于小行星冲撞地球的发现。这一发现试图论证恐龙灭绝的原因。此外，据报道，10 多年前有人提出与上述类似的假说，认为在白垩纪末期撞击地球的凶手不是一颗小行星，或者陨石，而是彗星雨。大星的彗星雨撞到地球上，形成一个环绕地球一周的撞击带，其中有两块巨大的彗星体，一块形成了我们熟知的墨西哥湾附近的巨大陨石坑，另外一块撞击到现在的印度大陆上，形成的陨石坑比墨西哥湾的陨石坑还大。

据近期研究，6500 万年前那颗小行星（或彗星）是以超过音速 40 倍的速度从天而降撞击地球。其爆炸力相当于 10^{14} t TNT，释放的能量超过从那以后地球上发生的任何事件。大碰撞的残迹埋藏在墨西哥的热带森林底下。陨石坑以该地区的现代玛雅村"希克苏鲁伯"（Chicxulub）命名，直径约 180km，它在地球背面的位置是当时的印度。研究表明，大碰撞并没有立即将物种消灭干净，而是点燃了一场横扫各大陆的熊熊烈火。大火摧毁了动植物的生活环境，破坏了陆地食物链基础，并造成全球性光合作用的终止。最后导致恐龙以及当时地球上 75％的动植物物种的灭绝。研究者以"火烧地球村"的标题报道了这一事件。

灾变后紧接着是短暂的间隔期（可达 1000 万年），此间是物种最为贫乏的阶段，然后再进入新的发展期。新灾变论可归纳成如下程序：大灾变→选择性大灭绝→间隔期→幸存者大扩张、辐射（或大爆发）。新灾变实际指的是不同于常规灭绝的集群灭绝事件，欣德沃尔在提出此理论时就把地史时期的生物大灭绝与宇宙间的超新星爆发相联系的。

三、人类基因组研究引发对进化的思考

人类基因组研究计划（human genome project，HGP）是人类科学史上一项规模空前宏大、意义极为深远的科研工程。人类基因组非常巨大，共由 30 亿个碱基对（bp）组成。HGP 自 1990 年启动以来，已取得了突破性进展。2001 年已完成了全基因组序列的草图。在 HGP 的带动下，近年来许多生物的全基因组序列的测定工作已完成。肺结核菌、大肠杆菌等几十种细菌以及酵母菌等单细胞生物的基因组测序工作相继完成；越来越多的多细胞生物基因组序列也已测定。特别引人注意的是 1998 年完成的线虫基因组序列。该虫是一种微小的线虫（*Caenorhabditis elegans*），结构非常简单，由 959 个细胞构成，为最简单的多细胞生物之一。经测定，它的基因组由 9700 万个碱基对（bp）组成，包含 1.9 万个基因。发现人类的基因组与线虫基因组序列约有 40％是相同的；而且人类的基因和线虫基因也惊人地相似，迄今已知的大多数人类基因都与线虫基因相对应。据 2002 年英国 *Nature* 杂志报道，鼠基因组序列已测定，发现人类基因组与鼠基因组序列有 80％相同，其中的基因有 99％是相同的，只有几百个基因是人和鼠各自独有的。2001 年的报道，黑猩猩、鼠、线虫等动物基因组序列的相似程度，使

人们进一步在分子水平上观察到了生物进化的过程。生物进化论的研究表明，所有生物都在同一棵进化树上，是相互联系的。人与线虫虽然走上了不同的进化道路，但在基因组序列的相似性上仍看到了人与线虫等其他动物在 5 亿年前起源于共同的祖先。

　　人类基因组研究的崭新成果还告诉了我们，人类基因组中的基因仅 3 万多个（据有关报道，2004 年的一项研究报告认为人类基因可能只有 2 万个），这一数量明显低于原先的估计（约 10 万个基因）。人是万物之首，为什么人类基因数量与其他动物相差不多（极低等的线虫所含基因也有 1.9 万个），而在表型上却差别很大？这确实是一个值得思索的问题。目前，人们对基因组序列的认识虽然有了突破性的进展，但对人类基因组的了解还是刚刚起步，对生命的复杂性必须是足够的认识。生物之间的差别，除了基因组序列外，更主要地表现在基因表达及其调控方面。分子生物学的研究表明，基因是通过表达蛋白质来表现生物性状的。人体蛋白质约有 100 万种，在数量上远远超过 3 万个基因。这也表明，人类与其他动物相比，在基因的蛋白质表达及其调控方面存在着明显的差异。人们要对这么多蛋白质进行识别，进而对它们的结构与功能进行研究，其工作量显然要比人类基因组工程大得多，这是人类面临的又一重大的生命工程——后基因组学（postgenomics）。通过后基因组学的研究必将加深对生物进化和人类起源的认识。

小结

　　生物进化是生命科学的一个重要理论课题和研究领域。法国人布丰、英国人达尔文和法国人拉马克等提出生物进化的思想，已经过去两个多世纪了。达尔文的《物种起源》（1859）也已经发表了近一个半世纪。历史上，生物进化思想的提出给生命科学以至人类思想带来了巨大的革命性的影响。但是，人们可能很难再找到其他任何一个自然科学的理论像生物进化论这样，从它诞生的一开始就引发了一场延续了一个半世纪的旷日持久的赞同、怀疑和批判并存的大论战。直到今日，追随者称进化论是生物学对自然科学最重要的理论贡献，同时又对达尔文的进化理论不断地进行着修改和补充，怀疑者说进化论讲述的仅是事实而并非理论，批判者称进化论不是科学而是一种信仰。但是如果我们充分地认识到生命现象的极端复杂性，站在"进化论是生物最大的统一理论"的高度来思考，所激发的将是对生命和生物进化现象的锲而不舍的探索精神。本章我们从生命的起源、地球生命史进化机制与规律、进化理论与达尔文主义四个方面对生物进化现象进行讨论。

思考题

　　1. 怎样理解化石的生物进化的重要性？

　　2. 谈谈你对生命的理解。

　　3. "RNA 世界"论的要点是什么？

　　4. 什么是真核细胞起源的内共生学说？

　　5. 恐龙灭绝的主要原因是什么？

　　6. 直立行走在人类进化中的意义是什么？

　　7. 你对人类的未来有何看法？

　　8. 什么是小进化与大进化？

　　9. 什么是达尔文自然选择学说的主要内容？

第十章　生命的多样性

生物多样性（biological diversity 或 biodiversity）是描述地球上生命的变化及其形成的自然状态的术语。今天我们所见到的生物多样性是几十亿年来生物进化的成果，生物多样性是自然过程塑造的，同时也日益受到了人类活动的影响。生物多样性形成了一个生命的网络，人类的生存依赖于这一生命网络。同时，人类也是这一生命网络不可缺少的部分。

20 世纪 80 年代以后，人们在开展自然保护的实践中逐渐认识到，自然界中各个物种之间、生物与周围环境之间都存在着十分密切的联系。因此，自然保护仅着眼于对物种本身进行保护是远远不够的，也是难以取得理想效果的。要拯救珍稀濒危物种，不仅要对所涉及的物种的野生种群进行重点保护，而且还要保护好它们的栖息地。也就是说，对物种所在的整个生态系统需要进行有效的保护。

第一节　生命多样性与分类系统

一、生物多样性的概念及基础

20 世纪以来，随着世界人口的持续增长和人类活动范围与强度的不断增加，人类社会遭遇到一系列前所未有的环境问题，面临着人口、资源、环境、粮食和能源等危机。这些问题的解决都与生态环境的保护与自然资源的合理利用密切相关。

第二次世界大战以后，国际社会在发展经济的同时更加关注生物资源的保护问题，并且在拯救珍稀濒危物种、防止自然资源的过度利用等方面开展了很多工作。1948 年，由联合国和法国政府创建了世界自然保护联盟（IUCN）。1961 年世界野生生物基金会建立。1971 年，由联合国教科文组织提出了著名的"人与生物圈计划"。1980 年由 IUCN 等国际自然保护组织编制完成的《世界自然保护大纲》正式颁布，该大纲提出了要把自然资源的有效保护与资源的合理利用有机地结合起来的观点，对促进世界各国加强生物资源的保护工作起到了极大的推动作用。

1. 生物多样性的概念

生物多样性是一个描述自然界多样性程度的一个内容广泛的概念。对于生物多样性，不同的学者所下的定义不同。Norse 等认为，生物多样性体现在多个层次上；Wilson 等认为，生物多样性就是生命形式的多样性；孙儒泳认为，生物多样性一般是指，地球上生命的所有变异。在《生物多样性公约》里，生物多样性的定义是，所有来源的活的生物体中变异性，这些来源包括陆地、海洋和其他水生生态系统及其所构成生态综合体；这包括物种内、物种之间和生态系统的多样性；在《保护生物学》一书中，蒋志刚等给生物多样性所下的定义为：生物多样性是生物及其环境形成的生态复合体以及与此相关的各种生态过程的综合，包括动物、植物、微生物和它们所拥有的基因以及它们与其生存环境形成的复杂的生态系统。

综合各家的观点认为，生物多样性是指植物、动物和微生物的纷繁多样性及它们的遗传变异与它们所生存环境的总合。从宏观到微观认识生物多样性，有 3 个层次：

生态系统多样性、物种多样性和遗传多样性。生物多样性的物质表现是生物资源，它是人类生存的物质基础，也是人类生存的生物圈环境的重要组成部分。具有现实的和潜在的价值。不管是怎样或从什么角度去评价生物多样性保护的必要性，归根结底，它是对人类有利、有益、有用。人类的目标是谋求经济社会的可持续发展，要达到这样一个目标，关键是要保护好地球的生命支持系统。这一系统的核心即是生物多样性。

2. 生物多样性组成和基础

生物多样性一般由生物遗传多样性、物种多样性和态系统多样性构成。

（1）遗传多样性。遗传多样性是生物多样性的重要组成部分。广义的遗传多样性是指地球上生物所携带的各种遗传信息的总和。这些遗传信息贮存在生物个体的基因之中。因此，遗传多样性也就是生物的遗传基因的多样性。任何一个物种或一个生物个体都保存着大量的遗传基因，因此，可被看作是一个基因库。一个物种所包含的基因越丰富，它对环境的适应能力越强。基因的多样性是生命进化和物种分化的基础。狭义的遗传多样性主要是指生物种内基因的变化，包括种内显著不同的种群之间以及同一种群内的遗传变异。此外，遗传多样性可以表现在多个层次上，如分子、细胞、个体等。在自然界中，对于绝大多数有性生殖的物种而言，种群内的个体之间往往没有完全一致的基因型，而种群就是由这些具有不同遗传结构的多个个体组成的。

在生物的长期演化过程中，遗传物质的改变（或突变）是产生遗传多样性的根本原因。遗传物质的突变主要有两种类型，即染色体数目和结构的变化以及基因位点内部核苷酸的变化。前者称为染色体的畸变，后者称为基因突变（或点突变）。此外，基因重组也可以导致生物产生遗传变异。

（2）物种多样性。物种（species）是生物分类的基本单位。物种多样性是指地球上动物、植物、微生物等生物种类的丰富程度。物种多样性包括两个方面，其一是指一定区域内的物种丰富程度，可称为区域物种多样性；其二是指生态学方面的物种分布的均匀程度，可称为生态多样性或群落物种多样性。物种多样性是衡量一定地区生物资源丰富程度的一个客观指标。

在阐述一个国家或地区生物多样性丰富程度时，最常用的指标是区域物种多样性。区域物种多样性的测量有以下三个指标：物种总数，即特定区域内所拥有的特定类群的物种数目；物种密度，指单位面积内的特定类群的物种数目；特有种比例，指在一定区域内某个特定类群特有种占该地区物种总数的比例。

（3）生态系统多样性。生态系统是各种生物与其周围环境所构成的自然综合体。所有的物种都是生态系统的组成部分。在生态系统之中，不仅各个物种之间相互依赖，彼此制约，而且生物与其周围的各种环境因子也是相互作用的。从结构上看，生态系统主要由生产者、消费者、分解者所构成。生态系统的功能是对地球上的各种化学元素进行循环和维持能量在各组分之间的正常流动。生态系统的多样性主要是指地球上生态系统组成、功能的多样性以及各种生态过程的多样性，包括生境的多样性、生物群落和生态过程的多样化等多个方面。其中，生境的多样性是生态系统多样性形成的基础，生物群落的多样化可以反映生态系统类型的多样性。

近年来，有些学者还提出了景观多样性，作为生物多样性的第四个层次。景观是一种大尺度的空间，是由一些相互作用的景观要素组成的具有高度空间异质性的区域。景观要素是组成景观的基本单元，相当于一个生态系统。景观多样性是指由不同类型的景观要素或生态系统构成的景观在空间结构、功能机制和时间动态方面的多样化程度。遗传传多样性是物种多样性和生态系统多样性的基础，或者说遗传多样性是生物多样性的内在形式。物种多样性是是构成生态系统多样性的基本单元。因此，生态系统多样性离不开物种的多样性，也离不开不同物种所具有的遗传多样性。

二、生物分类等级及物种命名法

1. 生物的分类等级

近代分类学诞生于18世纪，它的奠基人是瑞典植物学者林奈。林奈为分类学解决了两个关键问题：建立了双名制；确立了阶元系统。林奈把自然界分为植物、动物和矿物三界，在动植物界下，又设有纲、目、属、种四个级别，从而确立了分类的阶元系统。

现代生物分类系统是阶元系统，通常包括7个主要等级：种、属、科、目、纲、门、界。种（物种）是基本单元，近缘的种归合为属，近缘的属归合为科，科隶于目，目隶于纲，纲隶于门，门隶于界。随着研究的进展，分类层次不断增加，单元上下可以附加次生单元，如总纲（超纲）、亚纲、次纲、总目（超目）、亚目、次目、总科（超科）、亚科等等。通常种下分类，动物只设亚种，植物设变种、变型等单元；细菌设品系、菌株等单元。

物种一直是分类学家和系统进化学家所讨论的问题。迈尔认为，物种是能够（或可能）相互配育的、拥有自然种群的类群，这些类群与其他类群存在着生殖隔离。我国学者陈世骧所下的定义为，物种是繁殖单元，由又连续又间断的居群组成；物种是进化的单元，是生物系统线上的基本环节，是分类的基本单元。在分类学上，确定一个物种必须同时考虑形态的、地理的、遗传学的特征。也就是说，作为一个物种必须同时具备如下条件：具有相对稳定的而一致的形态学特征，以便与其他物种相区别；以种群的形式生活在一定的空间内，占据着一定的地理分布区，并在该区域内生存和繁衍后代；每个物种具有特定的遗传基因库，同种的不同个体之间可以互相配对和繁殖后代，不同种的个体之间存在着生殖隔离，不能配育或即使杂交也不同产生有繁殖能力的后代。分类工作的基本内容是区分物种和归合物种，前者是种级和种下分类，后者是种上分类。

亚种一般是指地理亚种，是种群的地理分化，具有一定的区别特征和分布范围，亚种分类反映物种的分化。含有两个或多个亚种的物种称多型种，不分亚种的物种称单型种。形态十分相似但生殖上隔离的物种称姐妹种，又称隐种。分布区域重叠的物种称同地种，分布不重叠的物种称异地种。地理亚种都是异地亚种，在交接区域常常有中间类型。变种这一术语过去用得很杂，在动物分类中已废除不用；在植物分类中，一般用以区分居群内部的不连续变体。生态型是生活在一定生境而具有一定生态特征的种内类型，常用于植物分类。人工选育的动植物种下单元称为品种。

生命现象的各个方面都可为分类提供特征，最常用的是形态，尤其是外部形态。但目前趋向愈来愈重视生理、生化、遗传等方面的特征，如DNA（脱氧核糖核酸）的含量比较、蛋白质的成分分析、染色体的组型分析以及植物化学成分、动物交配行为等。例如，以蟋蟀鸣声为特征，使原先单凭形态特征未能区分的近缘种类得以鉴别。

地球上的生物经过漫长的进化历程，逐步形成了不同类群的生物。随着人们对不同类群生物的认识不断加深，形成了不同的生物分界学说。

（1）两界说。1735年，瑞典博物学家林奈将生物界分为植物界和动物界；植物不能运动，靠光合作用制造自身所需的有机物；动物能够运动，靠摄取现成的有机物生活。

（2）三界说。在显微镜发明以后，生物学家发现有些单细胞生物既有叶绿素，能够进行光合作用，又有鞭毛，能够自由游动和从外界摄取食物，如裸藻（也称眼虫）。因此，分不清它们是属于植物还是动物。1866 年，德国学者海克尔提出了三界说，将生物界分成植物界、动物界和原生生物界，其中的原生生物界包括细菌、蓝藻、原生动物和黏菌等。

（3）四界说。在电子显微镜发明以后，生物学家发现原核生物和真核生物在细胞结构上存在着很大差异。1938 年，生物学家又提出了四界说，将生物界分成原核生物界、原生生物界、植物界和动物界。这个学说第一次将原核生物与真核生物分开，同时还把营异养生活的真菌从植物界分出来，列入原生生物界。这样，原生生物界就包括原生动物、真菌、金藻、绿藻、红藻和褐藻等。

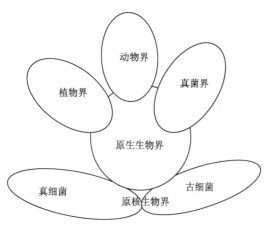

图 10-1　魏泰克五界系统

（4）五界说。1969 年，美国生物学家魏泰克在前人工作的基础上，根据真菌和植物在营养方式和结构上的差异，把生物界分成了原核生物界、原生生物界、真菌界、植物界和动物界五界（图10-1）。目前，分类学上较为广泛应用的就是五界分类系统。

五界说在生物发展史方面，显示了生物进化的三大阶段：原核细胞阶段、真核单细胞阶段和真核多细胞阶段。在各界生物相互关系方面，反映了真核多细胞生物进化的三大方向：靠制造有机物进行自养的植物，它们是自然界的生产者；靠摄取有机物进行异养的动物，它们是自然界的消费者；靠分解并吸收有机物进行异养的真菌，它们是自然界的分解者。五界说能够较好地反映出自然界的实际，因而得到了多数生物学家的认同。

五界说也存在着一些有争议的地方，如未能妥善安排非细胞生物——病毒、原生生物界比较庞杂等。1979 年，我国动物学家陈世骧等提出了另一种分类系统：由蓝藻界和细菌界构成原核总界，由植物界、真菌界和动物界构成真核总界，非细胞的病毒独立出来成为一界，从而把生物界分为两个总界和六个界。而原生生物界所包含的原生动物和一些藻类等，则分别划归动物界和植物界。根据 16S rRNA 的系统发生树上和其他原核生物的区别 Carl Woese 和 George Fox 提出古细菌的概念，将原核生物定为古细菌（Archaebacteria）和真细菌（Eubacteria）两个界或亚界，与真核生物（Eukarya）一起构成了生物的三域系统。

2. 物种命名法

1786 年，瑞典植物学家林奈在他的《自然系统》中制定了生物学名双命名法（binomial nomenclature），即属名加种名。属名在前，种名在后。属名是名词，第一个字需大写；种名是形容词，是限制属名的，故小写。在种名之后还应加上定名者的姓氏或其缩写。例如，狼的学名应是 *Canis lupus* L.；人的学名：*Homo sapiens* L.。生物学名是用拉丁文写的，因为拉丁文是当时欧洲文化界流行的书面文字，文字较固定，变化较小。对于亚种一般采用三名法（trinomial nomenclature），即在种名之后再加上一个亚种名，如尖音库蚊淡色亚种（淡色库蚊）为 *Culex pipieus pallens* Coquillet。

第二节 生物类群

全世界到底有多少物种？有人估计全球的生物有 3000 万种，也有人估计为 1000 万种，比较保守的说法是 500 万种。即使全球只有 500 万种生物，我们迄今认识的物种也不到五分之二。根据雨林冠层生物学、深海生物学、土壤 DNA 的分析，全世界大约有 500 万～5000 万以上的物种，但实际上在科学上描述的仅有 140 万种。

除对高等植物和脊椎动物的了解比较清楚外，对其他类群如昆虫、低等无脊椎动物、微生物等类群，还很不了解。初步估计有昆虫 75 万种，脊椎动物 5.7 万种，有花植物和苔藓约 25 万种，真菌 150 万种。

生物多样性并不是均匀的分布于全世界 168 个国家；全球生物多样性主要分布在热带森林，仅占全球陆地面积 7% 的热带森林容纳了全世界半数以上的物种。热带生物学研究重点委员会（NAS，1980）根据生物多样性的丰富程度、高度的特有种分布以及森林被占用速度等因素，确定了 11 个需要特别重视的热带地区（图 10-2）。

图 10-2 需要特别重视的热带地区

海洋也蕴藏着极其丰富的多样性，至今仍不断有举世瞩目的新发现。在高级分类阶元"门"的水平上，海洋生态系统比陆地及淡水生物群落变化多，有更多的门和特有门。世界生物多样性较丰富的海域包括西印度太平洋、东太平洋、西大西洋。

一、病毒

从病毒的发现到目前仅有百余年的研究历史。然而，人类对病毒病的明确记载却已经有四百多年了。早在 1566 年就有了关于疯狗咬人致病，即狂犬病的记载，并发现它能够传染给其他许多动物。第一种有据可查的病毒病大概是由天花病毒引起天花。在 17～18 世纪间，欧洲曾发生过天花大流行。我国早在 10 世纪就有接种人痘预防天花的记载，16 世纪的明代则已经发明了用病人的皮痂磨成粉末通过鼻孔接种来预防此病的方法。第一个记载的植物病毒病当属郁金香碎色花病，因为至今荷兰阿姆斯特丹的博物馆还保存着一张 1619 年荷兰画家的一幅得病的郁金香静物画。100 多年以来，烟草花叶病毒在病毒学发展史乃至遗传学、生物化学以及当代基因工程中起到了里程碑的作用。在病毒学研究的许多阶段，它都扮演着重要角色，它使人们了解到什么是病毒、病毒的结构、病毒的侵染、复制以及抗病毒基因工程等。

1. 病毒的基本概念及结构

病毒（virus）是一类非细胞形态的微生物。主要有以下列基本特征：①个体微小，可通过除菌滤器，大多数病毒必须用电镜才能看见。②仅具有一种类型的核酸，或 DNA 或 RNA。③严格在活细胞（真核或原核细胞）内复制增殖。④具有受体连结蛋白，与敏感细胞表面的病毒受体连结，进而感染细胞。一个成熟有感染性的病毒颗粒称"病毒体"（viron）。电镜观察有多种形态：

（1）球形，大多数人类和动物病毒为球形，如脊髓灰质炎病毒、疱疹病毒及腺病毒等。

（2）丝形，多见于植物病毒，如烟草花叶病病毒等。人类某些病毒（如流感病毒）有时也可形成丝形。

（3）弹形，形似子弹头，如狂犬病病毒等，其他多为植物病毒。

（4）砖形，如痘病毒（无花病毒、牛痘苗病毒等）。其实大多数呈卵圆形或"菠萝形"。

（5）蝌蚪形，由一卵圆形的头及一条细长的尾组成，如噬菌体。

病毒的结构有二种，一是基本结构，为所有病毒所必备；一是辅助结构，为某些病毒所特有。它们各有特殊的生物学功能。病毒的基本结构包括核酸、包被在核酸外面的蛋白质衣壳。病毒的辅助结构包括囊膜、触须样纤维以及病毒携带的酶。

2. 病毒的种类

病毒的分类依感染的对象可分为动物病毒、植物病毒、细菌病毒、昆虫病毒及真菌病毒（图 10-3）。另外，尚有类病毒（viroids）拟病毒（virusoid）和朊病毒（prion）。依遗传物质分类，可分为 DNA 病毒和 RNA 病毒两大类，其遗传物质单股或双股、核酸分子质量、RNA 为正义或反义 RNA 都是主要的分类依据。按基因结构划分为 DNA 病毒和 RNA 病毒。DNA 病毒分为腺病毒科（Adenoviridae）；疱疹病毒科（Herpesviridae），如带状疱疹病毒、虹彩病毒科、乳头多瘤空泡病毒；小 DNA 病毒科（Parvoviridae）；痘病毒科（Poxviridae），如天花病毒、牛痘病毒；嗜肝 DNA 病毒科（Viral Hepatitis），如乙型肝炎病毒。RNA 病毒分为冠状病毒科（Coronaviridae）如严重急性呼吸道综合症病毒；玻那病毒科（Bornaviridae）；纤维病毒科（Filoviridae）埃博拉病毒；正黏液病毒科（Orthomyxoviridae），如流感病毒、禽流感病毒；副黏液病毒科（Paramyxoviridae），如腮腺炎病毒、麻疹病毒、人类呼吸道融合病毒、小核糖核酸病毒、鼻病毒、肠道病毒；反转录病毒科（Retroviridae），如艾滋病病毒；呼肠孤病毒科（Reoviridae）；炮弹病毒科（Rhabdoviridae），如狂犬病病毒。

3. 病毒分类和命名的规则

自从 1898 年贝杰林克（Beijerinck）首次提出"病毒"的概念以来，已经过去 100 多年时间。病毒的种类由最初的几十种、几百种，发展到今天的 4000 多种。为了使如此多的病毒种类能够得到科学的命名和分类，国际病毒分类委员会（International

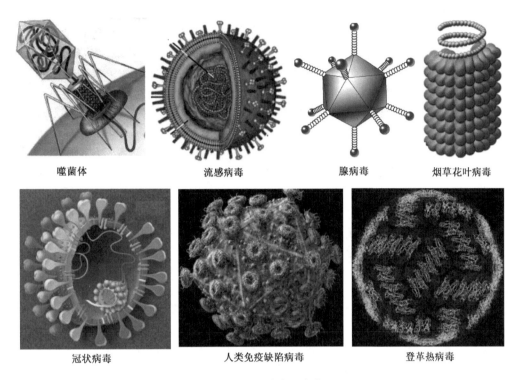

噬菌体　　　　　　　流感病毒　　　　　　腺病毒　　　　　烟草花叶病毒

冠状病毒　　　　　　人类免疫缺陷病毒　　　　　　登革热病毒

图 10-3　几种常见病毒

Comittee on Taxonomy of Viruses，ICTV）已提出和多次修订了病毒的命名和分类原则，并且建立了由目、科（亚科）、属和种分类阶元构成的病毒分类系统。

病毒分类学是随着病毒学尤其是分子病毒学的发展而建立起来的，并逐渐走向成熟。病毒分类的一般规则：①病毒分类和命名应该是国际性的，并且普遍适用于所有的病毒。②国际病毒分类系统采用目（order）、科（family）、亚科（subfamily）、属（genus）、种（species）、分类阶元。③ICTV 不负责病毒种以下的分类和命名，病毒种以下的血清型、基因型、毒力株、变异株和分离株的名称由公认的国际专家小组确定。④人工产生的病毒和实验室构建的杂种病毒在病毒分类上不予考虑，它们的分类由公认的国际专家小组负责。⑤分类阶元只有在病毒代表种的特性得到了充分了解和在公开出版物上进行过描述，以致于明确了它们的分类地位，并使其分类阶元与其他类似的分类阶元相区别时，才能确定下来。⑥当病毒有明确的科、而分属未确定时，这一病毒种在分类学上称为该科的未确定种（unassigned species）。⑦与规则②各分类阶元相关联，并得到 ICTV 批准的名称是唯一可以接受的。

4. 病毒进化与新病毒的产生

新病毒的起源和病毒的起源是两个不同的概念，新病毒都是由旧有病毒经过突变与进化而产生。基因突变是病毒变种的根本原因，突变也是病毒适应环境谋求生存的重要方式，突变是遗传进化的基础。由于病毒完全寄生特征，病毒的突变与进化有着和普通细胞生命不同的特征。例如，其速度就比一般生命快的多，通过对 SARS 爆发、传染以来该病毒发生同义替代数目的统计研究，进一步推测 SARS 冠状病毒的大致年龄为 230 年，其范围大约在 195～265 年，这是多细胞生命进化速度的近万倍。病毒突变与进化方式有以下几种。

(1) 单寄主一般突变与进化。病毒的复制每日数以亿计，RNA病毒转录酶不具有校对功能其错配率在十万分之一到万分之一，远高于寄主细胞。DNA病毒聚合酶虽有纠错功能，但也远超过寄主细胞。高速的复制及高度的突变率增加了病毒的基因多样性为其突变和进化提供了首要条件。虽然简单的突变使病毒躲避了寄主免疫系统的杀伤，但是病毒过快的变异也限制了病毒的大小，一般RNA病毒变异速度比DNA病毒要快1～2个数量级，所以RNA病毒的最大尺寸也比DNA要小一个数量级，限制了病毒的进化和功能。

(2) 变寄主基因突变与进化。一般所谓的新病毒，除了少数是在本身寄主中突变产生的，其余大部分都是因为寄主的改变而产生的。在同一群寄主中，为了使病毒和寄主和谐发展，病毒的毒性会趋于缓和。所以，一般像禽流感这类强毒性病毒，大部分起源于变寄主基因突变与进化。随着现代医学的发展，地球村的变小，不同地区人的接触产生致命病毒的可能越来越小。物种之间的病毒由于寄主的变化而产生的病毒越发显得严重。这些使人类陷入危难和恐慌的病毒如此密集的出现并不是偶然，现在医疗的进步使人类成为自然界中免疫力最低下的物种之一，大量其他物种的病毒进入了人类社会，代表人类文明的医学依旧没有强大过自然界的进化筛选。

(3) 污染促进突变理论。有一些独特的病毒进化理论认为污染对病毒进化有加速诱导作用。由于环境的化学物质污染导致一些适应性差的生物死亡或灭绝或产生变异来增强其对污染的适应性。这样就加速了病毒的进化。

(4) 遗传物质横向传递与病毒进化。病毒之间可以通过基因组片段的重组或重配交换遗传信息，这是病毒在自然选择过程中继续生存所必需的。两种或多种病毒同时感染一个寄主细胞为病毒之间遗传信息的交换提供了机会。此外，病毒与细胞基因组之间也存在遗传信息的交换。这种遗传信息的交换在病毒进化中扮演了一个重要的角色。

二、真细菌界

迄今为止科学家发现的最早的古生物化石是32亿年前的细菌化石。在最早的原核细胞生物分化过程中，最重要的是古细菌与真细菌的分化。对不同种类现代细菌的分子进化研究发现，在一类能够利用二氧化碳和氢气产生甲烷的厌氧细菌以及生长在极浓的盐水中的盐细菌、可以在自然的煤堆里生长的嗜热细菌、在硫磺温泉中或是海底火山区生长的嗜硫细菌等类群中，核糖体RNA（rRNA）的分子序列与一般细菌的rRNA分子序列十分不同，其相差程度比一般细菌rRNA分子序列与真核生物（细胞中含有细胞核的生物）的rRNA分子序列的差异还要大。据此，科学家认为这些"不一般"的细菌应该代表一个即不同于一般细菌也不同于真核生物的生物类群，因此把它们称为古细菌，而把一般的细菌称为真细菌。

1. 细菌的特征

真细菌主要是以单细胞的形式进行生命活动的。细菌的形态多种多样，大致可分为杆状、球状、丝状和螺旋状等（图10-4）。但也有许多细菌的细胞联在一起，形成多细胞的群体，如两个球状细胞形成的肺炎球菌（*Diplococcus pneumoniae*），多个细胞连接成串的链球菌（*Streptococcus*），或者多个细胞堆叠像一串葡萄一样的金黄色葡萄球菌（*Staphylococcus aurcus*）。球菌的直径0.5～3.0μm，而杆菌的直径约0.2μm，长度在 0.5～5μm 左右。细菌没有细胞核，整个基因组 DNA 呈环状，位于细胞内的特定区域。细菌也没有线粒体，负责蛋白质合成的核糖体则分散分布在细胞质内。在细胞质内，除了基因组 DNA 外，很多细菌还有质粒（plasmid）——一种小的环状 DNA 分子，能在细胞内独立复制扩增，并随着寄主细胞的分裂而被遗传到子代细胞。利用质粒能自我复制和带有抗性基因的特点，将质粒改造后，就成为基因工程中的载体（vector）。

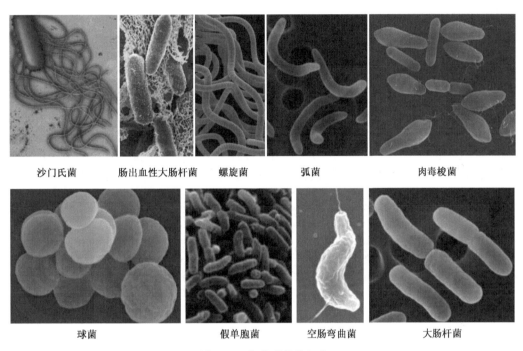

沙门氏菌　　　肠出血性大肠杆菌　　螺旋菌　　　弧菌　　　　　肉毒梭菌

球菌　　　　　　　假单胞菌　　　空肠弯曲菌　　　　大肠杆菌

图 10-4　各种形状的细菌

2. 细胞的组成

细菌细胞从外到内依次为细胞壁、细胞膜、细胞质和核区。除此之外，细菌还含有鞭毛（flagellum）、菌毛（pilus）、荚膜（capsule）和芽孢（spore）等特殊结构。

（1）细菌的细胞壁。细菌细胞壁主要成分是含 N-乙酰胞壁酸的肽聚糖，成网状结构。G⁺（革兰氏阳性）细胞壁结构以金黄色葡萄球菌（$S. aurcus$）为代表，其肽聚糖层厚约 20～80nm，约 40 层左右。G⁻（革兰氏阴性）细菌细胞壁的结构以大肠杆菌为代表，它的肽聚糖含量占细胞壁的 10%，一般由 1～2 层构成，在细胞壁上的厚度仅有 2～3nm。古细菌的细胞壁不含肽聚糖。G⁺ 和 G⁻ 细菌细胞壁成分的另一差别是磷壁酸，它为 G⁺ 细菌细胞壁所特有，而 G⁻ 细菌细胞壁特有的成分却是脂多糖。细胞壁的主要功能有：固定细胞外形；协助鞭毛运动；保护细胞免受外力的损伤，G⁺ 细菌细胞壁可抵御 1515.9～2533.1kPa（15～25atm），G⁻ 细菌为 506.6～1013.3kPa（5～10atm）；阻拦有害物质进入细胞。细菌细胞壁可阻拦相对分子质量超过 800 的抗生素透入。

（2）荚膜。在某些细菌细胞壁外存在着一层厚度不定的胶状物质成为荚膜（capsule）。荚膜的主要成分为多糖，包括纯多糖（葡萄糖、纤维素）、杂多糖、肽多糖、多肽和蛋白质。其具体组分因细菌种类而有差异。荚膜的主要功能是保护细菌免受严重缺水的损害；对某些致病细菌而言，可保护自身免受寄主白细胞吞噬；充当贮存营养物，以备营养缺乏时利用；通过荚膜或有关构造可以使菌体附着于适当的物体表面。

（3）鞭毛。鞭毛是细胞质膜的衍生物，其数目从一根到到遍布全身。鞭毛具有运动功能。G$^+$和 G$^-$菌鞭毛结构不同，主要表现在鞭毛基体（basal body）结构上，如大肠杆菌（G$^-$菌）的鞭毛基体是由四个盘状物构成，分别为 L 环、P 环、S 环和 M 环；而 G$^+$菌却只有 S 环和 M 环。菌毛（pillus）G$^-$菌多有菌毛，G$^+$菌中仅少数有之。菌毛可分为普通菌毛和性菌毛两种。普通菌毛长 $0.3 \sim 1.0 \mu m$，细菌通过菌毛可牢固地粘附在寄主器官细胞的受体上。

3. 细菌的分类

细菌的分类单元为七个基本的分类等级或分类阶元，由上而下依次是：界、门、纲、目、科、属、种。在分类中，若这些分类单元的等级不足以反映某些分类单元之间的差异时也可以增加亚等级，即亚界、亚门、亚种，在细菌分类中还可以在科（或亚科）和属之间增加族和亚族等级。

20 世纪 60 年代以前，国际上不少细菌分类学家都曾对细菌进行过全面的分类，提出过一些在当代有影响的细菌分类系统。但 70 年代以后，对细菌进行全面分类的、影响最大的是《伯杰氏系统细菌手册》。所以该书目前已成为对细菌进行分类鉴定的主要参考书。

三、古细菌界

古细菌一词是美国人 C.R. 沃斯于 1977 年首先提出的。20 世纪 70 年代末，沃斯等用他们独创的技术分析了 200 多种细菌和真核生物（包括其中的某些细胞器）的 16S（或 18S）核糖体核糖核酸（rRNA）的寡核苷酸谱，结果将生物分为 3 大类群：真核生物、真细菌和古细菌。

1. 古细菌的特征

古细菌包括 3 类不同的细菌：产甲烷细菌、极端嗜盐细菌和嗜酸嗜热细菌。它们生存在极端特殊的生态环境中，具有独特的 16S 核糖体 RNA 寡核苷酸谱。而且，它们在分子水平上与真核生物和真细菌都有不同之处或只与其中之一相同。例如，极端嗜盐细菌能进行光合作用，但其光合作用色素并非叶绿素类的分子，而是与动物视网膜上的视紫红质相似的视紫红质。原来以为有细胞形态的生物只有原核细胞和真核细胞两大类。自从发现古细菌以后，才将生物分为上述 3 大类，这就为探索生命起源和真核细胞起源提供了新的线索。

很多古菌是生存在极端环境中的。一些生存在极高的温度（经常 100℃ 以上）下，如间歇泉或者海底黑烟囱中。还有的生存在很冷的环境或者高盐、强酸或强碱性的水中。然而也有些古菌是嗜中性的，能够在沼泽、废水和土壤中被发现。很多产甲烷的古菌生存在动物的消化道中，如反刍动物、白蚁或者人类。古菌通常对其他生物无害，且未知有致病古菌。

2. 古细菌的形态

单个古菌细胞直径在 $0.1 \sim 15 \mu m$ 之间，有一些种类形成细胞团簇或者纤维，长度可达 $200 \mu m$。它们可有各种形状，如球形、杆形、螺旋形、叶状或方形。它们具有多种代谢类型。值得注意的是，盐杆菌可以利用光能制造 ATP，尽管古菌不能像其他利用光能的生物一样利用电子链传导实现光合作用。

3. 古细菌的进化和分类

从 rRNA 进化树上，古菌分为两类：泉古菌（*Crenarchaeota*）和广古菌（*Euryarchaeota*）。另外，未确定的两类分别由某些环境样品和 2002 年由 Karl Stetter 发现的奇特的物种纳古菌（*Nanoarchaeum equitans*）构成。

Woese 认为细菌、古菌和真核生物各代表了一支具有简单遗传机制的远祖生物的后代。这个假说反映在"古菌"的名称中，希腊语 archae 为"古代的"。随后他正式称这三支为三个域，各由几个界组成。这种分类后来非常流行，但远祖生物这种思想本身并未被普遍接受。一些生物学家认为古菌和真核生物产生于特化的细菌。

古菌和真核生物的关系仍然是个重要问题。除上面所提到的相似性，很多其他遗传树也将二者并在一起。在一些树中真核生物离广古菌比离泉古菌更近，但生物膜化学的结论相反。然而，在一些细菌，如栖热袍菌中发现了和古菌类似的基因，使这些关系变得复杂起来。一些人认为真核生物起源于一个古菌和细菌的融合，二者分别成为细胞核和细胞质。这解释了很多基因上的相似性，但在解释细胞结构上存在困难。

四、真菌界

真菌广泛分布于地球表面，从高山、湖泊到田野、森林，从海洋、高空到赤道两极，到处都有。真菌虽然不在空气中生长繁殖，但是它的孢子却成群地飘浮在空中，只要稍微注意，你会发现人类原来生活在真菌的汪洋大海里。例如，各种各样的蘑菇，在中国古代被认为能使人起死回生、长生不老的灵芝，在潮湿环境中食品或其他物品上生出的霉状物、毛状物，玉米灰包中的黑粉，植物发生白粉病和锈病之后分别在病部产生的白色粉斑和铁锈状粉末等都是真菌。

真菌直接或间接地影响着地球生物圈的物质循环和能量转换，与人们的生活密切相关。有人、动物以及植物的病源真菌，也有珍稀的食用和药用菌。世界上大约有 2000 种食用真菌，中国已知的有 800 多种。常见的有草菇、香菇、金针菇、鸡纵菌、黑木耳、松口蘑、竹荪、羊肚菌、牛肝菌、虫草、灵芝、茯苓等多种（图 10-5）。

灵芝　　　　金针菇　　　　鸡纵菌　　　　牛肝菌

冬虫夏草　　　竹荪　　　　茯苓　　　　羊肚菌

图 10-5　一些常见药用、食用真菌

1. 真菌的特征

真菌和动物及植物一样，属于真核、异养生物，以吸收营养的方式获得碳源和其他营养物质进行生长。目前，多数真菌学家认为真菌是具有以下特征的一类生物：①细胞中具有真正的细胞核，没有叶绿素。②生物体大都为分枝繁茂的丝状体。③细胞壁中含有几丁质。④通过细胞壁吸收营养物质，对于复杂的多聚化合物可先分泌胞外酶将其降解为简单的化合物再吸收。⑤主要以产生孢子的方式来繁殖。"没有叶绿素"和"细胞壁中含有几丁质"是真菌与常见植物的两项主要区别。

（1）菌丝体。绝大多数真菌的营养体是丝状体，被称为菌丝体。菌丝通常是圆管状，有许多分枝。有些真菌的菌丝具有隔膜，这些隔膜将菌丝分成多个细胞。另有些真菌的菌丝不具有隔膜，没有隔膜的菌丝实际上是一个大的细胞。菌丝的有无是真菌界划分门的特征之一。

单独的一条菌丝，由于很细小，肉眼是难以看见的。但若菌丝在一个固定的地方连续生长，即可形成一个肉眼可见的菌丝群体——菌落。

有一些大型真菌可在地上形成很奇特的蘑菇圈。过去人们不知其形成原理，认为是天上的仙女下来跳舞留下的脚印所形成的，故将其称为仙女环。实际上这与真菌菌丝扩展形成圆形菌落有关。菌落在地上年复一年的生长扩大，中部菌丝因缺乏营养或老化而死去，仅留下外围的菌丝在地下形成菌丝环。菌丝环是看不见的，但当菌丝环形成子实体时便出现了可见的蘑菇圈。

（2）菌丝形成的组织体。有些种类的真菌，其菌丝体生长到一定阶段时，为了适应环境条件，菌丝相互纠结而形成具有一定形状的、疏松的或紧密的组织体，称为菌丝的组织体。较为常见的菌丝组织体包括菌索、菌丝束、菌核和子座等。

菌索在外观上往往类似于植物的根系，有利于真菌抵抗不良环境条件和扩展生长的范围。与天麻共生的蜜环菌是最常见的，容易形成菌索的真菌。菌核是有菌丝互相纠结形成的颗粒状结构的休眠体。菌核的大小差异很大，小型的比小米粒还要小，如水稻球状菌核病菌的菌核；而大型菌核重量可达 50kg 以上，如茯苓的菌核。子座是由菌丝紧密纠结形成的具有一定形状的结构。子座的形状变化比较大，常见的有垫状、柱状、棍棒状、头状等。子座成熟以后，在它的内部或上部形成产生孢子的结构。

（3）真菌的生殖。大多数真菌既可通过有性方式生殖，也可通过无性方式生殖。有性生殖包括质配、核配和减数分裂三个阶段。无性生殖则是不经过两性细胞的配合而产生新的个体。在自然界中，多数真菌往往通过无性或有性生殖方式产生各种各样的孢子进行繁殖。

2. 真菌的分类

从实用的角度，可将真菌分为两大类：大型真菌（蘑菇、木耳、香菇等）、小型真菌（霉菌、酵母）。然而，对为数众多的种类进行科学分类、并阐明各种类之间的相互关系，是很困难的。目前较被接受的一个系统是威泰克（Whittaker）提出的五界系统，在这一系统中将真菌归为一个界，即真菌界（Kingdom Fungi），与植物、动物并列于同一进化层面上。根据真菌的繁殖方式、形态结构和细胞壁的组分以及分子系统学的研究结果，真菌界分为 4 个门：壶菌门（Chytridiomycota）、接合菌门（Zygomycota）、子囊菌门（Ascomycota）和担子菌门（Basidiomycota）。

3. 真菌的多样性

真菌的多样性包括物种的多样性、生态的多样性以及遗传的多样性。

（1）真菌的物种多样性。物种是生命存在的最基本单元，它们有共同的起源，经过几十亿年的进化，形成了庞大的系统。物种多样性是生物多样性的核心，真菌的物种多样性是地球生物多样性的重要组成部分。据估计，自然界约有真菌 150 万种，已描述的种类不到 5%——约 1 万个属、8 万余种。真菌是地球上最具多样性的生物之一，其物种多样性仅次于昆虫。中国是世界上生物多样性最丰富的国家之一。据估计，中国有真菌约 20 万～25 万种，已描述的仅约 1 万种。其中，中国特有种约 2000 种，约占中国已知真菌种数的 20%。

（2）真菌的生态多样性。任何物种都不能孤立地生存，只能生长在与其他物种及其周围环境一起构成的生态系统中，从而构成了地球上极为复杂多样的生态系统。真菌生态上的多样性是非常显著的。真菌的分布非常广泛，高原、盆地、森林、荒漠、庭院、温泉、海洋、极地，以及各种极端环境都有真菌的生长。

从大的方面，可将真菌的生境分为森林生境、草原生境、田野（包括空地、路边、河畔、庭院灯）生境、海洋生境、极端生境等。一般反映真菌生态习性的是它们获得营养的方式和生长基质或寄主的类型。按照获得营养的方式，可将真菌分为腐生、寄生和共生三大类。每一类又可以根据生长的基质或寄主进一步划分为不同类型。例如，腐生类真菌可根据基质划分为木生类、草生类、粪生类、土生类等；寄生类真菌可根据寄主分为寄生于植物的、寄生于昆虫的、寄生于真菌的等；共生类真菌可根据与其共生的生物分为菌根菌、地衣型真菌、内生真菌和其他一些类别。

（3）真菌的遗传多样性。遗传多样性是生物多样性的根本，所有生命实体的多样性，其本质都是遗传上的多样性。目前遗传多样性的研究主要分为 4 个层次，即形态学水平、细胞学水平、生理生化水平、分子水平。真菌在各个水平上都存在着多样性。

在形态学水平上，同一物种真菌在子实体形状、大小、颜色等方面有差异，如金针菇［*Flammulina velutipes*（Curt.：Fr.）Sing］有黄色子实体菌株和白色子实体菌株。在细胞学水平上，主要反映在真菌染色体的核型和带型方面。在生化水平上，同一物种真菌在同工酶上表现出了较大的差异。例如，对 8 个不同的平菇菌株共检测到 14 条等电点不同的酶带，不同菌株的酶带分布各不相同，表现出明显的菌株特异性。在分子水平上，真菌基因组的大小一般在 $1.7 \times 10^7 \sim 9.3 \times 10^7$ bp 之间，介于原核生物和高等动植物。基因组中存在着大量的遗传信息，具有丰富的遗传多样性。真菌的基因组 DNA 中存在着高度保守区、中度保守区和不保守区，其中不保守区遗传多样性最丰富。目前，真菌研究最多的是 rDNA，它们不仅在属间存在差异，在同一个物种的菌株间也存在差异，充分反映出真菌遗传的多样性。

五、植物界

能捕捉阳光，利用空气中的 CO_2，水及溶解在水中的无机盐，制造和累积有机养料，这种光能自养生物称为植物，可以笼统地归于"植物界"。植物界包含的类群包括藻类、地衣、苔藓、蕨类及种子植物五大类。也有将藻类归于"五界生物系统"的"原生生物界"的。除了藻类植物的一部分具有单细胞的个体，大部分的藻类在水体中包括淡水河塘和海洋中生活外，多数植物具有多细胞体，在陆地上生活。现在植物界包含 30 万种以上。

1. 地衣

地衣（lichen）是一群独特的植物，它是由真菌缠绕着 1～2 种具有光合作用的藻类组成的共生复合体。组成地衣的真菌主要是子囊菌。地衣种类约 13 500 种，涉及的子囊菌约为其种类的一半，而与之共生的藻类主要为蓝藻及绿藻，仅为 100 种左右。地衣中真菌占共生体大部分，藻成层或成群包含在地衣内部，彼此紧密地结合在一起成为独立的植物体。藻类通过光合作用为整个复合体制造养料供给自身和真菌，而真菌则吸取水分和无机盐供给藻类，它们之间的关系是互惠的，藻在真菌中获得了庇护，真菌从藻获得了营养。地衣形成的过程大致是，真菌菌丝端部缠绕了合适的蓝藻或绿藻细胞，两者均失去细胞壁，原生质融合，或菌丝把俘获的藻细胞包裹成杯状，然后真菌与藻类一起生长并各自增殖，于是一种地衣产生了。地衣在结构上是分层的，藻细胞在地衣中可以是分散的，也可以是成层分布的。就其外部形态可以划分为"叶状地衣"、"壳状地衣"和"枝状地衣"（图 10-6）。

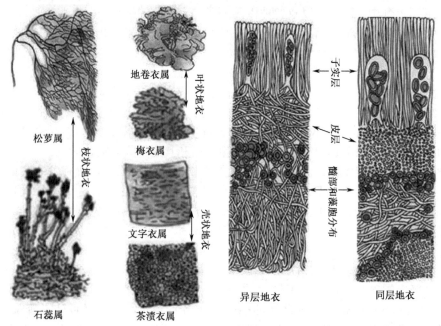

图 10-6　叶状地衣，壳状地衣，枝状地衣

（叶创兴，2006）

地衣是地球的拓荒者，生于岩面，分泌出酸性物质能使岩石表面化为土壤，在温带冰雪冻原，地衣亦能生长良好，因而它是地球陆地上开疆扩土的先锋，为其他植物的定居和生长创造条件。但另一方面，地衣也生长在活的植物上，为害木本作物如茶树等。

一些地衣被用作医药、香料、染料，石蕊染料（litmus dyestuff）是从地衣中提取出来的，广泛用于酸碱指示剂。

2. 苔藓植物

苔藓植物（bryophyta）体内没有维管束，它们大多数生活在潮湿的环境中，在干旱的沙漠和多风的环境中较少见到，植株矮小，高度一般不超过 20cm，有叶状体，拟茎叶体，其植物体的核相是单倍的，称为配子体。植株多有单列细胞组成的假根，作为固着与吸收的结构。从植物演化和起源的观点，苔藓植物是最早从水中登陆发展出来结构相对简单的一群陆生植物，其最有意义者是植物体的地上部分表面具有防止水分散失的角质膜；其次，产生精卵的结构由细胞围成了保护套，由此保持了内部环境的湿度；第三，所有的苔藓植物，其营养体是配子体而不是核相为二倍的孢子体，相反胚性的孢子体是在配子体组织内部开始发育，直至成熟时孢子体仍然得到配子体营养的供应。

苔藓植物约有 23 000 种，分为苔类（liverworts）、角苔类（homworts）和藓类（mosses），藓类植物至少有 1 万种。

苔藓对空气污染非常敏感，空气质量差，苔藓的数量就很少。大多数苔藓植物生长缓慢，但是泥炭藓（*Sphagnum*）（图 10-7）生长颇快，每公顷的生长量可以达到 12t，相当于玉米的 2 倍。泥炭藓属约 350 种，生于沼泽或森林洼地，往往占据广大面积，叶无中肋，具含绿体的长细胞和不含叶绿体的大细胞，大细胞成熟后死去，能大量吸水，茎亦有大而空的吸水细胞，其吸水能力为棉花的 5 倍，因此凡生长泥炭藓的地方必潮湿。又因泥炭藓产生酸性物质，防止了细菌的生长和真菌分解其残骸，因而形成大面积泥炭藓沼泽，仅有少数耐酸植物如酸果蔓、乌饭树及捕蝇草（Venus's fly-trap）生长在泥炭藓沼泽中。

图 10-7 泥炭藓
（叶创兴，2006）

3. 维管植物

蕨类植物和种子植物属于维管植物，具有根、茎、叶的分化，在世代交替中以孢子体占优势地位；配子体结构较简单，体积小；孢子体都有复杂的维管系统，它由木质部和韧皮部组成，分别担任水和有机物的运输。维管系统存在于根、茎、叶中，在植物体内连成一个整体，根不再是苔藓植物单列细胞的假根，可以形成复杂的根系，深入到土壤深处，一方面固着植物体，另一方面吸收水分和溶解在水里的无机盐等，茎多级分枝，叶的数目随之增多，也就扩大了叶面积，增强了光合作用，制造出更多的养分来建造植物体。因此，维管植物无论从体积和生物量来看，远非苔藓植物等非维管植物可比。

维管植物包括用孢子繁殖的蕨类植物（Pterldophyta）和用种子繁殖的种子植物（Spermotophyta）。蕨类植物包括松叶兰（Psolophytina）、石松植物（Lycophytina）、水韭植物（Isoephytina）、木贼植物（Sphenophytina）和真蕨植物（Filicophytina）。种子植物包括裸子植物和有花植物。

虽然用孢子繁殖的维管植物常被称为蕨类植物，用种子繁殖的植物被称为种子植物，但这两者不是绝然分开的，在联系这两大类群的地层化石上有许多长着蕨状的叶，又产生种子的种子蕨（Pteridospermaei seedferns），种子蕨早已灭绝，但有大量的化石，人们猜测它是联系蕨类植物和种子植物的桥梁。

六、动物界

动物（animal）一般是指多细胞的、真核的、无细胞壁和叶绿体的、不能进行光合作用、具备行使运动功能结构的生物体。一般以为最早的动物是在 4.5 亿～5 亿年前出现的。海绵动物门出现比较早，和别种大不一样。海绵有不同种类的细胞，但是细胞不分化为不同功能的组织。通过不断的演化，动物也经历了从单细胞到多细胞、从水生到陆生、从简单到复杂的过程。目前在已知的 200 万种生物种类中，动物约为 150 万种，其中有超过 90 万种是昆虫，甲壳类动物和蜘蛛类动物。据报道尚有 2000 万～5000 万种有待发现和命名。

1. 动物的分类

动物学家们根据各类动物的形态特征，将动物分成 34 个门。它们分别是：多孔动物门（Porifer）、扁盘动物门（Placozoa）、中生动物门（Mesozoa）、腔肠动物门（Coelenterata）、栉水母动物门（Ctenophora）、扁形动物门（Platyhelminthes）、纽形动物门（Nemertea）、颚胃动物门（Gnathostomulida）、轮虫动物门（Rotifera）、腹毛动物门（Gastrotricha）、动物门（Kinorhyncha）、线虫动物门（Nematoda）、线形动物门（Nematomorpha）、鳃曳动物门（Priapula）、缘纤门（Cycliophora）、棘头动物门（Acanthocephala）、内肛动物门（Entoprocta）、兜甲形动物门（Loricifera）、环节动物门（Annelida）、螠虫门（Echiura）、星虫动物门（Sipuncula）、须腕动物门（Pogonophora）、被腕动物门（Vestimentifera）、缓步动物门（Tardigrada）、有爪动物门（Onychophora）、节肢动物门（Arthropoda）、软体动物门（Mollusca）、腕足动物门（Brachiopoda）、外肛动物门（Ectoprocta）、帚虫动物门（Phoronida）、毛颚动物门（Chaetognatha）、棘皮动物门（Echinodermata）、半索动物门（Hemichordata）和脊索动物门（Chordata）。

各门类动物的种类和数量差异非常大，最大的动物门是节肢动物门，有 100 多万种动物；最小的动物门是最近才被科学家们确定的，只有 1 种动物。主要动物门类全球已报道的种类数及在中国的分布数量（表 10-1）。在这 34 个动物门中，除脊索动物门外的其他各门类可统称为无脊椎动物（invertebrate）。

2. 多孔动物门

多孔动物为原始的多细胞动物，本动物门也称海绵动物门（Spongiatia），一般称之为海绵（sponge）。很长时间人们认为它们是植物，1857 年才被确认为是动物。

表 10-1　全球主要动物门类种类数及在中国的分布数

类别名称	全球已报道种类数	分布在中国种类数
多孔动物门	10 000	115
腔肠动物门	10 000	1000
扁形动物门	25 000	1800
纽形动物门	900	60
腹毛动物门	400	0
线虫动物门	15 000	655
线形动物门	250	0
轮虫动物门	2000	800
棘头动物门	1000	40
星虫动物门	250	43
环节动物门	15 000	1470
软体动物门	130 000	3500
腕足动物门	280	8
外肛动物门	4000	490
缓步动物门	600	42
节肢动物门	1 100 000	56 000
棘皮动物门	6250	506
脊索动物门	70 000	6475

它们主要特征是无对称体型，无明显的组织、器官和系统的分化。海绵的生殖有无性和有性两种。海绵动物多为群体，单体较少。

已报道的海绵动物约有 1 万种，它们中的绝大部分分布在海洋中。营底栖固着生活。石海绵和钙质海绵多分布于浅海地带，但玻璃海绵可栖居在深达 6000m 的深海中。

3. 脊索动物门

脊索动物门（Chordota）是动物界中最高等的一门。动物体幼时或终生具有脊索或类似脊索的构造，脊索动物门即以此得名。现在世界上已知的脊索动物约 7 万余种。它们包括一些海产的无脊椎骨而脊索的动物如海鞘、文昌鱼，还包括所有脊椎动物即无颌类、鱼类、两栖类、爬行类、鸟类、哺乳类（图 10-8）。本门动物生活方式多样，形态构造复杂，差异大，但作为同一门的动物，它们所具有的共性特征也是显著的。

脊索是由含胶质的细胞所组成，是一条支持身体纵轴的棒状结构，位于神经索腹侧，消化管的背方。无椎骨的脊索动物，大多终生保留脊索或仅幼体时有脊索；脊椎动物只在胚胎时期出现脊索，成体时即由分节的脊柱所取代。

现代生存的脊索动物约有 70 000 多种，分属于 3 个亚门，即尾索动物亚门（Urochordata）、头索动物亚门（Cephalochrdata）和脊椎动物亚门（Verbebrata）。

尾索动物亚门的动物是无椎骨的脊索动物，均为海产，营自由生活或附着生活，单体或群体。脊索和神经管只存在于幼体，成体包围在被囊中。本亚门分为 3 纲：尾海鞘纲（Appendiculariae）、海鞘纲（Ascidlacea）和樽海鞘纲（Thaliacea）。

海南长臂猿　　　　　　　　长须猫头鹰　　　　丹顶鹤

野生荒漠猫　　　　　　　　高原鼠兔

图 10-8　几种野生动物

第三节　保护生物多样性

生物资源也就是生物多样性，有的生物已被人们作为资源所利用，另有更多生物，人们尚未知其利用价值，是一种潜在的生物资源。生物多样性的价值往往不被人们所重视，一般人们利用生物资源时，没有经过市场流通而直接被消费，只是取而用之而已。生物多样性具有很高的开发利用价值，在世界各国的经济活动中，生物多样性的开发与利用均占有十分重要的地位。生物多样性的价值主要体现在以下几个方面。

1. 直接价值

直接价值也叫使用价值或商品价值，是人们直接收获和使用生物资源所形成的价值，包括消费使用价值和生产使用价值两个方面。

（1）消费使用价值。指不经过市场流通而直接消费的一些自然产品的价值。生物资源对于居住在出产这些生物资源地区的人们来说是十分重要的。人们从自然界中获得薪柴、蔬菜、水果、肉类、毛皮、医药、建筑材料等生活必需品。尤其在一些经济不发达地区，利用生物资源是人们维持生计的主要方式。在亚马孙河流域有 2000 多种动植物被作为药用。在中国，能够入药的物种多达 5000 多种；木材和动物粪便提供了尼泊尔、坦桑尼亚和马拉维主要能源需求的 90% 和其他一些国家的 80%；在偏僻地区生活的居民的蛋白质主要来源于狩猎野生动物。在非洲，野生动物的肉制品在人们食物中占据了所需蛋白质的很高的比例；在博茨瓦纳为 40%；扎伊尔为 75%；在加纳，大约 75% 的人口的蛋白质来源为动物，包括各种鱼类、昆虫和蜗牛；在尼日利亚的一些边远地区，猎物为人类提供的蛋白质占其年消耗总量的 20%；在马来西亚东部的沙捞越，猎人每年捕获到并吃掉的野猪的价值可折合成市场价的 40 亿美元。在全世界范围内，每年要捕获 1 亿吨的鱼类，主要为野生鱼类，其中有很大一部分被渔民自己吃掉。

（2）生产使用价值。指商业上收获时，用于市场上进行流通和销售的产品的价值。（生物资源的产品一经开发，往往会具有比其自身高出许多的价值，常见的生物资源产品包括：木材、鱼类、动物的毛皮、麝香、鹿茸、蜂蜜、橡胶、树脂、水果、染料等）。例如，在美国西部，可从一种药鼠李的树皮中提取轻泻剂产品，十分畅销，每年市场销售价更高达每年 7500 万美元。1976~1984 年，美国从生物资源方面获得的利润高达每年 876 亿美元。

2. 间接价值

生物资源的间接价值是与生态系统功能有关，它并不表现在国家的核算体制上，但它们的价值可能大大超过直接价值。而且直接价值常常源于间接价值，因为收获的动植物物种必须有它们的生存环境，它们是生态系统的组成成分。没有消费和使用价值的物种可能在生态系统中起着重要作用，并供养那些有使用和消费价值的物种。生物多样性的间接价值包括非消费性使用价值、选择价值、存在价值和科学价值四种价值。

（1）选择价值。保护野生动植物资源，保留尽可能多的基因，可以为农作物、家禽、家畜的育种提供更多的可供选择的机会。例如，家猪与野猪杂交，培育形成了瘦肉型猪的新品种。家鸡目前已有上百个不同的品种，均来自于野鸡。紫杉和红豆杉中提取抗癌药物。现在自然界的许多野生动植物，也许在短时间内人类无法进行利用，其价值是潜在的。也许我们的子孙后代能发现其价值，找到利用它们的途径。因此多保存一个物种，就会为我们的后代多留下一份宝贵的财富。

（2）存在价值。有些物种，尽管其本身的直接价值很有限，但它的存在能为该地区人民带来某种荣誉感或心理上的满足。例如，我国的大熊猫、金丝猴、褐马鸡等是我国的特产珍稀动物，全国人民都引以为荣。熊猫已成为中国的象征。

（3）科学价值。有些动植物物种在生物演化历史上处于十分重要的地位，对其开展研究有助于搞清生物演化的过程，如一些孑遗物种——银杏。

生物多样性是人类社会赖以生存和发展的基础。我们的衣、食、住、行及物质文化生活的许多方面都与生物多样性的维持密切相关。

一、生物多样性的丧失及其原因

生物多样性的主要威胁是生境的消失，而保护生物多样性最重要的手段是生境的保护。生境消失被确认为是大多数日前正濒于灭绝的脊椎动物所遭受的基本威胁，这对无脊椎动物、植物和真菌来说也是无可争辩的事实。

1. 生物多样性的破坏和丧失

在人类出现以前，物种的灭绝与物种形成一样，是一个自然的过程，两者之间处于一种相对的平衡状态。有人估计，物种自然灭绝的速度大约为每 100 年仅有 90 个物种灭绝。人类出现以后，尤其是近百年来，随着人口的增长和人类活动的加剧，物种灭绝的速度大大的加快了。以哺乳动物为例，在 17 世纪时，每 5 年有一种灭绝，到 20 世纪则平均每 2 年就有一种动物绝灭。就鸟类而言，在更新世的早期，平均每 83.3 年有一个物种绝灭，而现代则每 2.6 年就有一种鸟类从地球上消亡。在印度洋、大西洋中的一些岛屿上生活的特产鸟类绝灭的速度，1601～1699 年为 8 种，1700～1799 年为 21 种，1800～1899 年为 69 种，1900～1978 年为 63 种。目前，生物多样性正以前所未有的高速度在丧失。据国外的科学家估计，目前物种丧失的速度比人类干预以前的自然灭绝速度要快 1000 倍。以鸟类为例，在世界上 9000 多种鸟类中，1978 年以前仅有 290 种鸟类不同程度的受到灭绝的威胁，而现在这个数字则上升到 1000 多种，大约占鸟类总数的 11％。据联合国环境计划署估计，在未来的 20～30 年之中，地球总生物多样性的 25％将处于灭绝的危险之中（图 10-9 是几种珍稀濒危动物）。

图 10-9　几种珍稀濒危动物

　　对许多野生物种来说，它们原有生境的大部分已经被破坏，现存生境中也仅有极少部分得到保护。爪哇长臂猿和爪哇叶猴原有生境的破坏率都超过了 95％，它们的原有分布区中仅有不到 2％受到保护。猩猩是生活于苏门答腊和婆罗洲的大型类人猿，其生境已有 63％消失了，其分布区也仅有 2％受到保护。

　　热带雨林的消失已经成了物种丧失的同义词。热带湿润森林仅占地球陆地面积的 7％，但据估计世界上 50％的物种分布在其中。综合地面观察、航空照片和来自卫星的遥感数据发现，1982 年仅有 950 万 km² 保存下来，大约与美国大陆的面积相当。1985年再次普查发现，在这三年中几乎又有 100 万 km² 消失了。目前每年有 18 万 km² 雨林消失，其中 8 万 km² 彻底被破坏。由于生产新材，每年有另外25 000km² 的森林退化，通过商业砍伐和选伐，每年又有 45 000km² 的森林被破坏。

　　此外，由于人类活动，季节性干旱气候下的许多生物群落退化成了人工沙漠，这就是沙漠化过程。这样的群落包括热带草原、灌丛和落叶林，以及如在地中海地区、澳大利亚西南部、南非、智利和加利福尼亚南部发现的那种温带灌丛带和草原。虽然这样的地区最初或许适于农业生产，但重复种植将导致土壤侵蚀和土壤涵水能力的丧失。土地也可能被牛、绵羊和山羊等家养牲畜习惯性的过度啃吃，木本植物可能被砍伐用作烧材。结果导致生物群落渐进的、不可逆转的大规模退化和表层土壤的丧失，最终使该地表面沙漠化。在世界范围内，已有 900 万 km^2 的干旱土地通过上述过程转变成了沙漠。沙漠化进程在非洲萨赫尔区（指撒哈拉沙漠边缘的大草原地区）最为严重，在那儿，大多数土著大型哺乳动物种类受到灭绝威胁。人类对造成该问题应负责任的程度可由以下事实阐明：土萨赫尔地区，人口数量是该区能够承受量的 2.5 倍。除了那些有可能实行精细农业的有限地区外，进一步的沙漠化看来几乎是不可避免的。

中国是生物多样性特别丰富的国家之一。据统计，中国的生物多样性居世界第八位，北半球第一位。同时，中国又是生物多样性受到最严重威胁的国家之一。中国的原始森林长期受到乱砍滥伐、毁林开荒等人为活动的影响，其面积以每年 $0.5 \times 10^4 km^2$ 的速度减少；草原由于超载过牧、毁草开荒的影响，退化面积达 $87 \times 10^4 km^2$。生态系统的大面积破坏和退化，不仅表现在总面积的减少，更为严重的是其结构和功能的降低或丧失使生存其中的许多物种已变成濒危种或受威胁种。高等植物中有 4000～5000 种受到威胁，占总种数的 15%～20%。在"濒危野生动植物种国际贸易公约"列出的 640 个世界性濒危物种中，中国就占 156 种，约为其总数的 1/4，形势是十分严峻的。

生物多样性保护关系到中国的生存与发展。中国是世界上人口最多人均资源占有量低的国家，而且是 85% 左右的人口在农村的农业大国，对生物多样性具有很强的依赖性。中国是近年来经济发展速度最快的国家之一，在很大程度上加剧了人口对环境特别是生物多样性的压力。如果不立即采取有效措施遏制这种恶化的态势，中国的可持续发展是不可能实现的，甚至会威胁到世界的发展与安全。

鉴于生物多样性面临的严峻局面，有关的国际组织或机构以及许多国家政府都纷纷采取措施，致力于生物多样性的保护与可持续利用工作。联合国环境规划署在 1987～1988 年起草的 1990～1995 年联合国全系统中期环境方案中提出了保护生物多样性的目标、策略以及实施方案。1992 年 6 月在巴西里约热内卢召开的联合国环境与发展大会（UNCED）通过了 1994～2003 年为国际生物多样性十年的决议。同时，通过了《生物多样性公约》（以下简称公约），当时有 150 个国家首脑在《公约》上签字。《公约》的宗旨是保护生物多样性、可持续利用生物多样性以及公平共享利用遗传资源所取得的惠益。

2. 生物多样性丧失的原因

(1) 栖息地的减少和改变。随着城市的扩大，工业和农业化的发展，大片的土地被开发利用，使生物失去栖息地；另一方面，森林滥砍乱伐、盲目开荒，草原的盲目放牧和沼泽的不合理开发以及水利工程建设等，都会引起生物生存环境的改变和污染。栖息环境的减少和改变是生物濒危和绝灭的主要原因。热带雨林是生物多样性最高的地方，但全世界的热带雨林面积正急剧缩小，使很多生物失去生存场所和必需的资源。我国海南岛 1956 年森林覆盖率为 25.7%，1964 年降为 18.7%，到 1981 年上半年仅存 8.5%，森林郁闭度也大大减小，树种向单纯化发展，致使珍贵树种濒于绝迹，高大乔木残存无几。海南坡鹿、长臂猿、巨蜥、橙胸绿鸠等已近绝迹。20 世纪 50 年代时，黑长臂猿尚有 2000 只，分布于 10 多个县，现仅残存有不足 30 只。一些常见种类如猕猴、赤鹿、海南黑熊、孔雀雉和原鸡等，现在已成了罕见种。

（2）污染。污染也是引起生物生存危机的主要原因，农药杀虫剂的大量使用造成一些物种的濒危或绝灭，尤其是位于食物链顶位的猛禽受影响最为严重。据统计，目前全世界已有 2/3 的鸟类生殖力下降，栖息地污染无疑是造成这一现象的重要原因。油污染和铅中毒对水禽也已造成越来越大的威胁，据统计，目前每年至少有 10 万只水鸟死于石油污染。

最微妙的环境退化是环境污染，其最普遍的原因就是：矿业和人类居住地释放的杀虫剂、化学品和污水，工厂和汽车排出的废气以及由被侵蚀的山坡沉积下来的淤泥。污染对水质量、空气质量甚至地区气候的全面影响引起了极大的关注，不仅因为它威胁到生物适应性，而且因为它影响人类健康。有时环境污染是清晰可见和异常激烈的，如由海湾战争引起的大规模原油泄漏和 500 起油井大火。

（3）过度放牧与开垦。草原和荒漠生态系统是很多野生动物和野生植物的栖息地，但是这两类生态系统的破坏也是惊人的。以黑龙江西部草原为例，松嫩平原地区过度放牧已使松嫩平原的实际载畜量达到理论载畜量的 4.7 倍。该地区的沙化、碱化、退化面积已达 146.6 万 hm^2。目前每年还以 13 万 hm^2 的速度在扩展。由于沙化、碱化，草原原有种类成分发生很大变化，生物多样性的变化也可以估计到，草原退化问题在国内是十分普遍的。

对草原的盲目开垦使草原生态系统退化，沙化现象加剧。例如，鄂尔多斯南部毛乌素沙地，过去曾是一片丰茂草原。自明代以来，开始大面积农垦，居民大增，开垦、放牧等大大破坏了草原，引起了流沙发展。进一步的滥垦和撂荒，使沙地不断扩大。沙尘暴即来源于草原与荒漠的破坏。

樵采和大规模挖药材也是草原和荒漠生态系统被破坏的重要原因。干旱和半干旱地区利用草和灌木做燃料，特别是大规模挖取药材，严重破坏草原和荒漠生态系统。自 1980 年至今，宁夏仅仅挖甘草一项，就毁坏草场 53 万公顷；在内蒙古草原区，大规模挖掘甘草、麻黄、内蒙古黄芪等，无保留地采用食用菌和发菜，引起很多地区草原退化和沙化；甘草和肉苁蓉等药材的挖掘，使荒漠生态系统进一步退化。青海沙区在盲目开垦、开矿采金及开发沙区野生动植物资源以及樵采中，大片土地沙漠化。风沙危害给青海省造成直接经济损失达 5 亿多元。

（4）过度捕捞及水利工程建设。由于人口增长，对海洋生物需求日增。渤海湾的有些地方甚至到了虾、蟹难觅的地步。其原因是自 1986 年以来，渤海湾某些地区冬季及早春就已经捕蟹，他们用耙子无限制地毁灭式捕捞，使海蟹及其他海产品濒临灭绝。有的个体渔民，大多用不合乎国家标准的自制网具、网扣捕捞。也无视规定的封海时间，进行非法捕捞。近年来，又出现新的一轮滥捕滥卖鱼仔之风，真可谓要把鱼子鱼孙斩尽杀绝。

淡水生态系统由于盲目围湖造田，缩小了湖泊面积，如洞庭湖由于 20 世纪 70 年代大搞围湖造田，水土流失严重。湖中泥沙淤积，减少容量 13 亿 m^3。大大削弱了缓冲洪峰的能力，并减少了水生生物的栖息地。另一个使生物多样性减少的重要原因是很多湖泊通江的港道中修建了水闸，致使江湖阻隔，使汛季与旱季水位大起大落，影响生物群落的稳定性，更重要的是对鱼类洄游、觅食、育肥和繁殖产生不利影响，这样使湖泊鱼类天然资源无法从江中得到补充，大大降低鱼类生物多样性。长期的过度捕捞和日益增加的江湖阻隔，使经济价值高的大型鱼类（包括许多洄游鱼类）种群难以维持。食小鱼的大型鱼类减少，使小型鱼类大量增加。水产养殖对淡水生态系统也会造成不良影响，为了取得渔业丰收，过度地饲养草鱼，致使水草衰退。由于没有水草的抑制作用，使浮游藻类大量繁殖，大大降低了湖水的透明度，使沉水植物难以生存。

（5）外来物种的入侵。每种植物作为生态系统中的一个成员，在其原产地的自然环境条件中各自都处于食物链的相应位置，相互制约，所以种群保持着相对稳定的状态，这是自然界的普遍规律。一旦有外来种侵入新的区域，就会干扰那里原有的生态平衡，影响甚至严重破坏入侵区的生物多样性结构。大叶醉鱼草，1860年作为观赏植物由中国引到新西兰，到20世纪80年代，逐渐蔓延成灾，导致当地生物多样性的严重破坏。在大面积的人工林有计划的砍伐更新过程中，在新树尚未生长成林时，大叶醉鱼草就迅速茂盛地生长，成为新林地中的优势种植物覆盖大片的地面，大量取代当地其他植物。

凤眼莲，原产南美，大约于20世纪30年代作为畜禽饲料引入中国，并作为观赏和净化水质植物推广种植，现广泛分布于南方10多个省市。在中国最大的高原湖泊——滇池，由于水质污染，凤眼莲疯长，致使很多原来自然分布的本地水生生物处于绝灭的边缘。再比如，大米草原产欧洲，于70～80年代引入中国作为沿海护滩植物，在许多地区对护滩固岸起了很好的作用。但近年来在原引入地以外的某些地区，滋生扩展，形成优势种群，对当地生物多样性构成威胁。

3. 脆弱易灭绝物种

当环境被人类活动破坏后，许多物种的种群大小会萎缩，且一些物种会灭绝。生态学家已经观察到并不是所有的物种具有一个相等的趋于灭绝的可能性：一些特殊的物种阶层在面临灭绝时特别脆弱。这些物种需要仔细的监视和实施保护努力。那些对灭绝特别脆弱的物种可以归入下述一个或多个类别。

（1）地理分布区狭窄的物种。一些物种仅见于一个狭窄的地理分布区中的一个或几个地点，因此一旦整个分布区受到人类活动的影响，这些物种就有可能灭绝。

（2）小规模种群的物种。由于对数量变迁和环境变迁的脆弱性较高以及遗传变异性丢失较快，小规模种群比大规模种群更容易变成地区灭绝。

（3）种群大小正在衰落的物种。种群变迁的趋势倾向于连续性，因此显现衰落迹象的种群易于灭绝。

（4）种群密度低的物种。如果人类活动导致分布区破碎，种群密度低的物种在每个片段中只能够保留下小规模的种群。每个片段中的种群有可能太小以至于使物种无法持续下去，最终在整个景观中消失。

（5）体型大的物种。与小型动物相比，大型动物倾向于占用较大的个体分布区，需要较多的食物，因而也容易遭受人类猎杀而灭绝。

（6）不具备有效散布手段的物种。当原有生境由于污染、外来物种以及全球气候变化而改变时，那些不能够穿越道路、农场及其他人类活动产生的紊乱生境的物种，将无法逃脱灭绝的命运。当代的灭绝事件几乎毫无例外的局限在无法飞翔的哺乳动物中，在鸟类和蝙蝠中几乎或根本没有灭绝的记录。在西澳大利亚的鸟类中，那些不会飞行或不善飞行的物种已经显示出具有最高的灭绝速率。

（7）季节性迁移的物种。季节性迁移的物种依赖两种或多种截然不同的生境类型。如果任何一类生境被破坏，那么这个物种就有可能无法持续下去。

（8）特异性地生活于稳定环境中的物种。许多物种仅适应那些极少受到干扰的环境，如古老持久的热带雨林或者温带落叶林的中心地带。当这些森林被砍伐、放牧、焚烧或者被人类活动所改变，许多当地物种不可能忍受改变后的微气候条件（更多的光照、更低的湿度、更大的温度变化）以及由此导致的外来物种的流入。另外，稳定环境中的物种典型地表现出繁育年龄推迟并只产生少数后代，这些物种常常不能在一次或数次生境干扰事件后，重建自己的种群以避免灭绝。

（9）构成永久或临时群集的物种。在特殊地区聚为一群的物种对地区灭绝有高的脆弱性。例如，蝙蝠夜间在宽广的区域觅食，但白天则在特殊的山洞中特异性地栖息在一起。白天进入山洞中的猎人能够快速地捕获种群中的每一个个体。

（10）遭受人类猎杀和采集的种类。过度开发能够快速减少一个对人类具有经济价值的物种的种群大小。如果猎杀和采集得不到法律或者当地习俗的调节，这一物种会被迫灭绝。这些有灭绝倾向的物种的特点并不是独立的，而是趋向于集中在一起构成特征族。例如，身体尺寸大的物种趋向于具有低的种群密度和大面积的领地——有灭绝倾向的物种具有的全部特征。

二、生物多样性保护与可持续利用

1. 生物多样性公约

《生物多样性公约》是国际社会所达成的有关自然保护方面的最重要公约之一。该公约于1992年6月5日在联合国召开的里约热内卢世界环境与发展大会上正式通过，并于1993年12月29日起生效（因此每年的12月29日被定为国际生物多样性日）。到目前为止，已有100多个国家加入了这个公约。该公约的秘书处设在瑞士的日内瓦，最高管理机构为缔约方会议，由各国政府代表组成。其职责为：按照公约所规定的程序通过生物多样性公约的修正案、附件及议定书等。

生物多样性公约的目标是，保护生物多样性及对资源的持续利用；促进公平合理地分享由自然资源而产生的利益。

生物多样性公约的主要内容包括：①各缔约方应该编制有关生物多样性保护及持续利用的国家战略、计划或方案，或按此目的修改现有的战略、计划或方案。②尽可能并酌情将生物多样性的保护及其持续利用纳入到各部门和跨部门的计划、方案或政策之中。③酌情采取立法、行政或政策措施，让提供遗传资源用于生物技术研究的缔约方，尤其是发展中国家，切实参与有关的研究。④采取一切可行措施促进并推动提供遗传资源的缔约方，尤其是发展中国家，在公平的基础上优先取得基于其提供资源的生物技术所产生的成果和收益。⑤发达国家缔约方应提供新的额外资金，以使发展中国家缔约方能够支付因履行公约所增加的费用。⑥发展中国家应该切实履行公约中的各项义务，采取措施保护本国的生物多样性。

2. 生物多样性保护的基本途径

生物多样性保护的基本途径有两条，即就地保护和迁地保护。

（1）就地保护是在野生动植物的原产地对物种实施有效保护。就地保护措施就是建立自然保护区，通过对自然保护区的建设和有效管理，从而使生物多样性得到切实的人为保护。自然保护区建设在全世界得到普遍的推广，至1993年，全世界已建与生物多样性保护有关的自然保护区8619个，面积达79 226.6万公顷，约占全球土地面积的6%。中国自然保护区始于1956年建立的广东鼎湖山自然保护区，经过近40年的努力，全国已建立各种类型的自然保护区763个，总面积6818.4万公顷，约占国土面积的6.8%，其中，与保护生物多样性有关的生态系统类和野生生物物种类自然保护区

717个，面积6607万公顷。中国自然保护区建设对生态系统多样性、物种多样性和遗传多样性的保护发挥了巨大的作用。

（2）迁地保护是通过将野生动植物从原产地迁移到条件良好的其他环境中进行有效保护的一种方式。当然，在大多数情况下，就地保护是保护生物多样性的最根本的途径。只有在野外，物种才能在自然群落中继续适应变化的环境进化过程。但随着自然界环境状况的日益恶化，迁地保护越来越显示出其重要性。对于一些濒危物种来说，如果其野生种群数量太少，或适合其生存的自然栖息地已被破坏殆尽，则迁地保护将成为保存这些物种的唯一手段，如麋鹿、加州秃鹫等的保护即是成功的例了。迁地保护和就地保护策略是相互补充的途径。来自迁地保护种群的个体能被周期性的释放回野外，可加强就地保护工作；对圈养种群的研究能够增加对物种的基础生物学的了解，能为就地保护的种群提供新的保护策略。

3. 自然保护区

在284个野生生物类保护区中，有214个为野生动物类型，面积1800.1万公顷。其中，保护陆栖哺乳动物的代表性保护区有保护大熊猫的四川卧龙、唐家河等16个保护区；保护金丝猴的陕西周至、西藏芒康等保护区；保护东北虎的黑龙江七星粒子保护区；保护亚洲象的云南南滚河保护区；保护长臂猿的海南坝王岭保护区；以及陕西牛背梁羚牛保护区，海南大田坡鹿保护区等。保护水生哺乳动物的代表性保护区有湖北长江新螺段和天鹅洲两白暨豚保护区；广西合浦儒艮保护区；新疆布尔根河狸保护区；辽宁大连斑海豹保护区等。保护以爬行动物和两栖动物的代表性保护区有：浙江尹家边扬子鳄保护区；广东惠东海龟保护区；新疆霍城四爪陆龟保护区；江西潦河大鲵保护区；辽宁蛇岛保护区等。保护珍禽及候鸟的代表性保护区有黑龙江扎龙、吉林向海、辽宁双台河口等鹤类保护区；山西运城、山东荣城、新疆巴音布鲁克等天鹅保护区；山西庞泉沟、芦芽山等褐马鸡保护区；陕西洋县朱鹮保护区；江西鄱阳湖、青海青海湖鸟岛等候鸟保护区。保护珍稀鱼类和其他珍贵水产资源的代表性保护区有黑龙江呼玛河、逊别拉河保护区；福建宫井洋大黄鱼、长乐海蚌保护区；辽宁三山岛海珍品保护区；广东海康白蝶贝和海南临高白蝶贝保护区等。

我国已建立野生植物类型自然保护区70个，面积104万公顷。其中，保护珍稀濒危植物的代表性保护区有保护原始水杉林的湖北利川、湖南洛塔保护区；保护洪桐的湖北星斗山保护区；保护银杉的广西花坪等保护区；保护桫椤的贵州赤水、四川金花、邻水等保护区；保护金花茶的广西防城上岳保护区。保护珍贵用材树种的代表性保护区有：吉林白河长白松保护区；福建罗卜岩楠木保护区；福建三明格氏栲保护区等。保护珍贵药用植物的代表性保护区有黑龙江五马沙驼药材保护区；广西龙虎山药材保护区等。

虽然绝大多数国家重点保护植物已在自然保护区得到保护，但由于有些物种种群不集中，在保护区内的种群量比较有限，而种群的相当部分散生在保护区之外，这些种群极易遭受威胁，应以建立自然保护点的方式加强对保护区外种群的就地保护。有些经济药材植物极易遭受人为破坏，即使在保护区内，也遭到偷采偷挖，如人参、杜仲、天麻等植物，对此，需要采取特别的保护措施。

4. 中国传统知识的保护

中国具有5000年的文明史，拥有55个少数民族，在漫长的历史过程中，中国人民创造了丰富多彩的传统文化和知识，对保护和持续利用中国的生物多样性发挥了非常重要的作用。

（1）有关政策。中国的各项政策和法规十分尊重少数民族和当地社区的权益，尊重当地社区有利于生物多样性保护和持续利用的传统生活方式，支持少数民族和当地社区参与与《公约》目标一致的活动，促进传统知识的整理和继承发扬。《中国 21 世纪议程》明确强调保护传统知识的重要性，鼓励少数民族、妇女和地方社区参与到生物多样性保护中来。

虽然中国建立了相对完善的知识产权制度，但传统知识不受现有知识产权制度的保护，如对野生品种和农民种植的原生植物等基因尚未改良的植物物种资源，作为可自由获取物品来处理。在《植物遗传资源国际约定》谈判过程中，中国支持《生物多样性公约》的宗旨，积极促进建立植物遗传资源的获取和惠益分享的多边系统，坚持公平分享由多边系统获取遗传资源而产生的惠益，并实现农民权利。

（2）传统知识的整理和保护。在有关国际组织的帮助下，中国积极开展传统知识的整理和保护。中国农科院与国际植物遗传资源研究所合作，在云南对芋头遗传多样性、种植、贮存、加工和使用的方法进行了研究调查。该研究发现当地农民能够有效地保持和管理物种的多样性。

（3）少数民族和当地社区参与生物多样性保护。有的自然保护区，在国际组织的帮助下，开展了社区参与式管理，吸收和鼓励当地社区、妇女参与自然保护区的管理。中国许多道教、佛教胜地、"神山"都是生物资源保存比较好的地域，通过制定乡规民约，使良好的传统知识得到保存和发扬，促进了生物多样性的保护。例如，在西双版纳州有 400 座"神山"，这些神圣的山林被傣族公社严格地保护起来。

（4）传统知识保护。尽管中国的传统知识保护取得了一些进展，但中国的传统知识、创新和实践大量散布于民间，还没有得到很好整理；伴随着现代化进程，优良的民族传统文化正在逐渐消失；保护传统知识的意识还不强，相应的国家政策、战略和立法还相当薄弱，没有建立因利用传统知识、创新和实践所获得惠益的公平分享机制；保护传统知识的国家能力和技能还较弱。

小结

生物多样性是指植物、动物和微生物的纷繁多样性及它们的遗传变异与它们所生存环境的总合，包括生态系统多样性、物种多样性和遗传多样性。生物分类系统是阶元系统，通常包括 7 个主要等级：种、属、科、目、纲、门、界。物种的命名采用林奈的双命名法。按六界分类系统将生物分为病毒、真细菌界、古细菌界、真菌界、植物界、动物界。自从 1898 年贝杰林克首次提出"病毒"的概念以来，种类由最初的几十种、几百种，发展到今天的 4000 多种，包括植物病毒动物病毒、细菌病毒、昆虫病毒及真菌病毒。古细菌一词是美国人 C. R. 沃斯于 1977 年首先提出的，包括产甲烷细菌、极端嗜盐细菌和嗜酸嗜热细菌。它们生存在极端特殊的生态环境中，具有独特的 16S 核糖体 RNA 寡核苷酸谱。真菌界是一个古老的谱系，自然界有真菌 100 万～150 万种，已描述种类约 1 万属，8 万余种，是地球上最具多样性的生物之一。植物界包含的类群包括藻类、地衣、苔藓、蕨类及种子植物五大类。动物占已报道的生物种类的大部分，门类复杂，已被分为 34 个门类。除最高等的脊索动物门外，其他门类可统称为无脊椎动物。

生物多样性是人类社会赖以生存和发展的基础。但生物的多样性正在日益遭到破坏，逐渐丧失。迫切需要采取保护的措施。

思考题

1. 如何理解生物多样性的概念?
2. 生物分类的等级是什么?
3. 用什么方法进行物种的命名?
4. 生物种群包括哪些? 怎样看待其多样性?
5. 造成生物多样性丧失的原因有哪些? 如何认识?
6. 保护生物多样性可以采取哪些措施?

第十一章　生命与环境

第一节　非生物环境

生命是蛋白质存在的形式。生命以不同的形态结构存在。生命的这种存在形式是生命与环境间连续不断地相互作用，通过遗传、变异、选择和适应的结果。环境塑造了生命，同时生命在长期的进化和演化中，对环境产生了改造作用。生命和环境是协同进化的。生命和环境是一种相互影响的体系。

环境是主体周围一切外部条件的总和。如果主体是生物，所对应的环境就是生态环境；如果主体是人类，所对应的环境就是人类环境。生态环境是指生物的栖息地和直接或间接作用于生物生存、生长、发育和繁殖的各种因素。人类环境是影响人类繁衍、生产、生活和发展的所有条件。不论是生态环境还是人类环境，影响主体的因素都可分为两类：非生物环境和生物环境。

环境有大小之别，大到整个宇宙，小到基本粒子，都可能是环境的范畴。

环境是一个非常复杂的体系，至今尚未形成统一的分类系统。一般按环境的主体、环境性质和环境范围等进行分类。

按环境的性质可将环境分为自然环境、半自然环境（被人类破坏后的自然环境）和社会环境三类。

按环境范围大小可将环境分为宇宙环境（或称星际环境）、地球环境、区域环境、微环境、内环境等。

宇宙环境指大气层外的宇宙空间。宇宙环境由广阔的空间和存在其中的各种天体及弥漫物质组成，它对地球环境产生着深刻的影响。

地球环境包括大气圈中的对流层、水圈、岩石圈、土壤圈和生物圈。也有人称为地理环境。地球环境与人类及生物的关系密切。其中生物圈中的生物把地球上各个圈层的关系密切地联系起来，并推动各种物质的循环和能量流动。

区域环境指占有某一特定地域空间的自然环境，它是由地球表面不同地区 5 个自然圈层相互配合而形成的。不同地区，形成各不相同的区域环境特点，分布着不同的生物群落。

微环境指区域环境中，由于某一个（或）几个圈层的细微变化而产生的环境差异所形成的小环境。生物群落的镶嵌性就是微环境作用的结果。

内环境是指生物体内组织或细胞间的环境，对生物体的生长和繁殖具有直接的影响。叶片组织内部的气腔、气室、通气系统与外界进行气体交换中形成了内环境。内环境对植物有直接的影响，且不能为外环境所代替。

一、非生物环境及其重要性

非生物环境是指影响生物生存、生长、发育和繁殖的一切非生物条件的总和。从全球尺度上按物质状态可将非生物环境分为岩石圈、土壤圈、水圈和大气圈。从局域尺度上，非生物环境可区别成一些具有质的差异的环境要素。具体地主要包括光照、水分、热量、大气、土壤、岩石、矿质营养、地形、地貌等非生物条件。岩石圈、土壤圈、水圈和大气圈的异质性和相互作用使这些条件发生着广泛的变化。

1. 岩石圈

岩石圈是生物所需要的各种元素与化合物的蓄库，是海洋盐类的来源，也是水圈的牢固基础。

地球的半径约为 6400km。地球中心是炽热的地核，半径为 3475km，由铁、镍组成；在地核外部是地幔，由硅酸盐组成，厚度为 2895km；地球的最外层是地壳，厚度只有 16～40km，它的质量只有地球总质量的 0.714%，但构成生命的元素几乎都来源于此，它直接影响着生命的存在和繁衍。组成地壳的主要元素见表 11-1。

表 11-1　组成地壳的主要元素

元素	氧	硅	铝	铁	钙	钠	钾	镁
重量/%	46.6	27.7	8.1	5.0	3.6	2.8	2.6	2.1
体积/%	93.8	0.9	0.5	0.4	1.0	1.3	1.6	0.3

地壳的厚度并非均匀一致。例如，帕米尔高原的厚度达 75km，而海洋盆地地壳厚度只有 5～6km。由于地壳构造运动，形成山地、平原、盆地等不同形态，最高的山峰高达 8844m，最深的海沟在海平面下 10 070m。

地壳不仅在厚度上不均匀，同样它的组成也是不一致的；换句话说，它的地球化学背景也是非均匀的。

暴露在大气中的岩石表面受物理化学的作用，逐步风化分解成母质，在生物的作用下，形成土壤。

2. 土壤圈

土壤圈是岩石圈上部具有供给绿色植物生长发育所需水肥气热能力的部分。土壤圈是地壳表层岩石风化形成的。在不同的气候条件下，特别是温度的变化引起岩石膨胀和收缩，使其分裂成碎片。渗入岩石缝隙中的水分的冻结和融化也是岩石碎裂的重要原因。在岩石碎裂的物理过程中，同时还伴随有氧化、还原、水解、磷酸化等化学过程。

风化把岩石分解成疏松的物质，它是组成土壤的矿质部分，但它不是土壤。只有在岩石风化物的基础上，通过生物有机体的作用才能真正形成土壤。土壤形成和发展过程包括了一系列复杂的物理、化学和生物过程。

土壤形成不仅有时间的过程，同时自地表到土壤母质之间可以看到土壤垂直结构的变化（图 11-1）。一般土壤可分为 A、B、C 三层，各层的颜色、质地和结构均不相同。

A 层称腐殖质层，通常颜色较深。动植物的尸体和排泄物落在土壤表面，逐渐分解。倘若分解作用微弱，从外表上可以区别出有机体的各个部分时，称为残落物或凋落物。人

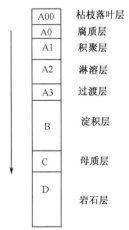

A00	枯枝落叶层
A0	腐质层
A1	积聚层
A2	淋溶层
A3	过渡层
B	淀积层
C	母质层
D	岩石层

图 11-1　土壤的剖面结构

们通常把凋落物层单独作一层 A00 层。残落物进一步分解、失去其本来面目和特征，并和矿物质结合，形成一种复杂的有机矿物质，称腐殖质，对应层次称 A0 层。A1 层是腐殖质的积聚层。草原黑土的 A1 层最发达。在森林土层中 A1 层下面还可以分出 A2 层，称淋溶层。通常呈浅白色，所以也称灰化层，它是由有颜色的物质（如腐殖质、铁和锰的化合物）被水溶解，随水下沉到 B 层中形成的，此层在森林中最发达，而在草原黑土和栗钙土中则没有。A3 为过渡层。

B 层为沉淀积层，在这一层中，堆积着由上面淋溶下来的物质，常呈褐色，具有较致密的特点。

C 层称母质层。它形成于该土壤的母岩，是经过风化形成的。

D 层是岩石层。

3. 水圈

地球表面 71% 为海洋所覆盖，平均深度为 3600m。在陆地表面和地下也都有水的存在。大气圈中也有水气和水滴的存在。围绕地球的各种类型水的存在都应该看成是水圈的范围。水存在最典型的形式是海洋，其剖面结构如图 11-2。水圈的不同形式是相互联系和交错的。水具有三态，随空间和时间而呈不同的变化。地球两极的水，终年以固态的形式存在。

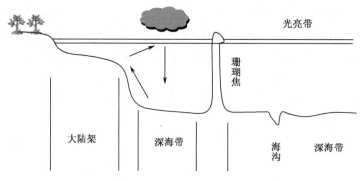

图 11-2　海洋的剖面结构

水的溶解作用使土壤圈和岩石圈的各种化学物质进入水圈，使这些物质具有了流动性，形成比较均匀的分布。水体进行着不断的物理过程、生物过程和地球化学过程。这些过程必然影响着水体溶液总浓度的变化；特别是大气中水的物理变化，使水热重新分配，影响着地区性气候变化。

4. 大气圈

大气圈由围绕地球的多种气体混合物所组成，其高度达 10 000km，与地球本身的直径相当。在离地表 29km 内大气圈占有了 99% 的大气质量，大气密度相对较高，再往上，大气越来越稀薄。从海平面往上计算，每升高 275m，气压下降 1/30。但是随高度上升，气压下降越来越小，超过 50km 之后，气压变化十分微弱。大气圈由对流层、平流层、中间层、热层、外层构成。

二、生物圈及生物对非生物环境的适应

1. 生物圈

岩石圈、土壤圈、水圈和大气圈这几个圈层交接界面空间里广泛分布着各种积极

活动的生命，构成了所谓的生物圈（biosphere）。这个名词是由奥地利地质学家 E. Suess 于 1875 年首先提出，但当时并未引起人们的注意。50 年以后，前苏联地质学家 V. I. Vernadsky 于 1926 年发表了著名的生物圈演讲，才引起了广泛重视。他认为，生物圈在空间上由对流层、水圈和风化壳构成，各类群生物以不同密度分布在这些空间里。生物圈里的各类群生物与非生物环境进行着持续的和长期的相互作用，形成了不同适应特征。

2. 生物对环境的适应

非生物环境可区分为本质上具有差异的各种要素，这些要素称为环境因子。包括光照、温度、土壤、空气、人类活动、工业生产排放的污染物等。在环境因子中，生态因子是对生物生长、发育和繁殖起着直接作用的因子，主要包括光照、温度、水分、土壤因子等。

（1）光因子的生态作用及生物适应。光照对生物的作用主要表现在三个方面：一是光照强度的作用；二是光照时间的作用；三是光波长的作用。

光照强度影响着绿色植物叶绿素的形成。叶绿素形成需要一定的光照强度，在黑暗中，植物幼苗将形成黄化苗。植物在光照条件下可加速生长、发育和繁殖。最典型的例子是光合作用随着光照强度变化的关系。在一定光照强度范围内，随着光照强度的增强，植物光合速率不断上升，当增加到一定数值时，光合速率达到最大值，此时环境中的光照强度称光饱和点。同时，在一定光照强度范围内，随着光照强度的增强，光合速率不断上升，

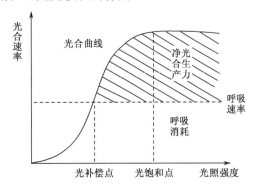

图 11-3　光合作用过程中的光补偿点和光饱和点

当光合作用固定的 CO_2 量等于呼吸作用释放出的 CO_2 量时，环境中的光照强度称为光补偿点（图 11-3）。

对于水生植物，光的穿透性限制着植物在海洋中的分布，只有在海洋表层的透光带（euphotic zone）内，植物的光合速率才大于呼吸速率。随着水深的增加，水体透光性减弱，光合作用速率不断下降，到达一定深度的水深时，植物的光合作用量刚好与植物的呼吸消耗量相平衡，形成水体光补偿点。如果海洋中的藻类沉降到补偿点以下或者被洋流携带到补偿点之下而不能快速回升到补偿点之上，藻类会死亡。在一些特别清澈的海水和湖水中，补偿点可深达几百米；而在富营养化严重，浮游植物密度大或含沙量大的水体，透光性非常弱，补偿点在水体中很浅的地方。

光强在地表的分布是不均匀的，同时不同植物对光强的反应也是不一样的。陆生植物长期生长在强光照地区，对强光照条件的适应，形成了阳性植物；而植物长期在弱光照条件下生活，对弱光照的适应，形成了阴性植物。阳性植物和阴性植物的特点见表 11-2。

表 11-2　阳性植物和阴性植物特征比较

	形态生理指标	阳性植物	阴性植物
形态特征	枝叶分布	稀疏	茂密
	叶片	较小	较大，薄
	角质层	发达	不发达
	气孔	较多	较少
	栅栏组织	发达	不发达
生理特征	细胞汁液浓度	++	+
	蒸腾作用	++	+
	CO_2 补偿点的光强度	高	低
	光饱和点	高	低
	RuDP 羧化酶活性	+++	+
	以干重计的叶绿素含量	+	++
	可溶性蛋白（=酶）浓度	++	+

　　在地球表面的一个固定点上，随着季节的变化，光照时间在一天中白天和黑夜长短不同；在相同日期的地球表面，随着纬度的变化，一天中白天和黑夜长短不同。北半球的夏天，日照时数长于夜晚，随着纬度的增加，日照时数增加，夜晚时数减少；而在南半球则刚好相反。在北半球的冬天，随着纬度的增加，日照时数减少，夜晚时数增加；而在南半球则刚好相反。日照时数长短的变化是由于太阳高度角的变化导致的。太阳高度角是太阳光线与地平线的夹角。在地球的一固定点上，一日中，太阳升起和落下，太阳高度角是不同的；不同季节太阳高度角也是不同的（图 11-4）。

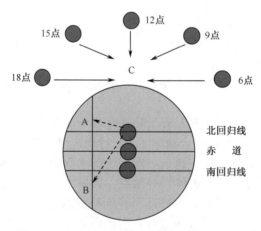

图 11-4　一个白天和不同季节太阳高度角的变化
（王震洪，2004）

　　地球表面光照时间的差异是呈周期性变化的，称为光周期现象。植物对光周期或长短日照条件的长期适应，形成了四种不同的类型：①长日照植物：通常需要 14h 以上的光照时数才能开花。②短日照植物：通常需要 14h 以上的暗期才能开花。③中日照植物：要求 12～12.5h 的日照条件的植物。④日中性植物：在长短不同的任何日照条件下都能开花。

　　植物对光周期反应是由于植物体内存在一种光敏色素，它有两种形态，一种是 PR 型色素，吸收红光（波长 660nm），另一种是 PFR 型色素，吸收远红光（波长730nm）。在光照下生长的植物，体内主要存在 PFR 型，当植物转移到黑暗中时，PFR 将缓慢转变成 PR 型。长日照条件下 PFR/PR 大，促进长日照植物开花，短日照条件下，PFR/PR 比值小，短日照植物开花。光敏素是控制植物生长发育的蛋白质色素，是糖蛋白和色素的复合物，相对分子质量约 1250k，其作用部位在膜上。

　　不同波长的日光对植物的光合作用，色素形成，向光性、形态建成的诱导等影响是不同的。太阳光既是光波，又是粒子流。光合作用的光谱范围是可见光区 380～760nm，包括红、橙、黄、绿、青、蓝、紫。小于 380 是紫外光，大于 760 是红外光。光波越长，所携带能量越少，光波越长，所携能量越多。光波发生反射、折射、散射、透射过程，波长变短，能量减少。红橙光被叶绿素吸收，对叶绿素的形成有促进作用，并有利于蛋白质合成。蓝紫光被叶绿素和类胡萝卜素吸收，有利于糖的合成。绿光很少被吸收，是生理无效光。紫外光对昆虫、细菌、真菌、线虫的卵和病毒等具有杀灭作用。可见光对动物生殖、体色变化、迁徙、羽毛更换、生长、发育等都有影响。

　　（2）温度因子的生态作用及生物适应。生物生长是一切生物化学反应的累加。生物化学反应需要酶的催化。酶是蛋白质，要保持蛋白质的结构和活性，需要一定的温度条件。酶对温度的要求存在一定的范围，在这个范围内，酶具有活性。温度在某一点活性最高，低于某一点或高于某一点，将失去活性。因此，生物生长对温度的要求存在最高点、最低点和最适点。

　　地球的自转引起光照和黑暗条件的交替，地球的公转引起季节性光照和黑暗之条件的交替，导致地球表面温度存在着白天和黑夜、不同季节的周期变化，称为温周期现象。生物适应于这种周期性的温度条件，形成了生长发育过程的温周期变化，即生物生长发育与温周期同步现象。

　　特别地，地球上存在着许多植物，需要经历一定时间的低温环境才能开花结实的现象，称为春化现象。植物这种需要低温条件的发育阶段称为春化发育阶段。一般春化发育阶段是在植物生长的幼苗期。根据植物完成生活史对低温要求不同，可将其分为：冬性类，春化阶段需要 0～5℃低温条件；半冬性类，春化阶段需要 3～15℃低温条件；春性类，春化阶段需要 5～20℃低温条件。小麦就是一种典型的需要低温条件才能完成生活史的植物种。根据这种温度要求，可将其分为冬小麦、春小麦及它们之间的过渡类型。

　　因为酶促反应需要高于一定温度才能进行，其生物的发育需要大于某一温度值的酶促反应期才能发生。与之相适应，生物在生长发育过程中必须达到大于某一温度值的累加值才能开花结实，这一累加值称为有效积温。这一规律称有效积温法则。有效积温的计算方法为

$$K = N(T - T_0) \tag{11-1}$$

式中，K　——某生物所需的有效积温，是常数；

　　T　——某地某时期的平均温度（℃）；

　　T_0　——某生物生长活动所需最低临界温度（℃）；

　　N　——计算天数（d）。

　　图 11-5 是地中海果蝇发育时间与温度的关系，表明一定 K 值下，N 与 T 的反比例关系。

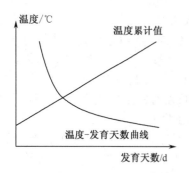

图 11-5　地中海果蝇发育与温度关系

动物对低温的适应，在形态方面，遵循伯格曼法则、阿伦法则和格洛洛法则。伯格曼法则是指每只动物的体积，在气候温暖的地方较小，在气候寒冷的地方较大。阿伦法则指动物突出的肢体，在较冷的地方比较热的地方短。格洛洛法则指动物的颜色，在温暖潮湿的气候中显较浅的颜色，在寒冷干燥的气候中显较深的颜色。这些法则反映了动物在低温环境中的适应，使身体能保存更多的能量，增强抵御寒冷的能力。在高山和寒冷北极的植物，芽和叶片常受到油脂类物质的保护，具芽鳞；植物体表面有蜡粉和密毛，植物矮小并呈匍匐状、垫状或莲座状，这些形态都是适应寒冷的环境。在生理上，低温环境中的植物细胞含水量低，糖类、脂肪和色素等物质含量较高，以降低冰点。在行为上，植物常常停止生长、落叶、产生孢子、种子等度过寒冷季节。动物冬眠，进入洞穴中生活是典型对低温环境的适应。

动物对高温的适应常常适当放松恒温性，使体温降低。在高温环境中吸收环境中的热，在阴凉和水中，再把热量释放出来。动物还有夏眠，穴居或夜晚出来活动等的适应特征。植物能产生密生的绒毛和鳞片，能过滤阳光。植物体呈白色、银色、叶片革质发亮，能反射阳光；有的植物通过垂直排列减少阳光吸收面；树干和茎干有木栓层，有绝热和保护作用。在生理方面，植物具有降低含水量，增加糖和盐浓度，提高渗透压力，使组织保持较多水分。植物会生成温度诱导蛋白——热激蛋白，其中很大一部分成员属监护蛋白（一类辅助蛋白分子），参与生物体内新生汰的运输、折叠、组装、定位以及变性蛋白的复性和降解，提高植物耐热性。高温胁迫导致植物体内脯氨酸积累，使原生质亲水性提高，有助于细胞组织持水和防止组织脱水，正常条件下脯氨酸合成酶活性被抑制。

生物适应于温度的周期性变化而形成明显具有差异的发育节律，称为物候。研究物候的科学称物候学。物候学与气象学相联系。如树木花草的发芽、展叶、开花、秋季的叶变色和落叶；候鸟（燕子、布谷鸟、大雁等）和昆虫（蝉、蟋蟀等）的南飞、北迁、始鸣、终鸣、始见、绝见等；一些水文气象现象，如湖泊河流的封冻、流凌、冰（完全消）融，以及初雪、终雪、初霜、终霜日期等。物候能较直观地指示自然季节的变化。在不同地区的不同气候下生物的物候是不同的。美国昆虫学家提出了美国境内生物物候与纬度、经度和海拔高度的关系。他指出，在北美温带地区，纬度移动1°，或经度移动5°，或海拔上升120m，生物物候期在春天和夏初各延迟4天，而在秋天物候期则提早4天。在我国物候变化与北美不同，因为我国区域气候差异大，立体气候明显。北京、南京春季物候迟早比较，如表11-3所示。

表 11-3　北京、南京春季物候迟早比较

地点	北纬	东经	海拔/m	桃李始花	柳絮飞	洋槐盛花	平均温度/℃		
							三月	四月	五月
北京	39°56′	116°20′	51	4 月 19 日	5 月 1 日	5 月 9 日	5.0	13.8	20.0
南京	32°03′	118°07′	68	3 月 31 日	4 月 29 日	4 月 29 日	8.6	14.5	20.4

温度影响着生物的地理分布。温度是决定动植物分布的最重要因子。温度制约着生物的生长、发育、繁殖，并通过年平均温度、最冷月平均温度、最热月平均温度、大于等于10℃有效积温等指标来反映。温度影响着一个地区动植物多样性。特别是和湿度搭配，对多样性会产生更明显的影响。

根据植物与温度的关系，从植物分布的角度上可分为两种生态类型：广温植物和窄温植物。广温植物指能在较宽的温度范围内生活的植物。如松、桦、栎等能在－5～55℃温度范围内生活，它们分布广，是广布种。窄温植物指只生活在很窄的温度范围内，不能适应温度较大变动的植物。其中凡是仅能在低温范围内生长发育最怕高温的植物，称为低温窄温植物，如雪球藻、雪衣藻只能在冰点温度范围发育和繁殖；仅能在高温条件下生长发育、最怕低温的植物，称为高温窄温植物，如椰子、可可等只分布在热带高温地区。

温度还影响植物的引种。在长期的生产实践中，认为北种南移（或高海拔引种到低海拔）比南种北移（或低海拔引种到高海拔）容易成功；草本植物比木本植物容易引种成功；一年生植物比多年生植物容易引种成功；落叶植物比常绿植物容易引种成功。

（3）水因子的生态作用及生物适应。水是生物体的组成成分。水是无机盐、糖类、蛋白质、脂类物质的溶剂，并辅助完成生物体细胞的跨膜运输活动。水是新陈代谢的直接参与者。水是蒸腾作用的媒介物，并辅助完成相关的生理过程。水能维持细胞和组织的紧张度，保持生物个体固有状态。种子萌发需要充足的水分条件。在生物旺盛的生长阶段需要足够的水分，如植物拔节、开花、灌浆期的生长过程。水分不足引起植物动物休眠或滞育。在地球陆地上，随着降水量降低，植物多样性、生物量呈梯度下降变化。在降水量小于200mm的内陆地区常常形成荒漠。

植物对水分条件的适应，形成了不同的类群。对于水生植物，可分为浮水植物、挺水植物（图11-6）和沉水植物。浮水植物植物体整个地漂浮在水面，利用水体中的无机盐，完成生长和发育，如绿萍、水葫芦等。挺水植物的根系生长于水下淤泥或滨岸，枝叶伸长在空中，有发达的通气组织。如芦苇和水稻。沉水植物根系生长在淤泥上，枝叶伸展在水面之下，能够利用水体中溶解氧，机械组织不发达，水体支持着植物枝叶在水中的空间分布，如水韭。

图11-6　贵州威宁草海挺水植物蒲草、浮水植物绿萍和安龙县沼堤挺水植物
莲藕（*Nelumbo nucifera*）
（王震洪，2004年摄）

陆地上植物对水分环境的适应形成湿生、中生和旱生植物。湿生植物的植物体在潮湿的环境中生长，不能忍受较长时间的水分不足，是抗旱能力最弱的陆生植物。湿生植物还可分为阴性湿生植物和阳性湿生植物。旱生植物能长期耐受干旱环境，在极端干扰条件下，能维护水分平衡和正常的生长发育。这类植物多分布在干旱草原和荒漠区。如仙人掌、瓶子树等。旱生植物具有忍耐干扰的能力，一方面是因为形成防止水分丧失的形态和结构，另一方面是强化吸水能力，使组织中保存有大量水分。中生植物是生长在水分条件适中生境中的植物，陆地生态系统中大量植物是中生植物。

（4）土壤因子的生态作用及生物的适应。土壤是地球陆地上能够获取绿色收获物的疏松表层。土壤是陆生生物生活的基质，它提供生物生活所必须的矿物质元素和水分。它是生态系统物质循环的中转站，是全球生态系统最重要的碳库。土壤也是动物和微生物的栖息地。是生态系统中生物部分和无机环境部分相互作用的产物，能供给植物水肥气热等生长发育所需要的条件。

由于植物根系和土壤之间具有极大的接触面，在植物与土壤之间发生着频繁的物质交换，彼此强烈影响，因而土壤是一个重要的生态因子。人们试图在控制环境以获得更多收成时，改变光、温、水和气条件是不容易的，但改变土壤环境相对容易。通过改变土壤环境，进而调节其它生态因子，以获得高产。

土壤是固体、液体和气体组成的三相复合体。固体部分又包括矿物质和有机质。每个组分都具有自身的理化性质，相互间处于相对稳定或变化状态。在较小的土壤容积里，液相和气象处于相当均匀的状态，而固相则是不均匀的。固相中的无机部分由一系列大小不同的无机颗粒组成，包括矿质土粒、二氧化硅、硅质黏土、金属氧化物和其它无机成分。有机部分主要是有机质。土壤中这四种成分随着土壤类型的不同而差异很大。适合植物生长的土壤按容积计，固体部分矿物质占土壤容积的38%，有机质占12%，孔隙部分被水分或空气填充，占50%，其中，空气和土壤水分各占15%～35%。在自然条件下，土壤空气和水分的比例是经常变动的，当土壤水分含量最适合植物生长时，50%的孔隙中有25%是水分，25%是空气。

除了上述成分之外，每种土壤都有其特定的生物区系，如细菌、真菌、放线菌等土壤微生物以及藻类、原生动物、轮虫、线虫、环虫、软体动物和节支动物等。这些生物对土壤中有机物的分解和转化，以及元素的生物化学循环起着重要的作用，并能影响、改变土壤的化学性质和物理结构，产生了各类土壤特有的生物作用。土壤中的各种组分以及它们之间的相互关系，影响着土壤的性质和肥力。土壤肥力是土壤能够供给植物生长所需的水、肥、气和热的能力。肥沃的土壤能够协调好水肥气热的关系，使植物旺盛生长。

植物对长期生活的土壤会产生一定的适应性，因此，形成了各种土壤为主导因素的植物生态类型。根据植物对土壤酸度的反应，可把植物划分成酸性土、中性土和碱性土类型。根据土壤对土壤中钙质盐类的适应形成了喜钙植物和嫌钙植物。根据植物对土壤含盐量的适应形成了盐土和碱土植物。根据植物对沙漠化的适应形成了抗沙化、沙埋等特性植物。

第二节　种　群

一、种群的概念

种群（population）是占有一定空间和时间的同种个体的集合。种群是物种具体的存在单位、繁殖单位和进化单位。一个物种通常可以包括许多种群，不同种群之间存在着明显的地理隔离，长期隔离的结果有可能发展为不同的亚种，甚至产生新的物种。事实上，种群的空间界限和时间界限并不是十分明确，除非种群栖息地具有岛屿、湖泊等明确的边界。因此，种群的空间界限常常要由研究者根据研究需要予以划定。图11-7是台湾南部沿海密生的红树植物种群。

图 11-7　台湾南部沿海密生的红树植物种群

种群中的个体通常只和同一种群中的个体交配，但是动物偶尔可以远离它的繁殖种群，植物的种子也有时被风吹送得很远，在这种情况下，不同种群的个体之间便发生基因交流。不同物种种群之间常常无法实现基因交流是因为物种间存在着各种基因交流的障碍，如空间隔离、时间隔离、生态隔离、行为隔离、细胞学和遗传学隔离等。

物种以种群的形式存在，种群是构成群落的基本单位。任何一个种群在自然界都不能孤立存在，而是与其他物种种群一起形成群落。种群可以作为抽象的概念在理论上加以应用，也可以作为具体存在的客体在实际研究中加以应用。种群作为具体的研究对象又可分为自然种群（如某一湖泊中的鲤鱼种群）和实验种群（如实验条件下人工饲养的果蝇种群和小白鼠种群）、单种种群（如研究种群数量动态为目的以面粉饲养的拟谷盗种群）和混种种群（如把两种草履虫养在同一容器内以研究种间竞争的两个物种种群）。

种群虽然是由个体组成的，但种群具有个体所不具有的特征，这些特征大都具有统计性质。

二、种群密度

种群密度（density）是单位面积土地上拥有的同种个体数量。人口普查、森林清查和草原载畜量调查，都要进行种群密度参数确定。在某一单位面积土地上，种群并不占据所有空间，因为有些空间是完全不适于生活的，即使适合，也不是所有空间都有生物生活，如森林林窗、林隙。不管一个生境看上去多么均一，都会在日光、温度、湿度和其他生态因子方面存在一些微小差异，每一个生物只能在适合它们生存的地方生活和生长，这样便常常导致种群的斑点状分布，即生态密度（ecological density）——按照生物实际所占有的面积计算的密度。

在任何一个地方，种群的密度都随着季节、气候、土壤、食物丰富程度等因素变化而变化。但是，种群密度的上限主要是由生物的大小和所处的营养级决定。一般说来，生物个体越小，单位面积中的个体数量就越多。例如，在单位土地上，昆虫的数量就比鸟的数量多。另一方面，生物所处的营养级越低，种群的密度也就越大。例如，同样是一平方公里森林，其中植物的数量就比草食动物多，而草食动物的数量又比肉食动物多。从应用的角度出发，密度是最重要的种群参数之一。密度部分地决定着种群的能流、资源的可利用性、种群内部竞争压力的大小、种群的扩散和种群的生产力。野生动物专家需要了解猎物的种群密度，以便对野生动物栖息地实施管理。林学家也把树木管理和对林地质量的评价，部分地建立在树木密度调查的基础上。

三、种群分布

种群分布是指种群的个体在分布空间中的配置方式。密度反映的是一定空间中平均拥有个体数量。种群在一定空间中的分布方式更能深入地理解密度的生态意义。种群分布方式包括均匀分布、成群分布和随机分布（图 11-8）。

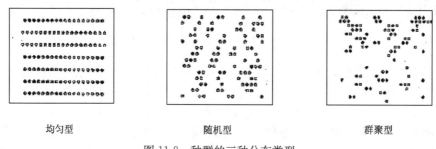

均匀型　　　　　　　　随机型　　　　　　　　群聚型

图 11-8　种群的三种分布类型

均匀分布（uniform distribution）是种群个体在空间中均匀地分布的一种方式。该分布具两个"相等特征"，即种群中每个个体到达周围个体的距离相等，任意局部个体密度和整个种群个体密度相等。均匀分布是由于种群成员间进行种内竞争所引起的，例如，在相当匀质的环境中，领域现象经常导致均匀分布。群落内物种间竞争也会导致均匀分布。如在植物中，森林树木为争夺树冠空间和根部空间所进行的激烈竞争，以及沙漠植物为争夺水分所进行的竞争都能导致均匀分布。干燥地区植物所特有的自毒现象（autotoxtclty）也是导致均匀分布的另一个原因。自毒现象是指植物分泌一种渗出物，对同种的实生苗有毒害作用。

随机分布（random）是种群中每个个体在各个点上出现的机会相等，并且某个个体的存在不影响其它个体的分布。随机分布是比较少见，只有当环境均一，资源在全年平均分配而且种群内成员间的相互作用并不导致任何形式的吸引和排斥时，才可能出现随机分布。呈随机分布的生物有森林底层的某些无脊椎动物、一些特殊的蜘蛛、纽芬兰中部冬季的驼鹿、玉米螟卵块的分布等。

群聚分布（clumped）是种群中个体集中聚合成集群的分布方式，是 3 种分布型中最普通、最常见的，这种分布型是动植物对生境差异发生反应的结果，同时也受气候和环境的日变化、季节变化、生殖方式和社会行为的影响。人类的人口分布就是群聚分布，这主要是由社会行为、经济因素和地理因素决定的。群聚分布可以有程度上的不同和类型上的不同。群聚的大小和密度可能差别很大，每个群聚的分布可以是随机的或非随机的，而每个群聚内所包含的个体，其分布也可以是随机的或非随机的。

植物的群聚分布常受植物繁殖方式和特殊环境需要的影响。橡树和雪松的种子没有散布能力，常落在母株附近形成群聚；竹子的无性繁殖也常导致群聚分布；此外，种子的萌发、实生苗的存活和各种竞争关系的存在都能影响群聚分布的程度和类型。有些动物的群聚是由于每个个体独自对环境条件发生反应的结果，它们可能被共同的食物、水源和隐蔽所吸引到一起，如蛾类的趋光、蚯蚓的趋湿、藤壶附着在同一块岩石上。这些群聚的个体之间没有社会关系，彼此没有互助行为，因此是一种低级的群聚现象。社会性群聚则反映了种群成员间有一定程度的相互关系。如松鸡聚集到一起以便相互求偶；麋形成麋群并有一定的社会组织，通常有一头公麋当首领；蚂蚁和白蚁等社会性昆虫是具有最高级社会结构的群聚，其中每一个成员都按其工作职能而属于不同的社会等级。

四、种群的出生率和死亡率

出生率（natality）和死亡率（mortality）是影响种群增长的最重要因素。出生率泛指任何生物产生新个体的能力，不论这些新个体通过分裂、出芽，还是通过结粒、生产等。出生率的高低在各类动物之间差异极大，主要决定于下列因素：①性成熟速度。如人和猿的性成熟需要 15～20 年，熊需要 4 年，黄鼠只需要 10 个月，而低等甲壳类动物出生几天后就可生殖，蚜虫在一个夏季就能繁殖 20～30 代。②每次产仔数。灵长类、鲸类和蝙蝠通常每胎只产一仔，鹑鸡类一窝可孵出 10～20 只幼雏，刺鱼一次产几百粒卵，而某些海洋鱼类一次产卵量可达数万至数十万粒。③每年生殖次数。鲸类和大象每 2～3 年才能生殖一次；蝙蝠一年生殖一次；某些鱼类（如大马哈鱼）一生只产一次卵，产卵后很快死亡；田鼠一年可产 4～5 窝。④生殖年龄的长短和性比率等因素对出生率也有影响。

出生率和死亡率一般以种群中单位时间（如年）每 1000 个个体的出生数和死亡数来表示，如 1983 年我国的人口出生率为 18.62‰，死亡率是 7.08‰，即表示平均每 1000 个人出生了 18.62 个人，死亡了 7.08 人。出生率减去死亡率就等于自然增长率。如我国 1983 年的人口自然增长率等于 18.62‰－7.08‰＝11.54‰，这就是说，1983 年我国每 1000 人口净增了 11.54 人。此外，种群的出生率也可用特定年龄出生率表示，特定年龄出生率就是按不同的年龄或年龄组计算其出生率，这样不仅可以知道整个种群的出生率，而且也可以知道不同年龄或年龄组在出生率方面所存在的差异。就人类来讲，15～45 岁是生育年龄，但出生率最高的年龄组是 20～25 岁，其次是 26～30 岁，其他年龄组的出生率都比较低。死亡率也可以用特定年龄死亡率来表示，因为处于不同年龄或年龄组的个体，其死亡率的差异是很大的，一般说来，早期死亡率很高，而高等动物（包括现代人的）死亡主要发生在老年组。

五、种群的年龄结构

任何种群都是由不同年龄个体组成的，不同年龄或年龄组在种群中占有的比例，称为年龄结构。由于不同的年龄或年龄组对种群的出生率有不同的影响，所以，年龄结构对种群数量动态具有很大影响。种群的年龄结构常用年龄金字塔图形来表示，金字塔底部代表最年轻的年龄组，顶部则代表最老的年龄组，宽度则代表该年龄组个体数量在整个种群中所占的比例。比例越大越宽，比例越小越窄。因此，从各年龄组相对宽窄可以表明该年龄组的种群数量。

在生态学上，可把一个种群分成 3 个主要的年龄组，即生殖前期、生殖期和生殖后期和 3 种主要的年龄结构类型，即增长型、稳定型和衰退型（图 11-9）。对于一个正在迅速增长的种群来说，不仅出生率很高，而且种群往往表现为指数增长，在这种情况下，后继世代的种群数量总是比前一世代多，使年龄结构图形表现出下宽上窄的金字塔形，这就是一种增长型的年龄结构。例如，L O. Howard 曾研究过家蝇的生殖过程，家蝇（*Musca domestica*）一年可生殖 7 个世代，雌蝇平均每次可产 120 粒卵，其中有 60 粒发育为雌蝇，假如后代都能存活，一年内的生殖结果见表 11-4。从表中给出的资料不难看出家蝇种群的年龄结构中，构成年龄金字塔顶部的最老个体只有 120 个，而处于年龄金字塔底部的最年轻个体是由 5.7 万亿～6.2 万亿个个体组成，这是一种正在呈几何级数增长的年龄结构，即增长型年龄结构。

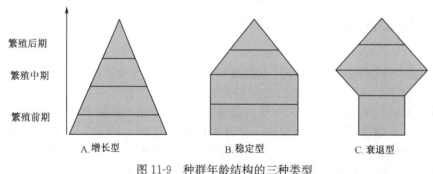

图 11-9　种群年龄结构的三种类型

表 11-4　假定家蝇一年生殖 7 个世代，每雌蝇平均产卵 120 粒的生殖结果

世　代	种群 （全部个体都能存活，但只活一个世代）	个体 （全部个体能活一年，但只生殖一次）	总数 （全部都能存活，雌蝇在每个世代都能生殖）
1	120	120	120
2	7 200	7 200	7 320
3	432 000	439 320	446 520
4	25 920 000	26 359 320	27 237 720
5	1 555 200 000	1 581 559 320	1 661 500 920
6	93 312 000 000	94 893 559 320	101 351 520 120
7	5 598 720 000 000	5 693 613 559 320	6 182 442 727 320

资料来源：尚玉昌，2001

当种群的增长率逐渐下降，最终达到稳定的时候，生殖前期与生殖期的个体数量就会大体相等，而生殖后期的个体数量仍维持较小的比例，这就是稳定型种群的年龄结构特点，其年龄结构金字塔图形呈钟形（图 11-9B）。如果一个种群的出生率急剧下降，生殖前期的个体数量就会明显少于生殖期和生殖后期，此时的年龄结构金字塔就会表现为倒金字塔型，这是衰退型种群的年龄结构（图 11-9C）。Bodenheimer 曾经详细观察过蜜蜂种群年龄结构的变化，起初（1 月）是属于迅速增长的种群，年龄结构金字塔呈三角形，到 5 月份演变为一个稳定的种群，年龄结构金字塔呈钟形，从 7 月到 11 月，种群渐渐衰退，此时的年龄结构表现出典型的倒金字塔形。

世界主要地区人类人口的年龄结构，欧洲、北美和苏联的人口年龄结构呈明显的的稳定类型。而南亚、非洲和拉丁美洲的人口年龄结构呈明显的金字塔型，基部很宽，属于增长型。目前我国的人口年龄结构也属于这一类型。值得注意的是年轻人口与老年人口之间的比例关系，在非洲，老年人口所占的比例很少，传统的高出生率与目前婴儿死亡率的明显下降使年轻人口在总人口中占有非常高的比例。随着医学的进步，老年人口的高死亡率将会下降，再加上计划生育的实施，增长型的人口年龄结构将会逐渐向稳定型过渡。

年龄阶段所占生活史比例是随生物种类而异的。就人类来说，从出生到 15 岁生殖前期大约占平均生命期望值的 21%，15～45 岁生殖期大约占 42%，而生殖后期大约占 37%。就鼠类来说，3 个年龄阶段相对比例大约是 25%、20% 和 55%。总之，生殖前期所占的比例都很小。与此不同的是，有很多昆虫（不是全部），生殖前期可占整个生活史的一半以上。有些蜻蜓，卵期和幼虫期要经历两年的时间，而成虫只能活 1 个月，其生殖产卵期只有 1 天或 2 天。一些鸟类和哺乳动物的生殖后期也很短，例如黑尾鹿直到 10 岁死亡之前都能进行生殖，也就是说从 2～10 岁都能进行生殖，只有 0～1 岁的个体不能生殖，种群中约有 42% 的个体处于生殖前期（0～1 岁），约有 58% 的个体处于生殖期，如果将种群中的个体对半平分的话，那么，1～3 岁的个体和 3～10 岁的个体将各占种群总数的一半。

在植物中，有很多一年生的植物在其生命的早期便能开花结籽，这对于生活在严酷生境（如沙漠）中的植物尤其明显。生长在稳定的可预测环境中的 1 年生植物，其生殖前期相对说更长一些，从生殖前期到生殖期的转变往往决定于光周期。2 年生植物至少要经过 1 年的营养生长（生殖前期）才能结籽，当处于逆境时，开花往往要推迟好几年。在多年生草本植物中，生殖前期变化很大，夏枯草（prunella vulgaris）的生殖前期为 2 年，而水杨梅（geum rivale）为 8 年。在鳞茎类植物中，生殖前期有的只有 1 年（如大丽花属和唐昌薄属），有的则长达 4～7 年（如黄水仙和郁金香）。在多年生的木本植物中，针叶树一般要比被子植物较早地进入生殖年龄，例如，可以活 200 多年的几种针叶树，树龄不足 10 年便可开始繁殖，而大多数可活 200 多年的被子植物，至少要发育 20 年才能进入繁殖年龄。一般说来，被子植物的寿命与生殖前期之比值为 10:1。因此，生殖前期比较短的植物，寿命也短，而生殖前期长的种类，寿命和生殖期都比较长。

六、性比率

有性生殖几乎是动植物的一个普遍现象，虽然有些生物主要进行无性生殖，但在它们生活史的某个时期也进行有性生殖，因为只有靠基因的交流，才能使一个种群形成遗传的多样性。

大多数生物种群都倾向于使雌雄性比率保持 1∶1，即雌雄个体在种群中各占一半。动物出生时的性比率，一般是雄性多于雌性，但在较老的年龄组则雌性多于雄性。例如在加拿大国家公园中的麋鹿，胚胎时的性比率是 113∶100，但在 1.5～2.5 岁的麋鹿中，雄雌性比率便突然下降，此后继续下降，一直到使性比率保持在大约 85∶100 为止，但有些地区可下降到 37∶100。雄鹿数量下降最多的年龄是 7～14 岁，雌鹿下降的速度则要缓慢得多。雄鹿数量减少可以使雌鹿和幼鹿占有更多的食物和空间，因而有利于麋鹿种群的增加。在鸟类中，性比率常常有利于雄性。成年草原雉在秋季和冬季的性比率中，雄性占有明显优势。在其他雉形目鸟类和某些雀形目鸟类中，也有类似的性比率关系。

人类的性比，在出生时男婴多于女婴，但随着年龄的增长，性比率逐渐向有利于女性的方向转变。1965 年美国 0～4 岁的男女性比率是 104∶100，40～44 岁的性比率是 100∶100，60～64 岁的性比率是 88∶100，80～84 岁的性比率是 54∶100。女性死亡率比较低是世界各国的普遍特点。在我国，出生时，男女比例是 1∶1，1～45 岁的人口中，男性多于女性，46～55 岁的人口中，男性和女性大体各占一半，而在 56 岁以上的人口中，女性则明显多于男性。根据 1983 年的人口普查，在我国百岁以上的老人中，男性有 1108 人，而女性则多达 2657 人。出现这种现象的原因是男性从事的工种较危险，如作为军人、建筑工人、采矿工人等，发生意外死亡率较高；男性具有的不良嗜好多于女性，如吸烟、过量喝酒等，使男性导致死亡的生理疾病发病率高；社会和文化方面要求男性承担更大的社会责任，其所承受的压力可能也比女性高，导致各种死亡率高的疾病发病率高，如心脏病、高血压等。

要想说明为什么出生率会从出生时的两性均等朝着两性不均等的方向转变，并不是一件很容易的事情。部分原因可能同性别的遗传、生理和两性行为等因素有关。动物的性别决定于 X 染色体和 Y 染色体，染色体的 XY 组合在哺乳动物中，导致产生雄性个体，而在鸟类和某些昆虫中，则导致产生雌性个体。X 和 Y 染色体上的每一个基因都能在 XY 组合中得到表达，但在 XX 组合中，由于等位基因的杂合性结合，可能掩盖了单个隐性基因的有害影响。因此，XY 成年个体可能对疾病和生理压力更为敏感，而且比 XX 成年个体更容易衰老。

动物的生理和行为也对死亡率有影响。例如，在生殖季节，雄鹿要彼此争斗，以便维护自己对雌鹿群占有的优势。这些活动不仅要消耗相当多的能量，而且会减少自己的取食时间，因此，雄鹿经常在生殖季节结束时，因体质衰弱而死亡。在鸟类中，雌鸟常常帮助雄鸟保卫领域、建筑鸟巢、产卵孵卵，并在雄鸟的合作下喂养雏鸟。在孵卵和育雏期间，雌鸟比雄鸟更易遭到捕食和来自其他方面的危险。因此，在鸟类中雄性的死亡率往往比雌性死亡率小，这就导致了在较老的年龄组中，雄鸟往往多于雌鸟。

第三节　生物群落

一、群落的概念

群落是生活在同一地段所有生物的群体。在地球上几乎没有一种生物是可以不依赖于其他生物而独立生存的，因此往往是许多种生物共同生活在一起。这个群体包括了植物、动物和微生物等各分类单元的种群。群落也可以理解为是生态系统中生物成分的总和。群落的概念有时也可狭隘地指某一分类单元物种数目的总和，如植物群落、动物群落（图11-10）、鸟类群落和昆虫群落等。

图 11-10　草原背景中的非洲象、斑马、非洲狮、狼狗群落

　　群落具有一定的结构、一定的种类组成和一定的种间相互关系，并在环境条件相似的不同地段可以重复出现。在一个群落中，生物的种类往往是很多的，生物的个体数量则更是多得惊人。有人曾估计在4000m² 左右的森林面积中，有4000多万个生物，大约包括400多个物种，但其中还没有包括低等的原生动物和微生物。群落并不是任意物种的随意组合，生活在同一群落中的各个物种是通过长期历史发展和自然选择而保存下来的，它们彼此之间的相互作用不仅有利于它们各自的生存和繁殖，而且也有利于保持群落的稳定性。

　　群落的边界有时很明显，有时很模糊。一个湖泊群落及其周围的陆地群落之间具有很明确的分界线；在高山地带，森林群落和高山草甸群落之间的分界线也很明显。但是，在沙漠群落和草原群落之间，在草原群落和森林群落之间以及在针叶林群落和阔叶林群落之间，边界就难以截然划分了。两个群落之间往往存在一个宽达几公里的过渡地带，在这个过渡地带内，一个群落的成分逐渐减少，而另一个群落的成分逐渐增加。

　　群落虽然是一个完整的生态功能单位，但是它在自然界也不是孤立存在的，群落之间或多或少都存在一定的联系。有些生物可以生活在两个或更多的生物群落中，例如黑颈鹤，夏天是黑龙江沼泽群落的一部分，冬天就迁往贵州威宁草海越冬，成为该区植物群落的一部分。有些陆生动物如雕、熊和浣熊等常常跑到水中去捕鱼或捕捉其它水生动物，并把猎物带到岸上。

　　群落有大有小，大的如南美洲亚马逊河谷的热带雨林、横贯北欧和西伯利亚的针叶林以及地中海的水生群落；小的如森林中的一根倒木、一个温泉和树洞中的一点积水。

　　群落有自养的，也有异养的。自养群落中总是含有能进行光合作用的植物，因此能够利用太阳能合成有机物；异养群落中没有光合作用植物，因此必须依靠从外界输入死有机物质才能维持群落中生物的生存，如某些温泉和地下河。

　　群落的性质是由组成群落的各种生物的适应性（如对土壤、温度、湿度、光和营养物质的适应）以及这些生物彼此之间的相互关系（如竞争、捕食和共生等）所决定的。这些适应性和相互关系将决定群落的结构、功能和物种的多样性。实际上，群落就是各个物种适应环境和彼此相互适应过程的产物。

二、群落的特征

群落主要有下面 5 个基本特征。

1. 物种多样性

一个群落总是包含着很多种生物，其中有动物、植物和微生物。在研究群落的时候，首先应当识别组成群落的各种生物，并列出它们的名录，这是测定一个群落中物种丰富度最简单的方法。

2. 植物生长型

组成群落的各种植物常常具有极不相同的外貌，根据植物的外貌可以把它们分成不同的生长型，如乔木、灌木、草本和苔藓等。对每一个生长型还可以作进一步的划分，如把乔木分为阔叶树和针叶树等。这些不同的生长型将决定群落的层次性。

3. 优势现象

当观察一个群落的时候就会发现，并不是组成群落的所有物种对决定群落的性质都起同等重要的作用。在几百种生物中，可能只有很少的种类能够凭借自己的大小、数量和活力对群落产生重大影响，这些种类就称为群落的优势种（dominant species）。优势种具有高度的生态适应性，它常常在很大程度上决定着群落内部的环境条件，因而对其他种类的生存和生长有很大影响。

4. 物种的相对数量

群落中各种生物的数量是不一样的，因此我们可以计算各种生物数量之间的比例，这就是物种间的相对数量。测定物种间的相对数量可以采用物种的多度、密度、盖度、频度、体积和重量等指标。

5. 营养结构

营养结构指群落中各种生物之间的取食关系，即谁是捕食者，谁是被食者。这种取食关系决定着物质和能量的流动方向。

三、植物生长型

植物可以根据它们之间的亲缘关系进行分类，但也可以根据它们的生长型进行分类。生长型是根据植物的可见结构分成的不同类群（图 11-11）。例如树木是一种生长型，草类也是一种生长型。植物的很多形态特征都可用于区分植物的生长型，如植物的高大和矮小、木本和草本、常绿和落叶等。植物的生长型也可进一步根据叶片的形状、茎的形态和根系特点加以细分。陆生植物大体可分为以下 6 种主要的生长型：

乔木：大都是高达 3m 以上的高大木本植物，包括针叶树、阔叶常绿树、硬叶常绿树、阔叶落叶树、多刺树和莲座树。

灌木：是较小的木本植物，通常高不及 3m。包括针叶灌木、阔叶常绿灌木、阔叶落叶灌木、常绿硬叶灌木、莲座灌木、肉质茎灌木、多刺灌木、半灌木和矮灌木。

草本植物：没有多年生的地上木质茎，包括蕨类、禾草类植物和阔叶草本植物。

藤本植物：木本攀缘植物或藤本植物。

附生植物：地上部分完全依附在其他植物体上生长的植物。

藻菌植物：包括地衣、苔藓等低等植物。

贵州龙里草原上的草本植物,优势种为扭黄茅

贵州花江石漠化山地上的灌木,优势种为花椒、油桐

雷山苗族村寨中的高大乔木

图 11-11 贵州自然生态系统中的草本、灌木和乔木
(王震洪,2004 年摄)

四、植物生活型

生活型是植物在外貌上由于长期适应特定的环境条件而表现出来的不同类型,同一生活型的植物表示它们对环境的适应途径和适应方式或相似。亲缘关系很远的植物可以表现为同一生活型,而亲缘关系很近的植物却可属于不同的生活型,这是生物之间趋同适应和趋异适应的结果,深刻地反映了生物和环境之间的相互关系。

植物生活型研究较多,最著名的是丹麦植物学家 C. Raunkiaer 的生活型系统。Raunkiaer 把有花植物区分为 5 种主要的生活型。生长在一个地区的全部植物都可按这 5 种生活型对它们进行分类。这 5 种生活型是:

一年生植物 (terophytes,简写 th):以种子形式越冬的植物。

隐芽植物或地下芽植物 (geophytes,简写 ge):更新芽位于较深土层中,多为鳞茎类、块茎类和根茎类多年生草本植物或水生植物。

地面芽植物 (hemicryptophytes,简写 he):又称浅地下芽植物或半隐芽植物,更新芽位于近地面土层内,冬季地上部分全部枯死,即多年生草本植物。

地上芽植物 (chamaephytes,简写 ch):更新芽位于土壤表面之上,25cm 之下,多半为灌木、半灌木或草本植物。

高位芽植物 (phanerophytes,简写 ph):休眠芽位于距地面 25cm 以下,又依高度分为 4 个亚类,即大高位芽植物 (高度＞30m),中高位芽植物 (8～30m),小高位芽植物 (2～8m) 与矮高位芽植物 (0.25～2m)。

这 5 种生活型之间的比例 (以百分数表示) 就是一个地区植物生活型谱 (life-form spectrum)。生活型谱可以反映植物对环境的适应,特别是对气候的适应。在一个植物生活型谱中,高位芽植物所占的比例越大,说明群落所处的气候条件越温和;相反,如果在一个群落中,地面芽和地上芽植物占有优势,则说明群落所处的环境条件比较寒冷。荒漠群落则以一年生植物为主要成分 (表 11-5)。

表 11-5 国内外一些群落的生活型谱

植物群落类型	高位芽植物 (ph)/%	地上芽植物 (ch)/%	地面芽植物 (he)/%	地下芽植物 (ge)/%	一年生植物 (th)/%
东北温带草原	3.6	2.0	41.0	19.0	33.4
长白山鱼鳞云杉林	23.3	4.4	39.6	26.4	3.2
秦岭北坡夏绿阔叶林	52.0	5.0	38.0	3.7	1.3
浙江常绿阔叶林	76.7	1.0	13.1	7.8	2.0
西双版纳热带雨林	94.7	5.3	0	0	0
极地苔原	1.0	20.0	66.0	15.0	2.0
利比亚荒漠	12.0	21.0	20.0	5.0	42.0
巴西莫康巴雨林	95.0	1.0	3.0	1.0	0

五、群落的垂直结构

群落的垂直结构也就是群落的层次性（stratification），大多数群落都具明显的层次。群落的层次主要是由植物的生长型和生活型所决定的。苔藓、草本植物、灌木和乔木自下而上分别配置在群落的不同高度上，形成群落的不同层片（synusia）。群落中植物的垂直结构又为不同类型的动物创造了栖息环境，在每一个层次上，都有一些动物特别适应于那里的生活。植物群落的垂直结构的典型模式，如图 11-12 所示。

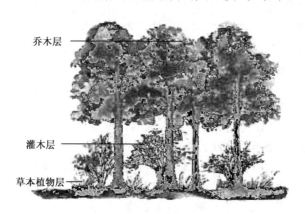

图 11-12 植物群落的垂直结构的典型模式

在一个发育良好的森林中，从树冠到地面可以看到有林冠层、下木层、灌木层、草本层和地表层。其中林冠层是森林木材产量的主要来源，对森林群落其他部分的结构影响也最大。如果林冠层比较稀疏，就会有更多的阳光照射到森林的下层，因此下木层和灌木层的植物就会发育得更好；如果林冠层比较稠密，那么下面的各层植物所得到的阳光就很少，植物发育也就比较差。不同树木、灌木和草本植物在离地面不同的高度伸展开它们的枝叶，并适应于不同的光照强度条件。

其他群落也和森林群落一样具有垂直结构，只是没有森林那么高大，层次也比较少。草原群落可分为草本层、地表层和根系层。草本层随着季节的不同而有很大变化；地表层对植物的发育和动物的生活（特别是昆虫和小哺乳动物）有很大影响；而草原根系层的重要性比任何其他群落的根系层更大。水生群落也有分层现象，其层次性主要是由光的穿透性、温度和氧气的垂直分布所决定的。夏天，一个层次性较好的湖泊自上而下可以分为表水层、斜温层、湖下静水层和底泥层等四层。表水层是浮游生物活动的主要场所，光合作用也主要在这里进行。动物、植物残体的腐败和分解过程主要发生在底泥层。

无论是陆地群落还是水生群落，从生物学结构的角度都可以把它区分为自养层和异养层。自养层的光线充足，生物具有利用无机物制造有机物的能力并可固定太阳能，如森林的林冠层、草原的草本植物层和海洋湖泊的动荡层。异养层只能利用自养生物所贮存的食物，并借助于广义的捕食作用和分解作用使能量和营养物质得以流动和循环。

在群落垂直结构的每一个层次上，都有各自所特有的生物栖息，虽然活动性很强的动物可以出现在几个层次上，但是大多数动物都只限于在1~2个层次上活动。在每一个层次上活动的动物种类在一天之内和一个季节之内是有变化的。这些变化是对各层次上生态条件变化的反应，如温度、湿度、光强度、水体含氧量的日变化和季节变化等；但也可能是各种生物出于对竞争的需要，例如生活在热带干燥森林上层的鸟类，几乎每天中午都要迁移到比较低的层次上去活动，迁移的目的是为了获得食物（因为昆虫迁到了下层）、躲避日光的强烈辐射以保持湿度。

一般说来，群落的层次性越明显、分层越多，群落中的动物种类也就越多。在陆地群落中，动物种类的多少是随着植物层次的多少和发育程度而变化的，如果缺乏某一个层次，同时也会缺乏生活在那个层次中的动物。因此，草原的层次比较少，动物的种类也比较少；森林的层次比较多，动物的种类也比较多。在水生群落中，生物的分布和活动性在很大程度上是由光、温度和含氧量的垂直分布所决定的，这些生态因子在垂直分布上所显现的层次越多，水生群落所包含的生物种类也就越多。

植物之间竞争阳光是决定森林分层现象的一个重要因素，只要一种植物遮盖了另一种植物或是同一植物的一些叶片遮盖了另一些叶片，都会出现对阳光的竞争。农学家对这一问题研究得最为详尽，因为只要水分和营养物充足，阳光就会成为限制农作物产量的主要因子。优势植物不仅要有大量的叶片，而且叶片要配置在最有利的位置以便拦截阳光。在很多情况下，高高在上是拦截阳光的最有利位置。

在研究陆地群落的垂直分布时，有一个很重要的概念，这就是叶面积指数（leaf area index）。叶面积指数是指总的叶面积与地表面积之比值，如果叶面积指数是2，那就是说在$1m^2$地面上方的全部叶片面积和为$2m^2$。当叶面积指数增加到一定程度的时候，最下面的叶片就会因得不到光合作用所需的最低光照而死亡。

当然，树叶不会完全排列在一个个水平层面上，当阳光穿过树冠时，会从一个叶片反射到另一个叶片。叶片的排列方式有两种极端情况：一种是单层排列，即所有叶片都排列在一个连续层上；另一种情况是多层排列，即叶片松散地分散在许多层面上。单层排列时，叶面积指数显然等于1，这种排列方式在光线弱时最为有效，因此常发生在森林的下木层。多层排列在光照强时最为有效，因此应出现在森林的树冠层。H. S. Horn于1971年曾在一个栎树山核桃林中，仔细测定过各层树叶的排列方式，证实了上述说法是符合实际情况的。他的计算结果是：树冠层树木的叶面积指数是2.7，下木层树木的叶面积指数是1.4，灌木层为1.1，而地表层植物的叶面积指数为1.0。

六、群落的水平结构

由于环境的异质性导致群落中不同种群在水平空间上分布呈镶嵌状的水平格局，称群落的镶嵌性。具有这种特征的群落叫镶嵌群落。水平面上每个斑块就是一个小群落，它们彼此组合，形成群落镶嵌性。群落内环境因子的不均匀性，例如小地形和微地形的变化、土壤湿度、土壤营养的差异及人与动物的影响是群落镶嵌性的主要原因。内蒙古草原上锦鸡儿（Caragana）灌丛化草原是镶嵌群落的典型例子。在这些群落中往往形成 1～5m 左右的圆形或半圆形锦鸡儿丘阜。这些锦鸡儿小群落具有重要的生态学意义和生产意义。它们可以聚集细土、枯枝落叶和雪，因而使其内部具有较好的养分和水分条件，形成一个局部优势的小环境。小群落内的植物较周围环境中返青早，生长发育好，有时还可以遇到一系列越带分布的植物。自然界中群落的镶嵌性是绝对的，而均匀性是相对的。

七、群落季节性变化

群落随着季节的更替而呈现出明显的变化，因此任何群落的结构都是随着时间而改变的。陆生植物的开花具有明显的季节性，各种植物的开花时间和开花期的长短有很大不同。1976 年，B. Heinrich 曾在美国缅因州中部的 3 个不同生境内，耐心地对所有常见植物的开花季节作了详细的记录：生长在沼泽地上的草本植物在整个夏季陆续都有植物开花；而生长在森林中的草本植物集中在春季树叶萌发前开花；在遭受过人为干扰的生境内，草本植物大都在夏季的中期（盛夏）开花。在这 3 种生境内，草本植物开花期的长短也有很大差异。沼泽地草本植物的开花期平均为 32 天；森林草本植物的开花期平均为 18 天；受干扰生境内，草本植物的开花期平均为 45～55 天。

植物的花朵常常要依靠动物来传粉，因此植物和传粉动物之间的协同进化过程也决定着群落的季节性。植物和传粉动物都能从它们的相互关系中得到好处。植物以花粉和花蜜为动物提供了食物，而传粉动物则促进了植物的异型杂交（远交），使各种遗传物质得到融合。

植物的开花时间是在各种植物争夺传粉动物的自然选择压力下形成的，因此沼泽植物在整个生长季节陆续都有不同的植物开花，但是每一种植物的开花时间都很短；生长在森林底层的草本植物开花时间就更短，因为传粉昆虫不喜欢在缺少阳光的森林底层活动，因此可供植物利用的开花季节就很短，一般是在春天树叶萌发之前，此时，森林枝叶遮荫比较弱；在受干扰的生境内，群落成分不是在进化中自然形成的，而是来自四面八方，所以植物的开花时间就比较长，彼此互相重叠，为吸引传粉动物而进行激烈竞争。植物在进化过程中形成一定的开花期，有利于增加它们异花授粉的机会，同时也会减弱植物之间为争夺传粉动物而进行的竞争。

如果植物之间为争夺授粉昆虫而进行的竞争能够影响植物开花期的话，那最好的证据就要从各种植物开花期的比较研究中来获得。1978 年，N. M. Waser 研究了两种最常见的多年生植物 Delphinium nelsoni 和 Ipomopsis aggregata，蜂鸟和蜜蜂经常到这两种植物的花上采蜜，如果排除了动物的来访，种子产量就会下降。这两种植物的开花期只有很少的重叠，Waser 认为这是由于存在着一种避免种间授粉的选择压力。当两种植物同时开花的时候，蜂鸟就会从一种植物的花飞到另一种植物的花。实验证实，在两种植物之间进行人工异花授粉会使 Ipomopsis aggregata 的种子产量减少大约

25％。在自然种群中，两种植物在开花重叠期的种子产量减少 30％～45％。这些多年生植物为了争夺传粉动物而进行竞争，自然选择则借助于使开花期尽量不重叠而减少种间传粉。

八、群落的类型

1. 北方针叶林

北方针叶林又称泰加林，大部分位于北纬 45°～57°之间，是世界木材的主要产地。北方针叶林气候寒冷，但雨量比较丰富，降雨多集中在夏季，如我国东北和新疆北部的森林。

北方针叶林主要是由常绿的针叶树种组成，主要种类有红松、白松、云杉、冷杉和铁杉。由于森林透光性很弱，所以林下植被不发达，主要是兰科植物和石楠灌丛。

栖息在北方针叶林的哺乳动物有驼鹿、熊、鹿、熊貂、貂、猞猁、狼、雪兔、金花鼠、松鼠、鼠随和蝙蝠等，其中很多都是珍贵的毛皮兽。生活在北方针叶林中的鸟类也很多，主要有雷鸟、榛鸡、灯心草雀和各种鸣禽。北方针叶林中的爬行动物很少，但是在南部地区两栖动物比较常见。昆虫种类丰富，其中有很多是危害树木的害虫，如小蠹甲、锯蜂和蛀食树芽的蛾类。

北方针叶林土壤的特点是有很厚的枯枝落叶层，腐殖质分解过程很缓慢。由于有大量的水渗入土壤深处，把可溶性的钾、钙、氮等重要的营养元素淋溶到了植物根系所达不到的土壤深层，因此造成土壤中矿物质的含量贫乏，同时还造成土壤中因为缺乏碱性阳离子与枯枝落叶中的有机酸相中和，因此使土壤呈酸性。

2. 温带落叶阔叶林

温带落叶阔叶林分布于北半球气候温和的温带地区，主要树种是落叶阔叶乔木，最常见的有槭、山毛榉、栎、山核桃、椴、栗、悬铃木、榆和柳等。在一些地区还生长着针叶树如雪松、白松和铁杉等。

林下灌木和林下阔叶草本植物发育得很好，种类也很丰富。林下植被主要是在春季进行光合作用和开花，因为这时阔叶树还没有抽叶，树冠透光性很强，因此林内阳光充足，传粉昆虫种类多，活动性强。

温带落叶阔叶林中最大的食草动物是鹿，最大的食肉动物是黑熊，黑熊实际上是杂食性的动物。其他哺乳动物还有红狐、林猫、鼬、负鼠、浣熊和很多小食草动物如田鼠、家鼠、松鼠和金花鼠等。

温带落叶阔叶林中还栖息着种类繁多的鸟类，如红眼绿鹃、林鸫、灶鸟、榛鸡、山雀、吐绶鸡和各种啄木鸟。爬行动物、两栖动物，昆虫的种类也很多。

温带落叶阔叶林中的土壤是属于棕色的森林土壤，由于腐殖质的分解过程很迅速，所以土壤表面的枯枝落叶层很薄。蚯蚓在腐殖质分解和翻耕土壤方面起着重要的作用。土壤表层因为富含腐殖质而呈微弱的酸性，土壤酸性一般随土壤深度的增加而减弱。落叶阔叶林的土壤通常比北方针叶林土壤更为肥沃，因为黏性的棕色土壤和有机颗粒吸附着大量的硝酸盐和其他营养物质，这些营养物质可以被植物根吸收。

落叶阔叶林带的气候是比较温和的，虽然从北到南、从东到西的气候差异比较大，但是总的来说，气候适宜，冬季时间不太长，落叶阔叶林的北部，冬季有雪，土壤和湖泊要封冻，但是南部较为凉爽多雨。雨量全年分布比较均匀。

3. 热带雨林

热带雨林分布在亚洲东南部、非洲中部和西部、澳大利亚东北部以及中美洲和南美洲的赤道附近。年降雨量在 2000～2250mm 之间，全年雨量分布均匀。全年温度和湿度都很高。年平均温度大约 26℃，因此热带雨林中的植物生长迅速，生物死后的分解速度也很快，有机物质分解以后很快又被植物吸收和利用，以致使热带雨林土壤中积累的腐殖质很少。

热带雨林的植物区系是极其丰富多彩的，在 106m² 的范围内，仅树木的种类就有 12 种之多，这是任何其他群落所达不到的。整个热带雨林约有几千个树种，是地球上最丰富的生物基因库。热带雨林的植物种类虽多，但是每一种植物的个体数量却很少，缺乏明显的优势种。

热带雨林的层次性非常明显，我国海南岛的一块热带雨林，乔木树可分为 3 层。第一层由蝴蝶树、青皮、坡垒、细子龙等散生巨树构成，树高可达 40m；第二层由山荔枝、厚壳桂、蒲桃、檀木和大花弟伦桃等组成；第三层有粗毛野桐、白颜、白茶和阿芳等。乔木树下面还有灌木层和草本植物层。除此之外，各个层次还有许多附生植物和藤本植物。

热带雨林中的大多数植物都是常绿的，生有巨大的、暗绿色的革质叶。树干挺直、高大而细长，但树干基部粗壮，以支撑整棵大树。

热带雨林没有大型的草食动物，最大的食草动物是两种貘（Tapiridae）和一种霍加坡（Ocapiajohnston）。大多数草食动物都生活在树上。热带雨林中的灵长类动物最为丰富，如各种猴类、长臂猿、猩猩、黑猩猩和大猩猩等。热带雨林也缺乏大型食肉兽，中型食肉兽有山猫、美洲虎、虎猫、长尾猫（Felis wiedi）和小耳犬（Atelocynus microtis）等。

热带森林中的鸟类极为丰富，鹦鹉科（Psittacidae）鸟类像猿猴一样是热带雨林的特有类群。其他特有鸟类还有鹌（Tinamidae）、蚁鸟（Formicariidae）、喷鸳（Bucconidae)和咬鹃（Trogo nidae）等。热带雨林中很多鸟类都有鲜艳的羽色，特别是极乐鸟。

热带雨林的昆虫种类也很丰富，已知地球上最大的昆虫（啡蠊）、最重的昆虫（犀甲）和最长的昆虫（竹节虫）都产于热带雨林。此外，蚁类和蚊类昆虫也是热带雨林的优势种类。总之，单位面积热带雨林所含有的植物、昆虫、鸟类和其他生物种类比其他任何群落都多。

4. 草原

地球上最大的两个草原群落都分布在北温带，一个起自欧洲东部，经过苏联南部、伊朗和阿富汗，一直延伸到我国；另一个分布在美国和加拿大南部的大平原。此外，在南美洲、澳洲和非洲还有一些比较小的草原。

草原地区的年降雨量约为 250～750mm。北美洲的草原可明显地分为高草草原（东部）和矮草草原（西部），高草草原的降雨量要比矮草草原多得多。分布于南美洲的草原属于热带草原。

高草草原的优势种类是须芒草，这种草可以长到 1～2m 高，密密地覆盖着地面。矮草草原主要生长着野牛草和其他一些禾本科植物，高度只有几厘米。

生长在草原的显花阔叶草本植物主要是各种菊科和豆科植物，它们分布很广，但是其重要性远不及禾本科植物。我国的草原群落以针茅、羊草、赖草、冰草、芨芨草和蒿属为主。

栖息在草原的哺乳动物主要是地下穴居的小食草动物（如旱獭、野兔、黄鼠和鼢鼠等）和地面奔跑的大型食草动物（如黄羊、鹅喉羚、野牛、叉角羚和麋等）。

草原食肉动物以獾、狼、黑足鼬和美洲狮最为常见。我国草原最常见的种类是沙狐、狐、兔狲、黄鼬、艾鼬和香鼬。它们对控制草原小食草动物的数量有一定作用。

草原上最多的鸟类是云雀、角百灵、蒙古百灵、穗鹏和沙鹏等。具有经济价值的鸟类是大鸨和毛腿沙鸡，它们以植物为主要食物，善于在开阔地面奔走。草原猛禽以鸢、雀鹰、苍鹰和大鵟最为常见，它们捕食草原上的小食草动物。

草原爬行动物以麻蜥、沙蜥、锦蛇和游蛇最为常见，两栖动物相对比较少，只有蟾蜍比较常见。

5. 苔原

苔原群落又称冻原或冻土带，主要分布在北纬60°以北环绕北冰洋的一个狭长地带，那里是永久冻土带，几厘米以下的土壤终年冻结不化。

苔原地带气候严寒，雨量和水分蒸发量都很少。在最温暖的月份，月平均温度也在10℃以下，而在最潮湿的月份，月平均降雨量也只有25mm。

苔原地带没有树木，其他植物生长得也很矮小。构成苔原群落的植物种类贫乏，在排水不良的广大沼泽地区，长满着各种苔草，只有少数几种禾本科植物。在苔原的其他地区主要生长着石南灌丛、低矮的显花植物和地衣，而地衣可算是极地苔原群落最典型的植物了，它也是驯鹿的主要食物，因而有着重要的生态意义和经济意义。

苔原群落最主要的食草动物是驯鹿、麝牛、北极兔、田鼠和旅鼠，肉食动物有北极狐和狼。代表性的鸟类有铁爪鹀、雪鸮、雪鹀、角百灵和各种鹬。苔原群落中，几乎没有爬行动物和两栖动物，昆虫种类也很少，只是在夏季才会出现各种蚊虫。

高山苔原和极地苔原非常相似，所不同的是高山苔原没有永冻层、排水条件比较好，植物的生长季比较长。在高山苔原，地衣和苔藓植物比较少，而显花草本植物比较多。

苔原群落和针叶林群落之间的界限在高山地区表现得比较明显，而在北极地区，两者是逐渐过渡的，过渡地带有时可宽达几百公里。

夏季，麋鹿、鹿和大角羊常常迁移到高山苔原啃食苔草，那里最常见的食草动物还有岩羊、鼠兔和旱獭。鸟类和昆虫也很常见，种类比极地苔原丰富。

6. 沙漠

沙漠群落主要分布在年降雨量不足250mm的世界各地。地球上比较大的沙漠大都分布在北纬30°和南纬30°间。撒哈拉沙漠、阿拉伯沙漠和我国的戈壁沙漠呈不连续的条状分布横贯非洲和亚洲大陆。此外，在北美洲、澳大利亚中部、南美洲的西海岸和南部非洲都有较大面积的沙漠。

沙漠地区不仅雨量稀少，而且土壤和空气的温度在白天极高，但是一到夜晚就突然下降。

沙漠植物对干旱的主要适应是减小叶面积，在极端干旱时落叶，这样就可以减少植物体内水分蒸发。此外，植物的根系也存在对干旱的适应，例如树形仙人掌大约90%的根系是分布在1m以内的表土中，这是最有利于吸收雨水的深度。很多沙漠植物伪根毛都是短命的，在干旱条件下，它们就会干掉，这有利于减少渗透失水。

还有一些沙漠植物是一年生的短命植物，它们在一个短暂的雨季里，就可以完成整个世代的发育，当干旱季节到来的时候，它们的种子已经进入了休眠状态。

动物对沙漠生活的适应主要表现在增加皮肤的不透水性、排泄尿酸而不是尿素和充分利用体内的代谢水等。为躲避白天的炎热，大多数哺乳动物都是夜行性的或限于晨昏活动，如狐、更格芦鼠、沙漠兔和袋鼠等。木鼠在庞大的仙人掌上打洞，直通其水室吸水，沙漠兔能从许多沙漠植物肥厚的根和块茎获取它们需要的营养和水分。

沙漠中的鸟类比较少，蜥蜴和蛇的种类也很少。昆虫中以沙漠蝗最典型，历史上曾经有过多次沙漠蝗大发生的记载。

7. 淡水生物群落

淡水可分为流水和静水两种类型。

流水包括溪流和河流等。溪流和河流的主要特点是上游河床狭窄、水浅、流速快，但是在整个流程中，河床会逐渐加宽，水渐渐变深，水流速度也渐趋缓慢。这种变化也同时反映在水底性质的变化上，开始时水底是石质的，没有沉积物，后来不但会出现沉积物，而且沉积层会越来越厚。

大部分溪流在其流程中，都是急流段和静水潭交替出现，但越是到下游，交替频率就越小。有些生物能够粘附或附着在水中物体（如岩石、植物等）的表面，但是这种附着生物只有在溪流的上游才能找到，如丝状的蓝绿藻和各种营固着生活的无脊椎动物，其中包括蚋和蠓的幼虫、蜉蝣、石蚕的稚虫和真涡虫等。

沿着溪流下行，就逐渐会出现漂浮植物和挺水植物，还有营固着生活的无脊椎动物和在底泥中营钻埋生活的动物，如蛤和穴居蜉蝣。在以上两种环境中，我们都可以找到螯虾和各种大小的鱼类（如鲈、鳟和鲑等）。沿溪流再往下行，冷水性鱼类（鲑和鳟）就会消失，并代之以暖水性的鱼类（如鲇鱼和鲤鱼）。

在化学性质方面，上游氧气含量丰富，随着水流的减缓，水中氧气的含量也就越来越少。但是下游营养物质的含量要比上游丰富，因为陆地上的各种营养物质和有机碎屑不断补充到溪流中来。在很小的溪流中，由于生产者稀少或没有，所以溪流中的营养物质主要是来自陆生群落。

静水群落包括池塘、沼泽和湖泊等。依据类型不同，其物理、化学和生物学特性也极不相同。但是每个静水群落都可以分为3个带，即沿岸带、湖沼带和深水带。

沿岸带从岸边开始，一直延伸到有根植物所能生长的最里边为止，其间要经过有根挺水植物生长区（芦苇和香蒲等）、有根浮叶植物生长区（水百合等）和有根沉水植物生长区等。栖息在沿岸带的动物有青蛙、蜗牛、蛇、蛤和各种昆虫的成虫和幼虫。

湖沼带占有除沿岸带以外的全部水面，一直向下延伸到阳光所能穿透的最大深度（在较浅的静水群落中，阳光可一直照射到水底）。湖沼带生活着各种浮游植物（硅藻和蓝绿藻）和各种浮游动物（从原生动物到小甲壳动物），以及各种自游动物如鱼类、两栖动物和比较大的昆虫。

深水带是指比湖沼带更深的水域，这个水域只有在水极深的大型湖泊和水库中才有。深水带没有阳光，不能进行光合作用，因此深水带中的食物主要是来自湖沼带中生物死亡后沉降下来的遗体和有机碎屑，湖底生物主要是各种分解者。自游动物的种类将依水温和营养条件的不同而不同。在水温低和营养条件贫乏的湖泊中，深水带生活着湖鳟。在暖水和营养物丰富的湖泊中，深水带的动物有河鲈、狗鱼和金鲈等。

8. 海洋生物群落

海洋占地球表面的 70%，平均水深 3750m，最大水深 10 750m（太平洋马里安纳海沟），平均盐浓度 3.5%（其中，27%是氯化钠）。海洋的生态意义是独特的和不可替代的，它与陆地和淡水不同，它的各大洋是彼此相通的，并且通过表面洋流、深层海水上涌、表层海水的季节升降运动以及海浪和潮汐作用而不断循环。

海洋生物群落依生物栖息的环境特点可以分为海岸带、浅海带、远洋带和海底带。海洋生物的垂直结构见图 11-13。

图 11-13 海洋生物的垂直结构

海岸带是指位于大陆和开阔大洋之间的海岸线地区，这里受海浪和海潮冲击最大，温度、湿度和光强度的变化有时也很大。沿着岩石海岸，我们可以找到各式各样的固着生物如海藻、藤壶和海星等，它们的种类比其他任何地方都多。在沙质海岸，生物多在沙中营钻埋生活，如沙蟹和各种沙蚕。在泥质海滩上，栖息着大量的蛤、沙蚕和甲壳动物。

浅海带是指大陆架海域，从海岸带的低潮线一直延伸到大约 200m 深处。浅海带约占整个海洋面积的 7.5%。浅海带的生物种类丰富，生产力也很高，这是因为这里海水比较浅，有阳光射入，而且有来自陆地的营养物补给。但是，生物种类和生产力将随着水深的逐渐增加而减小。

海底有大型海藻群落（如海带）和各种较小的单细胞、多细胞藻类。瓣鳃类、腹足类软体动物、多毛类（沙蚕）和棘皮动物（海星、海胆、海参和海蛇尾）也是海底最常见的动物。

远洋带是指开阔的大洋，约占海洋总面积的 90%。在远洋带海面进行光合作用的浮游植物主要是硅藻和双鞭甲藻。远洋带浮游动物主要是桡足类甲壳动物和箭虫。自游动物有虾、水母和栉水母。远洋带虽然占海洋的大部分，但是海水中的营养物质含量很低，因此生产力也低。但是当夏季浮游生物达到盛期的时候，远洋带却能养活像露脊鲸和蓝鲸这样巨大的哺乳动物，蓝鲸的体长可达 33m，体重可达 136 000kg。

在远洋带没有阳光的深海里，只有异养生物能在那里生存，它们完全依靠从海洋上层沉降下来的生物残体为食，即所谓的依靠"尸雨"为生。深海生物往往视力退化，还有一些生物能够发光，并具有专门的发光器官。

海底带从大陆架的边缘一直延伸到最深的海沟，海底铺满厚厚的软泥，这些海底软泥主要是由有孔虫、放射虫、腹足类软体动物和硅藻的骨骼所构成（钙质或矽质）。

生活在海底带的生物全都是异养生物，其中很多种类都"扎根"在海底软泥中，如海百合、海扇、海绵和鳃足类甲壳动物。腹足类和瓣鳃类软体动物也包埋在软泥之中，而海星、海黄瓜和海胆则在软泥表面爬行。

九、群落演替

群落演替是一种群落代替另一种植物群落的过程。任何生物群落都是处于不断变化的动态过程中，我们看到的自然群落都是处于演替过程中的一个相对静止的阶段，这些阶段随时都在变化。群落演替是群落生态学的核心内容。

1. 演替的基本类型

1）世纪演替、长期演替和快速演替

按演替发生的时间长短划分。

世纪演替延续的时间相当久，一般以地质年代计算，常伴随气候的历史变迁或地貌的大规模塑造而发生，即群落的演化。

长期演替延续几十年甚至几百年，森林被采伐后的恢复演替可以作为长期演替的实例。

快速演替延续几十年或十几年。草原弃耕地的恢复演替可以作为快速演替的例子，但以弃耕面积不大和种子传播来源就近为条件；否则弃耕地的恢复过程就可以延续大几十年。

2）原生演替和次生演替

按发生的起始条件划分。原生演替开始于原生裸地或原生芜原，即完全没有植被并且没有任何植物繁殖体存在的裸露地段的群落演替。

次生裸地开始于森林砍伐迹地、弃耕地上的群落演替。

3）水生演替和旱生演替

按基质的性质划分。水生演替开始于水生环境，但一般都发展到陆地群落。例如，淡水或池塘中水生群落向中生群落的转变过程。

旱生演替从干旱缺水的基质上开始。如裸露的岩石表面上生物群落的形成过程。

4）内因性演替和外因性演替

按控制演替的主导因素划分。内因性演替的一个显著特点是群落中生物的生命活动结果首先使它的生境发生改变，然后被改造了的生境又反作用于群落本身，如此相互促进，使演替不断向前发展。一切源于外因的演替最终都是通过内因生态演替来实现，因此可以说，内因生态演替是群落演替的最基本和最普通的形式。

外因生态演替是由于外界环境因素的作用，所引起的群落变化。其中包括气候发生演替（由于气候的变化所至）、地貌发生演替（由地貌变化所引起）、土壤发生演替（起因于土壤的演变）、火成演替（由火的发生作为先导原因）和人为发生演替（由于人类的生产及其活动所导致）。

5）自养性演替和异养性演替

按群落代谢特征划。自养性演替中，光合作用所固定的生物量积累越来越多，例如由岩石—地衣—草本—灌木—乔木的演替过程。

异养性演替如果出现在有机污染的水体中，由于细菌和真菌分解作用特别强，有机物质是随演替而减少的。

2. 演替学说

1）单元顶级理论

由克离门次提出，认为演替是在地表上同一地段顺序地分布着各种不同植物群落的时间过程。任何一类演替都经过迁移、定居、群聚、竞争、反映和稳定6个阶段。到达稳定阶段的植被，就是和当地气候条件保持协调和平衡的植被。这是演替的终点，这个终点成为演替顶级。在某一地段上从先锋群落到顶级群落按顺序发育着的植物群落属于一个演替系列（a sere）。演替系列中的每一个植物群落叫系列群落（seral community）。在同一气候区，无论演替初期的条件多么不同，植被总是趋向于减轻极端情况下而朝向顶级方向发展，从而使生境适合于更多的生物生长。

在一个气候区，除了气候顶级之外，还会出现一些由于地形，土壤或人为因素所决定的稳定群落。为了和气候顶级相区别，将后者称为前顶级，并划分出若干类型。

（1）亚顶级（subclimax）。气候顶级之前一个相当稳定的阶段。例如，内蒙古高原典型草气候顶极是大针茅草原，但松厚土壤上的羊草草原是在大真茅草原之前出现的一个比较稳定的阶段，为亚顶极。

（2）偏途顶级（disturbance climax 或 disclimax）。是由一种强烈而频繁的干扰因素所引起的相对稳定群落。是由于强烈而频繁的干扰，因素所引起的相对稳定的群落。例如，在美国东部的气候顶极是夏绿阔叶林，但因常受火烧而长期保留在松林阶段。再如，内蒙古高原的典型草原，由于过牧的结果，使其长期停留在冷蒿阶段。

（3）预顶级（preclimax）。由于局部气候比较适宜而产生较优越气候区的顶级。在一个特定的气候区内，由于局部气候比较适宜而产生的较优越气候区的顶极。例如草原气候区域内，在较湿润的地方，出现森林群落就是一个预顶极。

（4）超顶级（postclimax）。由于局部气候条件较差，而产生的稳定群落。在一个特定气候区内，由于局部气候条件较差而产生的稳定群落。例如，草原区内出现的荒漠植被片段。

2）多元顶级理论

英国学者 A. G. Tansley 认为，如果一个群落在某种生境中基本稳定，能自行繁殖，并结束它的演替过程，就可看作顶级群落。在一个气候区内，群落演替的最终结果，不一定都汇集于一个共同的气候顶点。除了气候顶级外，还可有土壤顶级、地形顶级、火烧顶级、动物顶级，还有一些复合型的顶级。

不论是单元顶级还是多元顶级理论，都承认顶级群落是经过单项变化而达到稳定状态的群落；而顶级群落在时间上的变化和空间上的分布，都是和生境相适应的。

两者的不同点在于：①单元顶级论认为只有气候才是演替的决定因素，其他因素都是第二位的，但可以阻止群落向气候顶级发展。多元顶级论则认为，除气候以外的其他因素，也可决定顶级的形成。②单元顶级论认为，在一个气候区域内，所有群落都有趋同性的发展，最终形成气候顶级；而多元顶级论认为所有群落最后不一定都会趋于一个顶级。

3）顶级-格局假说

Whittaker 在 1953 年提出顶极-格局假说，是多元顶级的一个变型，也称种群格局顶级理论。他认为，在任何一个区域内，环境因子都是连续不断变化的，各种类型的顶级群落如气候顶级、土壤顶级、地形顶级、火烧顶级等，不是截然呈离散状态，而是连续变化的，因而形成连续的顶级类型，构成一个顶级群落连续变化的格局。在这个格局中，分布最广泛且通常位于格局中心的顶级群落叫做优势顶级，它是最能反映气候顶级群落的类型。

3. 两种不同的演替观

对于群落演替，不论那种理论，都贯穿着两种不同演替观——经典的演替观和个体论演替观。

1）经典演替观

该演替观有两个基本点：①每一演替阶段的群落明显不同于下一阶段的群落。②前一阶段群落中物种的活动促进了下一阶段物种的建立。但是在对一些对自然群落演替研究中并未证实这两个基本点。例如，在 Hubbard Brook 生态研究站森林砍伐后的次生演替中，全部演替阶段中的繁殖体包括种子、子苗和活根等，在演替开始时都已经存在于该地，而演替过程只是这些初始植物组成的展开（生活史）。演替过程中，各阶段的优势种虽有变化，各物种相对重要性也在改变，但绝大多数参加演替过程的物种都是未砍伐的森林中早已存在的或者是活动状态或者是休眠状态。

2）个体论演替观

个体论演替观强调个体生活史特征、物种对策、种群的效应和干扰的作用对演替的影响。Connell 和 Slatyer 提出了三种可能的和可检验的模型（图 11-14）。

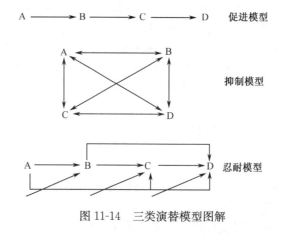

图 11-14　三类演替模型图解

（1）促进模型。物种替代是由于先来的改变了环境，使它不利于自身生存，促进了后来物种的繁荣，因此，物种替代有顺序性、可预测性和具方向性。

（2）抑制模型。先来物种抑制后来物种，使后来者难于入侵和繁荣，因而物种替代没有固定的顺序，各种可能都有，其结果在很大程度上取决于哪种先到，演替很大程度上决定于个体生活史和物种对策，结局也就难于预测。

（3）忍耐模型。介于促进模型和抑制模型之间，认为物种替代决定于物种的竞争能力。先来的机会种在决定演替途径上并不重要，任何物种都可能开始演替，但有一些物种在竞争能力上优于它种，因而它最后能在顶级群落中成为优势种。

第四节　生态系统

一、生态系统的概念

生态系统（ecosystem）一词是英国植物生态学家 A. G. Tansley 于 1936 年首先提

出来的。后来前苏联地植物学家 V. N. Sucachev 又从地植物学的研究出发，提出了生物地理群落（bio geocoenosis）的概念。这两个概念都把生物及其非生物环境看成是互相影响、彼此依存的统一体。生物地理群落简单说来就是由生物群落本身及其地理环境所组成的一个生态功能单位，所以从 1965 年在丹麦哥本哈根会议上决定生态系统和生物地理群落是同义语，此后生态系统一词便得到了广泛的使用。

生态系统是指在一定的空间内生物成分和非生物的成分通过物质循环、能量流动和信息传递互相作用和互相依存，并构成一个统一的整体。生态系统是生态学的研究单位之一。在自然界，只要在一定空间内存在生物和非生物两种成分，并能互相作用达到某种功能上的稳定性，哪怕是短暂的，这个整体就可以视为一个生态系统。因此在我们居住的这个地球上有许多大大小小的生态系统，大至生物圈（biosphere）或生态圈（ecosphere）、大洋、大陆，小至森林、草原、湖泊和小池塘都可称为生态系统。除了自然生态系统以外，还有很多人工生态系统，如农田、果园、自给自足的宇宙飞船和用于验证生态学原理的各种封闭的微宇宙（亦称微生态系统）。微宇宙是一种实验装置，用来模拟自然的或受干扰的生态系统的变化特征和化学物质在其中的迁移、转化、代谢和归宿。这些微宇宙只需要从系统外部输入光能，好像是一个微小的生物圈。

生态系统不论是自然的还是人工的，都具有下面一些共同特征：

生态系统是生态学上的一个主要结构和功能单位，属于生态学研究的宏观层次。

生态系统内部具有自我调节能力。生态系统的结构越复杂，物种数目越多，自我调节能力越强。但生态系统的自我调节能力是有限度的，超过了这个限度，调节功能将丧失。

物质循环、能量流动和信息传递是生态系统的三大功能。能量流动是单方向的，物质流动是循环式的，信息传递则包括营养信息、化学信息、物理信息和行为信息，构成了信息网。通常物种组成的变化、环境因素的改变和信息系统的破坏是导致自我调节失效的三个主要原因。

生态系统中营养级的数目受限于生产者所固定的最大能值和这些能量在流动过程中的巨大损失，因此生态系统营养级的数目通常不会超过 5～6 个。

生态系统是一个动态系统，要经历一个从简单到复杂、从不成熟到成熟的发育过程，其早期发育阶段和晚期发育阶段具有不同的特性。

生态系统概念的提出为生态学的研究和发展奠定基础，极大地推动了生态学的发展。当前，人口增长、自然资源的合理开发和利用以及保护地球的生态环境已成为生态学研究的重大课题。所有这些问题的解决都有赖于对生态系统的结构和功能、生态系统的演替、生态系统的多样性和稳定性以及生态系统受干扰后的恢复能力和自我调控能力等问题进行深入的研究。目前在生态学中，生态系统是最受人们重视和最活跃的一个研究领域。IBP 和 MAB 计划的主要研究对象就是地球上不同类型的生态系统。我国生态系统类型丰富，具有生态系统研究的优势条件。目前我国已建立了生态系统研究网络（CERN），并结合我国现代化建设的实际提出了生态系统研究的各项课题。

二、生态系统的组成成分

任何一个生态系统都是由生物成分和非生物成分两部分组成的，但是为了分析的方便，常常又把这两大成分区分为以下六种构成成分：

1. 无机物质

包括处于物质循环中的各种无机物，如氧、氮、二氧化碳、水和各种无机盐等。

2. 有机化合物

包括蛋白质、糖类、脂类和腐殖质等。

3. 气候因素

如温度、湿度、风和雨雪等。

4. 生产者（producer）

指能利用简单的无机物质制造食物的自养生物，主要是各种绿色植物，也包括蓝绿藻和一些能进行光合作用的细菌。

5. 消费者（consumer）

消费者是异养生物，主要指以其他生物为食的各种动物，包括植食动物、肉食动物、杂食动物和寄生动物等。

6. 分解者（decomposer 或 reducer）

分解者也是异养生物，它们分解动植物的残体、粪便和各种复杂的有机化合物，吸收某些分解产物，最终能将有机物分解为简单的无机物，而这些无机物参与物质循环后可被自养生物重新利用。分解者主要是细菌和真菌，也包括某些原生动物和蚯蚓、白蚁、秃鹫等大型腐食性动物。

生态系统中的非生物成分和生物成分是相互联系、彼此相互作用的。土壤系统就是这种相互作用的一个很好实例。土壤的结构和化学性质决定着什么植物能够在它上面生长、什么动物能够在它里面居住。但是植物的根系对土壤也有很大的固定作用，并能大大减缓土壤的侵蚀过程。动植物的残体经过细菌、真菌和无脊椎动物的分解作用而变为土壤中的腐殖质，增加了土壤的肥沃性，反过来又为植物根系的发育提供了各种营养物质。缺乏植物保护的土壤（包括那些受到人类破坏的土壤）很快就会遭到侵蚀和淋溶，变为不毛之地。

生态系统中的生物成分按其在生态系统中的作用可划分为三大类群：生产者、消费者和分解者。生产者包括所有绿色植物、蓝绿藻和少数化能合成细菌等自养生物，这些生物可以通过光合作用把水和二氧化碳等无机物合成为碳水化合物、蛋白质和脂肪等有机化合物，并把太阳辐射能转化为化学能，贮存在合成有机物的分子键中。植物的光合作用只有在叶绿体内才能进行，而且必须是在阳光的照射下。但是当绿色植物进一步合成蛋白质和脂肪的时候，还需要有氮、磷、硫、镁等15种或更多种元素和无机物参与。生产者通过光合作用不仅为本身的生存、生长和繁殖提供营养物质和能量，而且它所制造的有机物质也是消费者和分解者唯一的能量来源。生态系统中的消费者和分解者是直接或间接依赖生产者为生的，没有生产者也就不会有消费者和分解者。生产者是生态系统中最基本和最关键的生物成分。太阳能只有通过生产者的光合作用才能源源不断地输入生态系统，然后再被其他生物所利用。

消费者是指依靠活的动植物为食的动物，它们最后都是依靠植物为食（直接取食植物或间接取食以植物为食的动物）。直接吃植物的动物叫草食动物（herbivores），或叫一级消费者（如蝗虫、兔、马等）；以植食动物为食的动物叫肉食动物（carnivores），也叫二级消费者，如食野兔的狐和猎捕羚羊的猎豹等；以后还有三级消费者（或二级肉食动物）、四级消费者（或叫三级肉食动物），直到顶位肉食动物。消费者也包括那些既吃植物也吃动物的杂食动物（omnivores），有些鱼类是杂食性的，它们吃水藻、水草，也吃水生无脊椎动物。有许多动物的食性是随着季节和年龄而变化的，麻雀在秋季和冬季以吃植物为主，但是到夏季的生殖季节就以吃昆虫为主，所有这些食性较杂的动物都是消费者。食碎屑者（detritivore）也应属于消费者，它们的特点是只吃死的动植物残体。消费者还应当包括寄生生物。寄生生物靠取食其他生物的组织、营养物和分泌物为生。生态系统中生物间这种取食和被取食的营养关系以锁链或网络的形式联系称为食物链和食物网（图11-15）。生物食物链是生态系统物质循环和能量流动的植物学和动物学条件。

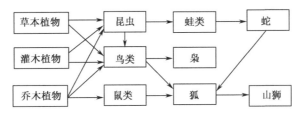

图 11-15　一个陆地生态系统的部分食物链和食物网

　　分解者在生态系统中的基本功能是把动植物死亡后的残体分解为比较简单的化合物，最终分解为最简单的无机物并把它们释放到环境中去，供生产者重新吸收和利用。由于分解过程对于物质循环和能量流动具有非常重要的意义，所以分解者在任何生态系统中都是不可缺少的组成成分。如果生态系统中没有分解者，动植物遗体和残遗有机物很快就会堆积起来，影响物质的再循环过程，生态系统中的各种营养物质很快就会发生短缺并导致整个生态系统的瓦解和崩溃。由于有机物质的分解过程是一个复杂的逐步降解的过程，因此除了细菌和真菌两类主要的分解者之外，其他大大小小以动植物残体和腐殖质为食的各种动物在物质分解的总过程中都在不同程度上发挥着作用，如专吃兽尸的兀鹫，食朽木、粪便和腐烂物质的甲虫、白蚁、皮蠹、粪金龟子、蚯蚓和软体动物等。有人则把这些动物称为大分解者，而把细菌和真菌称为小分解者。

三、生态系统的物质循环

　　生态系统结构功能维持需要水和各种矿物元素。这是因为：①生态系统所需要的能量必须固定和保存在由这些无机物构成的有机物中，才能够沿着食物链从一个营养级传递到另一个营养级，供各类生物消费。否则，能量就会自由地散失掉。②水和各种矿质营养元素构成生物有机体，使生物有机体形态和结构建成，维持某种形态特征和结构。

　　生物有机体在生活过程中，需要 30～40 种元素。其中，C、O、H、N、P、K、Na、Ca、Mg、S 等元素的需要量很大，称为大量元素；另一些元素虽然需要量极少，但对生命是不可缺少的，如 B、Cl、Co、Cu、I、Fe、Mn、Mo、Se、Si、Zn 等，叫做微量元素。这些基本元素首先被植物从空气、水、土壤中吸收利用，然后以有机物的形式通过食物链由消费者个体传递到另外的消费者个体。当植物和动物有机体死亡，被分解者分解，它们又以无机形式的矿质元素归还到环境中。这些矿质元素可再次被植物重新吸收利用。因此，矿质养分在生态系统内一次又一次地被利用、再利用，即发生循环过程，这就是生态系统物质循环或生物地球化学循环。物质循环的特点是物质运动是周而复始的。图11-16是生态系统物质循环的重要类型——全球水循环模式。

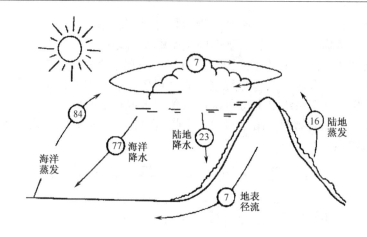

图 11-16　全球水循环图示，图中数字为百分比

(Smith，1974)

四、生态系统的能量流动

在生态系统中，各个营养级的生物都需要能量。生态系统中能量的输入、传递和丧失过程，称为生态系统的能量流动。除极少例外，地球上所有的生态系统所需要的能量都来自太阳。生态系统的生产者通过光合作用，把太阳能转变成化学能并贮藏在有机物中，形成生态系统的第一营养级。在第一营养级的能量，一部分消耗在生产者的呼吸作用中，一部分则用于生产者的生长、发育和繁殖。在后一部分能量中，一部分随着植物遗体和残枝败叶等被分解者分解而释放出来，另外一部分则被初级消费者——植食性动物摄入体内。被植食性动物摄入体内的能量，有一小部分存在于动物排出的粪便中，其余大部分则被动物体所同化。能量就从第一营养级流入第二营养级。能量在第三、第四营养级的变化，与第二营养级的情况大致相同。生态系统中的能量流动过程，可以概括为普适的生态系统能流图（图 11-17）。由此可见，生态系统中能量的源头是阳光。生产者固定的太阳能的总量便是流经这个生态系统的总能量，这些能量是沿着食物链（网）逐级流动的。

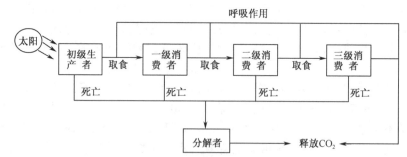

图 11-17　普适的生态系统能流模型

1942 年，美国生态学家林德曼对一个天然湖泊——赛达伯格湖的能量流动进行了定量分析，得出一个结论：流入某个营养级的能量，不能全部流向后一个营养级。通过图 11-17 可以看出，生态系统的能量流动具有两个明显的特点：单向流动和逐级递

减。单向流动是指生态系统的能量流动只能从第一营养级流向第二营养级，再依次流向后面各个营养级，不能够逆向流动，也不能够循环流动。逐级递减是指输入到一个营养级的能量不可能百分之百地流入后一个营养级，能量在沿营养级流动的过程中是逐级减少的。一般来说，在输入到某一个营养级的能量，大约只有10％～20％的能量能够流动到后一个营养级，能量在相邻的两个营养级间的传递效率大约是10％～20％。为了形象地说明这个问题，可以将单位时间内各个营养级所得到的能量数值，由低到高绘制

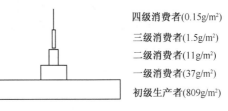

四级消费者($0.15g/m^2$)
三级消费者($1.5g/m^2$)
二级消费者($11g/m^2$)
一级消费者($37g/m^2$)
初级生产者($809g/m^2$)

图11-18　生物量金字塔图示

成图，就形成一个金字塔图形，叫做能量金字塔。能量金字塔直观地反映了在一个生态系统中，营养级越多，能量流动过程消耗就越多。图11-18是用食物链中不同营养级的生物量表示的金字塔。

　　研究生态系统的能量流动，可以帮助人们合理地调整生态系统中的能量流动关系，使能量持续高效地流向对人类最有益的部分。在一个牧场上，如果放养的牲畜过少，就不能充分利用牧草所能提供的能量；如果放养的牲畜过多，就会造成草场的退化，使畜产品的产量下降。只有根据草场的能量流动特点，合理确定草场的载畜量，才能保持畜产品的持续高产。在农业生态系统中，如果把作物秸秆当燃料烧掉，人类就不能充分利用秸秆中的能量；如果将秸秆作饲料喂牲畜，让牲畜粪便进入沼气池，将发酵产生的沼气作燃料，将沼气池中的沼渣作肥料，就能实现对能量的多级利用，从而大大提高能量的利用效率。

五、生态平衡与调控

1. 生态平衡的概念

　　生态平衡（ecological equilibrium，ecological balance）指一个生态系统在特定的时间内结构和功能相对稳定，物质与能量输入输出平衡；在外来干扰导致系统结构和功能离开稳定和平衡状态，可通过自身调节能恢复原初的系统稳定平衡状态。

　　生态平衡概念包括两方面的含义，①生态平衡是生态系统长期进化所形成的一种动态平衡，它是建立在各种成分结构的动态特性及其相互关系的基础上。②生态平衡反映了生态系统内生物与生物、生物与环境之间的相互关系所表现出来的稳态特征，一个地区的生态平衡是由该生态系统结构和功能统一的体现。

2. 生态平衡失调和破坏

　　当外来干扰超越生态系统自我调节能力，而不能使系统结构和功能恢复到原初状态的现象称为生态失调，或生态平衡的破坏。

　　生态平衡被破坏的原因主要有：①生物种类成分的改变。在生态系统中引进一个新种或某个主要成分的突然消失都可能给整个生态系统造成巨大影响。据估计，生物圈内每消失一种植物，将引起20～30种依赖于这种植物生存的动物消失。②森林和环境的破坏。森林和植被是初级生产的承担者，森林、植被的破坏，不仅减少了固定太阳辐射的总能量，也必将引起异养生物的大量死亡。③不合理的资源利用、水土流失、石漠化、气候干燥、水源枯涸等，都会使生态系统失调，生态平衡遭到破坏（图11-19）。

图 11-19　贵州六盘水石漠化生态系统景观和退耕还草后形成的草地生态系统景观
（王震洪，2007 年摄）

解决生态平衡失调的对策：生态平衡失调最终给人类带来不利的后果，失调越严重，人类的损失也越大。因此，时刻关注生态系统的表现，尽早发现失调的信号，及时扭转不利的情况至关重要。同时，以生态学原理为指导保护生态系统，预防生态失调，则可事半功倍。①自觉地调和人与自然的矛盾，以协调代替对立，实行利用和保护兼顾的策略。其原则是：收获量要小于净生产量；保护生态系统自身的调节机制；用养结合实施生物能源的多级利用。②积极提高生态系统的抗干扰能力，建设高产、稳产的人工生态系统。③注意政府的干预和政策的调节。

小结

非生物环境及其重要性、种群、群落和生态系统是生态学的基本研究内容。通过环境、环境类型和地球表面几大圈层的讨论，了解地球环境特征。光照、温度、水分、土壤因子对生物的作用是环境作用于生物的具体过程。生物对生态因子也具有适应性。在种群尺度上，种群密度、个体分布、年龄结构、出生率和死亡率、性别比率可以反映不同种群的特征。无论什么生物群落，都具有一定的水平结构、垂直结构、季节变化和演替过程。地球陆地植物群落主要类型是群落结构动态和演替发展结果。生态系统的组成成分是非生物因子、生产者、消费者和还原者。这些成分发生的各种生物过程推动了生态系统物质循环、能量流动和信息传递。生态系统平衡依赖于生态系统结构和功能的稳定和协调。

思考题

1. 什么叫环境？影响生物生长发育过程的环境条件主要是哪些？
2. 光照条件对植物有什么生态作用？植物是如何适应光照条件变化的？
3. 温度条件对植物生长发育有什么影响？植物如何适应温度条件的变化？
4. 什么叫种群？种群有哪些主要的基本特征？
5. 什么叫生物群落？生物群落有哪些主要的基本特征？
6. 什么叫生长型和生活型？生长型和生活型对群落结构有什么影响？
7. 世界上有哪些主要的植物群落类型？
8. 什么叫植物群落演替？植物群落演替包括那些类型？
9. 植物群落演替的理论主要有哪些？阐述这些学说的基本内容．
10. 什么叫生态系统？生态系统的主要成分包括哪些？
11. 什么叫生态系统物质循环和能量流动？

第十二章 当代生命科学前沿

生命科学与人类生存、健康、社会发展密切相关。生命科学基础研究中最活跃的前沿主要包括：分子生物学、细胞生物学、神经生物学、生态学等学科及这些学科的交叉学科；并由这些活跃的学科前沿引伸出诸如基因工程、生物信息学、干细胞研究、仿生学、生命伦理学、生物安全等重要领域。

第一节 基 因 工 程

一、基因工程概念与基本过程

1. 基因工程概念

基因工程（genetic engineering）又称遗传工程、DNA 体外重组技术等，是指在基因水平上，采用与工程设计十分类似的方法，按照人类的需要进行设计，然后按设计方案创建出具有某种新性状的生物新品系，并能稳定地遗传给后代。由该技术产生的生物称遗传工程体（gnetically modified organism，GMO）。

2. 基因工程的诞生

基因工程是奠定在生物遗传研究和分子生物学研究的基础上诞生的。遗传学和分子生物学研究的主要事件：

1866 年，奥地利神父 G. Mendel 发表生物性状遗传规律。

1909 年，丹麦生物学家 W. Johannsen 提出 Gene 一词。

20 世纪 20 年代，美国 T. H. Morgan 等创立遗传的染色体理论，指出基因在染色体上。

1944 年，美国 O. T. Avery 证明基因的化学本质是 DNA 分子。

1953 年，J. D. Watson 和 F. H. C. Crick 提出 DNA 分子结构的双螺旋模型。

1958 年，F. Crick 提出遗传信息的中心法则。

1961 年，M. W. Nirenberg 破译出第一批遗传密码。

1966 年，S. Ochoa 和 H. G. Khorana 破译全部遗传密码。

1973 年，美国 H. Boyer 和 P. Berg 等发明了重组 DNA 技术。在 1972 年，利用金黄色葡萄球菌的质粒（含抗青霉素的基因），引入 E. coli 获得对青霉素的抗药性。利用大肠杆菌含两种抗药性基因的质粒"拼接"成"杂合质粒"，转入大肠杆菌后，获得具双重抗药性的大肠杆菌，标志着基因工程的首次成功。1973 年，将两栖动物非洲爪蟾 DNA 引入也获表达，证明基因工程不受生物种类限制，可以打破生殖隔离人为地拼接基因，创造新物种。

3. 基因工程基本步骤

基因工程实际上是将遗传信息从一种生物细胞转移到另一种生物细胞中并得以表达的若干实验技术的总称。概括起来，基因工程应包括以下 6 个基本步骤：

（1）获得外源目的基因。从复杂的生物细胞基因组中，经过酶切消化或 PCR 扩增等步骤，分离出带有目的基因的 DNA 片段，得到所需的基因（外源性 DNA 片段）；或者从特定细胞里提取所需基因的 mRNA 后，通过逆（反）转录酶的作用获得所需基因（cDNA）；或者通过探明目的基因所含的遗传密码及其排列顺序，然后用化学方法人工合成所需的基因序列。

（2）构建基因转运载体。基因转运载体（vector）是具有自体复制能力的一种环状 DNA 分子，它经过人工改造后能与外来基因（外源 DNA）连接，重新形成新的重组 DNA 分子，并带有必要的标记基因，用于携带目的基因转移到受体细胞中。目前，常用的基因载体主要有两大类型：一类是质粒，另一类是病毒（包括噬菌体）。例如，质粒主要存在于细菌中，可用溶菌酶分解细菌细胞壁，然后用物理化学方法，把质粒与其他成分分开，从而得到纯粹的质粒，用于进行体外重组 DNA 分子构建的操作。

（3）构建重组 DNA 分子。通过专一限制性内切酶处理或人为的其他方法，使带有目的基因的外源 DNA 片段和能够自我复制并具有选择标记基因的载体 DNA 分子产生末端，并通过连接酶在体外使两者连接起来，形成一个完整的新的 DNA 分子，即重组 DNA 分子，是一个带有目的基因的重组质粒。

（4）重组 DNA 引入受体细胞。重组 DNA 即是带有目的基因的转运载体（杂种质粒或病毒）。用人工的方法（转化或转导法），将重组 DNA 分子转移到适当的受体细胞（宿主细胞）中，使它能在细胞中"定居"下来，通过自体复制和增殖，形成重组 DNA 的无性繁殖系（即克隆），通过在受体细胞中的扩增产生大量特定的目的基因。如是构建在表达载体，目的基因在受体细胞中能够表达，即指导蛋白质的合成。

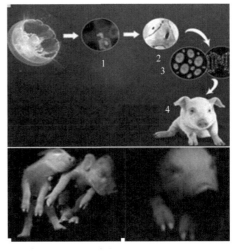

（5）重组菌的筛选、鉴定和分析。从大量受体菌中筛选出带有目的基因（或目的 DNA 片断）的重组菌（克隆株系），并进行鉴定，然后培养克隆株系，提取出重组质粒，分离已经得到扩增的目的基因，可分析目的 DNA 片断（基因）核苷酸序列。

图 12-1　转基因荧光猪的创制过程

1. 提取水母体内特有的绿色荧光蛋白　2. 把这个基因植入猪的体细胞　3. 再把细胞核植入未受精卵中，制成胚胎　4. 植入猪子宫，114 天孕育之后，一只含有水母荧光蛋白的转基因猪就诞生了。猪体内的水母绿色荧光蛋白，能够大量吸收紫外线，因而发出绿光

（刘忠华等，2006）

（6）工程菌的获得和基因产物的分离。将目的基因克隆到表达载体上后导入受体菌中，经筛选、鉴定和分析测定，最终获得稳定的基因工程菌，然后进行大量培养繁殖，产生出所需要的目的基因产物，可分离纯化目的产物。如果重组 DNA 分子转移到动物或植物中，就获得转基因动物或转基因植物。

图 12-1 显示了应用基因工程创制转基因荧光猪的过程。

二、基因工程技术的应用

1. 基因工程在农业上的应用

自 1983 年世界上第一例转基因植物问世以来，基因工程技术越来越受到世界各国

的关注并得以飞速发展。目前，世界各国已经育成了一大批耐除草剂、抗病、抗虫、抗病毒、抗寒的高产、优质农作物新品种和植物材料，并开始在农业生产上大面积推广应用。据统计，到目前为止，转基因技术已在 120 种植物上获得成功，并有 3000 多例转基因植物进入田间试验。在美国和加拿大已有 50 多种转基因植物进入商品化生产。全世界转基因农作物的种植面积也逐年增加，1996 年仅为 170 万 hm²，2006 年达 1.02 亿 hm²。在发达国家和发展中国家，转基因作物种植面积都不断扩大。主要种植的是转基因大豆、玉米、棉花和油菜。主要是利用抗除草剂、抗虫、抗病以及改良品质的基因（图 12-2 和图 12-3）。

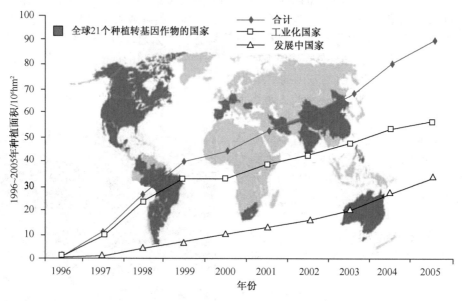

图 12-2　全球转基因作物种植面积变化图

2004～2005 年增长了 11％，即 900 万 hm²

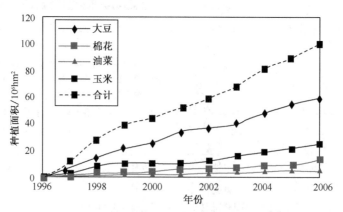

图 12-3　全球主要转基因作物种植面积增长曲线图

（1）抗除草剂。杂草是导致农作物产量减少的重要因素之一，喷施除草剂是清除杂草的有效方法，目前全世界约有除草剂 2000 多个品种，在农药市场上占有最大的份额。施用除草剂对环境造成了非常大的危害，并且，很多除草剂不能区别庄稼和杂草，限制了除草剂的使用。因此，培养抗除草剂的转基因作物是克服这类缺点的理想途径。20世纪80年代中期以来，人们已经育成了大批抗除草剂的转基因作物品种，如抗草铵膦的大豆、玉米、油菜、甜菜和棉花；抗草丁膦的玉米、小麦和油菜等。1994年，我国科学家利用抗除草剂基因成功地获得了我国首例转基因水稻，经试验证明，使用与该转基因水稻配套的除草剂 Basta，对转基因水稻生长发育没有不良影响。由于抗除草剂作物在选育过程中具有耗资少、周期短、见效快的特点，越来越引起人们的兴趣。预计到2020年，由于抗除草剂品种的大量应用，现有除草剂种类将减少10％～15％。

（2）抗虫。全世界粮食产量因虫害造成的损失占14％左右。虽然化学药剂是防治害虫比较有效的方法之一，但具有特异性不高、对环境造成污染大等不利因素，科学家纷纷对农作物进行抗虫基因工程改良。目前，已培育了一大批转基因抗虫作物品种或品系。早在1987年美国科学家就将 HO21 毒素基因导入西红柿植株，培育出的转基因西红柿具有抗虫能力，昆虫取食该植株叶片后在几天内就死亡。美国还开发了能抗科罗拉多马铃薯甲虫的马铃薯抗虫品种 New leaf、抗鳞翅目害虫的保铃棉花 Bollgard 及抗欧洲玉米螟的高产玉米品种 Yieldgard，并相继进入市场，深受农民欢迎。我国是世界上的棉花生产国，但棉铃虫造成的棉花减产达17％～50％，每年造成的经济损失达50～100亿元人民币。1991年我国科学家成功地将苏云金芽孢杆菌（*Bacillus thuringiensis*，Bt）杀虫晶体蛋白基因导入棉花，获得了转基因植株，1993年培育出含 Bt 蛋白基因的抗虫棉，随后得到推广应用。到目前为止，我国已育成10多个杀虫效果显著、丰产性能好、纤维品质优良、适于不同生态条件种植的品种或品系，在国内9个省市大面积试种、示范和应用。1999年开始，我国转基因抗虫棉已经大规模产业化，现在每年种植面积超过300万公顷。

（3）抗病。据联合国粮农组织（FAO）估计，全世界粮食产量因病害发生而导致的损失每年达10％，棉花损失12％左右。某些作物如甘薯，病毒病能使其减产20％～50％，严重时甚至绝收。化学农药防治病害通常效果不佳，杂交选育抗病品种的常规方法也存在局限性。近10年来推行植物抗病基因工程技术，克隆并利用植物抗病基因育成了大量的抗病品种或品系，如将病毒外壳蛋白（CP）基因导入植物，使番茄、黄瓜、南瓜、甜椒等具有抗病性。1995年美国农业部批准抗病转基因南瓜品种 Freedom 投入商业应用，取得了很好的经济和社会效益。我国也获得了多种转基因抗病毒植物，如我国科学家经过6年努力将合成的 CMV 和 TMV 外壳蛋白基因通过 Ti 质粒介导引入烟草良种 NC89，获得抗 TMV 和 CMV 的转基因烟草，其中，抗 TMV 的转基因 CN98 在自然感染条件下保护率可达到90％～95％，推广面积超过1.3万公顷。

（4）品质改良。随着生活水平的提高，人们越来越关注口味、口感、营养成分、欣赏价值等品质性状。利用基因工程可以有效地改善作物品质。美国科学家从大豆中获取蛋白质合成基因，成功地导入马铃薯中，培育出高蛋白马铃薯品种，其蛋白质含量接近大豆，极大地提高了营养价值。"金色大米"是目前最成功的、提高食物品质的研究成果，利用胡萝卜素合成基因在水稻果实的胚乳中表达，获得金黄色大米，可使维生素 A 摄入不足地区人群的生活质量得到提高。科学家在观赏园艺花卉的花色、花香、花姿等性状改良上也作了大量研究。德国科隆普朗克研究院分子育种所于1987年将玉米色素合成中的一个还原酶基因导入矮牵牛后获得砖红色花的类型。美国加州戴维斯一家基因工程公司从矮牵牛中分离出蓝色基因，导入玫瑰花中获得开蓝色花的玫瑰。澳大利亚将氨基环丙烷羧酸（ACC）氧化酶合成基因的反义基因导入香石竹，育成保鲜期延长 2 倍的抗衰老香石竹新品系。我国在 1997 年批准第一个商品化生产的转基因番茄品种华番 1 号，经测定在 13～30℃下可贮藏 45 天左右，极大地延长了保鲜期，解决了由于果实具有呼吸跃变期而难贮藏的难题。

（5）抗寒。低温对细胞造成损伤的主要原因是低温造成细胞膜结构损伤，影响植物正常生长。生物膜中脂质双分子层流动性与不饱和脂肪酸含量相关，不饱和脂肪酸多则膜流动性好，植物抗冻。分离催化不饱和脂肪酸的甘油-3-磷脂酰转移酶基因，将其转入植物可获得具有抗寒能力的转基因作物。形成从生活在高寒水域的鱼类中分离特殊的血清蛋白，即鱼抗冻蛋白及其基因，可以降低在低温下细胞内冰晶的形成速度，从而保护细胞免受低温损伤。转基因水稻中超量表达细胞分裂素基因也可筛选出抗寒性强的转基因株系（图 12-4）。

图 12-4　农杆菌介导水稻遗传转化获得抗冷和抗除草剂植株
1. 成熟胚诱导的愈伤组织；2. 抗性愈伤组织；3. 分化出的绿点；4. 再生小苗；5. 盆栽的转基因植株（A、
B）及对照（C、D）
（段永波和赵德刚，2007）

（6）抗重金属。由于人类活动及工业化进程的加剧，空气、土壤、水体导致越来越严重的重金属污染，不但影响作物产量和品质，更重要的是通过食物链危害人类健康。土壤中的重金属主要有 Cd、Cr、Cu、Hg、Ni、Pb、Zn、As 等。通过基因工程技术改良植物对重金属的抗性，增加或减少重金属在植物体内的累积量，是污染土壤的生态恢复以及减少食物链重金属污染的一条有效途径。克隆富集重金属的相关基因，应用转基因技术提高植物对重金属的耐受性，已取得一些重要进展，一些转基因植物地上部分表现了较高的重金属离子富集能力。例如，将富集砷的基因转化拟南芥，转基因植株在含有 150μmol/L 砷酸盐的培养基上能正常萌发并能超量积累砷化物（图 12-5）。

2. 基因工程在医药上的应用

（1）医药基因工程研究现状及应用。自 1982 年第一个基因工程药物——重组人胰岛素在美国上市以来，已有数千种基因工程药物被研究。我国也有 20 多种基因药物和疫苗投放市场，100 种以上的产品处于实验室阶段、临床前试验或临床阶段研究。

目前基因工程药物研究及应用主要在以下几方面：

第一，建立基因水平的药物筛选模型，为发现新药提供重要手段。

0μmol/L 砷酸盐　　　　　　200μmol/L 砷酸盐

1a 对照植株，1b 转 ArsC9 植株，　2a 对照植株，2b 转 ArsC9 植
1c 转 ECS1 植株，1d 转 ArsC9＋　株，2c 转 ECS1 植株，2d 转
ECS1 植株　　　　　　　　　　　ArsC9＋ECS1 植株

图 12-5　转 ArsC9＋ECS1 基因的拟南芥植株富集砷
(Meager，2000)

第二，通过基因工程改进药物生产工艺。例如，针对抗生素发酵过程中供氧受限，能源消耗量大的问题，可将血红蛋白基因转入菌种中，提高工程菌种对缺氧环境的耐受力，减少限制供氧因素对药物生产工艺的影响，并节约能量。

第三，进行基因诊断与基因治疗。利用基因重组、分子杂交、基因芯片等技术在DNA 水平对人类疾病涉及的缺陷基因、突变基因及其连锁 DNA 的突变进行检测，从而对疾病做出诊断；并通过转基因技术将外源基因导入患者相应的受体细胞，通过基因表达产物治疗疾病。目前在遗传病诊断方面，尤其是多基因遗传病，如恶性肿瘤、糖尿病、冠心病、高血压等诊断已经可以用基因诊断。世界上第一例基因治疗是美国1990 年针对一名遗传性腺嘌呤核苷脱氨酶（ADA）缺陷的四岁女孩实施的。利用基因工程向有缺陷的细胞补充具有相应功能的基因，纠正基因缺陷，达到治疗目的。

第四，转基因动物器官移植。转基因动物是指将外源基因导入动物染色体基因组内进行稳定整合，并遗传给后代的一类动物。利用转基因动物可进行药物筛选研究，也可用于器官移植。利用基因工程技术制造表达人源蛋白的转基因动物，用于生产人类需要的药物。利用转基因动物产生的器官，可通过改造使之克服异种器官移植中的超急性排斥反应，提供给人类器官移植用。

（2）转基因植物作为生物反应器生产药用蛋白。利用转基因植物表达人畜用药用蛋白是一个安全可靠的途径。目前表达抗原蛋白的转基因植物是采用农杆菌介导法获得的，简单步骤是：选定编码抗原蛋白的基因→目的基因整合到载体上→把载体质粒导入农杆菌→用农杆菌转化植物，筛选表达抗原蛋白的转基因植株→提取抗原蛋白（图 12-6）。也可使基因具有口服疫苗特性并在植物的食用部位表达，生产口服疫苗，或者食用含有疫苗的植物，达到免疫目的。

自从食用疫苗设想提出以后，许多科学家进行了研究，取得一系列重要进展。

B 型肝炎病毒：这是最常见的传染病之一，根据世界卫生组织的资料，世界上有 2 亿人感染 B 型肝炎病毒，每年有 100 多万人死于与 B 型肝炎有关的疾病。将编码 B 型

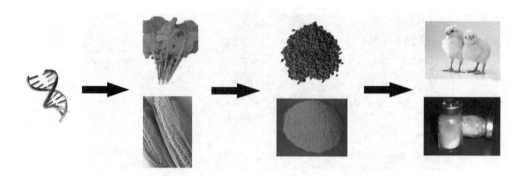

图 12-6　转基因植物作为生物反应器生产药用蛋白与疫苗示意图

肝炎病毒表面抗原 HBsAg 的基因导入了羽扇豆、莴苣、马铃薯、烟草等植物中，从转基因植物分离纯化的重组 HBsAg 在物理特性上与从人体分离的 HBsAg 相似。用转基因羽扇豆喂小鼠，小鼠也能产生 HBsAg 特异性抗体。人吃了转基因莴苣叶后也产生了特异性 IgG 反应。

霍乱：全球每年有 500 万人患病，其中 20 万人死亡。致病的毒素由几个亚基组成，无毒的 B 亚基（CTB）可用于免疫。将表达 CTB 的转基因马铃薯饲小鼠，诱导出 CTB 特异性抗体，用霍乱毒素感染，鼠具有免疫能力。

大肠杆菌：大肠杆菌（ETEC）肠毒素是引起婴儿痢疾的主要原因。肠毒素 B 亚基（LT-B）与 CTB 非常相似，也可作为疫苗。LT-B 基因在烟草和马铃薯中表达，再从烟草中分离 LT-B 或直接用转基因马铃薯喂鼠试验，鼠显示了免疫性。人吃了转基因马铃薯后也有免疫反应。

诺沃克（Norwalk）病毒：引起病毒性肠胃炎的主要原因，感染源是污染的食物和水源。在转基因烟草和马铃薯中表达其病毒壳蛋白基因（NVCP）后饲鼠，鼠产生抗体。

狂犬病：狂犬病是一种病毒引起的急性中枢神经系统传染病，由感染动物的唾液传染给人类，每年有 6 万人死于该病。报道的狂犬病病毒壳蛋白基因在番茄中表达饲鼠试验，证明鼠产生免疫性。

RSV（respiratory syncytial virus）：婴幼儿最严重的病原菌之一。利用果实特异性启动子 E8 启动 RSV-F 基因在番茄果实中表达，鼠吃了转基因番茄之后产生了免疫反应，在其血浆和黏膜中检测出 RSV-F 特异性抗体。

TCS：据报道 TCS（trichosanthin）对 HIV、HBV、TMV 等多种病毒具有抗病毒作用，TCS 基因已被整合入番茄基因组 DNA 中，有待进行动物及人体免疫试验。

生殖器疱疹：生殖器疱疹病毒 HSV-2 抗体基因已经在大豆中表达，鼠吃了转基因大豆以后能够避免病毒感染。

动物疫苗：肠胃炎病毒（TGEV）对猪的危害较大。TGEV-S 蛋白基因转入烟草并获表达，从转基因烟草提取抗原蛋白输入猪体内后，猪产生了 TGEV 特异反应。口蹄疫是家畜的为害性传染病之一，其病毒的外壳蛋白（FMDV）基因已经导入拟南芥并获表达，然而其氨基酸链不能组装成稳定的蛋白 VLP 抗原，其原因正在研究中。

3. 基因工程在环境保护中的应用

（1）应用于农药降解。农田长期过量施用农药，严重破坏了生态平衡，造成土壤、水质及食品中残留毒性增加，给人畜带来危害。环境微生物尤其是细菌中的农药降解基因、降解途径等许多农药降解机制的阐明，为构建具有高效降解性能的工程菌提供了可能。应用基因工程原理与技术，对微生物进行改造并构建高效的基因工程菌，可显著提高微生物的农药降解效率。现已开发出净化农药（如 DDT），降解水中染料以及环境中有机氯苯类和氯酚类、多氯联苯的基因工程菌用于净化环境。Horne 等将农杆菌 OpdA（编码有机磷降解基因）和黄杆菌（*Flavobacterium* sp.）Opd（有机磷降解酶基因）分别构建了原核表达质粒，转到 *E. coli* DH10B 中表达，其表达产物 OpdA 与 OPH（有机磷水解酶）进行农药酶解动力学比较，发现 OpdA 能作用更多底物的类似物，降解农药范围更广。转 *opd* 基因玉米抗 Benside，如图 12-7 所示。

图 12-7　转 *opd* 基因玉米抗 Benside
(Pinkerton，2008)

（2）开发吞食有毒废弃物的细菌。PCB（聚氯联苯）由两个苯环组成，有剧毒，是一种污染环境的致癌物质，在自然中难以被降解，PCB 进入人体后，也不能被人体的新陈代谢过程破坏，且能传给下一代，这种物质长期存在于土壤中不被分解，严重污染环境，对人类造成巨大威胁。美国加利福尼亚大学将一般的土壤细菌（恶臭假单胞菌）两个菌株的 DNA 进行交换，产生一种杂交突变菌株，培育出以 PCB 为食物的细菌，使有毒物质变成无害物质——水、二氧化碳和盐类。

日本将嗜油酸单孢杆菌的耐汞基因转入腐臭单孢杆菌，该菌株能把汞化物吸收到细胞内，用它处理污水既解决汞污染问题，又使汞得以回收。

人们还构建了能降解樟辛烷、甲苯、萘等物质的"超级菌"，消除环境中的有毒物质。还有人把 Bt 毒蛋白基因、球形芽孢杆菌毒蛋白基因转入大肠杆菌，它能杀死蚊虫与害虫，而对人畜无害，不污染环境。

（3）转基因微生物农药替代合成农药、化肥。基因工程技术的发展，为防治农林害虫提供了有效的技术手段。因此，转基因生物农药在世界范围受到广泛重视。微生物农药是指非化学合成，具有杀虫防病作用的微生物制剂，如微生物杀虫剂、杀菌剂、农用抗生素等，这类微生物包括杀虫防病的细菌、真菌和病毒。微生物杀虫剂对人畜安全无毒，不污染环境，杀虫作用具有特异性和选择性，不会影响天敌和非目标昆虫，易和其他生物手段结合综合防治害虫，维持生态平衡。由于杀虫活性蛋白的多样性，昆虫产生抗性较缓慢。采用发酵法生产微生物农药，成本低。利用基因工程改造、筛选或构建优良性能菌株可以满足生产上的需要。

人们对固氮酶及固氮酶基因进行深入研究，拟利用基因工程技术对固氮酶基因进行修饰改造，提高固氮菌固氮能力，同时扩大能与固氮菌共生的作物种类。有理由相信，随着基因工程技术的发展和对固氮菌分子生物学机理研究的不断深入，将会有越来越多的农作物通过固氮菌作用直接利用空气中的氮气，从而减少化学肥料的使用量。

（4）含油土壤及废水的治理。落地油和含油污水对土壤造成严重污染，不仅导致严重的环境问题，同时也给石油行业造成重大经济损失。美国利用 DNA 重组技术把降解芳烃、萜烃、多环芳烃、脂肪烃的 4 种菌体基因链接，转移到某一菌体中构建出可同时降解 4 种有机物的"超级细菌"，用之清除石油污染，在数小时内可将水上浮油中的 2/3 烃类降解。

转*ONR-11* 基因烟草与对照的生长情况见图 12-8。

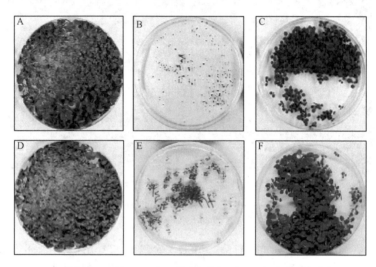

图 12-8　转*ONR-11* 基因烟草与对照的生长情况

A. 对照烟草在没有 GTN 的培养基上萌发；B. 对照烟草在含有 1mmol/L GTN 的培养基上萌发；C. 转基因烟草在含有 1mmol/L GTN 的培养基上萌发；D. 对照烟草在没有 TNT 的培养基上萌发；E. 对照烟草在含有 1mmol/L TNT 的培养基上萌发；F. 转基因烟草在含有 1mmol/L TNT 的培养基上萌发

(French, 1999)

第二节　生物信息学

一、生物信息学的概念

生物信息学（bioinformatics）是生物学、数学和计算机科学交叉、渗透所形成的一门学科，它主要是运用信息科学和计算技术手段，通过对生命活动过程中形成的数据进行分析和处理，揭示生命活动过程中大量数据间的内在联系及其生物学含义，进而提炼成生物学知识，为探索生命起源、生物进化以及细胞、器官和个体的发生、发育、病变、衰亡等生命科学中的重大问题提供依据。

二、生物信息学研究内容及现状

构成和维持一个生物有机体所必备的基本信息贮存在其基因组中，指导细胞内进行多种生物学反应而表现出生命现象。生物信息学研究的内容就是将人们研究生命活动过程中所获得的数据存贮于数据库中，并从这些数据中归纳、整理、分析从而获取新信息。生物信息学研究范围十分广泛，包括基因组序列分析和解释、药物设计、基因多态性分析、基因表达调控、疾病相关基因鉴定、基因产物结构与功能预报、基因进化、基于遗传的流行病学等方面。

1. 基因组序列分析

在基因组测序的原始数据发表后，仍有许多研究需要开展，如注释、同源性分析、基因分类、基因结构分析等，这方面的研究需要建立数理统计模型，大规模数据库检索，模式识别和可视化等。

2. 基因进化

根据多种生物基因组数据以及对生物垂直进化和平行演化的研究，可以阐明对生命至关重要的基因结构。这需要建立完整的生物进化模型，用基因组数据来鉴别环境因素对其进化的影响。

3. 药物设计

通过生物信息学所提供的数据资料分析，快速高效地选定药物作用靶位和设计药物分子。

4. 基因多态性分析

基因组学可以确定群体中存在的基因多态性。由于多态性的存在，生物表型及对环境、对外源物质和药物的反应有所不同。研究基因多态性可以对群体的基因共性及其中的基因个性（SNPs）获得明确的认识。

5. 基于遗传的流行病学研究

将流行病学的遗传和非遗传性研究与分子基因信息结合起来，有利于了解疾病的机理、个体对某种疾病的易感性和疾病在群体中的分布，并对疾病的预防和治疗有极大的指导意义。

6. 关键基因签定

通过基因与生物表型、致病机制和其他生命现象之间的关联研究，可以发现一些至关重要的基因，结合定向生物实验，可以确认新的关键基因。

7. 基因产物功能预测

在确认基因的基础上，通过与已知基因产物结构和功能、代谢途径和其他生物功能对照分析，实现新基因产物功能的预测，结合定向生物实验，可以证实预测功能准确性。

8. 比较基因组学

在后基因组时代，生物信息学家可以利用越来越多的完整基因组对若干重大生物学问题进行分析。有的科学家估计不同人种间基因组的差别仅为 0.1%，人猿间差别约为 1%，但他们表型间的差异十分显著。因此表型差异不仅应从基因、DNA 序列找原因，也应考虑到整个基因组、蛋白组以及染色体组织上的差异。

三、生物信息学方法和技术

1. 生物信息的获取与整合

生物信息技术具有良好的社会经济效益和产业化前景，是连接未来生物经济的重要桥梁。目前国际上的生物信息技术，主要是研究高通量和高内涵数据整合、处理与分析技术，研究超大规模生物学数据的有效存贮、检索、提取和比对技术，以人类功能基因组、疾病基因组、具有重要工业和医药应用价值的微生物基因组数据为核心，整合相关基因转录调控、非编码 RNA、蛋白质组、代谢组、结构基因组、表观遗传学以及其他新技术产生的生物学、医学数据、文本与文献数据和信息，建设资源丰富、可适应系统生物学研究、疾病分型和疾病预防诊断、生物技术应用和新药研发等大型数据库体系及其相应通用数据标准。

2. 生物信息挖掘利用

利用生物信息学研究复杂生命系统数据挖掘、文本挖掘和知识发现的新技术方法，研发生物信息和生物统计方法的工业化应用技术，开发多因素基因调控网络、表观遗传网络、信号转导通路和生化代谢途径的预测、分析、重构、建模技术和软件；研究预测小分子和药物调控通路和毒性，定位复杂疾病基因等。

3. 生物技术网格协同

面向生命科学研究中高性能、大容量计算及资源整合的需求，以网格技术为基础，研究解决生物信息资源整合、分布式信息管理和资源调配问题的生物网格技术，大规模可重构计算技术和软硬件产品、生物网格应用软件的研发也成为生物信息技术研究的重要内容。

4. 生物医学信息技术

面向疾病预防、诊断和治疗，开展生物医学数据库体系构建、临床数据与疾病相关分子生物学数据整合及医疗数据库系统技术研究，发展基于遗传资料及临床数据的疾病知识挖掘技术、分子水平疾病预测模型技术、疾病确认及分析方法与算法等，发展生存分析算法和相应分析平台，开展针对若干重大疾病的面向临床研究的电子信息管理，结合临床样本数据，预测及个体化医疗分析研究技术平台的整合等。

第三节 人类基因组计划

一、人类基因组计划简介

1. 人类基因组计划缘起及内容

人类基因组计划（HGP）最早在 1985 年由美国的诺贝尔奖获得者提出，1990 年启动，由中、美、日、德、法、英 6 国科学家联合合作的一项巨大的人类基因组测序工程，被称为"生命科学阿波罗登月计划"，旨在通过测定人类基因组 DNA 约 3×10^9 对核苷酸序列，探寻所有人类基因并确定它们在染色体上的位置，明确所有基因的结构和功能，解读人类的全部遗传信息。该计划进行过程中有包括中国在内的 18 个国家的科学家参与，总投资 30 亿美元，当时预计用 15 年时间，寻找出人体 100 000 个或更多的基因，确定 30 亿个碱基对的排列顺序，建立相应的数据库，进行数据分析，以破解人类遗传和生老病死之谜，解决人类健康问题。这一计划还包括对一系列模式生物体基因组的全序列测序。如大肠杆菌、酵母、拟南芥、线虫、果蝇和小鼠等，因为对这些处于生物演化不同阶段的生物体的研究是认识人类基因结构与功能不可缺少的基础。

2. 人类基因组计划的工作历程

人类基因组计划研究的工作历程包括：

1990 年人类基因组计划在美国正式启动。

1991 年美国建立第一批基因组研究中心。

1993 年桑格研究中心在英国剑桥附近成立。

1997 年法国国家基因组测序中心成立。

1998 年中国在北京和上海设立国家基因组中心。

1999 年中国获准加入人类基因组计划，承担 1‰的测序任务，成为参与这一计划的唯一发展中国家。

2000 年 6 月 26 日，中、美、日、德、法、英 6 国科学家宣布首次绘成人类基因组"工作框架图"。

2001 年 2 月 12 日，6 国科学家联合在学术期刊上发表人类基因组"工作框架图"及初步分析结果。

2001 年 8 月 26 日，人类基因组"中国卷"的绘制工作宣告完成。

2003 年 4 月 14 日，中、美、日、德、法、英等 6 国科学家宣布人类基因组序列图绘制成功，人类基因组计划的所有目标全部实现。

2004 年 10 月，人类基因组完成图公布。

2005 年 3 月，人类 X 染色体测序工作基本完成，并公布了该染色体基因草图。

3. 人类基因组计划的科学意义

人类基因组计划对生命科学研究和生物产业发展具有非常重要的意义。首先，获得人类全部基因序列，将有助于人类认识许多遗传疾病以及癌症等疾病的致病机理，为分子诊断、基因治疗等新方法提供理论依据。其次，有助于人们对基因的表达调控有更深入的认识，为进一步理解人类遗传语言的逻辑构架、基因结构与功能的关系、个体发育、生长、衰老和死亡机理、神经活动和脑功能的表现机理、细胞增殖、分化和凋亡机理、信息传递和作用机理、疾病发生以及各种生命科学问题。第三，有助于人们研发包括基因治疗在内的新技术，解决人类健康以及人类自身生存和发展等问题（图 12-9）。

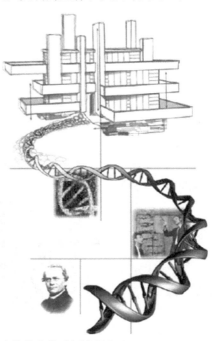

图 12-9　人类基因组计划的完成将使人类重新认识自己

二、后基因组时代

随着人类基因组大规模测序工作的完成，生命科学研究已进入后基因组时代，亦称功能基因组时代。它是利用结构基因组所提供的信息和产物，发展和应用新的实验手段，通过在基因组或系统水平上全面分析基因功能，使生物学研究从对单一基因或蛋白质的研究，转向多个基因或蛋白质进行系统研究。这是在基因组静态的碱基序列弄清楚之后，转入对基因组动态的生物学功能研究。研究内容包括基因功能、基因表达及突变。采用的手段包括基因表达系列分析（serial analysis of gene expression, SAGE）、基因芯片（cDNA microarray）、DNA 芯片（DNA chip）等。

1. 后基因组时代研究技术

基因组序列的测定仅仅是基因组学研究的第一步，基因功能的实现是一个从基因型（DNA 序列）到表现型的过程。目前，随着各种生物基因组计划的深入研究，新的技术如微阵列分析（microarray）和基因表达系列分析等大规模基因表达分析应运而生，可获得大量未知基因的功能。

（1）微阵列分析。微阵列分析包括 cDNA 微阵列和 DNA 芯片，两者都是基于 reverse Northern 杂交，用于大规模快速检测基因差别表达、DNA 序列多态性和疾病相关基因的一项新的基因功能研究技术。其基本方法是将许多 DNA 片段或基因特异的寡核苷酸按横行纵列有序地点样在固相支持物上作为探针，标记后的靶 DNA 与微点阵杂交，用相应的检测系统进行检测，根据杂交信号强弱及探针所在位置，即可确定靶 DNA 表达情况，以及突变和多态性的存在情况。固相支持物为硝酸纤维膜或尼龙膜时叫微阵列，固相支持物为硅片时所形成的微阵列就称为 DNA 芯片。cDNA 芯片原理如图 12-10 所示。

（2）基因表达系列分析。基因表达系列分析（SAGE）方法是 1995 年首次使用的一种基于 DNA 测序的、用于 mRNA 表达丰度定量的技术。此技术基本原理包括分离代表每个转录物特定区域的独特的短序列标签（9～14 个碱基），然后将它们串联、克隆、测序。SAGE 资料通过统计分析软件分析、评估来源于两个生物样品序列标签丰度差异的意义，是一种用于 mRNA 丰度定量的有效而精确的方法。人们应用 SAGE 发现了结肠癌细胞系凋亡前 P53 诱导基因与癌细胞基因表达谱的差异。

2. 蛋白质组学研究技术

来自全细胞、组织或生物体的蛋白质多达几千种，对蛋白混合物的分离、检测及分析是蛋白质组学分析的首要任务。二维聚丙烯酰胺凝胶电泳（two dimentional gel electrophoresis，2D-PAGE）是蛋白质组学研究中分离蛋白混合物的核心技术。随着蛋白质组学研究的发展与要求，蛋白质染色法中的考马斯亮蓝

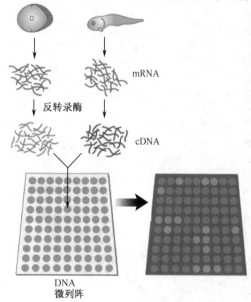

图 12-10　cDNA 芯片原理图

染色和银染等方法的局限性日益暴露出来，质谱技术（mass spectrometry，MS）等成为了推动蛋白质组学发展的重要技术。该技术是 20 世纪 80 年代出现的离子化技术，能快速、准确地测得生物大分子的分子质量。基本原理是样品分子离子化后，根据不同离子间的质核比差异来分离并确定分子质量，它不仅能分析小分子的挥发性物质，而且可以研究生物大分子。先进质谱仪使质谱具有电离多肽、蛋白质和其他生物大分子的能力，同时还有极高的灵敏度。现在已经开发出计算机算法利用质谱数据（肽和碎片离子的质量）通过相关分析，在蛋白序列数据库中鉴定出蛋白质。

3. 后基因组时代研究技术的应用与展望

利用 2D-PAGE 等蛋白质组学的研究技术分析植物遗传多样性，可以鉴定自然群体中遗传变异的程度及检测一个突变的多效性。现代医学则可以用改变结构的基因来治疗符合孟德尔遗传规律的单基因病，但担心有副作用与后遗症存在。而有些疾病如高血压、心脑血管、神经精神病等属于多种功能基因调控失常所致，不适宜用单基因进行基因治疗，可以从调控基因功能，即从修饰或改变基因表达与基因产物的功能入手进行治疗。利用功能基因组研究成果，借助计算机建立各种疾病的基因表达谱和各种数据库是 21 世纪医药科学发展的趋势。

后基因组时代的相关技术也为人们在动物、植物遗传多样性、遗传突变体及其逆境生理研究等方面提供了新的方法。在农业方面，可利用后基因组时代的相关技术对动、植物性状进行改良。中国是世界上生物资源和基因资源最为丰富的国家之一，应及时对重大疾病、重要生理过程的相关功能基因进行研究。

第四节　克隆技术及其应用

一、克隆技术的发展历程

克隆技术由德国胚胎学家于 1938 年首次提出。1952 年科学家首先用青蛙开展克隆实验，之后不断有人利用各种动物进行克隆技术研究，后来用哺乳动物胚胎细胞进行克隆取得成功。1996 年世界上第一只克隆羊"多利"（图 12-11）在英国爱丁堡的出世给克隆技术研究带来了重大突破，它突破了以往只能用胚胎细胞进行动物克隆的技术局限，首次实现了用体细胞进行动物克隆的目标，实现了更高意义上的动物复制。之后，科学家又成功地克隆出猪、鼠、兔、牛以及猴等，他们所用的生物材料也都是体细胞，这对于挽救濒危动物具有重要意义。

美国得克萨斯农机大学克隆出一头可自然抵抗三种疾病的公牛，这是科学家第一次克隆出抗病牛。美国麻省生物技术公司的科学家从一头已死亡的印度野牛身上取出一个单一皮肤细胞进行复制，第一次利用母牛的卵子和子宫复制了濒临绝种的印度野牛。2000 年英国科学家宣布掌握了一种能够对大型哺乳动物进行精确基因改造的新技术。

图 12-11　世界上第一只克隆羊

二、克隆技术的利弊

利用克隆技术可以大量复制珍稀动物，挽救濒危物种，调节大自然的生态平衡，为器官移植带来曙光。但克隆技术也可能带来负面影响，一些克隆动物在遗传上是全等的，一种特定病毒或其他疾病的感染将会带来灾难，如果无计划克隆动物，可能会扰乱物种的进化规律。由于羊和人类都是哺乳动物，羊的克隆技术也可以用于包括人在内的其他哺乳动物的克隆。现在已有一些组织开始将克隆人的计划抛出，是否可以克隆人这个问题已经无法回避。美国广播公司的一次民意测验结果表明，87％的人反对克隆人，82％的人认为克隆人不符合人类的传统伦理道德，93％的人反对复制自己，53％的人认为如果将人的克隆仅限于医学目的是可以的。目前，克隆技术中流产率极高的问题尚未解决，克隆技术对家庭关系带来的影响也将是巨大的（图12-12）。由于克隆人问题可能带来的复杂后果，利用克隆技术复制人类的做法仍然遭到了世界各国的一致反对，尤其

图 12-12　克隆人的诞生会引发伦理争论

是生物技术发达的国家，对此采取明令禁止或者严加限制的态度。欧洲议会通过了一项禁止克隆人类的决议，指出克隆人类胚胎的医用克隆技术会使医学研究越过负责任的界限，呼吁英国政府重新审视对克隆技术的态度，放弃利用克隆技术复制人类胚胎的尝试，并建议联合国全面禁止克隆人类。英国政府宣布同意该国的科学家进行为研究目的而进行人类胚胎克隆，严禁为生殖目的进行人体胚胎实验。澳大利亚联邦议会法案规定可以进行克隆羊的科学试验，但严禁克隆人以及人畜细胞合成的研究，任何违规克隆与人类"相似或相近的复制品和派生物"的学者将被判入狱 10 年。德国实施胚胎保护法，严格禁止克隆人及人体胚胎的研究。已有 23 个国家明令禁止生殖性克隆。

三、克隆技术对人类的影响

克隆技术的迅速发展得益于人体胚胎干细胞的发现，利用这种细胞有可能在体外培育出与提供细胞的病人遗传特征完全相同的细胞、组织或器官，如骨髓、脑细胞、心肌、肝、肾等，它们可被用于治疗白血病、帕金森氏症、心脏病和器官衰竭等疾病，这将同时解决器官移植中的排异反应和供体器官严重缺乏难题。正确运用克隆技术，可以为人类带来许多好处，如可终止癌症的扩散、检测胎儿的遗传缺陷、治疗神经系统的损伤、发展治疗习惯性流产的方法及新的避孕技术、提高妊娠成功率、得到更多用于治疗的干细胞、制造能移植于人体的动物器官开辟了前景等。克隆技术被滥用则可带来严重的后果。例如，克隆技术减少遗传变异，通过克隆产生的个体具有同样的遗传基因和同样的疾病敏感性，一种疾病就可以毁灭整个由克隆产生的群体，干扰自

然进化过程。克隆技术还可导致对后代遗传性状的人工控制，如通过更改胚胎的遗传基因，改变某个个体眼睛的颜色，改变对某种疾病的耐受性等。此外，克隆技术涉及伦理学问题，人类需要建立相应的社会伦理体系。目前克隆技术争论的核心是：能否允许对发育初期的人类胚胎进行遗传操作，进行克隆人研究等。克隆技术确实可能与历史上的原子能技术等一样，既能造福人类，也可祸害无穷。因此，在研究克隆技术时必须遵循人类的共同法则，制定科学的克隆计划，采取相应的研究对策，避免克隆技术的负效应。

第五节　干细胞研究

干细胞（stem cell）是一类具有自我更新、高度增殖和多向分化潜能的细胞群体，即这些细胞可以通过细胞分裂维持自身细胞群的大小，同时又可以进一步分化成为各种不同的组织细胞，医学界称之为"万用细胞"。

一、干细胞的生物学特性

根据干细胞发育阶段，可将其分为胚胎干细胞（embryonic stem cell，ES）和成体干细胞（adult stem cell，AS）。胚胎干细胞即具有分化为机体任何一种组织器官潜能的细胞，包括胚胎干细胞、胚胎生殖细胞（embryonic germ cell，EG）；成体干细胞即具有自我更新能力，但通常只能分化为相应组织器官组成的"专业"细胞，它是存在于成熟个体各种组织器官中的干细胞，包括神经干细胞（neural stem cell，NSC）、血液干细胞（hematopoietic stem cell，HSC）、骨髓间充质干细胞（mesenchymal stem cell，MSC）、表皮干细胞（epidexmis stem cell）、肝干细胞（hepatic stem cell）等。

1. 胚胎干细胞的生物学特性

与其他细胞系相比较，胚胎干细胞有以下两个特点：①具有不断增殖分化的能力，所以在体外培养条件下可以建立稳定的干细胞系，并保持高度未分化状态和发育潜能。②具有高度的发育潜能和分化潜能，体内外可分化出外、中、内三个胚层的分化细胞，可以诱导分化为成体细胞内各种类型的组织细胞。

2. 成体干细胞的生物学特征

与胚胎干细胞相比较，成体干细胞有以下几个特点：①成体干细胞体积小，细胞器稀少，RNA 含量较低，在增殖过程中处于相对静止状态，在组织结构中位置相对固定。②成体干细胞数量很少，其基本功能是参与组织更新，创伤修复及维持机体内环境稳定。③成体干细胞常处于一个有干细胞基质、对干细胞的增殖和分化起调控作用的各种信号分子特定微环境或称生物位中。干细胞是自我复制还是分化为功能细胞，取决于其所在的微环境和自身的功能状态。④成体干细胞没有确定的来源。

二、干细胞的可塑性

干细胞的可塑性（plasticity）主要是指成体干细胞的可塑性。人们把成体干细胞具有分化为其他类型组织细胞能力的这种现象称为干细胞的可塑性。2001 年发现在骨髓移植试验中肝脏干细胞能表达供体造血细胞的遗传标志。一系列的证据表明干细胞存在可塑性。造血干细胞及骨髓干细胞分化，如图 12-13 所示。

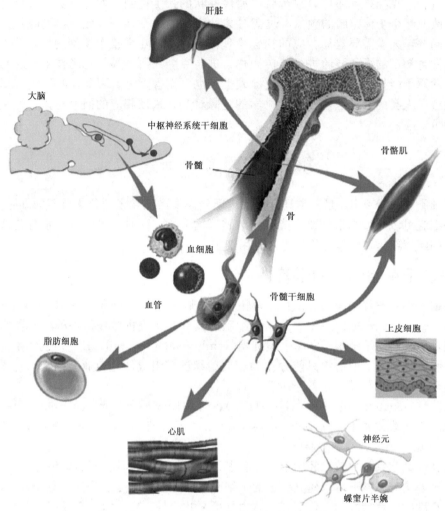

图 12-13　造血干细胞及骨髓干细胞分化
(Winslow, 2001)

三、干细胞的应用

胚胎干细胞是细胞的源头，具有多能或全能性，并能够无限分化，能够制造机体需要的全部细胞。在医学和生物学上具有巨大应用潜力。但它存在着移植免疫排斥的限制并涉及伦理学问题。而成体干细胞只能在体外有限扩增，分化效力低，通过体外扩增培养虽能提高转化效率，然而体外转化是否会引起干细胞遗传特性的改变尚不清楚。但这类干细胞存在于宿主体内，可直接从患者身上获得，无移植免疫排斥限制，也无伦理学方面的困扰。因此，胚胎干细胞和成体干细胞研究对生命科学领域而言，都具有极重要的意义。

(1) 发育生物学研究的良好材料和体外模型系统。利用干细胞可研究细胞分化过程中基因表达的时空关系，帮助人类认识发育中的复杂事件以及基因表达调控规律。哺乳动物胚胎体积较小，而且在子宫内进行发育，因此很难在动物体内连续动态地研究其早期胚胎发育、细胞组织分化及基因表达调控，而来源于胚胎的胚胎干细胞具有发育全能性、可操作性及无限扩增的特性，因此胚胎干细胞提供了在细胞和分子水平上研究个体发育过程中极早期事件的良好材料和方法，通过比较胚胎干细胞不同发育阶段的干细胞和分化细胞的基因转录和表达情况，可确定胚胎发育及细胞分化的分子机制、发现新基因。结合基因打靶技术，可发现不同基因在生命活动中的功能等。

（2）临床细胞移植治疗疾病和构建人工组织。用干细胞可作为基因治疗的理想载体细胞。干细胞治疗最适合的疾病主要是组织坏死性疾病，如缺血引起的心肌坏死、肿瘤，退行性病变如帕金森综合征，自体免疫性疾病如胰岛素依赖型糖尿病等。成体干细胞不仅具有分化能力，且分化潜能并不局限于所来源的组织，它迁移到身体什么部位，就可以分化为该部位细胞。因此，可将干细胞在体外分化成心肌细胞，再将它移植入病人心脏，代替病人病变的心脏组织，使心肌受损的心脏病人得到有效的治疗。应用干细胞治疗疾病与传统方法相比具有很多优点，包括低毒性或无毒性，一次药有效；不需要完全了解疾病发病的确切机理；不存在传播疾病的风险；还可能应用自身干细胞移植，避免产生免疫排斥反应。

（3）胚胎干细胞是动物克隆的高效材料和优良核供体。胚胎干细胞可以无限传代和增殖而不失去其基因型和表现型，以其作为核供体进行核移植后，在短期内可获得大量基因型和表现型完全相同的个体。胚胎干细胞与胚胎嵌合生产克隆动物可解决哺乳动物远缘杂交的困难问题。另外，由于体细胞克隆动物存在成功率低、早衰、易缺陷、易突变等问题，且多是致命的，所以，利用胚胎干细胞进行克隆研究十分重要。

（4）筛选新药及研究动物、人类疾病。利用干细胞可以分化成各种细胞系的特点，人们可以根据需要选择某一种细胞系进行新药物筛选、检测或新治疗方法实验。在细胞系上进行的实验确认安全、有效之后，再进行动物、人体实验，大大减少药物实验所需实验动物的数量及其人群数量。胚胎干细胞还可用于研究动物和人类疾病的发生机制和发展过程，以便找到有效和持久的治疗方法。

（5）生产转基因动物的高效载体。利用胚胎干细胞作载体，使外源基因的整合、筛选等工作能在细胞水平上进行，使操作简便可靠。

四、干细胞研究展望

随着细胞分子生物学实验技术的发展，干细胞研究取得了突破性进展，某些方面已初步应用于临床。但是，许多理论问题亟待解决：①干细胞的许多机制还没完全清楚，如在干细胞可塑性机理的认识上还存在分歧。如何使干细胞在体外大量扩增，并诱导其分化是干细胞在临床上应用的关键。②干细胞如何到达不同的靶位点，并分化为正确的细胞类型、正确的细胞数量、比例以及在正确的位置、与正确的靶组织建立正确联系而无任何错误等。③干细胞移植的安全性问题。胚胎干细胞移植时会发生不适宜的分化，产生免疫排斥作用，但成体干细胞则没有这个问题，其主要机理还没完全清楚，因此干细胞在临床应用前需要进行全面评估。

干细胞用于治疗许多疑难症状在动物实验中已经取得了可喜的成就，但干细胞在人类临床应用上还有很长的路要走。随着科学技术的不断发展，相信不久的将来干细胞的许多相关机制将被逐渐阐明，人类能控制影响干细胞分化的各项因素后，就能利用干细胞为人类服务。

第六节　仿生学与生命伦理学

一、仿生学概念及研究成果

1. 仿生学概念

仿生学（bionics）一词是在具有生命之意的希腊语 bion 之上，加上有工程技术含义的 ics 而组成，它是生物学、数学和工程技术相互渗透、相互结合的一门新型边缘学科。主要研究生物体结构、功能和工作原理，并将这些原理移植于工程技术之中，发明性能优越的仪器、装置和机器，创造新技术，从而为人类生产、生活服务。仿生学大约从 1960 年开始，其诞生、发展到现在短短几十年时间，研究成果斐然，开辟了一条独特的技术发展道路。

自然界形形色色的生物，都有着它们自己特有的种种本领，人类模仿这些本领，可以造出一些很有价值的技术产品。例如，信息接受（感觉功能）、信息传递（神经功能）、自动控制系统等，这种生物体结构与功能给了人们机械设计很大的启示。

仿生学的主要研究方法是提出模型、进行模拟。先对生物原型进行研究，将生物原型提供的资料进行数学分析，建立数学模型，然后采用电子的、化学的、机械的手段，根据数学模型制造出用工程技术进行试验的实物模型。在仿生及生物模拟过程中加以创新，建成与生物原型类似但又不同的机器设备，在若干方面可能还会超过生物原型的能力。

2. 仿生学研究成果

一些人注意到蜘蛛所织的网具有拉力转移的特性，其耐拉强度引起了仿生学家及机械工程学家的极大关注，认为可用蜘蛛丝替代某些合成纤维织物如尼龙、涤纶。20世纪 50 年代，美国就将蜘蛛丝用于制造防弹背心和降落伞。目前，通过研究蜘蛛基因型，在蜘蛛丝中加入黏状蛋白，可制成洁净的、高强度的人造蜘蛛丝。

也有人试图制造模仿动物动作及信息处理的仿生人。东京工业大学制造出的仿生人，有的像袋鼠一样越过障碍物；有的像蛇一样可进入狭长的地方。美国得克萨斯大学正研制一种"万能味觉传感器"，能够区别数百种物质的不同味道，专家预测这种仿生"万能味觉传感器"会取代针对某些具体物质（如胆固醇、血糖等）的单项测试。美国约翰·霍普金斯大学研制出带有触须的机器人，在没有照明的房间内，也行走自由，因为它们有类似蟑螂的触须，能避开障碍物。

目前，人体器官移植的主要问题不是外科手术技术，而是缺少供移植的器官。仿生器官组织工程有可能解决这一问题。依据有机体的自我生长和补偿功能原理，利用基因技术创造人工器官，如用血管内皮细胞、纤维原细胞和平滑肌细胞重建血管；用肝细胞重建肝脏；用造骨细胞构建骨骼组织等，或人工创造出类似人体皮肤、肌肉、血管、骨骼、肾脏、心脏等仿生材料，用于取代塑料和金属制成的替代器官，修复受伤的骨骼和关节。目前已有实验室制造出这类人工器官在动物身上移植获得成功。

3. 仿生学前景

仿生学将生物的各种特性作为技术思想、设计原理和创造发明的源泉，用化学、物理、数学、工艺学等对生物系统开展深入研究，也同时促进了生命科学的发展。生物学与数学、物理、化学及工程技术相结合必将会产生包括仿生学在内的新技术革命。

二、生命伦理学概念及研究领域

伦理（ethnics）是人类社会在长期生活中逐渐形成的有关人们相互关系的共识。伦理学探讨实际生活中应该做什么样的人，应该做什么和应该如何做。生命伦理学则是在跨学科和跨文化条件下，应用伦理学方法探讨生命科学中伦理问题的一门学科，是生命科学领域政策制定和立法的基础。在生命科学研究与生物技术应用中，科学家应遵守生命伦理哪些原则？如何遵守这些原则？人们又如何面对生物技术应用所带来的生命伦理问题？

1. 基因检测的伦理问题

基因检测（genetic testing）是通过探测基因存在、分析基因类型及其表达功能是否正常来诊断疾病的一种技术。自从美国科学家首次采用羊水细胞对胎儿进行血红蛋白病的产前基因检测获得成功以后，基因检测在医疗上发挥了重要的作用。通过建立基因数据库，应用基因芯片技术大规模检测遗传性疾病基因，可准确预测人类疾病的发生以保证人类健康，在司法部门则可用于亲子鉴别和罪犯鉴定等。基因检测技术的应用必然带来涉及个人隐私权、知情权等伦理学问题。

2. 胚胎干细胞和克隆技术研究中的伦理问题

干细胞是指具有分化潜能和自我更新能力的未分化细胞。1981 年，英国科学家 Evans 等在世界上首先建立了小鼠胚胎干细胞（ES）细胞系。1998 年 11 月，美国威斯康星大学 Thomson 教授从做试管婴儿剩余的胚胎中分离出胚胎干细胞在体外培养成功。美国约翰·霍普金斯大学的 Gearhant 教授等也利用早期流产胚胎的卵巢分离出原始生殖细胞（primordial germ cell，PGC）体外培养成功，建立了胚胎生殖干细胞的细胞系。Thomson 和 Gearhant 等的工作，是继基因工程之后生命科学领域又一个里程碑式的科学研究成果。

1996 年爱丁堡卢斯林研究所"多莉"羊克隆诞生，使 H. J. Webber 在 1903 年创造的"克隆"一词在世界范围内得到普及。新世纪开始以后，有人提出了克隆人实验。位于美国马萨诸塞州的先进细胞技术公司（ACT）2001 年 11 月 25 日宣布，他们已经成功地克隆出了人类胚胎，朝"克隆人类"目标迈出了重要的一步，引发了对克隆人的伦理争论。反对者认为，允许克隆人类胚胎将意味着对克隆人管制放松，并终会克隆人。反堕胎团体和天主教等宗教组织则认为，"先进细胞技术公司克隆人类胚胎不是医疗的进步，而是人类道德和伦理的沦丧"。许多国家如美国、英国、法国、日本、中国等政府明确表示不允许生殖性克隆，即克隆完整的人，但支持治疗性克隆。国际人类基因组伦理委员会在关于克隆的声明中也明确表示支持治疗性克隆。

人们反对克隆人主要是担心给人类进化和伦理道德带来冲击，影响现有的社会、家庭关系。如被克隆的人与克隆人是什么关系？兄弟、姐妹还是父母与子女的关系？也担心克隆人的质量难以保证，担心在克隆阶段，如果有关胚胎发育的基因重新编排或启动不完全，对新生儿可能产生严重后果。坚持认为可以用人类胚胎做实验的人认为：①早期胚胎仅是一团细胞，尚难称其为人的一条生命，从胚泡内细胞培养成人的胚胎干细胞，并没有杀死细胞，只是改变了细胞的命运。②培养胚胎干细胞是用于治疗现在还无法治愈的组织坏死性疾病，让病人恢复健康，完全是合乎人类伦理道德。③不能把克隆人胚胎与克隆人直接联系起来，认为用捐赠的胚胎细胞，去拯救还有希望活下去的人，应是符合人类伦理道德的。

由于争议，许多国家都设立了由研究人员、伦理学家和其他利益相关者组成的咨询小组，评估科学家的干细胞研究项目及其潜在风险，以确保干细胞研究与该国规定的伦理标准一致。

3. 基因治疗的伦理学问题

对于基因治疗引起的伦理学问题主要有：①一个人有权决定另一个人的基因结构或未来命运吗？②如果基因治疗操作失败或者造成了将来才能发现的不可挽回的缺陷和后果，谁承当责任呢？③是否可以通过基因治疗操作来增加运动员的身高或短跑速度，这与运动员服用兴奋剂有什么本质区别？

目前，基因治疗成功例子不多，基础理论研究还有待突破。因此，医学科学家提出，考虑到基因治疗的安全性问题，只有当一种疾病在采用现有的一切办法治疗仍然无效或微效的情况下，才被考虑采用基因治疗，即遵照优后原则。而且，还需要制定相关准则或政策加以控制，避免滥用该项技术。1992 年 1 月，英国基因疗法伦理委员会向政府提出建议，只要不是用于生殖细胞、胎儿以及改变人的特征，基因疗法应视同为器官移植，可在医学科学研究伦理原则指导下进行。这一建议得到医学界支持。

4. 生物医学研究中利用动物的伦理学

许多生物医学基础研究是不能直接在人体上进行的，特别是一些新的医药产品，由于其毒性、剂量或不良后果等都是未知数，如果直接在人体上实验，有可能造成人身伤亡等严重后果。为此，许多国家政府都做出明文规定，在人身上进行实验之前必须进行完善的动物实验，甚至包括对实验动物的活体解剖。

很多人认为人与动物是平等的，动物也有感情，人类应该避免使动物产生痛苦，因此，有关动物权利的争论从未间断过。美国和英国在 19 世纪中叶就先后建立"反对虐待动物协会"。目前，公众越来越关心动物的权利和福利，动物权利拥护者则有很多理由反对以动物进行实验研究。事实上，人与动物是有本质区别的，人和动物不可能平等，人类不可能为了动物的权利而放弃对人类健康有益的研究，为了人类利益，实验动物做出牺牲被认为符合人类伦理道德。为调和矛盾，1959 年，英国动物学家 Russell 和微生物学家 Burch 在他们的《人道试验技术的原则》一书中提出 3R 原则：减少（reduction）实验动物使用数量，文明（refinement）地对待实验动物，尽可能用先进技术替代（replacement）实验动物。尽管有科学家对此有不同看法，也有些国家或一些学者有所补充，3R 原则已经成为在生物医学研究中科学家使用实验动物的职业道德标准。

第七节　生物安全

生物安全的概念有广义和狭义之分。广义的生物安全是指在一个特定的时空范围内，由于自然或人类活动引起的外来物种迁入，并由此对当地其他物种和生态系统以及对社会、经济、人类健康所产生的危害或潜在风险。狭义的生物安全是指现代生物技术的研究、开发、应用以及转基因生物的释放可能对生物多样性、生态环境和人类健康产生潜在的不利影响。尤其是指各类转基因活生物体释放到环境中，可能对生物多样性构成的潜在威胁。

一、生物入侵及其预警防控系统

1. 外来生物入侵概况

外来生物入侵是指外来物种从自然分布区通过有意或无意的人类活动而被引入，在当地的自然或半自然生态系统中形成了自我再生能力，给当地生态系统或景观造成明显损害或影响。据估计，外来生物入侵每年导致全球社会、经济和生态损失超过1.4万亿美元，大约相当于全球经济总量的5%。有科学家将外来生物入侵比作"生态系统的癌变"，这种"癌变"除了破坏遗传资源以外，还会导致农林牧渔业的严重损失，甚至威胁公众健康。中国是遭受外来生物入侵最严重的国家之一。据统计，中国有外来入侵生物283种，其中植物188种，占入侵生物总数的66.4%；动物76种，占26.9%；微生物19种，占6.7%。在这283种入侵生物中，属于有意引进的占39.6%，属于无意引进的占49.3%，经过自然扩散而进入我国境内的9种，占3.1%。国际自然保护联盟公布的100种最具威胁的外来生物中，中国有50余种。近十年来，新入侵中国的外来生物至少有20种，平均每年新增约2种，呈现出传入数量增多、频率加快、蔓延范围扩大、经济损失加重的趋势。据不完全统计，我国11种主要外来入侵生物每年造成的经济损失约570多亿元，其中林业为500亿元，加上其他种类外来入侵生物造成的经济损失每年达1000亿元。所以外来生物入侵已经成为全球面临的重大环境问题之一。分布在我国的几种入侵生物如图12-14所示。

图 12-14　分布在我国的几种入侵生物
A. 水花生；B. 鹰嘴豆象；C. 水葫芦；D. 福寿螺卵；E. 凤眼莲；F. 非洲大蜗牛

2. 外来入侵生物的分级管理

根据外来生物对人类、动植物、微生物和生态环境以及社会的危害程度，可将外来生物分为Ⅰ、Ⅱ、Ⅲ、Ⅳ、Ⅴ五个级别（Ⅰ为极高风险、Ⅱ为高度风险、Ⅲ为中度风险、Ⅳ为低度风险、Ⅴ为无风险）。对于Ⅰ、Ⅱ、Ⅲ级外来生物的管理，是列入检疫对象名单、限制其入境，在国内一旦发现应坚决予以清除。对于Ⅳ级外来生物可以引进，但应采取必要的措施控制风险，进行跟踪监测和评估，一旦发现它们可能形成优势种群造成经济和环境损失时对其进行控制。对Ⅴ级外来生物可以引进或无须采取防范措施，对其在我国境内扩散可不作限制。对于一些新发现的外来生物，由于缺乏相关资料，难以明确其风险级别，应当假定其具有风险对其进行限制，直至有科学证据证明其没有风险或风险水平可以接受为止。

3. 外来生物入侵预警系统

本着防患于未然的原则，建立外来生物入侵早期预警系统非常重要。该预警系统包括建立国家外来入侵生物生态安全预警名录和外来入侵生物数据库，建立外来生物跟踪监测系统、外来生物检验与检疫系统、外来生物经济与环境影响综合评价系统、外来生物入侵预警决策系统、外来生物入侵信息上报和网络通讯系统等子系统，以及建立外来生物入侵应急预案等。

4. 外来生物风险评估系统

在对外来入侵生物进行管理的过程中，首要问题是风险评估，建立科学的外来生物风险评估系统以及健全准确有效的外来生物早期检测体系非常重要。

5. 外来入侵生物防治宣传

政府应充分利用各种传媒开展外来入侵生物防治的宣传，普及外来入侵生物管理科学知识，把有关外来入侵生物的内容纳入国民教育体系中，提高公民生态安全意识，减少无意识的外来生物入侵。

二、转基因生物技术及其安全性控制

生物技术为人类解决疾病防治、人口膨胀、食物短缺、环境污染、能源匮乏等一系列问题带来了希望，已被广泛应用于医疗保健、农业生产、食品生产、生物加工、资源开发利用、环境保护等方面，对农牧业、制药业等许多相关产业的发展都产生了深刻的影响。但转基因生物技术同时也可能对人类、动植物、微生物以及生态环境构成危险或潜在的风险。很多生物安全问题都与由现代生物技术产生的转基因生物有关。

1. 转基因生物技术可能引发的安全问题

（1）转基因植物可能对环境和生态系统造成的影响。目前每年全球转基因作物种植面积已经超过1亿 hm^2，主要是利用抗除草剂、抗虫以及品质改良的基因，它可能带来的生态环境安全问题包括：①转基因植物演变为有害生物的可能性。例如，转基因植物杂草化、怪物化或演变成优势物种，破坏生态平衡和生物多样性。②转基因植物引发新的环境问题。例如，对除草剂产生抗性，可能引起新病毒产生等。③对作物起源中心和基因多样性中心产生影响，对生物多样性保护和可持续利用产生影响。④对非目标生物产生影响。⑤基因漂流对生态环境和农业生产产生影响。⑥在长期大规模应用后发生不可预见的环境问题。例如，产生的新性状不稳定，单一种植存在风险，改变了生物群落的结构和功能等。

（2）转基因动物及其安全性问题。转基因动物（transgenic animal）是指增加或减少特定 DNA 片段而改变基因构成和性状的动物。目前，转基因动物主要是用于改良动物品种生产性能，生产药物蛋白，生产用于人体器官移植的动物器官，建立诊断、治疗人类疾病及新药筛选的动物模型。转基因动物在给人类带来诸多好处的同时，也有许多安全性问题。主要包括：①具有某些优势性状的转基因动物可能会对生态平衡以及物种的多样性产生不良影响。②转基因动物器官移植可能会增加"人兽共患"病的传播机会。③用转基因动物生产的食物可能使食用者发生过敏反应。④转基因动物研究可能会引发一系列社会安全性问题。

（3）转基因食品对人类健康的影响。目前世界上面临的主要问题之一是人口的急剧增长，传统农业不能提供足够的食物来满足人类的需求，尤其是蛋白质的短缺。食品和农业组织（FAO）报告，世界上至少有 25％ 的人口正在遭受着饥饿或营养不良的威胁，其中绝大多数生活在发展中国家。人们对食品数量和质量的不断追求，促使科学家采用先进的转基因生物技术手段来增加或者获得新的食物来源，但转基因作物的出现并没有像其他一些伟大的发现一样立即受到欢迎，相反，从一开始其安全性就受到广泛争议，支持者和反对者针锋相对。以美国为代表的支持者认为，转基因生物技术带给人类充足的粮食和新型抗病虫策略；以欧盟为代表的反对者却认为转基因食品是恶魔食品。争论的焦点集中在转基因食品的安全性上。人们担心转基因食品可能对人体健康产生的潜在影响主要有以下几个方面：①担心外源基因是否会通过"异源重组"或"异源包装"进入人的遗传体系中，虽然专家认为这种可能在理论上概率极小。②可能产生具有"超级抗性"的病原微生物危害人类健康。③转基因是否具有毒性以及能否引起人体过敏反应。关于毒性问题目前只有一些相关的动物试验报道，并且都受到质疑，目前尚无关于人体的研究报告。

2. 转基因生物的安全性控制

转基因植物中的外源基因逃逸会不会对生态环境造成影响？转基因动物的诞生会不会产生传说中怪兽？食用转基因食品会不会对人体造成伤害？目前，这些问题已成为人们普遍关注的焦点，但随着生物技术的不断进步和发展，科学家们针对转基因生物尤其是转基因植物可能引发的生态及食品安全问题提出了一系列解决问题的方法，这些方法包括：

（1）花粉不育研究。在风、昆虫等媒体作用下，转基因植物中携带外源基因的花粉发生飘移，与其近缘种杂交，因此转基因植物花粉的扩散就成为外源基因逃逸的主要途径之一。花粉不育技术可以消除转基因植物花粉逃逸的可能。1990 年，Mariani 等首次将细胞毒素基因 *barnase* 在烟草花药绒毡层细胞特异启动子 Ta29 驱动下表达，导致了转基因植株花粉不育，获得了雄性不株系。我国科学家也通过反义基因等技术在马铃薯、烟草、小麦中获得了转基因雄性不育植株。

（2）种子不育或无籽的生物技术。利用生物技术使种子不育或无籽，获得无籽果实，是控制转基因植物种子扩散，防止转基因植物外源基因逃逸的另一条途径。报道较多的是将单性结实基因导入植物，或通过基因调控植物激素的合成，或者是通过控制细胞毒素基因在种子形成中特异表达获得无籽果实。另一种方法是通过"终止子"技术使种子不育，该方法解决转基因作物向其他物种或作物野生近缘种扩散的问题，但农民如果从种子公司购买了含有这种"终止子"技术的种子，种植收获只能用来食用或加工，不能作为种子保存至来年再播种，而且，由于终结者技术生产的种子与普通种子外观上无法分辨，通过出售或交换，不育基因通过花粉可能会在种植地上大肆传播，导致当地农业崩溃，因此，目前该技术在实际生产中的应用并不多见。

（3）转基因植物中的外源基因删除技术。人们在转基因植物的生物安全问题上，最担心的是抗生素标记基因及报告基因的存在会对生态环境及人体健康造成危害。因此，需要发展高效的基因删除系统，在遗传转化过程中，当抗性标记基因完成其功能后，通过基因删除系统将抗生素标记基因或报告基因从转基因植物中去除。目前，删除转基因植物中外源基因的技术主要有共转化技术（Co-transformation）、转座子技术

（Transposon）、位点特异性重组酶技术（site-specific recombinase）等。其中，位点特异重组酶技术是目前研究比较热门的基因删除技术，主要包括 FLP/FRT、Cre/loxP、R/RS 系统。2007 年，LiYi 等在位点特异重组酶系统 FLP/FRT、Cre/loxP 的基础上，设计了高效的基因删除系统 "Gene-deleter"，在转基因烟草的花粉和种子中，所有的外源基因都被 100％地删除，该技术可以有目的、有选择地将转基因植物中的选择标记基因甚至全部外源基因从植物基因组中删除，为解决由于转基因植物带来的食品或生态环境安全性问题提供了一个可行的技术手段。"Gene-deleter"技术在删除烟草花粉和种子外源基因中的应用及工作原理如图 12-15 所示。

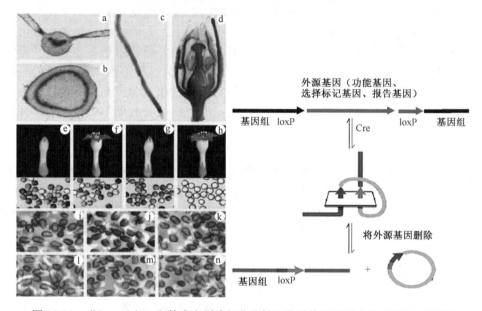

图 12-15　"Gene-deleter" 技术在删除烟草花粉和种子外源基因中的应用及工作原理

三、生物恐怖及其预防

生物恐怖（bioterrorism）是指利用各种手段故意施放致病性微生物或生物毒素，造成人群、禽畜、农作物和环境危害，引起社会广泛恐慌或威胁社会安定以达到政治或信仰目的的行为。生物恐怖与生物战争（biological warfare）使用的都是生物武器，但使用的场合和目的不同。生物恐怖具有潜伏性、隐蔽性、突发性、多样性、欺骗性、协同性及散发性等特点。

有文献记载的最早生物战争发生于公元 1346 年，蒙古人围攻卡法（Kaffa），由于久攻不下，将死于鼠疫的人尸扔进城内，卡法城不攻自破，疯狂的鼠疫随着战败的意大利人逃亡蔓延欧洲达 8 年之久，使 2000 多万人死于非命，接近当时欧洲人口的 1/3。现代生物战起源于第一次世界大战，德军在战场上相继使用了副溶血弧菌和鼠疫杆菌。侵华战争期间，日本 731 部队至少在 11 个城镇施放生物武器，害死 10 000 多人。朝鲜战争中，以美国为首的"联合国军"在朝鲜北部和中国东北使用生物武器使许多平民染病身亡。当今社会发生的生物恐怖事件也时刻威胁着人类的安危。1984 年 9 月，美国一个邪教组织在两家餐馆投放沙门菌，导致 750 多人出现腹泻。2001 年美国"9.11"恐怖事件后发生的炭疽芽孢恐慌，都说明了生物恐怖威胁的现实性。

1. 生物恐怖的主要病原及其特征

生物恐怖的病原一般具有三个特点：①毒性强，感染人员伤亡率高。②传染性高，常为气溶胶状态的吸入性传播，可在人与人之间传播。③对外界环境的抵抗力强，容易制备和播散。除此以外，通过生物工程技术可以将某些"老"的病原体重组成用于生物恐怖活动的新病原，使现有手段难于防范。细菌、病毒、立克次体、毒素、真菌等微生物都可用于生物战，但真正可能大规模危害人类、造成城市或国家瘫痪的病原是有限的。最可能被用作生物战剂的病原体有三种：天花病毒、炭疽杆菌（图 12-16）和鼠疫杆菌。此外，土拉弗朗西丝菌、出血热病毒、肉毒毒素和蓖麻毒素等也有可能被用做生物恐怖武器。

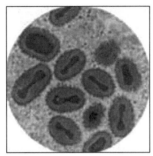

图 12-16　恐怖事件中的炭疽芽孢杆菌

2. 生物恐怖共同特征及控制措施

生物恐怖事件的共同特征包括：①不会发生突然爆炸事件，没有硝烟。②出现大量类似伤害者。③作案和发现（或诊断）之间有一潜伏期。④容易造成整个社会的心理恐惧。

生物恐怖袭击的手段包括在食物和供水上做手脚，或者是利用能传播疾病的昆虫如蚊子。通过空气散布的生物制剂，可以是细菌或病毒，也可以是微生物分泌的无生命毒素，因此察觉它们颇为不易。国际社会目前主要从以下三个方面采取措施进行控制：①材料控制。对危险病原体或生物材料，包括生物两用设备进行监控。②活动控制。对具有危险倾向的生物研究活动进行监控。③人员控制。对一切活动的主体——人（包括生命科学研究和生物技术活动等领域的科学家和科技工作者），通过国家立法、规章制度、道德约束等手段进行监控和行为规范。

小结

最近二三十年，是现代生命科学迅速发展的年代，生命科学最活跃的研究前沿主要包括分子生物学、细胞生物学、神经生物学、生态学，本章主要对由这些学科所引伸出的基因工程、人类基因组计划、生物信息学、干细胞研究、仿生学、生命伦理学与生物安全等重要的前沿研究领域作了概述并对其进行了展望。

思考题

1. 生命科学的研究前沿主要包括哪些内容？

2. 转基因植物在农业上的应用主要有哪些？面对转基因生物安全性问题，目前的控制方法有哪些？

3. 基因工程的基本步骤是什么？你如何设计一个简单的基因工程实验？

4. 试述几例基因工程在环境保护中的应用。

5. 什么是生物信息学？它的研究范围包括哪些方面？

6. 什么是人类基因组计划？它有何科学意义？

7. 后基因组时代研究方法有哪些？

8. 什么是克隆技术？它有何利与弊？

9. 什么是干细胞？它在生物学及医学领域的研究有哪些？

10. 什么是仿生学？试举几个你身边的仿生学例子。

11. 什么是生命伦理学？我们应遵守生命伦理学的哪些原则？如何遵守这些原则？

12. 什么是外来生物入侵？你所知道的外来入侵植物或动物有哪些？试举二例。

13. 你对生物恐怖有何认识？其预防措施有哪些？

主要参考文献

北京大学生命科学学院编写组. 2006. 生命科学导论. 北京：高等教育出版社

陈阅增. 2005. 普通生物学. 第2版. 北京：高等教育出版社

樊启昶，白书农. 2002. 发育生物学. 北京：高等教育出版社

弗里德 G H，黑德莫诺斯 G J［美］. 2002. 生物学. 田清涞，殷莹，马洌，等译. 北京：科学出版社

顾德兴. 2000. 普通生物学. 北京：高等教育出版社

侯先光，等. 1999. 澄江动物群——5.3亿年前的海洋生物. 昆明：云南科学技术出版社

黄诗笺. 2001. 现代生命科学概论. 北京：高等教育出版社

黄永青. 2005. 真菌多样性与森林生态系统的维持与恢复. 北京：高等教育出版社

金伯泉. 2003. 细胞和分子免疫学. 第2版. 北京：科学出版社

康育义. 1997. 生命起源与进化. 南京：南京大学出版社

克劳斯 G. 2003. 信号转导与调控的生物化学. 第三版. 北京：化学工业出版社

李博，杨持，林鹏. 2000. 生态学. 北京：高等教育出版社

李难. 1982. 生物进化论. 北京：人民教育出版社

李难. 1989. 进化论进程. 北京：高等教育出版社

李唯. 2005. 进化生物学. 北京：高等教育出版社

李宪民. 2004. 生命科学导论. 郑州：郑州大学出版社

李扬汉. 2000. 植物学. 上海：上海科学技术出版社

刘广发. 2001. 现代生命科学概论. 北京：科学出版社

刘景生. 1998. 细胞信息与调控. 北京：北京医科大学/中国协和医科大学联合出版社

陆瑶华，郭承华. 2001. 生命科学基础. 济南：山东大学出版社

潘瑞炽. 2004. 植物生理学. 北京：高等教育出版社

彭奕欣，黄诗笺. 1997. 进化生物学. 武汉：武汉大学出版社

曲仲湘，吴玉树，王焕校等. 1989. 植物生态学. 北京：高等教育出版社

尚玉昌. 2002. 普通生态学. 北京：北京大学出版社

沈银柱. 2002. 进化生物学. 北京：高等教育出版社

沈振国，崔德才. 2003. 细胞生物学. 北京：中国农业出版社

寿天德. 1998. 现代生物学导论. 合肥：中国科技大学出版社

田波，李传昭，孙仑泉. 1999. 分子进化工程. 北京：科学出版社

王镜岩，朱圣庚，徐长法. 2002. 生物化学. 北京：高等教育出版社

王忠. 2000. 植物生理学. 北京：中国农业出版社

吴庆余. 2002. 基础生命科学. 北京：高等教育出版社

吴汝康. 1989. 古人类学. 北京：文物出版社

吴汝康，1991. 古人类学. 合肥：安徽科学技术出版社

吴汝康，吴新智. 1999. 中国古人类遗址. 上海：上海科技教育出版社

刑来君. 2001. 普通真菌学. 北京：高等教育出版社

许崇任，程红. 2000. 动物生物学. 北京：高等教育出版社/施普林格出版社

叶创兴，周昌清，王金发. 2006. 生命科学基础教程. 北京：高等教育出版社

翟中和. 1995. 细胞生物学. 北京：高等教育出版社

翟中和，王喜忠，丁明孝. 2000. 细胞生物学. 北京：高等教育出版社

张飞. 2004. 普通遗传学. 北京：科学出版社

张红卫. 2006. 发育生物学. 北京：高等教育出版社

张惟杰. 1999. 生命科学导论. 北京：高等教育出版社

张昀. 1998. 生物进化. 北京：北京大学出版社

赵玉芬，赵国辉. 1999. 生命的起源与进化. 北京：科学技术文献出版社

郑集，陈钧辉. 2007. 普通生物化学. 第 4 版. 北京：高等教育出版社

郑师章，吴千红，王海波，等. 1993. 普通生态学——原理、方法和应用. 上海：复旦大学出版社

周德庆. 2002. 普通微生物学. 北京：高等教育出版社

祝廷成，钟章成，李建东. 1988. 植物生态学. 北京：高等教育出版社